建筑工程造价员培训教材

（第2版）

本书编写组　编

中国建材工业出版社

图书在版编目(CIP)数据

建筑工程造价员培训教材/《建筑工程造价员培训教材》编写组编 . —2 版 . —北京:中国建材工业出版社,2013.11(2014.10 重印)

ISBN 978 - 7 - 5160 - 0610 - 8

Ⅰ.①建… Ⅱ.①建… Ⅲ.①建筑工程－工程造价－技术培训－教材 Ⅳ.①TU723.3

中国版本图书馆 CIP 数据核字(2013)第 237804 号

内容提要

本书第 2 版以 GB 50500—2013《建设工程工程量清单计价规范》、GB 50854—2013《房屋建筑与装饰工程工程量计算规范》和 GJD—101—1995《全国统一建筑工程基础定额(土建工程)》为依据,系统阐述了建筑工程工程量清单计价与定额计价的基础知识和方式方法。全书主要内容包括概论、建筑工程施工图识读、建设工程工程量清单计价规范、建筑工程清单项目工程量计算、建筑工程工程量清单编制与计价、建筑工程定额及定额计价、建筑工程造价的审查与管理等。

本书具有依据明确、内容翔实、通俗易懂、实例具体、可操作性强等特点,可供建筑工程设计、施工、建设、造价咨询、造价审计、造价管理等专业人员岗位培训和初学者使用,也可供高等院校相关专业师生学习时参考。

建筑工程造价员培训教材(第 2 版)
本书编写组　编

出版发行:中国建材工业出版社
地　　址:北京市西城区车公庄大街 6 号
邮　　编:100044
经　　销:全国各地新华书店
印　　刷:北京紫瑞利印刷有限公司
开　　本:787mm×1092mm　1/16
印　　张:27
字　　数:722 千字
版　　次:2013 年 11 月第 2 版
印　　次:2014 年 10 月第 2 次
定　　价:70.00 元

────────────────────────────

本社网址:www.jccbs.com.cn
本书如出现印装质量问题,由我社营销部负责调换。电话:(010)88386906
对本书内容有任何疑问及建议,请与本书责编联系。邮箱:dayi51@sina.com

造价员培训教材编写组

组　长　张忠孝　郑俊耀

组　员　宋新军　时永亮　张生录　鲁西萍

　　　　宋文军　宋文霞　宋澄宇　宋澄清

　　　　刘清晨　别新存　胡春芳

联络员　江　海　江　河

建筑工程造价员培训教材

主　编：时永亮　　张生录

主　审：张忠孝　　宋澄清

描　图：别新存　　宋文霞　　刘清晨

第2版前言

《建筑工程造价员培训教材》一书自出版发行以来,深受广大读者的关注和喜爱,对指导广大建筑工程造价编制与管理人员更好地工作提供了力所能及的帮助,编者倍感荣幸。在图书使用过程中,编者还陆续收到了不少读者及专家学者对图书内容、深浅程度及图书编排等方面的反馈意见,对此,编者向广大读者及相关专家学者表示衷心地感谢。随着我国工程建设市场的快速发展,招标投标制、合同制的逐步推行,工程造价计价依据的改革正不断深化,工程量清单计价制度也得到了越来越广泛地应用,对于《建筑工程造价员培训教材》一书来说,其中部分内容已不能满足当前建筑工程造价编制与管理工作的需要。

另外,为规范建设市场计价行为,维护建设市场秩序,促进建设市场有序竞争,控制建设项目投资,合理利用资源,从而进一步适应建设市场发展的需要,住房和城乡建设部标准定额司组织有关单位对 GB 50500—2008《建设工程工程量清单计价规范》进行了修订,并于 2012 年 12 月 25 日正式颁布了 GB 50500—2013《建设工程工程量清单计价规范》及 GB 50854—2013《房屋建筑与装饰工程工程量计算规范》、GB 50856—2013《通用安装工程工程量计算规范》等 9 本工程量计算规范。此次规范的颁布实施,不仅对广大建筑工程造价编制人员的专业技术能力提出了更高的要求,也促使编者对《建筑工程造价员培训教材》进行了必要的修订。

本书的修订以 GB 50500—2013《建设工程工程量清单计价规范》及 GB 50854—2013《房屋建筑与装饰工程工程量计算规范》为依据进行。修订时主要对书中不符合当前建筑工程造价工作发展需要及涉及清单计价的内容进行了重新梳理与修改,从而使广大建筑工程造价工作者能更好地理解 2013 版清单计价规范和建筑工程工程量计算规范的内容。本次修订主要做了以下工作:

(1)以本书原有体例为框架,结合 GB 50500—2013《建设工程工程量清单计价规范》内容,对清单计价体系方面的内容进行了调整、修改与补充,重点补充了工程合同签订、工程计量与价款支付、合同价款调整、索赔和竣工结算等内容，从而使结构体系更加完整。

（2）根据 GB 50854—2013《房屋建筑与装饰工程工程量计算规范》中对建筑工程工程量清单项目的设置进行了较大改动的情况，本书修订时即严格依据 GB 50854—2013《房屋建筑与装饰工程工程量计算规范》，对已发生了变动的工程量清单项目，重新组织相关内容进行了介绍，并对照新版规范修改了其计量单位、工程量计算规则、工作内容等。

（3）根据 GB 50500—2013《建设工程工程量清单计价规范》对工程量清单与工程量清单计价表格的样式进行了修订。为强化图书的实用性，本次修订时还依据 GB 50854—2013《房屋建筑与装饰工程工程量计算规范》中有关清单项目设置、清单项目特征描述及工程量计算规则等方面的规定，结合最新工程计价表格，对书中的工程计价实例进行了修改。

本书修订过程中参阅了大量建筑工程造价编制与管理方面的书籍与资料，并得到了有关单位与专家学者的大力支持与指导，在此表示衷心的感谢。书中错误与不当之处，敬请广大读者批评指正。

本书编写组

第1版前言

建筑工程造价是建设工程造价的组成部分之一。建设工程造价（project construction cost）一般是指进行一项工程建设所需消耗货币资金数额的总和，即一个建设项目有计划地进行固定资产再生产和形成最低量流动资金的一次性费用总和。随着我国建设工程造价计价模式改革的不断深化，国家对事关公共利益的建设工程造价专业人员实行了准入制度——持执业资格证上岗。

为了满足我国建设工程造价人员培训教学和拟从事工程造价工作的人员自学工程造价基础知识的需要，本书编写组以国家标准 GB 50500—2008《建设工程工程量计价规范》、GJD—101—95《全国统一建筑工程基础定额》（土建工程）为依据，以《全国建设工程造价员资格考试大纲》为准则，特编写了《建筑工程造价员培训教材》一书，以供培训建筑工程造价员教学和自学工程造价基础知识和实际操作的参考。

与同类书籍相比较，本书具有以下几方面特点：

（1）理论性与知识性相结合，以使读者达到知晓"是什么"和"为什么"的目的。

（2）依据明确，内容新颖，本书的内容和论点都符合国家现行工程造价有关管理制度的规定。

（3）深入浅出，通俗易懂，本书叙述语言大众化，以满足初中以上文化程度读者和农民工培训、自学的需要。

（4）技巧灵活，可操作性强，本书以透彻的论理方式，介绍了工程造价确定的依据、步骤、方法和程序，并在每章之后都列有思考重点题目，以使读者达到"知其然"和"所以然"的目的。

（5）图文并茂，示例多样，为使读者加深对某些内容的理解，结合有关内容绘制了示意性图样，以达到以图代言的目的。同时，书中从不同方面列举了多个计算示例，以帮助初学者掌握有关问题的计算方法。

虽然本书编写组的成员多数是从事造价编审工作几十年的老手,但由于工程量清单计价是一种与国际惯例接轨的新模式,尚有许多新的内容需要在实际工作中不断摸索、不断总结、不断完善。因此,书中不当之处在所难免,敬请广大读者批评指正,以利于及时修改和完善。

本教材编写组特聘杨永娥、贺桂华(以姓氏笔划为序)二位律师为常年法律顾问,有关法律事宜请和他们联系。

杨永娥　tel:(029)81989817　13659199554

网址:西安律师咨询在线 http:www.029 law yer.com

贺桂华　陕西华秦律师事务所律师(长安大学法学研究所所长)

tel:(029)81023360　13008417665

E-mail:heguihualy@yahoo.com.cn

本书编写组全体

目 录

第一章 概　　论

第一节　建筑工程的建设程序

一、建筑工程的概念

建筑工程是指建筑艺术与工程技术相结合,营造出供人们进行生产、生活或其他活动的环境、空间、房屋或场所。但一般情况下主要是指建筑物或构筑物。"建筑工程"这个词,从广义上来说,也可以是指一切经过勘察设计、建筑施工、设备安装生产活动过程而建造的房屋及构筑物的总称。

房屋建筑和构筑物合称建筑物,二者虽然在设计的构造和外形上千差万别,但它们有许多共性,都是由基础、结构、围护、装饰装修工程和建筑物附属设施安装等几大部分组成,同时,又都是由若干个相同的工种工程所组成。房屋建筑一般就是指为人们提供不同用途的生产、工作和生活的空间场所,如厂房(车间)、办公楼、教学楼、影剧院、饭(酒)店、百货大厦等。除房屋建筑以外的建筑物都是构筑物,它一般是为生产或生活提供特定的使用功能而建造,如水塔、水池、水井、烟囱、隧道、尿素厂的造粒塔等都属于构筑物。在国民经济建设中,各种建筑物都是向各部门提供生产能力或使用效益的物质基础,属于长期耐用性的生产资料或生活资料。

二、建筑工程的分类

建筑工程是国家基本建设内容的重要组成部分之一,是国民经济建设中为各部门增添固定资产的一种经济活动,也就是进行建筑、设备购置和安装的生产活动以及与此相关联的其他有关工作。为有利于建设项目的造价确定和管理,按照不同的分类方法,建筑工程项目可以划分为以下几类:

(一)按照建设性质分类

按照建设性质分类方法,建筑工程可以划分为下述五类:

(1)新建项目:指"平地起家",即从无到有,新开始建设的项目或原有固定资产基础很小,经扩大后,其固定资产价值超过原有固定资产价值三倍以上的,也属新建项目。

(2)扩建项目:指原有企业为扩大产品的生产能力或增加新的产品品种,对原有车间的建筑面积进行扩大,工艺装置进行增添或更换或进行新产品的厂房(车间)和工艺装置的建设及其附属设施的扩充等工作过程。

(3)改建项目:指原有企业为提高产品质量、节约能源、降低消耗、改变产品结构、更改产品花色、品种、规格以及改进生产工艺流程而对厂房、设备、管路、线路等进行整体技术改造的项目。

(4)恢复项目:指由于某种原因(如火灾、水灾、地震、战争等)使原有企业或部分设备、厂房损坏报废,而后按原有规模又进行投资建设的项目。

(5)迁建项目:指为改变工业结构布局,按原有产品品种和生产规模由甲地迁移到乙地的建设项目。

(二)按经济用途分类

按照经济用途分类方法,建筑工程项目可以划分为生产性建设项目和非生产性建设项目两大类。

(1)生产性建设项目:指直接为物质生产部门服务的建设项目。其内容如图 1-1 所示。

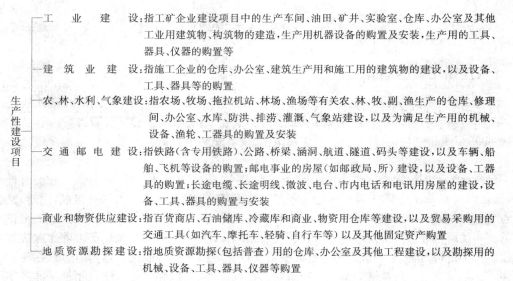

图 1-1　生产性建设项目内容示意图

(2)非生产性建设项目:指直接用于满足人民物质文化生活需要的建设。其包括的内容如图 1-2 所示。

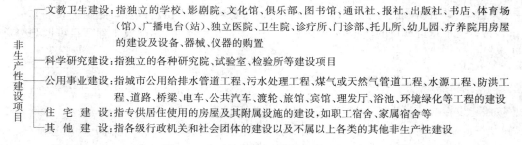

图 1-2　非生产性建设项目内容示意图

注:1)报社、通讯社、出版社的印刷厂,大专院校附设的实验工厂建设,应列入"工业建设"项目。

　　2)科学研究单位附设的试验工厂建设应列入"工业建设"项目。

　　3)工厂附设的职工子弟小学、卫生所、托儿所应列入"文教卫生建设"项目。

(三)按建设规模分类

建筑工程固定资产投资,按照上级批准的建设项目总规模或总投资,可以划分为大型建设项目、中型建设项目和小型建设项目三类。更新改造措施项目分为限额以上和限额以下两类。限额以上项目是指能源、交通、原材料工业项目总投资 5000 万元以上,其他项目总投资 3000 万元以上的建设工程。

一个建设项目只能属于大、中、小型的一种类型,根据原国家计划委员会 1978 年 4 月 22 日"计基(78)234 号"文件《关于试行加强基本建设管理几个规定的通知》的附件三和 1979 年 12 月 16 日"计基(79)725 号"文件《关于补充、修订部分基本建设项目大中型划分标准的通知》,有关建筑材料工业建设项目大、中、小型标准划分,见表 1-1。

表 1-1 　　　　　　　　　　建材工业建设项目大中小型标准划分

项　　目	计算单位	大　　型	中　　型	小　　型
水　泥	年产量　万吨	100 以上	20～100 (特种水泥 5 以上)	20 以下 (特种水泥 5 以下)
平板玻璃厂	年产量　万重量箱	90 以上	45～90	45 以下
玻璃纤维厂	年产量　吨	5000 以上	1000～5000	1000 以下
石灰石矿	年产量　万吨	100 以上	50～100	50 以下
石棉矿	年产量　万吨	1 以上	0.1～1	0.1 以下
石墨矿	年产量　万吨	1 以上	0.3～1	0.3 以下
石膏矿	年产量　万吨	30 以上	10～30	10 以下
其他建材工业	总投资　万元	2000 以上	1000～2000	1000 以下

说明:根据前述文件基本建设项目大中型划分标准目前未变,但原国家计委审批限额有所调整,根据国务院国发 (1984)138 号文件批转《国家计委关于改进计划体制若干暂行规定》和国务院国发(1987)23 号文件《国务院关 于放宽固定资产审批权限和简化审批手续的通知》,按总投资额划分的大中型项目,原国家计委审批限额由 1000 万元以上提高到:能源、交通、原材料工业项目 5000 万元以上,其他项目 3000 万元以上。

三、建筑工程的内容

广义建筑工程包括下列内容:

(1)各类房屋建筑工程和列入房屋建筑工程的供水、供暖、卫生、通风、燃气设备等的安装工程以及列入建筑工程的各种管道、电力、电信和电缆导线的敷设工程。

(2)设备基础、支柱、工作台、烟囱、水塔、水池、灰塔、造粒塔、排气塔(筒)、栈桥等建筑工程,以及各种炉窑的砌筑工程和金属结构工程。

(3)为施工而进行的场地平整工程和总图竖向工程,工程和水文地质勘察,原有建筑物和障碍物的拆除,以及建筑场地完工后的清理和绿化工程。

(4)矿井开凿、井巷延伸、露天矿剥离,石油、天然气钻井,修筑铁路、公路、桥梁、隧道、涵洞、机场、港口、码头、水库、堤坝、灌渠及防洪工程等。

就一项房屋建筑工程而言,它的工程内容主要包括:地基与基础工程,砌筑工程,混凝土及钢筋混凝土工程,门窗及木结构工程,楼地面工程,屋面及防水工程,防腐、保温、隔热工程及装饰油漆、裱糊工程等。

四、建筑工程的建设程序

建筑工程的建设程序也可称"基本建设程序"或"基本建设工作程序"。

基本建设程序是指拟建项目从设想、论证、评估、决策、设计、施工、验收、投入生产或交付使用整个过程中各项工作进行的先后顺序。这个先后顺序反映了建设工作的客观规律,是建设项目科学决策和顺利进行的重要保证。对于这一科学规律可以认识它、完善它,但不能改变和违反它。

1978年4月由原国家计划委员会、国家基本建设委员会、国家财政部以"计计(1978)234号"文联合发布的《关于基本建设程序的若干规定》,对基本建设项目的全过程划分为以下几个阶段:

(1)计划任务书[①]。

(2)建设地点的选择。

(3)设计文件。

(4)建设准备。

(5)计划安排。

(6)施工。

(7)生产准备。

(8)竣工验收、交付生产。

改革开放以来,我国社会主义经济建设获得了重大发展,对外全方位改革开放,对内逐步淡化计划经济,建立健全和强化社会主义市场经济,加大了拟建项目前期工作的力度。同时,国家相继出台了许多关于规范工程建设管理工作的经济法规。如"建筑法"、"招标投标法"、"合同法"、"价格法"等,使建设工程工作程序更加完善。目前,一般建设工程的建设程序如图1-3所示。

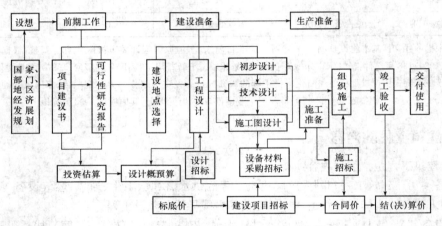

图1-3 建筑工程建设程序框图

按照图1-3所示建设工程建设程序的具体内容分述如下:

1. 提出项目建议书

由国务院各部门、各省、自治区、直辖市、计划单列省辖市以及各企(事)业单位,根据国民经济和社会发展的长远规划、行业(部门)发展规划、地区发展规划,经过周密调查研究和预测分析,向国家主管部门编报拟建工程项目的轮廓设想和建议立项的技术经济文件,称为项目建议书。建筑工程项目建议书是建筑工程建设程序中的最初阶段,是国家确定建设项目的决策依据,其主要内容如下:

(1)项目建设的目的、意义和依据。

---

① 原国家计委有关文件指出:"为了进一步规范建设程序,经研究决定,从本文下发之日起,将现行国内投资项目的设计任务书和利用外资项目的可行性研究报告统一称为可行性研究报告,取消设计任务书的名称"。

(2)产品需求的市场预测和产品销售。

(3)产品方案、生产方法、工艺原则和建设规模。

(4)资源情况、建设条件及协作关系等的初步分析。

(5)环境保护及"三废"治理的设想。

(6)工厂组织和劳动定员,资金来源和投资估算。

(7)工厂建设地点、占地面积和建设进度安排。

(8)投资经济效果、社会效益和投资回收年限的初步估计等。

2. 进行可行性研究

可行性研究,顾名思义,就是对工程项目的投资兴建在技术上是否先进,经济上是否合理,效益上是否合算进行科学论证的方法。可行性研究是建设项目前期工作的一项重要工作,是工程项目建设决策的重要依据,必须运用科学研究的成果,对拟建项目的经济效果、社会效益进行综合分析、论证和评价。国家规定:"所有新建、扩建大中型项目,不论用什么资金安排,都必须先由主管部门对项目的产品方案和资源地质情况,以及原料、材料、煤、电、水、运输等协作配套条件,经过反复周密的论证和比较后,提出可行性研究报告"。可行性研究报告的内容随项目性质和行业不同而有所差别,不同行业各有侧重,但基本内容是相同的。一般来说,一个大型新建工业项目的可行性研究报告应包括以下几个方面的内容:

(1)建设的目的和依据。

(2)建设规模、产品方案。

(3)生产方法或工艺原则。

(4)自然资源、工程地质和水文地质条件。

(5)主要协作条件。

(6)资源综合利用、环境保护、"三废"治理的要求。

(7)建设地区或地点,占地数量估算。

(8)建设工期。

(9)总投资估算。

(10)劳动定员及企业组织。

(11)要求达到的经济效益及投资回收期等。

3. 编制设计文件

设计文件是安排建设项目和组织工程施工的主要依据。当拟建设项目的可行性研究报告批准后,建设单位通过设计招标或委托设计单位按照可行性研究报告中规定的内容及要求编制设计文件。大中型建设项目,一般采用两阶段设计,即初步设计和施工图设计。重大项目和特殊项目,可根据各行业的特点,经主管部门同意,可以按三阶段进行设计,即初步设计和施工图设计之间增加技术设计阶段。初步设计阶段应编制设计概算;技术设计阶段应编制修正概算;施工图设计阶段应编制施工图预算。经批准的初步设计概算,是控制建设项目总投资的主要依据。

4. 建设前期准备工作

建设前期准备工作主要内容包括:建设用地征购、拆迁、场地平整;工程、水文地质勘察;完成施工用水、电、路三通工程;组织施工招标,选择施工单位;办理建设项目施工许可证和组织设计文件审查、编制材料计划、组织大型专用设备采购订货预安排等工作。

5. 编制年度建设计划

根据批准的初步设计总概算和建设工期,合理地编制年度建设计划和投资运用支出计划。

年度计划安排的建设内容,要和当年分配的投资、材料、设备相适应,配套项目要同时安排,相互衔接。

6. 建设施工

年度建设计划经主管部门批准后,便可以督促总承包单位编制施工进度计划和施工组织设计等工作,并进行全面施工。

7. 生产准备

工业建设项目生产准备工作主要内容包括:组建生产经营管理机构;制定有关制度和规定;招收和培训生产人员,组织生产人员参加设备安装、调试和工程验收;签订原材料、燃料、水、电、气及协作产品等的供应运输协议;组织工具、器具、备品、备件的制造或订货;进行其他必需的准备工作。

8. 竣工验收、交付使用

建设项目按设计文件规定内容全部施工完成后,工业项目经负荷试运转和试生产考核,能够生产合格产品;非工业项目符合设计要求,能够满足正常使用功能,便可及时组织验收。建设项目竣工验收,是工程建设程序的最后一步,是投资成果转入生产或服务的标志。因此,国家规定建设项目,按批准的设计文件所规定的内容建完,都要及时组织验收、交付使用,对促进建设项目及时投产、发挥投资效益、总结建设经验等都具有重要的作用。

9. 后评价

建设项目后评价是工程项目竣工投产、生产经营一段时间后,对项目的立项决策、设计、施工、竣工投产、生产运营等全过程进行系统总结评价的一种技术经济活动,是固定资产投资管理的一项重要内容。通过建设项目后评价达到肯定成绩、总结经验、找出差距、研究问题、吸取教训、提出建议、改进工作、不断提高项目决策水平和投资效果的目的。

第二节　建筑工程造价确定的原理

确定建筑工程预算造价,必须根据设计图纸、预算定额、取费标准等资料,按照建筑产品价格构成因素分别计算并按照一定的步骤和表格汇总起来才能求得。在整个工程建设造价中,设备、工具和器具的预算值的确定比较简单,因为它们是价值转移的固定资产购置过程;设备可以依据设计人员编制的设备清册,按照机电产品现行价格或订货价格,再加上必要的有关费用(如运杂费等),逐台计算;工器具的品种、类型和数量较多,但在建筑项目中所占比重很小,一般可按占设备费的百分比计算,工程建设"其他费"属于单纯的费用支出,如培训费、建设单位管理费等,可以根据各地各部门的规定进行计算,也比较容易。但对建设工程造价的重要组成部分——建筑及设备安装工程费用的计算,却是一件十分复杂的工作。因为建筑及设备安装工程的施工建造是一项"兴工动料"的生产活动,这种活动,既是物化劳动价值转移的过程,又是活劳动创造价值的过程。搞工程建设的目的,就是要将设计图纸上所描绘的内容和要求变成现实。一个建设项目是由许多部分组成的庞大综合体,如欲知道它的建设费用,就整个工程进行估价是非常困难的,也可以说是办不到的。因此,就需要借助于某种方法把庞大复杂的建筑及安装工程,按构成性质、组织形式、用途、作用等,分门别类地、由大到小地分解为许多简单的,而且便于计算的基本组成部分,然后,分别计算出其价值,再经过由小到大、由单个到综合、由局部到总体,逐项综合,层层汇总,最后计算出一个建设项目——一个工厂、一所学校、一幢住宅的全部建设费用——建筑工程预(概)算造价。

现就一个完整的新建工程而言,可逐步分解如下:

一、建设项目

建设项目是指按照总体设计范围内进行建设的一切工程项目的总称。通常包括在厂区总图布置上表示的所有拟建工程;也包括与厂区外各协作点相连接的所有相关工程,如输电线路、给水排水工程、铁路、公路专用线、通信线路;还包括与生产相配套的厂外生活区内的一切工程。

为了使列入国家计划的建设项目迅速而有秩序地进行施工工作,由建设项目投资主管部门指定或组建一个承担组织建设项目的筹备和实施的法人及其组织机构,称为建设单位。建设单位在行政上具有独立的组织形式,经济上实行独立核算,有权与其他经济实体建立经济往来关系,有批准的可行性研究和总体设计文件,能单独编制建设工程计划,并通过各种发包承建形式将建设项目付之实现。

建设项目和建设单位是两个含义不同的概念,一般来说,建设项目的含义是指总体建设工程的物质内容,而建设单位的含义是指该总体建设工程的组织者代表。新建项目及其建设单位一般都是同一个名称,例如,工业建设中××化工厂、××机械厂、××造纸厂,民用建设中的××工业大学、××商业大厦、××住宅小区等;对于扩建、改建、技术改造项目,则通常以老企业名称作为建设单位,以××扩建工程、××改建工程作为建设项目的名称,例如上海××化工厂氟制冷剂扩建工程等。

一个建设项目的工程造价(投资)在初步设计或技术设计阶段,通常是由承担设计任务的设计单位编制设计总概算或修正概算来确定的。

二、单项工程

具有独立的设计文件,竣工后可以独立发挥生产能力、使用效益的工程,称为单项工程,也称作工程项目。单项工程是建设项目的组成部分,如工业建设中的各种生产车间、仓库、各种构筑物等;民用建设中的综合办公楼、住宅楼、影剧院等,都是能够发挥设计规定效益的单项工程。单项工程造价是通过编制综合概预算确定的。

单项工程是具有独立存在意义的一个完整工程,也是一个极为复杂的综合组成体,一般都是由多个单位工程所构成。

三、单位工程

具有独立设计,可以单独组织施工,但竣工后不能独立发挥效益的工程,称为单位工程。

为了便于组织施工,通常根据工程的具体情况和独立施工的可能性,可以把一个单项工程划分为若干个单位工程。这样的划分,便于按设计专业计算各单位工程的造价。

建筑工程中的"一般土建"工程、"室内给排水"工程、"室内采暖"工程、"通风空调"工程、"电气照明"工程等,均各属一个单位工程。单位工程造价是通过编制单位工程概预算书来确定的,它是编制单项工程综合概预算和考核建筑工程成本的依据。

四、分部工程

单位工程仍然是由许多结构构件、部件或更小的部分组成的。在单位工程中,按部位、材料和工种进一步分解出来的工程,称为分部工程。如建筑工程中的一般土建工程,按照部位、材料结构和工种的不同,大体可划分为:土石方工程、桩基工程、砖石工程、混凝土及钢筋混凝土工程、金属结构工程、木作工程、楼地面工程、屋面工程、装饰工程等,其中的每一部分,均称为一个分部工程。分部工程是由许许多多的分项工程构成的。分部工程费用是单位工程造价的组成部分,是通过计算各个分项工程费来确定的,即:分部工程费＝∑(分项工程费)＝∑(分项工程量×相应分项工程单价)。

五、分项工程

从对建筑产品估价的要求来看,分部工程仍然很大,不能满足估价的需要,因为在每一分部工程中,影响工料消耗大小的因素仍然很多。例如,同样都是"砌砖"工程,由于所处的部位不同——砖基础、砖墙;厚度不同——半砖、一砖、一砖半厚等,则每一单位"砌砖"工程所消耗的砂浆、砖、人工、机械等数量有较大的差别。因此,还必须把分部工程按照不同的施工方法(如土方工程中的人工或机械施工)、不同的构造(如实砌墙或空斗墙)、不同的规格等,加以更细致的分解,划分为通过简单的施工过程就能生产出来,并且可以用适当的计量单位计算工料消耗的基本构造要素,如"砖基础"等,则称为分项工程。

分项工程是分部工程的组成部分。分项工程没有独立存在的意义,它只是为了便于计算建筑工程造价而分解出来的假定"产品"。在不同的建筑物与构筑物工程中,完成相同计量单位的分项工程,所需要的人工、材料和机械等的消耗量,基本上是相同的。因此,分项工程单位,是最基本的计算单位。分项工程单位价值是通过该分项工程工、料、机消耗数量与其三种消耗量的相应三种单价的乘积之和确定的,即:人工费＋材料费＋施工机具使用费,或∑(三种消耗量×相应三种单价)。

综上所述,从通过对一个庞大的建筑工程由大到小的逐步分解,找出最容易计算工程造价的计量单位,然后分别计算其工程量及价值[即∑(工程量×单价)]。接着,按照国家或地区(部门)规定的应取费用标准,以分部分项工程费(或人工费和机械费合计,或人工费)为基础,计算出企业管理费、利润、规费和税金。人工费＋材料费(包括工程设备)＋施工机具使用费＋企业管理费＋利润、规费和税金等费用之和,就是拟建建筑工程的造价。各个单位建筑工程(如采暖工程、给排水及卫生工程、电气照明工程等)造价相加之和,就是一个"工程项目"的造价,各个工程项目造价相加之和,再加上国家规定的其他必要费用,就可得到欲知的建设项目总造价。因此,建筑工程造价的确定原理是:将一个庞大的建设项目,先由大→小→大,层层分解,逐项计算,逐个汇总而求得。

为此,建筑工程概预算造价的确定原理和概预算文件(造价)的组成,可分别以图 1-4 与图 1-5 及表 1-2(a)、(b)、(c)表示。

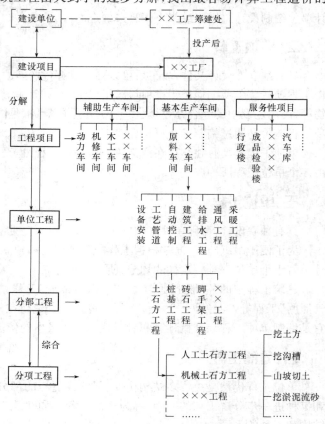

图 1-4 建设项目分解示意图

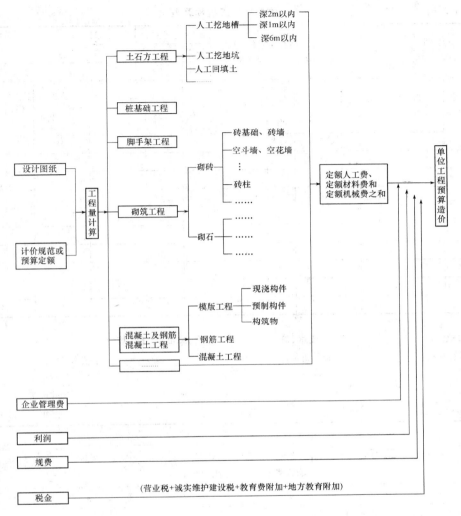

图 1-5　建筑工程预算造价形成示意图

表 1-2(a)

单位工程预概算表

工程编号		预(概)算价值				元
工程名称		技术经济	数量：		m²	m³
项目名称		指　标	单价：		元/m²	元/m³

编制根据		图号		及		年价格和定额			

序号	单位估价号	工程或费用名称	计算单位	数量	预(概)算价值(元)		其中工资	
					单价	总价	单价	合价

编制	审核	年　月　日

表 1-2(b)　　　　　　　　　　　　建筑单位工程预算表

××工业部 ××设计院	工程名称	××省三秦能源有限公司办 公楼单位工程预算表		编制		设计阶段	
	项目名称			校核		编　号	
				审核		第　页　　共　页	

序号	定额编号	工程和费用名称	单位	数量	单位价值(元)	其　中　(元)				总价值(元)	其　中　(元)				三大材料		
						人工费	材料费	机械费	其他		人工费	材料费	机械费	其他	钢材(t)	水泥(t)	木材(m³)

表 1-2(c)　　　　　　初步、技术、施工图设计　　工段、车间综合概算书

概算书编号_____　　　　概算价值_____元　　　　　　　　技术经济指标:

设备总重_____吨

每吨设备_____元

审核人:_____　　　校核人:_____　　　编制人:_____　　　　　年　月　日

序号	概算书编号	工程和费用名称	概算价值(元)					单位	数量	单位价值(元)
			设备购置费	安装工程费	建筑工程费	其他	总价值			
1	2	3	4	5	6	7	8	9	10	11
		一般土建工程								
		特殊构筑物								
		室内给排水工程								
		采暖工程								
		通风工程								
		电气照明工程								
		避雷装置工程								
		电动设备及安装工程								
		工艺设备及安装工程								
		工艺管道安装工程								
		控制计量仪器安装工程								
		工业炉砌筑								
		概算总价值								

第三节　建筑工程造价的构成

一、建筑工程造价的概念

建筑工程造价是指建筑工程的建造价格的简称。建筑工程造价是建筑工程价值的货币表现，是以货币形式反映的建筑工程施工活动中耗费的各种费用总和。建筑工程造价是建设工程造价的组成部分，所以，建筑工程造价具有下述两种不同含义：

第一种含义，建筑工程造价就是建设工程的建造价格。即指建设一项工程预期开支或实际开支的全部固定资产投资费用，也就是一项工程通过建设而形成相应的固定资产①、无形资产②、流动资产③、递延资产④和其他资产所需一次性费用的总和。显然，这一含义是从投资者——业主的角度来定义的。投资者选定一个建设项目，为了获得预期效益，就需要通过项目策划、评估、决策、立项，然后进行勘察设计、设备材料供应招标订货、工程施工招标、施工建造，直至竣工验收等一系列投资活动，而在这一系列投资活动中所耗费的全部费用总和，就构成了建筑工程造价或建设工程造价（简称"工程造价"）。从这个含义上讲，建筑工程造价就是建设工程项目固定资产投资⑤。

第二种含义，建筑工程造价是指工程价格。即指为建成一项工程，预计或实际在土地市场、设备市场、技术劳务市场，以及承发包市场等交易活动中所形成的建筑安装工程价格和建设工程总价格，即：建筑安装工程造价＋设备、工器具造价＋其他造价＋建设期贷款利息＋铺底流动资金等。上式中的"其他造价"是指土地使用费、勘察设计费、研究试验费、工程保险费、工程建设监理费、总承包管理费、引进技术和进口设备其他费……。显然，工程造价的第二种含义是以社会主义商品经济和市场经济为前提的，它通过招投标或承发包等交易方式，在进行多次估价的基础上，最终由竞争形成的市场价格。

通常，人们将工程造价的第二种含义称为工程承发包价格或合同价格，应该肯定，承发包价格是工程造价中一种重要的、也是最典型的价格形式。它是在建筑市场通过招标投标，由需求主体——投资者和供给主体——承包商共同认可的价格。同时，由于建筑安装工程价格在项目固定资产中占有相当多的份额，是工程建设中最活跃的部分，而且建筑安装企业又是工程项目的实施者和建筑市场重要的市场主体之一，所以工程承发包价格被界定为工程造价的第二种含义，具有重要的现实意义。

工程造价的两种含义，是从不同角度把握同一事物的本质。对建设工程投资者来说，面对社会主义市场经济条件下的工程造价就是项目投资，是"购买"项目要付出的价格；同时，也是投资

---

① 固定资产——在物质生产过程中，可以较长期地参加生产过程而不改变其实物形态的劳动资料，如机器设备、房屋以及其他耐用品则称为固定资产。我国现行制度规定，列为固定资产的劳动资料一般应同时具备两个条件：a. 使用期限在一年以上；b. 单位价值在规定限额（企业按规模大、中、小规定为 2000 元、1500 元、1000 元）以上。

② 无形资产——是指特定主体所控制的，不具有实物形态，而对生产经营长期发挥作用且能带来经济利益的资源。

③ 流动资产——是指生产经营性项目投产后，用于购买原料、燃料、动力、备品备件等，以保证生产经营和产品销售所需要的周转资金，所以，"流动资产"的货币形态又称为流动资金。现行制度规定，经营性投产项目铺底流动资金要列入贷款项目总投资。

④ 递延资产——是指开办费等支出。

⑤ 投资——是指投资主体为获得预期效益，投入一定数量货币而不断转化为资产的经济活动。投资这一概念，按照其性质、用途、构成及方式的不同，可以划分为生产性和非生产性投资；固定资产和流动资产投资；总投资和净投资；直接投资和间接投资。

者在作为市场供给主体"出售"项目时定价的基础。对承包商、设备材料供应商和规划、勘察设计等机构来说,工程造价是他们作为市场供给主体出售商(产)品和劳务价格的总和,或者是特指范围的工程造价,如建筑工程造价,安装工程造价,市政工程造价,园林绿化工程造价等。

建设工程造价的两种含义既共生于一个统一体,但又相互有区别。最主要的区别在需求主体和供给主体在建设市场追求的经济利益不同,因而管理的性质和管理的目标不同。从管理性质看,前者属于投资管理范畴,后者属于价格管理范畴,但二者又互相交叉。从管理目标来看,作为项目投资(费用),投资者在进行项目决策和项目实施中,首先关心的是决策的正确性。投资是为实现预期效益而垫付资金的一种经济行为,项目决策中投资数额的大小、功能和价格(成本)比是投资决策的最重要的依据。其次,在项目实施中完善工程项目功能,提高工程质量,降低工程成本,缩短建设工期,按期或提前交付使用,是投资者始终关注的问题。因此,节约投资费用、降低工程造价是投资者始终如一的追求。作为工程价格,承包商所关注的是利润,为此,他追求的是较高的工程造价。不同的管理目标,反映不同主体的经济利益,但它们都要受支配价格运动的诸多经济规律的影响和调节。它们之间的矛盾正是市场的竞争机制和利益风险机制的必然反映。

区别工程造价两种含义的理论意义,在于为投资者和以承包商为代表的供应商的市场行为提供理论依据。当政府提出降低工程造价时,他是站在投资者的角度充当着市场需求主体的角色;当承包商提出要提高工程造价、提高利润率,并获得更多的实际利润时,他是要实现一个市场供给主体的管理目标。这是市场运行机制的必然,不同的利益主体绝不能混为一谈。同时,区别工程造价两种含义的现实意义,还在于为实现不同的管理目标,不断充实工程造价的管理内容,完善管理方法,为更好地实现各自的目标服务,从而有利于推动全面的经济增长。

二、建筑工程造价的特点

(1)大额性。土木建筑工程表现为结构复杂、工程庞大,需要投入众多的人力、物力和财力,而且施工周期长,因而造价高昂,动辄几百万、几千万、几亿、几十亿元,特大型工程的造价可达几百亿、几千亿元人民币。工程造价的大额性使其关系到工程建设各有关方面的重大经济利益,同时也会对宏观经济产生重大影响。这就决定了工程造价在国民经济建设中的特殊地位,也说明了工程造价管理的重要意义。

(2)个别性和差异性。任何一项建设工程都有特定的规模、用途和功能。因此,对每一项工程的结构、造型、空间分割、设备配置和内外装饰等都有具体的要求,因而,这就使工程内容和实物形态都具有个别性和差异性。建筑产品(工程)的差异性决定了建筑工程造价的个别性。同时,由于每一项工程所处地区、地段及地理环境的不同,使得这一特点更加突出。

(3)动态性。任何一项建设工程从立项到竣工交付使用,都有一个较长的建设周期,在这一期间内,可能会出现许多影响工程造价的因素,诸如设计变更、设备材料价格、人工工资标准、机械台班单价、利率、汇率的变化等。这些变化必然会影响到工程造价的变动。所以,工程造价在整个建设期内一般来说都是处于不确定状态,直至项目竣工结(决)算后,才能最终确定它的实际造价。

三、建筑工程造价的构成

(一)概述

一项新建工业或民用工程项目,按国家规定,其建设支出按经济性质划分为项目前期费用、征地费、建筑工程费、安装工程费、设备等购置费、其他各种费用等。其中建筑工程费是指构成建筑产品实体的土建工程、建筑物附属设施安装工程和装饰工程的支出。包括:

（1）土建工程费用。指反映各种房屋、各种构筑物的结构工程、设备基础工程、矿井工程、桥梁工程、隧道工程等发生的费用。

（2）建筑物附属设施安装工程费。指反映建筑物附属的卫生、给排水、采暖、通风及空调、消防、电气照明、信息网络等安装工程发生的费用。

（3）装饰工程费用。指反映各种房屋、各种构筑物装饰发生的费用。

（二）建筑工程造价构成——按费用构成要素划分

2013 年 7 月 1 日起施行的《建筑安装工程费用项目组成》（建标[2013]44 号）中规定，建筑安装工程费用项目按费用构成要素组成划分为：人工费、材料费、施工机具使用费、企业管理费、利润、规费和税金(图 1-6)。其中，人工费、材料费、施工机具使用费、企业管理费和利润包含在分部分项工程费、措施项目费、其他项目费中。

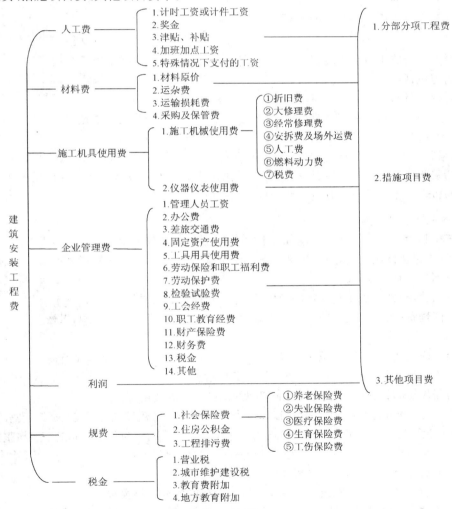

图 1-6　建筑安装工程费用项目组成表(按费用构成要素划分)

1. 人工费

人工费是指按工资总额构成规定，支付给从事建筑安装工程施工的生产工人和附属生产单

位工人的各项费用。内容包括:

(1)计时工资或计件工资,是指按计时工资标准和工作时间或对已做工作按计件单价支付给个人的劳动报酬。

(2)奖金,是指对超额劳动和增收节支支付给个人的劳动报酬。如节约奖、劳动竞赛奖等。

(3)津贴补贴,是指为了补偿职工特殊或额外的劳动消耗和因其他特殊原因支付给个人的津贴,以及为了保证职工工资水平不受物价影响支付给个人的物价补贴。如流动施工津贴、特殊地区施工津贴、高温(寒)作业临时津贴、高空津贴等。

(4)加班加点工资,是指按规定支付的在法定节假日工作的加班工资和在法定日工作时间外延时工作的加点工资。

(5)特殊情况下支付的工资,是指根据国家法律、法规和政策规定,因病、工伤、产假、计划生育假、婚丧假、事假、探亲假、定期休假、停工学习、执行国家或社会义务等原因按计时工资标准或计时工资标准的一定比例支付的工资。

2. 材料费

材料费是指施工过程中耗费的原材料、辅助材料、构配件、零件、半成品或成品、工程设备的费用。内容包括:

(1)材料原价,是指材料、工程设备的出厂价格或商家供应价格。

(2)运杂费,是指材料、工程设备自来源地运至工地仓库或指定堆放地点所发生的全部费用。

(3)运输损耗费,是指材料在运输装卸过程中不可避免的损耗。

(4)采购及保管费,是指为组织采购、供应和保管材料、工程设备的过程中所需要的各项费用。包括采购费、仓储费、工地保管费、仓储损耗。其中工程设备是指构成或计划构成永久工程一部分的机电设备、金属结构设备、仪器装置及其他类似的设备和装置。

3. 施工机具使用费

施工机具使用费是指施工作业所发生的施工机械、仪器仪表使用费或其租赁费。

(1)施工机械使用费,以施工机械台班耗用量乘以施工机械台班单价表示,施工机械台班单价应由下列七项费用组成:

1)折旧费,指施工机械在规定的使用年限内,陆续收回其原值的费用。

2)大修理费,指施工机械按规定的大修理间隔台班进行必要的大修理,以恢复其正常功能所需的费用。

3)经常修理费,指施工机械除大修理以外的各级保养和临时故障排除所需的费用。包括为保障机械正常运转所需替换设备与随机配备工具附具的摊销和维护费用,机械运转中日常保养所需润滑与擦拭的材料费用及机械停滞期间的维护和保养费用等。

4)安拆费及场外运费,安拆费指施工机械(大型机械除外)在现场进行安装与拆卸所需的人工、材料、机械和试运转费用以及机械辅助设施的折旧、搭设、拆除等费用;场外运费指施工机械整体或分体自停放地点运至施工现场或由一施工地点运至另一施工地点的运输、装卸、辅助材料及架线等费用。

5)人工费,指机上司机(司炉)和其他操作人员的人工费。

6)燃料动力费,指施工机械在运转作业中所消耗的各种燃料及水、电等。

7)税费,指施工机械按照国家规定应缴纳的车船使用税、保险费及年检费等。

(2)仪器仪表使用费,是指工程施工所需使用的仪器仪表的摊销及维修费用。

4. 企业管理费

企业管理费是指建筑安装企业组织施工生产和经营管理所需的费用。内容包括:

(1)管理人员工资,是指按规定支付给管理人员的计时工资、奖金、津贴补贴、加班加点工资及特殊情况下支付的工资等。

(2)办公费,是指企业管理办公用的文具、纸张、账表、印刷、邮电、书报、办公软件、现场监控、会议、水电、烧水和集体取暖降温(包括现场临时宿舍取暖降温)等费用。

(3)差旅交通费,是指职工因公出差、调动工作的差旅费、住勤补助费,市内交通费和误餐补助费,职工探亲路费,劳动力招募费,职工退休、退职一次性路费,工伤人员就医路费,工地转移费以及管理部门使用的交通工具的油料、燃料等费用。

(4)固定资产使用费,是指管理和试验部门及附属生产单位使用的属于固定资产的房屋、设备、仪器等的折旧、大修、维修或租赁费。

(5)工具用具使用费,是指企业施工生产和管理使用的不属于固定资产的工具、器具、家具、交通工具和检验、试验、测绘、消防用具等的购置、维修和摊销费。

(6)劳动保险和职工福利费,是指由企业支付的职工退职金、按规定支付给离休干部的经费、集体福利费、夏季防暑降温、冬季取暖补贴、上下班交通补贴等。

(7)劳动保护费,是企业按规定发放的劳动保护用品的支出。如工作服、手套、防暑降温饮料以及在有碍身体健康的环境中施工的保健费用等。

(8)检验试验费,是指施工企业按照有关标准规定,对建筑以及材料、构件和建筑安装物进行一般鉴定、检查所发生的费用,包括自设试验室进行试验所耗用的材料等费用。不包括新结构、新材料的试验费,对构件做破坏性试验及其他特殊要求检验试验的费用和建设单位委托检测机构进行检测的费用,对此类检测发生的费用,由建设单位在工程建设其他费用中列支。但对施工企业提供的具有合格证明的材料进行检测不合格的,该检测费用由施工企业支付。

(9)工会经费,是指企业按《工会法》规定的全部职工工资总额比例计提的工会经费。

(10)职工教育经费,是指按职工工资总额的规定比例计提,企业为职工进行专业技术和职业技能培训,专业技术人员继续教育、职工职业技能鉴定、职业资格认定以及根据需要对职工进行各类文化教育所发生的费用。

(11)财产保险费,是指施工管理用财产、车辆等的保险费用。

(12)财务费,是指企业为施工生产筹集资金或提供预付款担保、履约担保、职工工资支付担保等所发生的各种费用。

(13)税金,是指企业按规定缴纳的房产税、车船使用税、土地使用税、印花税等。

(14)其他,包括技术转让费、技术开发费、投标费、业务招待费、绿化费、广告费、公证费、法律顾问费、审计费、咨询费、保险费等。

5.利润

利润是指施工企业完成所承包工程获得的盈利。

6.规费

规费是指按国家法律、法规规定,由省级政府和省级有关权力部门规定必须缴纳或计取的费用。包括:

(1)社会保险费。

1)养老保险费,是指企业按照规定标准为职工缴纳的基本养老保险费。

2)失业保险费,是指企业按照规定标准为职工缴纳的失业保险费。

3)医疗保险费,是指企业按照规定标准为职工缴纳的基本医疗保险费。

4)生育保险费,是指企业按照规定标准为职工缴纳的生育保险费。

5)工伤保险费,是指企业按照规定标准为职工缴纳的工伤保险费。

(2)住房公积金,是指企业按规定标准为职工缴纳的住房公积金。

(3)工程排污费,是指按规定缴纳的施工现场工程排污费。

其他应列而未列入的规费,按实际发生计取。

7. 税金

税金是指国家税法规定的应计入建筑安装工程造价内的营业税、城市维护建设税、教育费附加以及地方教育附加。

(三)建筑工程造价构成——按造价形成划分

2013年7月1日起施行的《建筑安装工程费用项目组成》(建标[2013]44号)中规定,建筑安装工程费用项目按工程造价形成顺序划分为分部分项工程费、措施项目费、其他项目费、规费和税金(图1-7)。分部分项工程费、措施项目费、其他项目费包含人工费、材料费、施工机具使用费、企业管理费和利润。

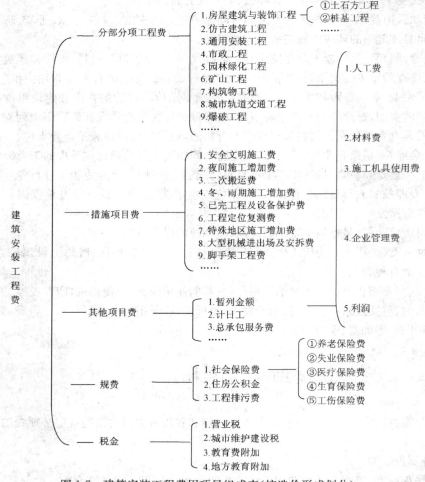

图1-7 建筑安装工程费用项目组成表(按造价形成划分)

1. 分部分项工程费

分部分项工程费是指各专业工程的分部分项工程应予列支的各项费用。

(1)专业工程,是指按现行国家计量规范划分的房屋建筑与装饰工程、仿古建筑工程、通用安装工程、市政工程、园林绿化工程、矿山工程、构筑物工程、城市轨道交通工程、爆破工程等各类工程。

(2)分部分项工程,指按现行国家计量规范对各专业工程划分的项目。如房屋建筑与装饰工程划分的土石方工程、地基处理与桩基工程、砌筑工程、钢筋及钢筋混凝土工程等。

各类专业工程的分部分项工程划分见现行国家或行业计量规范。

2. 措施项目费

措施项目费是指为完成建设工程施工,发生于该工程施工前和施工过程中的技术、生活、安全、环境保护等方面的费用。内容包括:

(1)安全文明施工费。

1)环境保护费,是指施工现场为达到环保部门要求所需要的各项费用。

2)文明施工费,是指施工现场文明施工所需要的各项费用。

3)安全施工费,是指施工现场安全施工所需要的各项费用。

4)临时设施费,是指施工企业为进行建设工程施工所必须搭设的生活和生产用的临时建筑物、构筑物和其他临时设施费用。包括临时设施的搭设、维修、拆除、清理费或摊销费等。

(2)夜间施工增加费,是指因夜间施工所发生的夜班补助费、夜间施工降效、夜间施工照明设备摊销及照明用电等费用。

(3)二次搬运费,是指因施工场地条件限制而发生的材料、构配件、半成品等一次运输不能到达堆放地点,必须进行二次或多次搬运所发生的费用。

(4)冬雨季施工增加费,是指在冬季或雨季施工需增加的临时设施、防滑、排除雨雪,人工及施工机械效率降低等费用。

(5)已完工程及设备保护费,是指竣工验收前,对已完工程及设备采取的必要保护措施所发生的费用。

(6)工程定位复测费,是指工程施工过程中进行全部施工测量放线和复测工作的费用。

(7)特殊地区施工增加费,是指工程在沙漠或其边缘地区、高海拔、高寒、原始森林等特殊地区施工增加的费用。

(8)大型机械设备进出场及安拆费,是指机械整体或分体自停放场地运至施工现场或由一个施工地点运至另一个施工地点,所发生的机械进出场运输及转移费用及机械在施工现场进行安装、拆卸所需的人工费、材料费、机械费、试运转费和安装所需的辅助设施的费用。

(9)脚手架工程费,是指施工需要的各种脚手架搭、拆、运输费用以及脚手架购置费的摊销(或租赁)费用。

措施项目及其包含的内容详见各类专业工程的现行国家或行业计量规范。

3. 其他项目费

(1)暂列金额,是指建设单位在工程量清单中暂定并包括在工程合同价款中的一笔款项。用于施工合同签订时尚未确定或者不可预见的所需材料、工程设备、服务的采购,施工中可能发生的工程变更、合同约定调整因素出现时的工程价款调整以及发生的索赔、现场签证确认等的费用。

(2)计日工,是指在施工过程中,施工企业完成建设单位提出的施工图纸以外的零星项目或工作所需的费用。

(3)总承包服务费,是指总承包人为配合、协调建设单位进行的专业工程发包,对建设单位自行采购的材料、工程设备等进行保管以及施工现场管理、竣工资料汇总整理等服务所需的费用。

4. 规费

同前述"按费用构成要素划分"的相关内容。

5. 税金

同前述"按费用构成要素划分"的相关内容。

(四)建筑工程造价计算程序

1. 工程招标控制价计价程序

建设单位工程招标控制价计价程序见表 1-3。

表 1-3 建设单位工程招标控制价计价程序

工程名称: 标段:

序号	内 容	计算方法	金 额(元)
1	分部分项工程费	按计价规定计算	
1.1			
1.2			
1.3			
1.4			
1.5			
2	措施项目费	按计价规定计算	
2.1	其中:安全文明施工费	按规定标准计算	
3	其他项目费		
3.1	其中:暂列金额	按计价规定估算	
3.2	其中:专业工程暂估价	按计价规定估算	
3.3	其中:计日工	按计价规定估算	
3.4	其中:总承包服务费	按计价规定估算	
4	规费	按规定标准计算	
5	税金(扣除不列入计税范围的工程设备金额)	(1+2+3+4)×规定税率	

招标控制价合计=1+2+3+4+5

2. 工程投标报价计价程序

施工企业工程投标报价计价程序见表 1-4。

表 1-4 施工企业工程投标报价计价程序

工程名称: 标段:

序号	内 容	计算方法	金 额(元)
1	分部分项工程费	自主报价	
1.1			
1.2			

序号	内　容	计算方法	金　额(元)
1.3			
1.4			
1.5			
2	措施项目费	自主报价	
2.1	其中:安全文明施工费	按规定标准计算	
3	其他项目费		
3.1	其中:暂列金额	按招标文件提供金额计列	
3.2	其中:专业工程暂估价	按招标文件提供金额计列	
3.3	其中:计日工	自主报价	
3.4	其中:总承包服务费	自主报价	
4	规费	按规定标准计算	
5	税金(扣除不列入计税范围的工程设备金额)	(1+2+3+4)×规定税率	

投标报价合计=1+2+3+4+5

3. 竣工结算计价程序

竣工结算计价程序见表1-5。

表1-5 　　　　　　　　　　竣工结算计价程序

工程名称：　　　　　　　　　　　　　　　　标段：

序号	汇总内容	计算方法	金　额(元)
1	分部分项工程费	按合同约定计算	
1.1			
1.2			
1.3			
1.4			
1.5			
2	措施项目	按合同约定计算	
2.1	其中:安全文明施工费	按规定标准计算	

(续表)

序号	汇总内容	计算方法	金 额(元)
3	其他项目		
3.1	其中:专业工程结算价	按合同约定计算	
3.2	其中:计日工	按计日工签证计算	
3.3	其中:总承包服务费	按合同约定计算	
3.4	索赔与现场签证	按发承包双方确认数额计算	
4	规费	按规定标准计算	
5	税金(扣除不列入计税范围的工程设备金额)	(1+2+3+4)×规定税率	

竣工结算总价合计=1+2+3+4+5

四、建筑工程造价计价的特征

建筑工程自身的技术经济特点,决定了其价格计价的特征。

1. 单件性

由于建筑产品(工程)一般都是按照规定的地点、特定的设计内容进行施工建造的,所以建筑产品(工程)的生产价格,也只能按照设计图纸规定的内容、规模、结构特征以及建设地点的地形、地质、水文等自然条件,通过编制工程概预算的方式进行单个核算,单个计价。

2. 多次性

建筑产品(工程)的施工建造生产活动是一个周期长、环节多、程序要求严格和生产耗费数量大的过程。国家制度规定,任何一个建设项目都要经过酝酿规划、决策立项、勘察设计、施工建造、试车验收、交付使用等几个大的阶段,每个阶段又包含许多环节。为了适应项目建设各有关方面的要求,国家工程建设管理制度作了如下规定:

(1)在编制项目建议书及可行性研究报告书阶段要进行投资估算。

(2)在初步设计或扩大初步设计阶段要有概算(实行三段设计的技术设计阶段还应编制修正概算)。

(3)在施工图设计阶段,设计部门要编制施工图预算。

(4)在施工建造阶段,施工单位还应编制施工预算。

(5)在工程竣工验收阶段,由建设单位、施工单位共同编制出竣工结(决)算。

综上所述,从投资控制估算→设计概算→施工图预算→施工预算→竣工结(决)算,是一个由粗到细、由预先到事后的造价信息的展开和反馈过程,是一个造价信息的动态过程。及时掌握上述过程中发生的一切造价变化因素,并做出合理的调整和控制,才能加强对建筑产品造价的管理,才能提高工程造价管理水平,才能使有限的建设资金获得最理想的经济效果。

3. 组合性

由第二节叙述得知,建筑工程造价的确定是由分部分项合价组合而成的。一个建设项目是由许多工程项目组成的庞大综合体,它可以分解为许多有内在联系的工程(图1-5)。从计价和管理的角度来说,建设项目的组合性决定了建筑工程造价确定的过程是一个逐步组合的过程。这一过程在概预算造价确定的过程中尤为明显,即:分部分项工程合价→单位工程造价→单项工程造价→建设项目总造价,逐项计算、层层汇总而成。上述计价过程是一个由小到大,由局部到总体的计价过程。

4. 多样性

建筑工程的多次性计价各有不同的计价依据,每次计价的精确程度也各不相同,这就决定了计价方法有多样性特征。例如,建设项目前期工作的投资估算造价确定的方法有单位生产能力估算法、生产能力指标法、系数估算法和比例估算法等;初步设计概算造价确定方法有概算指标法、定额法;施工图预算造价确定有工料单价法和综合单价法两种。不同的方法,有不同的适应条件,精确程度也就不同,但它们并没有实质的不同(即都由"$c+v+m$"构成),而仅是按工程建设程序的要求,由粗到细,由浅到深的一种计价方法。

5. 动态性

我国基本建设管理制度规定,决算不能超过预算,预算不能超过概算,概算不能突破投资控制额,但是,在现实工作中"三算三超"普遍存在,屡见不鲜。造成这种状况的原因是多方面的,但形成"三超"的主要因素是建筑材料、设备价格常有变化。为适应我国改革开放的纵深发展和社会主义市场经济的建立,目前,我国各省、自治区、直辖市基本建设主管部门,对工程建设造价的管理,已普遍地实行了动态管理。所谓动态管理,就是依据各自现行的预算定额价格水平,结合时下设备、材料、人工工资、机械台班单价上涨或下降的幅度,以及有关应取费用项目的增加或取消、某种费用标准的提高或降低等,采用"加权法"计算出一定时期(如 2009 年上半年或下半年)内工程综合或单项(如机械费或施工流动津贴费)价格指数,定期发布,并规定本地区所有的在建项目都要贯彻执行的一种计价方法,则称为动态计价。

本 章 思 考 重 点

1. 何谓建筑工程和建筑工程造价?

2. 建筑工程的建设程序分为哪几个阶段,其主要内容是什么?

3. 何谓建设项目,建设项目为什么要进行分解?

4. 建筑工程造价由哪几部分构成?

5. 列入建筑工程造价的税金有哪几种,它们的含义是什么?

6. "城市建设维护税"有些教材称为"城乡建设维护税"对吗? 为什么?

第二章 建筑工程施工图识读

施工图是工程技术的通用语言。也可以说，建筑工程施工图是指导建筑工人进行施工操作的行动准则。

建造师按照施工图进行放线和指导施工；建筑工人按照施工图进行操作营造；监理工程师按照施工图进行监理；造价师按照施工图进行编制工程量清单或施工图预算书，核算工程造价。建筑工程预算造价（投资）的确定程序可用程序式表示为：视图→计算分部分项工程量→编制工程量清单与计价或选套定额单价→计算预算造价。由此可见，造价工程师（员）必须具有阅读建筑安装工程施工图的能力，熟知施工图所表示的内容。也只有掌握了这项基本功，才能做好编制和审核工程造价的工作。

第一节 建筑工程施工图的种类及组成

一、图及施工图的概念

1. 图的基本概念

图是用图示方法表示的各种形式技术信息的统称。或者说，图是用图的形式来表示技术信息的一种技术文件。工程设计部门用图表达设计师（员）对拟建土木建筑的建筑构思；生产部门用图指导加工与制造；施工部门用图编制施工作业计划、准备机具材料、组织施工；工程造价人员用图编制工程预算，确定造价；使用部门用图指导使用、维护和管理。因此，每一位工程技术人员和管理人员，学会工程图的绘制和识读，对于提高设计、制造、施工、管理水平，具有重要的技术和经济意义。

2. 图形的基本概念

图形，即图的形状或形象。因此，可以说，采用一定的图形图例、符号、代号和粗细、虚实不同的线型以及数字、文字说明等绘画出空间物体形状的图样称为"图形"。而"图形"是根据什么原则或方法绘画出来的呢？工程上的图样，与我们日常生活中所看到电影电视广告、画报、照片上的图样有何不同呢？对于这个问题，在这里我们可以简单地说，影视广告、画报、照片上的图样虽然容易看懂，但因为它没有准确的外形和尺寸，所以按照它去施工是不可能的。而工程图样，尽管它是按照一定的比例缩小了若干倍，但它的外形还是很准确的。因此，我们可以说，凡能够供施工用的准确图样，是按照制图学中一种叫作"正投影"的原理来绘画的。

3. 施工图的基本概念

建筑设计人员，按照国家的建筑方针政策、设计规范、设计标准，结合有关资料（如建设地点的水文、地质、气象、资源、交通运输条件等）以及建设项目委托人提出的具体要求，在经过批准的初步（或扩大初步）设计的基础上，运用制图学原理，采用国家统一规定的图例、符号、线型等来表示拟建建筑物、构筑物以及建筑设备各部位之间空间关系及其实际形状尺寸的图样，并用于拟建项目施工和编制工程量清单计价文件或施工图预算的一整套图纸，就称为施工图。

二、施工图的种类

根据专业的不同,建筑工程施工图可以划分为总平面布置图、建筑图和安装图三大部分。总平面布置图是总图运输施工图的组成之一,建筑图又称土建图(包括建筑和结构),安装图包括给排水(含消防)、采暖、通风和电气施工图等。

每个专业的施工图,根据作用的不同,又可分为基本图和详图两部分。表明建筑安装工程全局性内容的施工图为基本图,如建筑平面图、立面图、剖面图和总平面图;表明某一局部或某一构(配)件详细构造材料、尺寸和做法的图样为详图。

三、施工图的组成及内容

(一)施工图的组成

一套完整的建筑工程施工图纸,通常由图 2-1 所示的几部分组成。

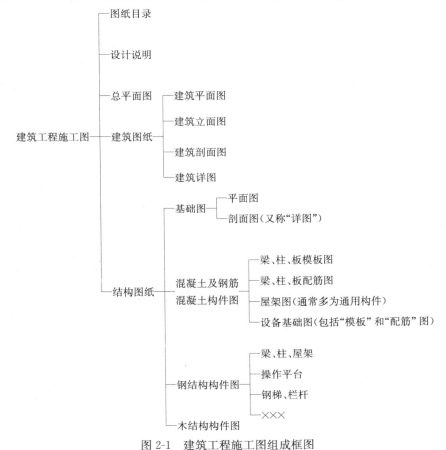

图 2-1　建筑工程施工图组成框图

(二)施工图的内容

(1)图纸目录。标明本套图纸组成情况的图页,称作图纸"目录"。其格式及内容组成,国家没有统一规定,由各设计单位自行确定。某设计单位的图纸目录格式见表 2-1。

表 2-1   图 纸 目 录

××工业部××设计院	图纸目录 (建筑专业)					
项目名称:××合成氨技改工程		版次	编制	校核	审核	日期
装置名称:压缩厂房(672)		图号 06555—672—W				
设计阶段:施工图	第1页 共1页					

序号	名称	图号或编号	复用或标准图编号	张数	折合1#图	备注	修改
1	图纸目录	06555—672—W		1	0.125		
2	首页图	06555—672—W—1		1	0.5		
⋮	⋮	⋮					

　　图纸目录主要说明本工程由哪些图纸组成,以及各工程图纸的名称、图号、张数、张次和图幅。它的作用如同一本书的目录一样,主要是为了便于查找有关图纸。图纸目录视工程项目大小和繁简程度,有总目录和设计项目目录之分。

　　(2)设计说明。设计说明主要阐明本工程的设计依据、设计标准和施工要求等。通过阅读可以了解该设计项目的概貌和总的施工注意事项以及其他应说明的问题。其内容没有固定格式,因工程具体情况不同而不同。为了加深对设计说明的了解,现将某工程施工图的设计说明编录如下:

　　建筑设计说明

　　一、设计依据:

　　1. 工程委托设计书。

　　2. 甲方及工艺专业提供的条件图、可行性研究报告、地质勘探报告等资料。

　　3. 现行建筑设计规范,主要设计规范:

　　GB 50016—2006《建筑设计防火规范》

GB 50033—2013《建筑采光设计标准》

二、工程概况：

1. 本工程建设单位：××省化工有限公司，建筑名称：压缩厂房，建设地点：××市。

2. 建筑面积：1030.68m²，建筑占地面积：1180m²，建筑层数：二层，建筑高度：20.55m，屋面防水等级：Ⅱ级。

3. 结构形式：框架，建筑抗震设防烈度：8 度，建筑设计使用年限：50 年，建筑耐火等级：一级，生产火灾危险性类别：甲类。

4. 本工程位置见总平面图，±0.000 相当于绝对标高 421.040m（相当于原厂房 1.000m），室内外高差 0.200m。

5. 图中所注尺寸，除标高以米计外，其余尺寸均以毫米计。

6. 结构柱及构造柱见结构施工图。

7. 门窗过梁与结构梁柱相碰时与结构梁柱一起现浇或预留插筋二次浇筑。

三、墙体：

1. ±0.000 以上采用 MU10 空心砖或混凝土轻质砌块、M7.5 混合砂浆砌筑，±0.000 以下见结构施工图。

2. 砌筑门窗洞口时应按相应的门窗标准图要求预留孔洞或埋件以便固定门窗。

四、屋面：

1. 压缩机房屋面采用钢屋架夹芯板屋面，防水等级Ⅱ级（见建筑用料及做法表和图）另见结构施工图。

配电室屋面为水泥砂浆屋面，防水等级Ⅱ级（见建筑用料及做法表和图）另见结构施工图。

2. 雨篷（YP）做法见陕 02J03 页 25②（另见结构施工图）

五、其他：

1. 窗脚线做法见陕 02J03 页 21AB。

2. 室内楼地面坡度及排水：≥0.2% 坡向地漏、排水明沟。

3. 施工应严格执行国家和地区现行施工和验收规范。

4. 主要标准图：

陕标 02J01－03；国标：92SJ704（一）、02J331、01J925－1、02J401、04CJ01－1、02J611－1、03J609、03G322－1。

（3）建筑工程施工图。建筑工程施工图一般包括建筑总平面图、建筑平面图、建筑立面图、建筑剖面图、建筑详图等。

1）建筑总平面图。建筑总平面图简称总平面图。它是假设在建设区的上空向下投影所得的水平投影图。某高校东区总平面图如图 2-2 所示。

建筑总平面图的内容和用途主要是表明建筑物的总体布局、新建和原有建筑物的位置、标高、室外附属设施以及工程地区及周围的地物、地形、地貌等情况的图纸。为了确定各单体建筑物的具体位置，总平面图上还标注有建筑"红线"或坐标方格网和建筑物位置处的绝对标高。为了表明建筑物的朝向和方位，总平面图上一般都绘有指北针和表示风向的"玫瑰"图以及原有建筑物、拆除建筑、新建建筑图例等。所以它可作为建筑物定位、施工放线和总平面布置的依据。

建筑总平面图是一个建设项目的"纲领"，在总平面图中只标示出各个单体工程的位置、层数、大致形状等，使阅图的有关人员建立一个总体概念。

建筑总平面图常用图例，见表 2-2。

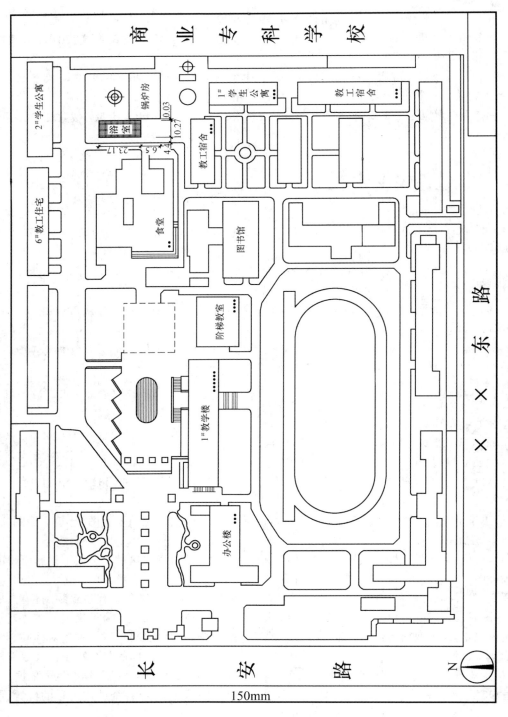

图2-2 某高校东区总平面图 1:100

表 2-2　　　　　　　　　　　　　　　　　总平面图例

序号	名　称	图　　例	备　　注
1	新建建筑物	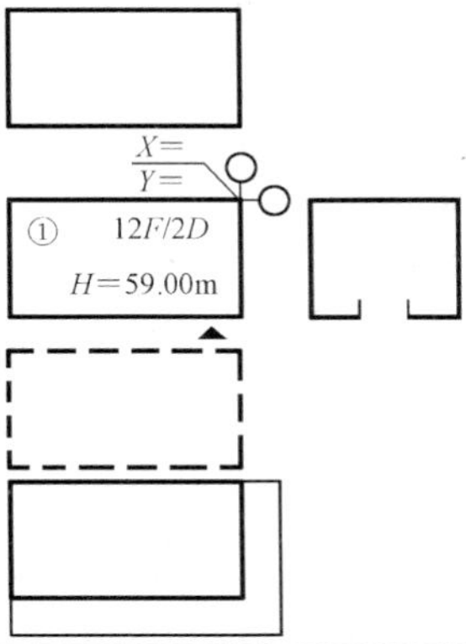 ① 12F/2D $H=59.00m$ $X=$ $Y=$	新建建筑物以粗实线表示与室外地坪相接处±0.00外墙定位轮廓线 　　建筑物一般以±0.00高度处的外墙定位轴线交叉点坐标定位。轴线用细实线表示,并标明轴线号 　　根据不同设计阶段标注建筑编号,地上、地下层数,建筑高度,建筑出入口位置(两种表示方法均可,但同一图纸采用一种表示方法) 　　地下建筑物以粗虚线表示其轮廓 　　建筑上部(±0.00以上)外挑建筑用细实线表示 　　建筑物上部连廊用细虚线表示并标注位置
2	原有建筑物		用细实线表示
3	计划扩建的预留地或建筑物		用中粗虚线表示
4	拆除的建筑物	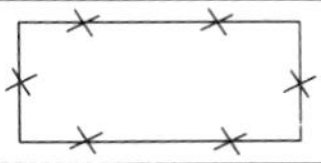	用细实线表示
5	建筑物下面的通道	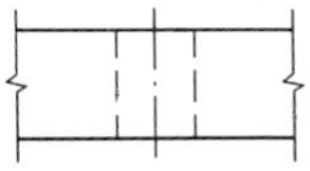	—
6	散状材料露天堆场	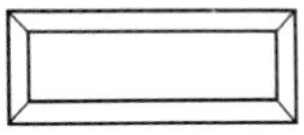	需要时可注明材料名称
7	其他材料露天堆场或露天作业场	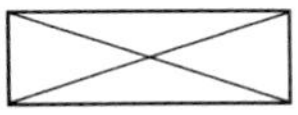	需要时可注明材料名称
8	铺砌场地	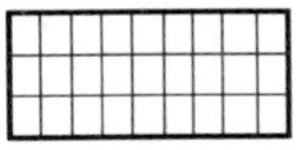	—
9	敞棚或敞廊	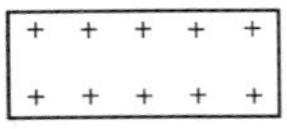	—
10	高架式料仓	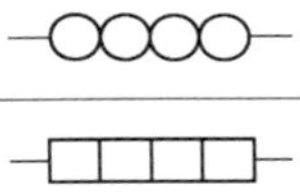	—
11	漏斗式贮仓		左、右图为底卸式;中图为侧卸式
12	冷却塔(池)		应注明冷却塔或冷却池
13	水塔、贮罐	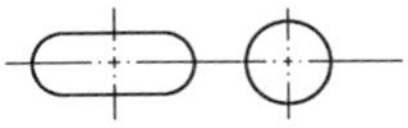	左图为卧式贮罐;右图为水塔或立式贮罐
14	水池、坑槽		也可以不涂黑

(续一)

序号	名称	图 例	备 注
15	明溜矿槽(井)	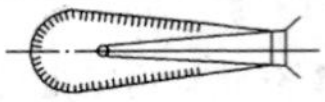	—
16	斜井或平硐	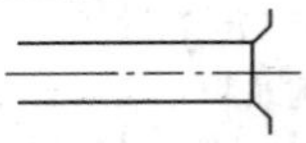	—
17	烟囱		实线为烟囱下部直径,虚线为基础,必要时可注写烟囱高度和上、下口直径
18	围墙及大门		—
19	挡土墙	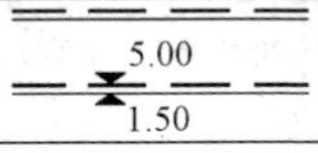 5.00 / 1.50	挡土墙根据不同设计阶段的需要标注 墙顶标高/墙底标高
20	挡土墙上设围墙		—
21	台阶及无障碍坡道	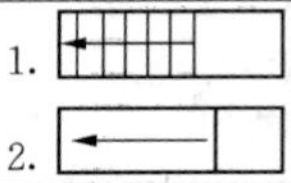 1. / 2.	1. 表示台阶(级数仅为示意); 2. 表示无障碍坡道
22	露天桥式起重机	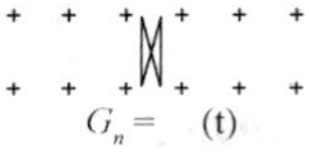 $G_n=$ (t)	起重机起重量 G_n,以吨计算; "+"为柱子位置
23	露天电动葫芦	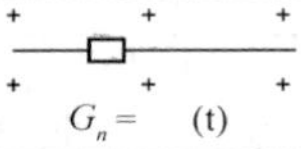 $G_n=$ (t)	起重机起重量 G_n,以吨计算; "+"为支架位置
24	门式起重机	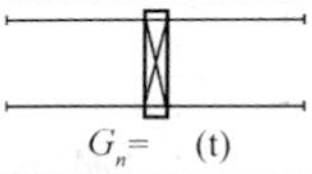 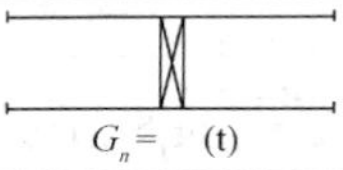 $G_n=$ (t) $G_n=$ (t)	起重机起重量 G_n,以吨计算; 上图表示有外伸臂; 下图表示无外伸臂
25	架空索道	 —I—I—	"Ⅰ"为支架位置
26	斜坡卷扬机道		
27	斜坡栈桥(皮带廊等)	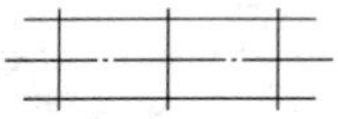	细实线表示支架中心线位置
28	坐标	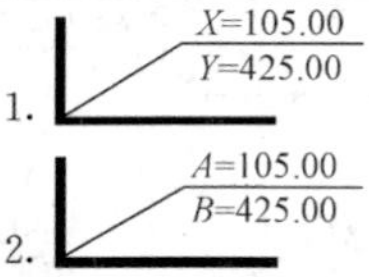 1. $X=105.00$ $Y=425.00$ 2. $A=105.00$ $B=425.00$	1. 表示地形测量坐标系; 2. 表示自设坐标系; 坐标数字平行于建筑标注
29	方格网交叉点标高	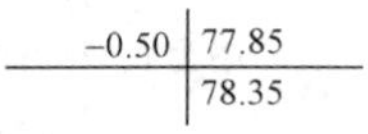 -0.50 ╎ 77.85 / 78.35	"78.35"为原地面标高; "77.85"为设计标高; "—0.50"为施工高度; "—"表示挖方("+"表示填方)
30	填方区、挖方区、未整平区及零线	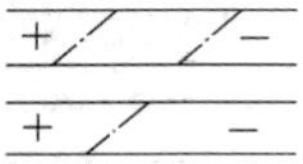 + / — / + / —	"+"表示填方区; "—"表示挖方区; 中间为未整平区; 点画线为零点线

(续二)

序号	名称	图 例	备 注
31	填挖边坡		—
32	分水脊线 与谷线	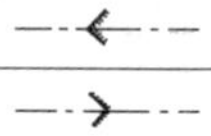	上图表示脊线 下图表示谷线
33	洪水淹没线		洪水最高水位以文字标注
34	地表排水方向		—
35	截水沟	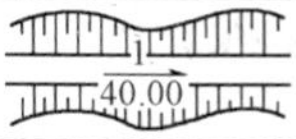 40.00	"1"表示1%的沟底纵向坡度,"40.00"表示变坡点间距离,箭头表示水流方向
36	排水明沟	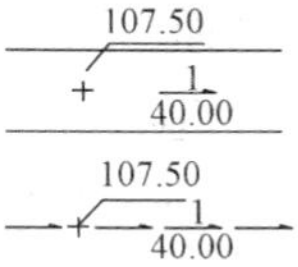 107.50 ⊥ 40.00 107.50 ⊥ 40.00	上图用于比例较大的图面 下图用于比例较小的图面 "1"表示1%的沟底纵向坡度,"40.00"表示变坡点间距离,箭头表示水流方向 "107.50"表示沟底变坡点标高(变坡点以"+"表示)
37	有盖板的排水沟	 ⊥ 40.00 ⊥ 40.00	—
38	雨水口	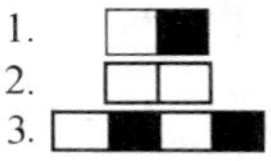 1. 2. 3.	1. 雨水口 2. 原有雨水口 3. 双落式雨水口
39	消火栓井		
40	急流槽		
41	跌水		箭头表示水流方向
42	拦水(闸)坝	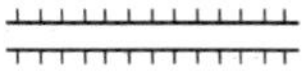	
43	透水路堤		边坡较长时,可在一端或两端局部表示
44	过水路面	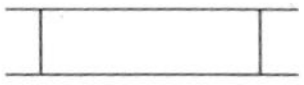	
45	室内 地坪标高	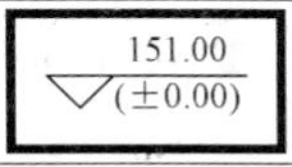 151.00 ▽(±0.00)	数字平行于建筑物书写
46	室外地坪标高	 ▼ 143.00	室外标高也可采用等高线
47	盲道	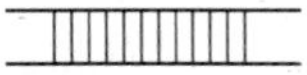	
48	地下车库入口	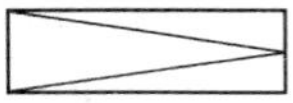	机动车停车场
49	地面露天停车场	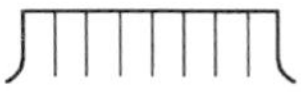	
50	露天机械停车场	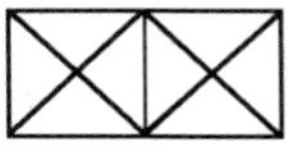	露天机械停车场

2)建筑施工图。表明建(构)筑物的几何形状、尺寸、构造以及内、外部装饰情况、门窗安装位

置的施工图纸,称为建筑施工图。建筑施工图包括平、立、剖面图、详图和门窗及过梁表、室内装饰表等。

①建筑平面图。表明建(构)筑物的水平尺寸、形状和内部布置情况的图纸,称为建筑平面图。建筑平面图主要表明以下各项内容:建筑物的层次及名称;建筑物的形状;建筑物的入口位置、走道、楼梯、门窗位置;建筑物轴线布置;建筑室内外标高、各房间用途、布置和尺寸大小;首层建筑平面图还表明了散水坡、台阶的位置及尺寸等。

②建筑立面图。每个建筑物都有东、西、南、北四个朝向,表示各个朝向外墙面及有关构件(如门窗、雨篷等)情况的图样称作立面图。建筑立面图主要表明建筑物的外部形状、总高度尺寸和有关尺寸(如窗洞口高度尺寸等),室外标高,门、窗、台阶、雨篷、阳台等位置,勒脚、腰线、挑檐、外墙壁柱、外墙面、门厅台阶等各部位的装饰要求或材料做法等。

③建筑剖面图。假设我们把房屋建筑用好像切西瓜的剖切方法沿垂直方向切开,将所看到的构造情况采用规定图例将它描绘出来的图样就叫作剖面图。为了满足施工和编制预算的需要,设计人员在平面图中都画有剖切符号,以示该建筑物的剖切位置和剖切方向,即沿建筑物纵向剖切或横向剖切。剖面图补充了平、立面图的某些不足,能够把房屋内部的情况清楚地反映出来,如室内、外地坪标高,门窗安装高度,各楼层层高,楼地面、梁、柱、板的构造材料及做法,间壁墙高度,楼梯的形式构造等,通过剖面图都能显示出来。

④建筑详图。建筑详图是由于平、立、剖面图的比例较小(一般只有实物的1‰或更小)或地盘所限,建筑物上的许多细部构造无法表示清楚。为了满足施工和编制预算计算工程量的需要,设计人员对建筑物的某一部分或某一构件用较大比例(如1:2、1:5、1:10、1:20的比例)单独详细绘制出来的图样,就叫作建筑详图,简称详图。

详图可分为标准详图和非标准详图两种类型。全国各地都适用的详图称标准详图;仅在本项目中适用,而其他项目都不适用的详图,则称作非标准详图。

详图在建筑施工图中,最常见到的有墙身详图,楼梯、门窗、门厅、檐口、厨房、厕所、预埋铁件等详图。建筑详图的特点是:比例大;尺寸标注齐全;文字说明清楚详细。所以,无论是施工或编制预算,详图是施工图不可缺少的重要组成部分。

3)结构施工图。用来表明建设项目的骨架结构构造类型、材料、尺寸要求和其施工做法的图纸称作结构施工图,简称"结构图"。结构施工图纸,按照所在部位和所使用材料的不同,通常划分为混凝土及钢筋混凝土结构施工图、钢结构施工图、木结构施工图等。

①混凝土及钢筋混凝土结构施工图。采用混凝土及钢筋混凝土材料表明建(构)筑物承重结构构件——基础、墙、柱、梁、板、屋架、檩条等的形状、尺寸、造型及布置情况的图样,就叫作混凝土及钢筋混凝土结构施工图。钢筋混凝土结构施工图的类型主要有基础施工图、钢筋混凝土梁、柱施工图和楼层(板)、屋盖施工图等。它们的功能作用主要是施工放线,土(石)方开挖、模板制作、钢筋配制、混凝土浇筑,编制施工组织设计、施工图预算和施工作业进度计划等。

混凝土及钢筋混凝土施工图构件类型不同,所表达的内容和方法也就不同。图2-3桩基础主要表明的内容是:桩基布置范围;桩基形状;桩基编号及数量;桩基直径及深(长)度;桩基顶端埋设深度(-3.50m);桩基的类型及混凝土强度等级(C25);桩基的配筋方式及钢筋规格和等级,即受力钢筋为6φ18或8Φ22,箍筋为φ8@100/200螺旋形等。该桩基为低承台桩基①。

---

① 若桩身全部埋于土中,承台底面与土体接触,称为低承台桩;若桩身上部露出地面而承台底位于地面以上,则称为高承台桩。

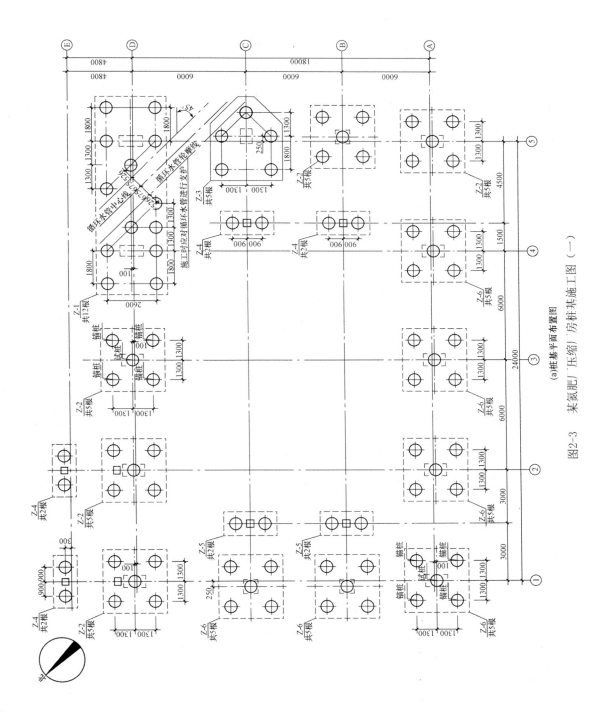

(a)桩基平面布置图

图2-3 某氮肥厂压缩厂房桩基施工图（一）

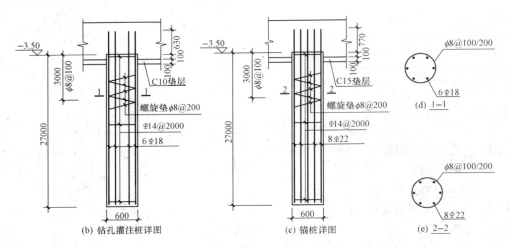

图 2-3　某氮肥厂压缩厂房桩基施工图(二)

混凝土及钢筋混凝土构件和钢筋的代号分别见表 2-3 和表 2-4。

表 2-3　　　　　　　　　　　　　　　　构　件　代　号

序号	名　称	代号	序号	名　称	代号	序号	名　称	代号
1	板	B	19	连系梁	LL	37	阳台	yT
2	槽形板	GB	20	楼梯梁	TL	38	梯	T
3	折板	ZB	21	单轨吊车梁	DDL	39	垂直支撑	CC
4	密肋板	MB	22	轨道连接	DGL	40	水平支撑	SC
5	空心板	KB	23	车挡	CD	41	柱间支撑	ZC
6	屋面板	WB	24	框架梁	KL	42	柱	Z
7	挡雨板或檐口板	yB	25	框支梁	KZL	43	桩	ZH
8	天沟板	TGB	26	屋面框架梁	WKL	44	基础	J
9	墙板	QB	27	框架柱	KZ	45	设备基础	SJ
10	楼梯板	TB	28	檩条	LT	46	预埋件	M
11	吊车安全走道板	DB	29	梁垫	LD	47	构造柱	GZ
12	盖板或沟盖板	GB	30	屋架	WJ	48	暗柱	AZ
13	梁	L	31	托架	TJ	50	挡土墙	DQ
14	基础梁	JL	32	天窗架	CJ	49	承台	GT
15	过梁	GL	33	框架	KJ	51	地沟	DG
16	圈梁	QL	34	刚架	GJ	52	天窗端壁	TD
17	吊车梁	DL	35	支架	ZJ	53	钢筋网	W
18	屋面梁	WL	36	雨篷	yP	54	钢筋骨架	G

注:预制或预应力钢筋混凝土构件,应在上列构件前加一"y"字母,例如"y—WL"表示预应力钢筋混凝土屋面梁。

表 2-4　　　　　　　　　　　　　　　　钢　筋　代　号

序号	名　称	代号	序号	名　称		代号
1	HPB300 级钢筋	ϕ	9	中强度	光面	ϕ^{PM}
2	HRB335 级钢筋	Φ	10	预应力钢丝	螺旋肋	ϕ^{HM}
3	HRBF335 级钢筋	Φ^F	11	预应力	螺纹	ϕ^T
4	HRB400 级钢筋	Φ	12	螺纹钢筋		

（续表）

序号	名　　称	代号	序号	名　　称		代号
5	HRBF400 级钢筋	Φ^F	13	消除应	光面	ϕ^P
6	RRB500 级钢筋	Φ^R	14	力钢丝	螺旋肋	ϕ^H
7	HRB500 级钢筋	Φ		钢绞线		ϕ^S
8	HRBF500 级钢筋	Φ^F				

②钢结构施工图。由型钢、圆钢和钢板组合、连接而成的受力结构构件图样,称作钢结构施工图。钢结构施工图主要有钢柱、钢梁、钢屋架、钢支撑、钢平台、钢梯、钢桥架等。钢结构施工图与其他专业施工图一样,也是由平、立、剖面组成。平面图主要表明各构件组合布置情况和各有关部位的平面尺寸、构件编号及材料代号和规格,如 δ8 表示钢板厚度为 8mm;立面图主要表明结构件的竖向总貌、构件标高及有关尺寸;剖面图主要表明结构件剖切方向的杆件所用材料的型号、规格、位置、数量,各杆件之间的组合方式和连接方法等。某工程室外 $\overset{1.25}{\triangledown}$ 钢平台施工图如图 2-4 所示。

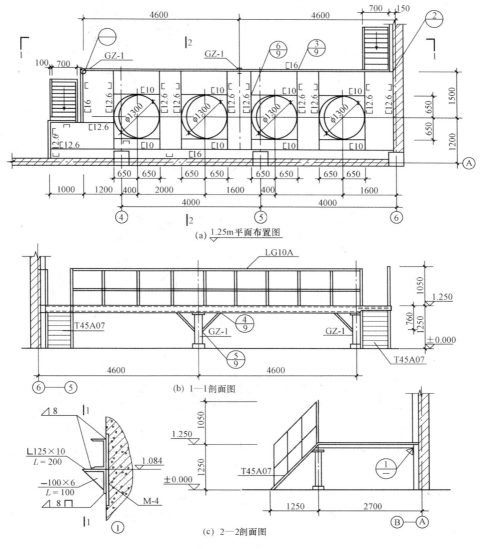

(a) 1.25m 平面布置图

(b) 1—1 剖面图

(c) 2—2 剖面图

图 2-4　某工程钢平台施工图(一)

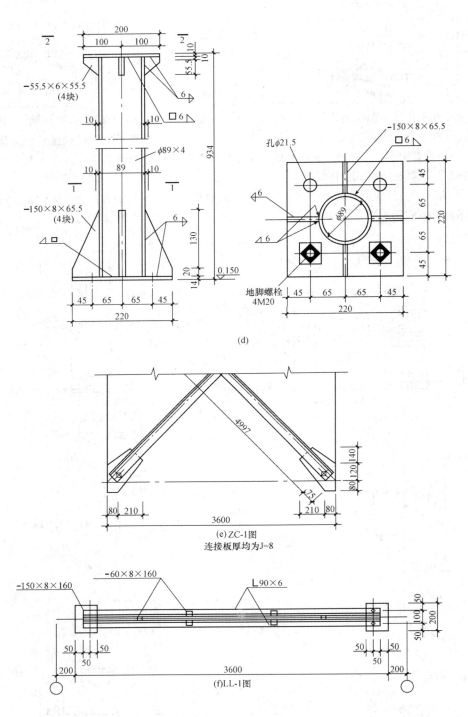

图 2-4　某工程钢平台施工图(二)

注:本图只绘制了构件的主要图,所有节点大样图均未绘出

钢结构常用型钢的标注方法、连接方式标注方法见表 2-5～表 2-7。

表 2-5   常用型钢的标注方法

序号	名　称	截　面	标　注	说　明
1	等边角钢	L	$L b \times t$	b 为肢宽； t 为肢厚
2	不等边角钢		$L B \times b \times t$	B 为长肢宽；b 为短肢宽； t 为肢厚
3	工字钢	I	I N　　Q I N	轻型工字钢加注 Q 字； N—工字钢的型号
4	槽钢	⊏	I N　　Q I N	轻型槽钢加注 Q 字； N—槽钢的型号
5	方钢		$□ b$	
6	扁钢		$- b \times t$	
7	钢板	——	$\dfrac{- b \times t}{t}$	$\dfrac{宽 \times 厚}{板长}$
8	圆钢	⊘	ϕd	
9	钢管	○	$\phi d \times t$	d 为内径；t 为壁厚
10	薄壁方钢管	□	$B □ b \times t$	
11	薄壁等肢角钢	L	$B L b \times t$	
12	薄壁等肢卷边角钢		$B L b \times a \times t$	
13	薄壁槽钢		$B I h \times b \times t$	薄壁型钢加注 B 字；t 为壁厚
14	薄壁卷边槽钢		$B I h \times b \times a \times t$	
15	薄壁卷边 Z 型钢		$B \mathrel{\text{Z}} h \times b \times a \times t$	
16	T 型钢	T	TW×× TM×× TN××	TW 为宽翼缘 T 型钢； TM 为中翼缘 T 型钢； TN 为窄翼缘 T 型钢
17	H 型钢	H	HW×× HM×× HN××	HW 为宽翼缘 H 型钢； HM 为中翼缘 H 型钢； HN 为窄翼缘 H 型钢
18	起重机钢轨		⊥ QU××	详细说明产品规格型号
19	轻轨及钢轨		⊥ ××kg/m 钢轨	

表 2-6   螺栓、孔、电焊铆钉的表示方法

序号	名 称	图 例	说 明
1	永久螺栓	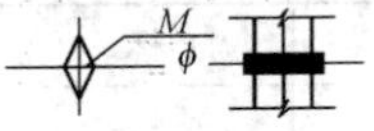	
2	高强螺栓	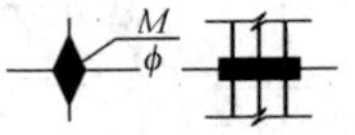	
3	安装螺栓	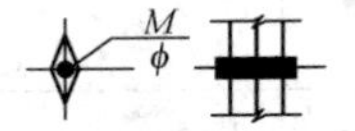	1. 细"+"线表示定位线;
4	胀锚螺栓	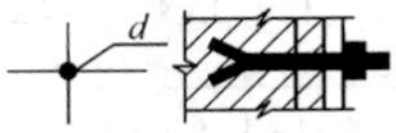	2. M 表示螺栓型号; 3. ϕ 表示螺栓孔直径; 4. d 表示膨胀螺栓、电焊铆钉直径;
5	圆形螺栓孔	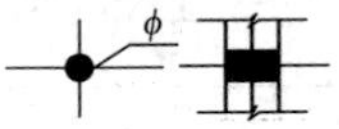	5. 采用引出线标注螺栓时,横线上标注螺栓规格,横线下标注螺栓孔直径。
6	长圆形螺栓孔	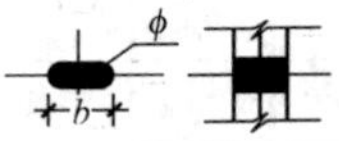	
7	电焊铆钉	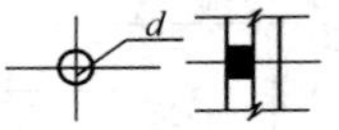	

表 2-7   建筑钢结构常用焊缝符号及符号尺寸

序号	焊缝名称	形 式	标注法	符号尺寸(mm)
1	V 形焊缝	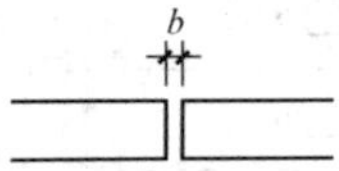	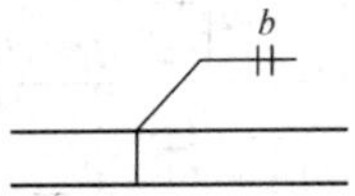	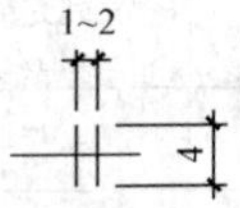
2	单边 V 形焊缝	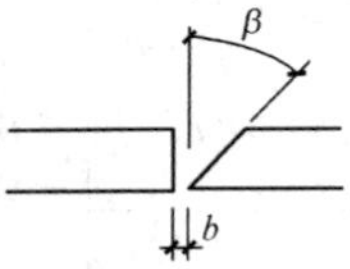	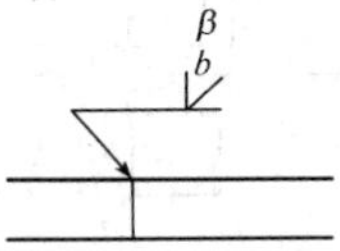 注:箭头指向剖口	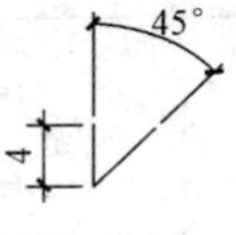
3	带钝边 单边 V 形焊缝	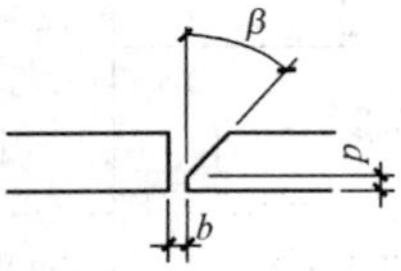	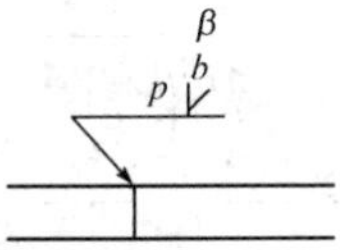	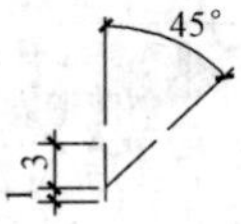
4	带垫板 带钝边 单边 V 形焊缝	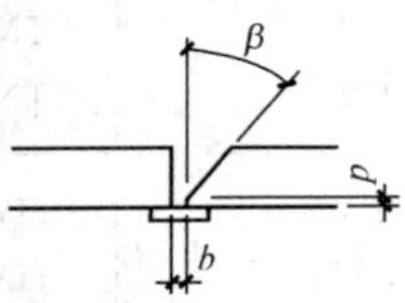	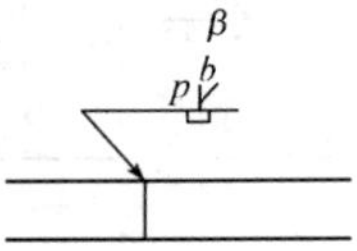 注:箭头指向剖口	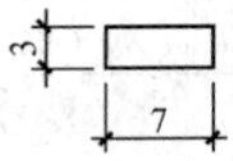
5	带垫板 V 形焊缝	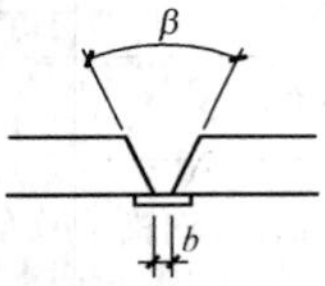	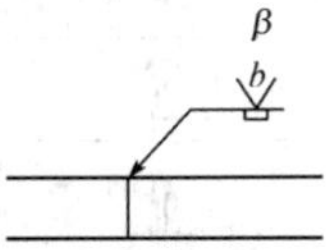	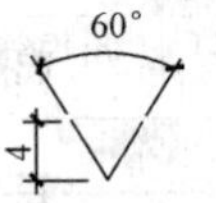

（续一）

序号	焊缝名称	形　式	标注法	符号尺寸(mm)
6	Y 形焊缝	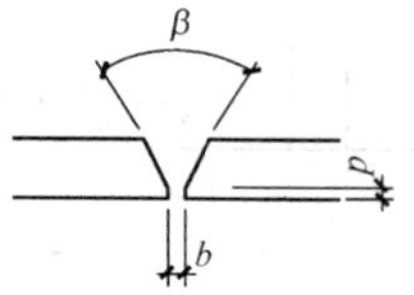	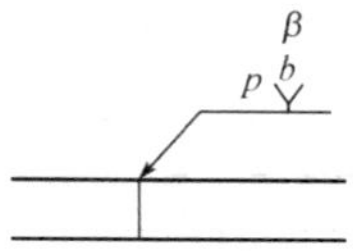	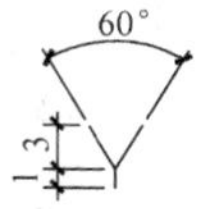
7	带垫板 Y 形焊缝	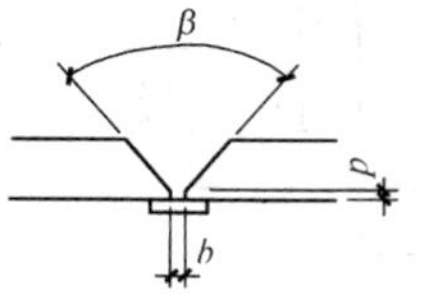	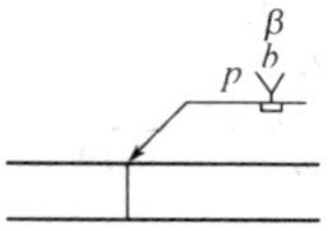	—
8	双单边 V 形焊缝	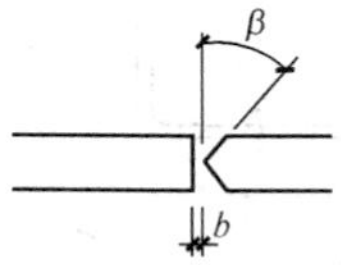	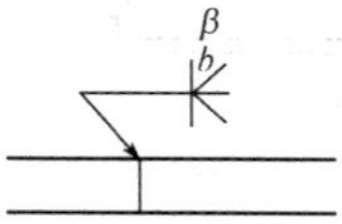	—
9	双 V 形 焊缝	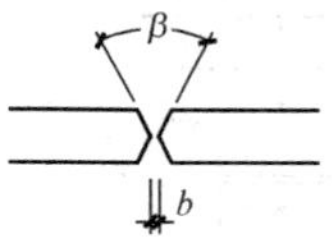	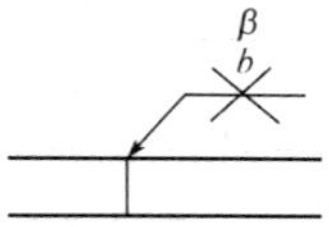	—
10	带钝边 U 形焊缝	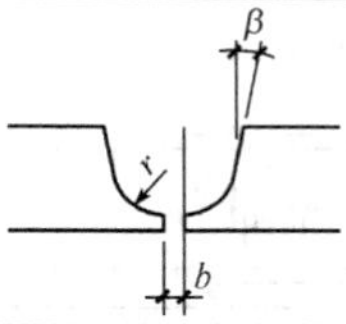	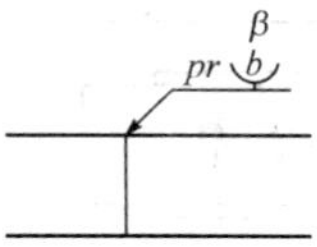	
11	带钝边 双 U 形 焊缝	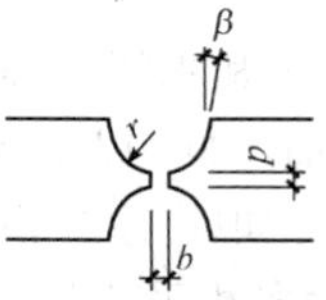	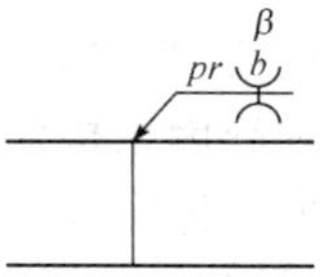	—
12	带钝边 J 形焊缝	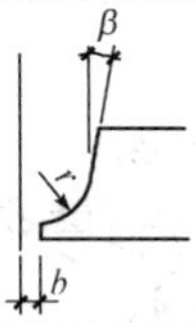	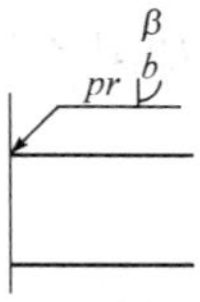	
13	带钝边 双 J 形 焊缝	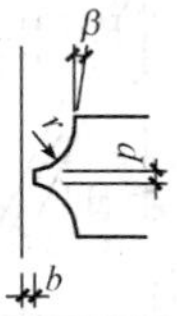	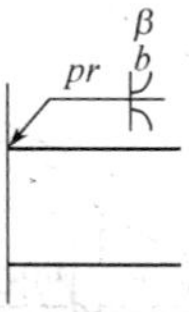	—
14	角焊缝	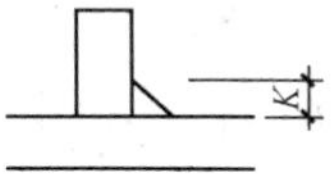	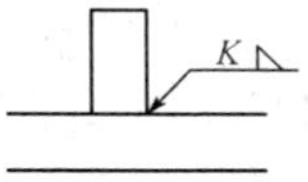	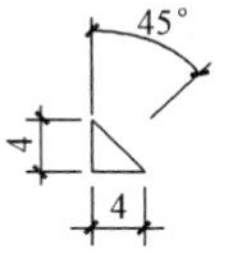

（续二）

序号	焊缝名称	形 式	标注法	符号尺寸(mm)
15	双面角焊缝			—
16	剖口角焊缝	$a=t/3$		
17	喇叭形焊缝			
18	双面半喇叭形焊缝			
19	塞焊			

③木结构施工图。表明木门窗、木屋架、木柱、木檩条和木楼梯等构件的图样，称为木结构施工图。木结构施工图所表明的内容因结构件类型不同而不同，以木屋架来说，通常包括有：平面布置图；高跨比简图；屋架制作安装详图等。应当指出，在现代建筑物中，除仿古建筑物木构件采用非标准构件外，而在工业与民用建筑中的木构件绝大多数采用通用标准构件。某省钢木屋架通用图集中 14m 跨屋架制作详图如图 2-5 所示。

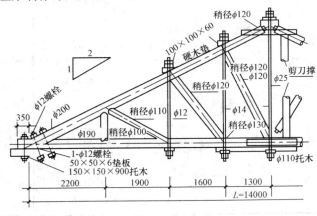

图 2-5　钢木屋架制作详图

木结构件图例及连接方式的表示方法分别见表2-8、表2-9所示。

表 2-8　　　　　　　　　常用木构件断面的表示方法

序 号	名 称	图 例	序 号	名 称	图 例
1	圆木	 φ或d	3	方木	b×h
2	半圆木	1/2φ或d	4	木板	b×h或h

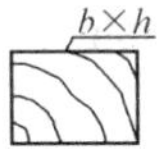

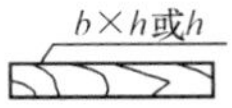

说明：(1)木材的断面图均应画出横纹线或顺纹线。

　　　　(2)立面图一般不画木纹线，但木键的立面图均须画出木纹线。

表 2-9　　　　　　　　　木构件连接的表示方法

序号	名 称	图 例	序号	名 称	图 例
1	钉连接正面画法（看得见钉帽的）	$n\phi d \times L$	5	螺栓连接	$n\phi d \times L$
2	钉连接背面画法（看不见钉帽的）	$n\phi d \times L$			(1)当采用双螺母时应加以注明。(2)当采用钢夹板时，可不画垫板线
3	木螺钉连接正面画法(看得见钉帽的)	$n\phi d \times L$	6	杆件连接	 仅用于单线图中
4	木螺钉连接背面画法(看不见钉帽的)	$n\phi d \times L$	7	齿连接	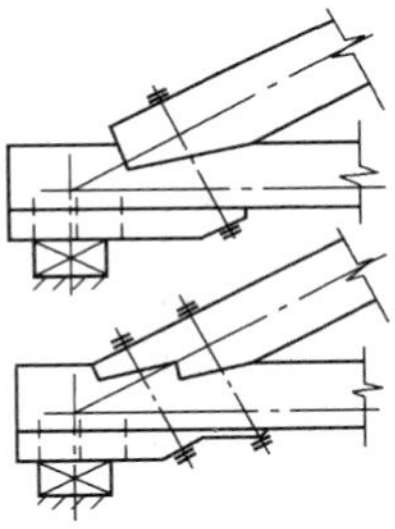

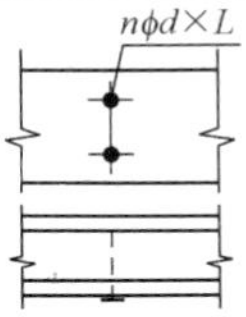

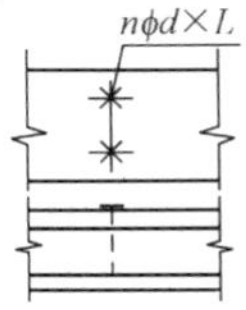

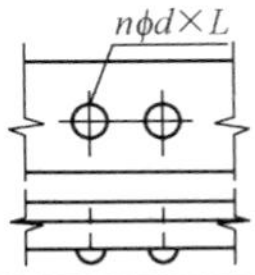

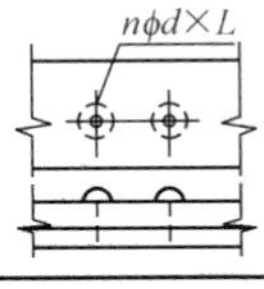

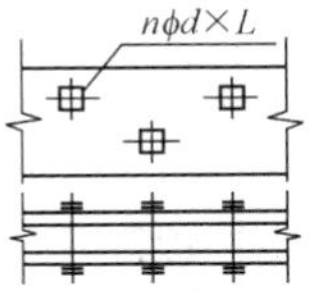

四、建筑工程施工图纸的排列次序

建筑工程施工图纸的排列次序，各设计单位不完全相同，但一般来说，其排列次序可用程序式表示为：图纸目录→设计总说明→建筑总平面图→建筑图→结构图→给排水图→暖通空调图→电气工程图→建筑智能系统安装图……。具体地说，一般是全局性图纸在前，局部性图纸在后；先施工的图纸在前，后施工的图纸在后。

第二节　建筑工程施工图识图基本常识

图纸是工程技术的通用语言。因此，工程造价人员，对建筑工程施工图纸的有关规定应该了解，同时，才能提高识图的效率。

一、图面的组成及尺寸

根据国家标准《房屋建筑制图统一标准》(GB/T 50001—2010)规定,图纸中应有标题栏、图框线、幅面线、装订边线和对中标志。图纸幅面及图框尺寸应符合表 2-10 的规定及图 2-6 的格式。

表 2-10　　　　　　　　　　　图纸幅面及图框尺寸　　　　　　　　　　　mm

幅面代号 尺寸代号	A0	A1	A2	A3	A4
$b \times l$	841×1189	594×841	420×594	297×420	210×297
c		10			5
a			25		

注:表中 b 为幅面短边尺寸, l 为幅面长边尺寸, c 为图框线与幅面线间宽度, a 为图框线与装订边间宽度。

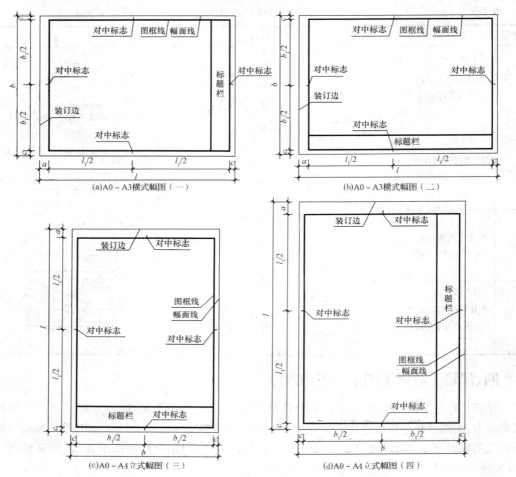

图 2-6　图纸幅面组成

需要微缩复制的图纸,其一个边上应附有一段准确米制尺度,四个边上均附有对中标志,米制尺度的总长应为 100mm,分格应为 10mm。对中标志应画在图纸内框各边长的中点处,线宽0.35mm,并应伸入内框边,在框外为 5mm。对中标志的线段,于 l_1 和 b_1 范围取中。

图纸的短边尺寸不应加长,A0～A3 幅面长边尺寸可加长,但应符合表 2-11 的规定。

表 2-11　　　　　　　　　　　　图纸长边加长尺寸　　　　　　　　　　　　　　　（mm）

幅面代号	长边尺寸	长边加长后的尺寸
A0	1189	1486(A0+1/4*l*)　1635(A0+3/8*l*)　1783(A0+1/2*l*)　1932(A0+5/8*l*) 2080(A0+3/4*l*)　2230(A0+7/8*l*)　2378(A0+*l*)
A1	841	1051(A1+1/4*l*)　1261(A1+1/2*l*)　1471(A1+3/4*l*) 1682(A1+*l*)　1892(A1+5/4*l*)　2102(A1+3/2*l*)
A2	594	743(A2+1/4*l*)　891(A2+1/2*l*)　1041(A2+3/4*l*)　1189(A2+*l*)　1338(A2+5/4*l*) 1486(A2+3/2*l*)　1635(A2+7/4*l*)　1783(A2+2*l*)　1932(A2+9/4*l*)　2080(A2+5/2*l*)
A3	420	630(A3+1/2*l*)　841(A3+*l*)　1051(A3+3/2*l*)　1261(A3+2*l*) 1471(A3+5/2*l*)　1682(A3+3*l*)　1892(A3+7/2*l*)

注:有特殊需要的图纸,可采用 $b×l$ 为 841mm×891mm 与 1189mm×1261mm 的幅面。

　　图纸以短边作为垂直边应为横式,以短边作为水平边应为立式。A0～A3 图纸宜横式使用;必要时,也可立式使用。一个工程设计中,每个专业所使用的图纸,不宜多于两种幅面,不含目录及表格所采用的 A4 幅面。

二、标题栏

　　标题栏又称图标或图签栏(相当于机电产品的"铭牌"或一名公务人员的"名片"),是用以标注图纸名称、工程名称、项目名称、图号、张次、设计阶段、更改和有关人员签署等内容的栏目。标题栏的方位一般位于图纸的下方或右下方,其尺寸大小必须符合《房屋建筑制图统一标准》(GB/T 50001—2010)的有关规定。在实际使用中,各设计单位一般都结合各自的特点作了变通,表 2-12 即为某设计单位所采用的图纸标题栏样式。

表 2-12　　　　　　　　　　　某设计单位图纸标题栏格式

0	供施工						
版次 REV	说明 DESCRIPTIOX	设计 DSGN	校核 CHKD	审核 APPD	项目经理 PM	业主 CLIEXT	日期 DATE

设计单位名称	项目名称 PROJECT　　×化合成氨技改工程	项目代号 PROL NO. **06555**
	主项名称(代号) UNIT(NO.)　　压缩厂房(672)	
首页图	设计阶段 DES. STAGE　　施工图	发布标记 ISSCE MARK. $\dfrac{0}{2007.3}$
	图　号 DWG　NO.　　06555－672－W－1	
	比例 SCALE	第1张 SHEET　　共1张 OF
	电子文件 E-FILE	

三、图线

设计人员绘图所采用的各种线条称为图线。专业不同,各种图线所表示的内容也就不同。为了方便学习,这里将工程建设施工图中的常用图线、总图常用图线、建筑专业图线、结构专业图线,按照现行制图标准编录如下(表 2-13～表 2-16):

表 2-13　　　　　　　　　　工程建设施工图常用图线规格及含义

名称		线 型	线宽	用 途
实线	粗		b	主要可见轮廓线
	中粗		$0.7b$	可见轮廓线
	中		$0.5b$	可见轮廓线、尺寸线、变更云线
	细		$0.25b$	图例填充线、家具线
虚线	粗		b	见各有关专业制图标准
	中粗		$0.7b$	不可见轮廓线
	中		$0.5b$	不可见轮廓线、图例线
	细		$0.25b$	图例填充线、家具线
单点长画线	粗		b	见各有关专业制图标准
	中		$0.5b$	见各有关专业制图标准
	细		$0.25b$	中心线、对称线、轴线等
双点长画线	粗		b	见各有关专业制图标准
	中		$0.5b$	见各有关专业制图标准
	细		$0.25b$	假想轮廓线、成型前原始轮廓线
折断线	细		$0.25b$	断开界线
波浪线	细		$0.25b$	断开界线

表 2-14　　　　　　　　　　建筑总图专业图线

名 称		线 型	线 宽	用 途
实线	粗		b	1. 新建建筑物±0.00 高度可见轮廓线 2. 新建铁路、管线
	中		$0.7b$ $0.5b$	1. 新建构筑物、道路、桥涵、边坡、围墙、运输设施的可见轮廓线 2. 原有标准轨距铁路
	细		$0.25b$	1. 新建建筑物±0.00 高度以上的可见建筑物、构筑物轮廓线 2. 原有建筑物、构筑物,原有窄轨、铁路、道路、桥涵、围墙的可见轮廓线 3. 新建人行道、排水沟、坐标线、尺寸线、等高线
虚线	粗		b	新建建筑物、构筑物地下轮廓线
	中		$0.5b$	计划预留扩建的建筑物、构筑物、铁路、道路、运输设施、管线、建筑红线及预留用地各线
	细		$0.25b$	原有建筑物、构筑物、管线的地下轮廓线
单点长画线	粗		b	露天矿开采界限
	中		$0.5b$	土方填挖区的零点线
	细		$0.25b$	分水线、中心线、对称线、定位轴线

（续表）

名　称	线　型	线　宽	用　途
双点长画线	——··——··——	b	用地红线
	——·——·——	$0.7b$	地下开采区塌落界限
	——·——·——	$0.5b$	建筑红线
折断线	——／\／——	$0.5b$	断线
不规则曲线	〰〰	$0.5b$	新建人工水体轮廓线

注:根据各类图纸所表示的不同重点确定使用不同粗细线型。

表 2-15　　　　　　　　　　　　建筑专业图线

名称		线　型	线宽	用　途
实线	粗	——————	b	1. 平、剖面图中被剖切的主要建筑构造(包括构配件)的轮廓线 2. 建筑立面图或室内立面图的外轮廓线 3. 建筑构造详图中被剖切的主要部分的轮廓线 4. 建筑构配件详图中的外轮廓线 5. 平、立、剖面的剖切符号
	中粗	——————	$0.7b$	1. 平、剖面图中被剖切的次要建筑构造(包括构配件)的轮廓线 2. 建筑平、立、剖面图中建筑构配件的轮廓线 3. 建筑构造详图及建筑构配件详图中的一般轮廓线
实线	中	——————	$0.5b$	小于 $0.7b$ 的图形线、尺寸线、尺寸界限、索引符号、标高符号、详图材料做法引出线、粉刷线、保温层线、地面、墙面的高差分界线等
	细	——————	$0.25b$	图例填充线、家具线、纹样线等
虚线	中粗	— — — —	$0.7b$	1. 建筑构造详图及建筑构配件不可见的轮廓线 2. 平面图中的起重机(吊车)轮廓线 3. 拟建、扩建建筑物轮廓线
	中	－ － － －	$0.5b$	投影线、小于 $0.5b$ 的不可见轮廓线
	细	－ － － －	$0.25b$	图例填充线、家具线等
单点长画线	粗	—·—·—	b	起重机(吊车)轨道线
	细	—·—·—	$0.25b$	中心线、对称线、定位轴线
折断线	细	——／\／——	$0.25b$	部分省略表示时的断开界线
波浪线	细	〰〰〰	$0.25b$	部分省略表示时的断开界线,曲线形构间断开界限构造层次的断开界限

注:地平线宽可用 $1.4b$。

表 2-16 结构专业图线

名 称		线 型	线宽	一般用途
实线	粗	——————	b	螺栓、钢筋线、结构平面图中的单线结构构件线,钢木支撑及系杆线,图名下横线、剖切线
	中粗	——————	$0.7b$	结构平面图及详图中剖到或可见的墙身轮廓线、基础轮廓线、钢、木结构轮廓线、钢筋线
	中	——————	$0.5b$	结构平面图及详图中剖到或可见的墙身轮廓线、基础轮廓线、可见的钢筋混凝土构件轮廓线、钢筋线
	细	——————	$0.25b$	标注引出线、标高符号线、索引符号线、尺寸线
虚线	粗	- - - - -	b	不可见的钢筋线、螺栓线、结构平面图中不可见的单线结构构件线及钢、木支撑线
	中粗	- - - - -	$0.7b$	结构平面图中的不可见构件、墙身轮廓线及不可见钢、木结构构件线、不可见的钢筋线
	中	- - - - -	$0.5b$	结构平面图中的不可见构件、墙身轮廓线及不可见钢、木结构构件线、不可见的钢筋线
	细	- - - - -	$0.25b$	基础平面图中的管沟轮廓线、不可见的钢筋混凝土构件轮廓线
单点长画线	粗	—·—·—	b	柱间支撑、垂直支撑、设备基础轴线图中的中心线
	细	—·—·—	$0.25b$	定位轴线、对称线、中心线、重心线
双点长画线	粗	—··—··—	b	预应力钢筋线
	细	—··—··—	$0.25b$	原有结构轮廓线
折断线		—√—	$0.25b$	断开界线
波浪线		∼∼∼	$0.25b$	断开界线

通过上述四个图线表阅视后可以看出,各专业的图线除折断线和波浪线的含义、粗细程度相同外,其余图线的含义均不相同。各专业图线区分粗细和虚实的目的,除了表示不同内容之外,还为使图面整洁、清晰、主次分明,方便使用等。

图线的宽度 b,宜从 1.4mm、1.0mm、0.7mm、0.5mm、0.35mm、0.25mm、0.18mm、0.13mm 线宽系列中选取。图线宽度不应小于 0.1mm。每个图样,应根据复杂程度与比例大小,先选定基本线宽 b,再选用表 2-17 中相应的线宽组。

表 2-17 线宽组 mm

线宽比	线宽组			
b	1.4	1.0	0.7	0.5
$0.7b$	1.0	0.7	0.5	0.35
$0.5b$	0.7	0.5	0.35	0.25
$0.25b$	0.35	0.25	0.18	0.13

注:1. 需要缩微的图纸,不宜采用 0.18mm 及更细的线宽。

2. 同一张图纸内,各不同线宽中的细线,可统一采用较细的线宽组的细线。

四、比例

建筑工程施工图纸中所画物体图形的大小与物体实际大小的比值称为比例。例如施工图上某一物体的长度为 1mm,与之相对应的实物长度为 100mm,则此图样的比例为 1:100。比例的大小,是指比值的大小,如 1:20 大于 1:50;1:50 大于 1:100。比例的符号为":",比例以阿拉伯数字表示。比例的第一个数字表示图样的尺寸,第二个数字表示实物对图样的倍数,如 1∶50,表示所画物体的图样比实际物体缩小了 50 倍。一张图纸中所有图样使用一个比例时,其比值写在图纸的标题栏内;图纸中各个图样所用比例大小不同时,其比值分别标写在各自图名的右侧,与文字的基准线取平。

　　建筑工程施工图中所使用的比例,一般是根据图样的用途与被绘对象的繁简程度而确定的。总图专业、建筑专业和结构专业施工图常用比例见表 2-18。

表 2-18　　　　　　　　　　建筑工程各专业施工图常用比例

专业	图　名	比　例			
总图专业	现状图	1∶500、1∶1000、1∶2000			
	地理交通位置图	1∶25000～1∶200000			
	总体规划、总体布置、区域位置图	1∶2000、1∶5000、1∶10000、1∶25000、1∶50000			
	总平面图、竖向布置图、管线综合图、土方图、铁路、道路平面图	1∶300、1∶500、1∶1000、1∶2000			
	场地园林景观总平面图、场地园林景观竖向布置图、种植总平面图	1∶300、1∶500、1∶1000			
	铁路、道路纵断面图	垂直:1∶100、1∶200、1∶500 水平:1∶1000、1∶2000、1∶5000			
	铁路、道路横断面图	1∶20、1∶50、1∶100、1∶200			
	场地断面图	1∶100、1∶200、1∶500、1∶1000			
	详图	1∶1、1∶2、1∶5、1∶10、1∶20、1∶50、1∶100、1∶200			
建筑专业	建筑物或构筑物的平面图、立面图、剖面图	1∶50、1∶100、1∶150、1∶200、1∶300			
	建筑物或构筑物的局部放大图	1∶10、1∶20、1∶25、1∶30、1∶50			
	配件及构造详图	1∶1、1∶2、1∶5、1∶10、1∶15、1∶20、1∶25、1∶30、1∶50			
结构专业	结构平面图、基础平面图	常用比例	1∶50、1∶100、1∶150	参考比例	1∶60、1∶200
	圈梁平面图,总图中管沟、地下设施等		1∶200、1∶500		1∶300
	详图		1∶10、1∶20、1∶50		1∶5、1∶30、1∶25

五、标高

　　建筑工程施工图中建筑物各部分的高度和被安装物体高度均用标高来表示。表示方法采用直角等腰三角形“▽”和“▽”符号表示。总平面图室外地坪标高用涂色的三角形符号“▼”表示。

　　标高有绝对标高和相对标高之分。绝对标高又称海拔标高,是以青岛市的黄海平面作为零点而确定的高度尺寸,如某工程所在地的海拔高度为 521.86m,就是说该工程所在地比黄海水平面高出 521.86m。相对标高是选定建筑物某一参考面或参考点作为零点而确定的高度尺寸。建筑工程施工图均采用相对标高标示某一部位或某一构件的高度。建筑工程施工图相对标高一般都是采用室内地面或楼层平面作为零点而计算高度。标高的标注方法为“±0.000”,读作“正负零点零零零”,简读为“正负零点零”,标高数字的单位为米(m),注写到小数点后第三位,在总平面图中可以注写到小数点后第二位。建筑工程施工图中常见的标高标注方法如图 2-7 所示。

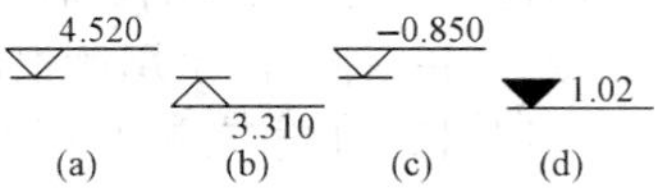

图 2-7　标高的标注方法

标高符号的尖端指在表示高度的地方(部位),横线上的数字表示该处的高度。如果标高符号的尖端下面有一引出线,则用于立面图或剖面图,尖端向下的表示该处的上皮高度;尖端向上的,则表示该处下皮的高度。如图 2-7(a)、(b)、(c)、(d)分别表示该处上、下皮高度为 4.52m,3.31m,−0.85m 及 1.02m。比相对标高"±0.000"高的部位,其数字前面的正号"+"省略不写,比"±0.000"低的部位,在其数字前面必须加写负号"−"。如图 2-7(c)表示该处比相对标高"±0.000"低 0.85m。

六、定位轴线

凡标明建筑物承重墙、柱、梁等主要承重构件的位置所画的轴线,称为定位轴线。施工图中的定位轴线是施工放线、设备安装定位的重要依据。定位轴线编号的基本原则是:在水平方向,用阿拉伯数字从左至右顺序编写;在垂直方向采用大写拉丁字母由下至上顺序编写(I、O、Z 不得用作轴线编号);数字和字母分别用细点画线引出。轴线标注式样如图 2-8 所示。

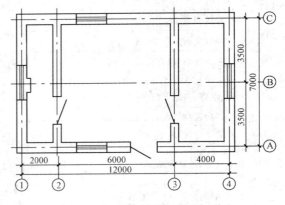

图 2-8　定位轴线及编号

对于一些与主要承重构件相联系的次要构件,施工图中设计人员通常采用附加轴线表示其位置,其编号用分数表示,如图 2-9(a)中分母表示前一轴线的编号,分子表示附加轴线的编号;1 号、2 号……轴线或 A 号、B 号……轴线之前的附加轴线的分母通常采用 01、02……或 0A、0B……表示,如图 2-9(b)所示。

若一个详图适用于几根定位轴线时,设计人员都同时注明各有关轴线的编号,如图 2-9(c)表示详图适用于两根轴线;图 2-9(d)表示详图适用三根或三根以上轴线;图 2-9(e)表示适用于三根以上连续编号的轴线。

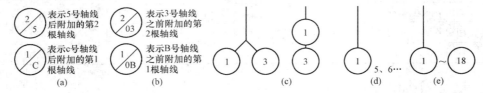

图 2-9　附加轴线及详图的轴线编号

七、剖切符号

剖切符号由剖切位置线及剖视方向线组成。剖切线有两种画法:一种是用两根粗实线画在视图中需要剖切的部位,并用阿拉伯数字(也有用罗马字)编号,按顺序由左至右、由上至下连续编排,注写在剖视方向线的端部,如图 2-10(a)所示。采用这种标注方法,剖切后画出来的图样,称作剖面图。另一种画法是用两根剖切位置线(粗实线)并采用阿拉伯数字编号注写在粗线的一侧,编号所在的一侧,表示剖视方向,如图 2-10(b)所示。采用这种标注方法绘制出来的图样,称作断面图

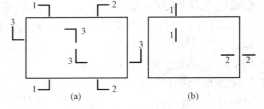

图 2-10　施工图的剖切符号

(a)剖面图符号;(b)断面图剖切符号

或剖面图。

八、索引符号与详图符号

在建筑平、立、剖面图中,由于绘图比例较小,对于某一局部或构件无法表达清楚,如需采用较大的比例另画详图时,均以其规定符号——索引符号表示,如图 2-11~图 2-13 所示(图 2-12 引出线一侧的短粗线为剖切位置线,引出线所在的一侧为投射方向,即视图方向)。

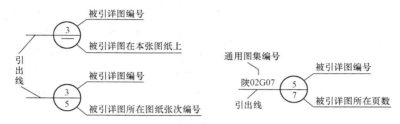

图 2-11　索引符号

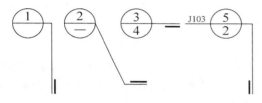

图 2-12　用于索引剖面详图的索引符号

图 2-13　详图符号
(a)被索引详图同在一张图纸内的详图符号;
(b)被索引详图不在同一张图纸内的详图符号

九、引出线

建筑工程施工图中某一部位由于空间的关系而无法标注较多的文字或数字时,一般都采用一根细实线从需要标注文字或数字的位置绘至图纸中空隙较大的位置,而绘出的这条细实线就称作引出线。根据所需引出内容多少的不同,引出线的种类及标注形式见表 2-19 所示。

表 2-19　　　　　　　　　　　　　引 出 线 的 种 类

序号	名　称	线　形	说　明
1	引出线	(文字说明)　　(文字说明) ⑤/12	—
2	共用引出线	(文字说明)　(文字说明)	同时引出几个相同部分的引出线

（续表）

序号	名　称	线　形	说　明
3	多层构造引出线	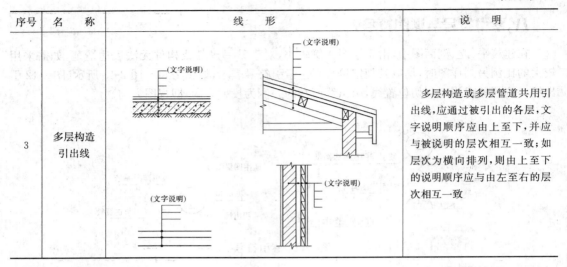	多层构造或多层管道共用引出线,应通过被引出的各层,文字说明顺序应由上至下,并应与被说明的层次相互一致;如层次为横向排列,则由上至下的说明顺序应与由左至右的层次相互一致

十、其他符号

(一)对称符号

当一个物体左右两侧完全一样时,在施工图中对其可以只画一半,并在它的左侧或右侧画上对称符号即可。在视图中通过阅视对称符号,就可以知道未画出的部分与已绘出的完全一样。对称符号由对称线和两端的两对平行线组成。对称符号见表2-20中序号"1"所示。

(二)连接符号

建筑工程施工图中需要连接的部位或构件采用连接符号表示(注意:连接,不是焊接)。连接符号见表2-20中序号"2"所示。

(三)指北针

建筑工程平面图一般按上北下南、右东左西来表示建筑物、构筑物的位置和朝向,但在总平面图和建筑物首层的平面图中都用指北针来表明建(构)筑物的位置和朝向。指北针见表2-20中序号"3"所示,圆圈内黑色针尖所指向的方向,表示正北方向。

表 2-20　　　　　　　　　　　其他符号表

序号	名　称	线　形	说　明
1	对称符号		平行线的长度为 6～10mm,平行线的间距为 2～3mm,平行线在对称线两侧的长度相等
2	连接符号		1. 折断线表示需连接的部位。 2. 折断线两端靠图样一侧的大写拉丁字母表示连接编号,两个被连接的图样必须用相同的字母编号

（续表）

序号	名　称	线　　形	说　　明
3	指北针	北	圆的直径为 24mm，指北针尾部的宽度为 3mm。需用较大直径绘制指北针时，指针尾部宽度宜为直径的 1/8。指针头部应注"北"或"N"字

（四）风向频率标记符号

为表明工程所在地一年四季的风向情况，在建筑平面图（特别是总平面图）上须标明风向频率标记（符号）。风向频率标记形似一朵玫瑰花，故又称为风向频率玫瑰图。它是根据某一地区多年平均统计的各个方向刮风次数的百分值，按一定比例绘制而成的。它一般用 16 个方位表示，图上所表示的风的吹向是指从外面吹向地区中心的。图 2-14 是某地区××工程总平面图上标注的风向频率标记（符号），其箭头表示正北方向，实线表示全年的风向频率，虚线表示夏季（6～8 月）的风向频率。由此风向频率玫瑰图可知，该工程所在地区，常年以东北风为主，南风次之，但夏季以南风为主。

十一、尺寸标注

施工图中除了画出表示建筑物形状的图形外，还应完整、清晰地标注反映建筑物各部分大小的尺寸，以便进行施工和计算它们的实物工程量，以确定其预算价值。

建筑工程施工图上的尺寸，包括尺寸界线、尺寸线、尺寸起止符号和尺寸数字四个方面内容，如图 2-15 所示。尺寸界线和尺寸线均以细实线绘制。尺寸起止符号一般用中粗斜短线绘制，其倾斜方向与尺寸界线成顺时针方向 45°角，长度为 2～3mm。

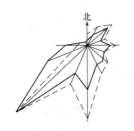

图 2-14　风向频率标志

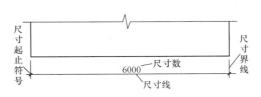

图 2-15　图样尺寸符号（组成）

第三节　建筑工程施工图图例

一、常用建筑材料图例

常用建筑材料图例，见表 2-21。

表 2-21   常用建筑材料图例

(依据 GB/T 50001—2010 编录)

序号	名称	图例	备注
1	自然土壤		包括各种自然土壤
2	夯实土壤		—
3	砂、灰土	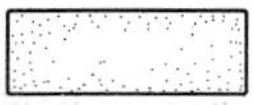	—
4	砂砾石、碎砖三合土	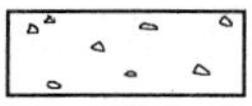	—
5	石材	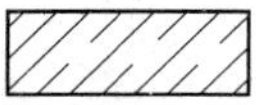	—
6	毛石	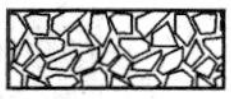	—
7	普通砖	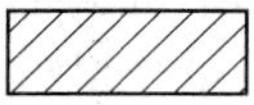	包括实心砖、多孔砖、砌块等砌体。断面较窄不易绘出图例线时,可涂红,并在图纸备注中加注说明,画出该材料图例
8	耐火砖	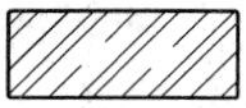	包括耐酸砖等砌体
9	空心砖		指非承重砖砌体
10	饰面砖	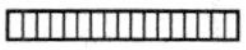	包括铺地砖、马赛克、陶瓷锦砖、人造大理石等
11	焦渣、矿渣	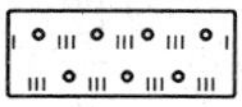	包括与水泥、石灰等混合而成的材料
12	混凝土	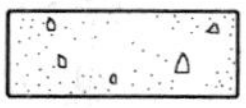	1. 本图例指能承重的混凝土及钢筋混凝土
13	钢筋混凝土		2. 包括各种强度等级、骨料、添加剂的混凝土 3. 在剖面图上画出钢筋时,不画图例线 4. 断面图形小,不易画出图例线时,可涂黑
14	多孔材料	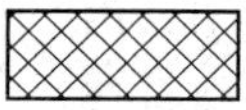	包括水泥珍珠岩、沥青珍珠岩、泡沫混凝土、非承重加气混凝土、软木、蛭石制品等
15	纤维材料	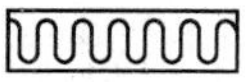	包括矿棉、岩棉、玻璃棉、麻丝、木丝板、纤维板等
16	泡沫塑料材料	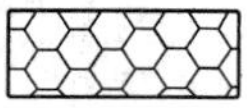	包括聚苯乙烯、聚乙烯、聚氨酯等多孔聚合物类材料
17	木材		1. 上图为横断面,左上图为垫木、木砖或木龙骨 2. 下图为纵断面
18	胶合板	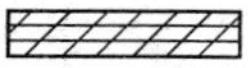	应注明为×层胶合板
19	石膏板	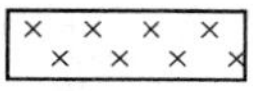	包括圆孔、方孔石膏板、防水石膏板、硅钙板、防火板等

（续表）

序号	名称	图例	备注
20	金属	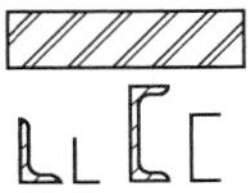	1. 包括各种金属 2. 图形小时，可涂黑
21	网状材料		1. 包括金属、塑料网状材料 2. 应注明具体材料名称
22	液体	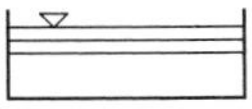	应注明具体液体名称
23	玻璃		包括平板玻璃、磨砂玻璃、夹丝玻璃、钢化玻璃、中空玻璃、夹层玻璃、镀膜玻璃等
24	橡胶		—
25	塑料		包括各种软、硬塑料及有机玻璃等
26	防水材料		构造层次多或比例大时，采用上图例
27	粉刷		本图例采用较稀的点

注：序号1、2、5、7、8、13、14、16、17、18图例中的斜线、短斜线、交叉斜线等均为45°。

二、建筑构造及配件图例

常用建筑构造及配件图例，见表2-22。

表 2-22　　　　　　　　建筑构造及配件图例

（依据 GB/T 50104—2010 编录）

序号	名称	图例	备注
1	墙体	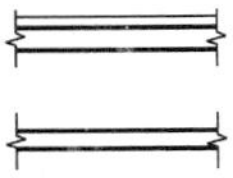	1. 上图为外墙，下图为内墙 2. 外墙粗线表示有保温层或有幕墙 3. 应加注文字或涂色或图案填充表示各种材料的墙体 4. 在各层平面图中防火墙宜着重以特殊图案填充表示
2	隔断		1. 加注文字或涂色或图案填充表示各种材料的轻质隔断 2. 适用于到顶与不到顶隔断
3	玻璃幕墙		幕墙龙骨是否表示由项目设计决定
4	栏杆		—
5	楼梯	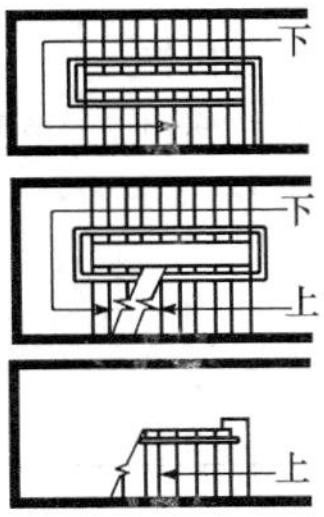	1. 上图为顶层楼梯平面，中图为中间层楼梯平面，下图为底层楼梯平面 2. 需设置幕墙扶手或中间扶手时，应在图中表示

(续一)

序号	名称	图 例	备 注
6	坡道	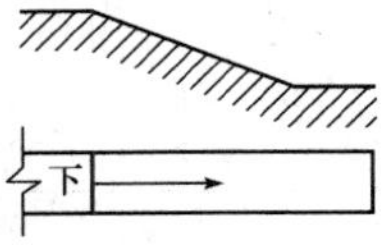	长坡道
		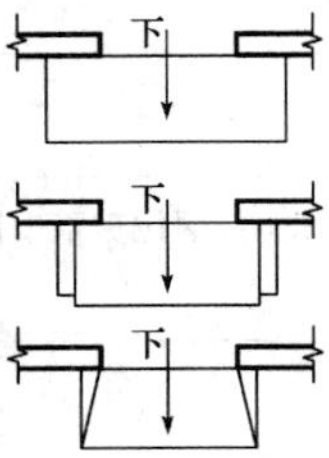	上图为两侧垂直的门口坡道,中图为有挡墙的门口坡道,下图为两侧找坡的门口坡道
7	台阶	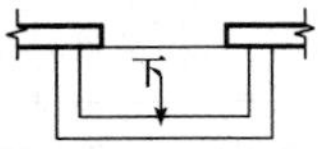	—
8	平面高差	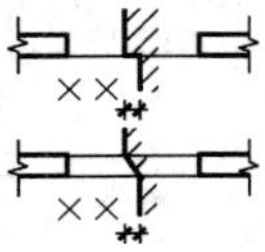	用于高差小的地面或楼面交接处,并应与门的开启方向协调
9	检查口		左图为可见检查口,右图为不可见检查口
10	孔洞		阴影部分亦可填充灰度或涂色代替
11	坑槽		—
12	墙预留洞、槽	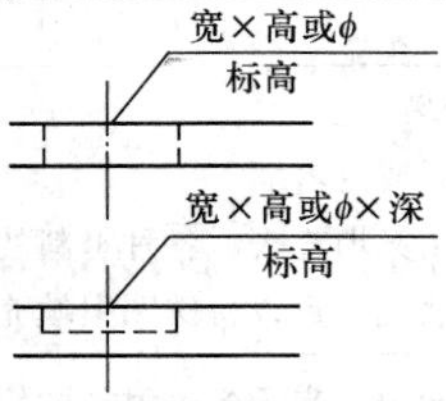 宽×高或φ 标高 宽×高或φ×深 标高	1. 上图为预留洞,下图为预留槽 2. 平面以洞(槽)中心定位 3. 标高以洞(槽)底或中心定位 4. 宜以涂色区别墙体和预留洞(槽)
13	地沟	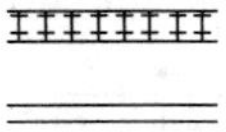	上图为有盖板地沟,下图为无盖板明沟
14	烟道	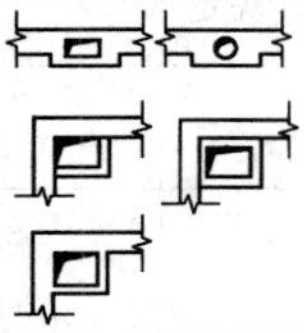	1. 阴影部分亦可填充灰度或涂色代替 2. 烟道、风道与墙体为相同材料,其相接处墙身线应连通 3. 烟道、风道根据需要增加不同材料的内衬
15	风道	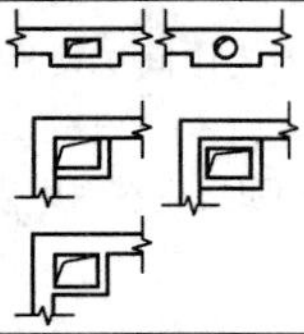	

（续二）

序号	名称	图　　例	备　　注
16	新建的墙和窗	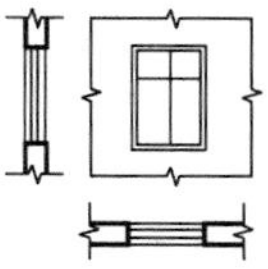	—
17	改建时保留的墙和窗	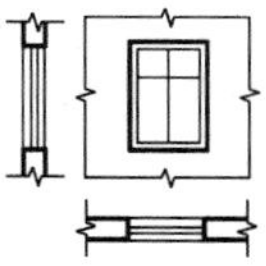	只更换窗,应加粗窗的轮廓线
18	拆除的墙	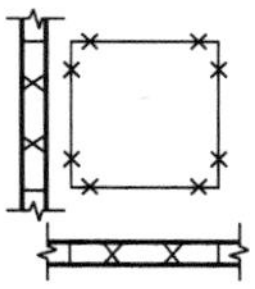	—
19	改建时在原有墙或楼板新开的洞	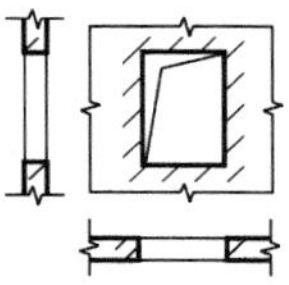	—
20	在原有墙或楼板洞旁扩大的洞	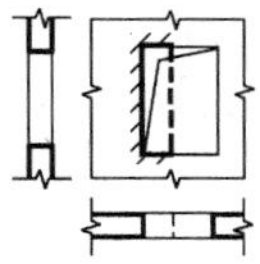	图示为洞口向左边扩大
21	在原有墙或楼板上全部填塞的洞	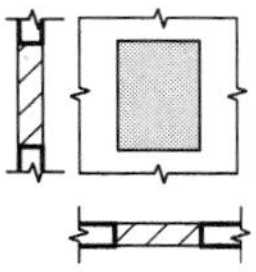	全部填塞的洞 图中立面填充灰度或涂色
22	在原有墙或楼板上局部填塞的洞	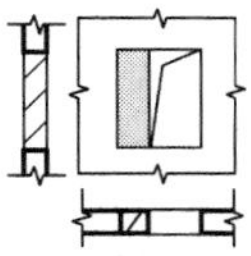	左侧为局部填塞的洞 图中立面填充灰度或涂色
23	空门洞	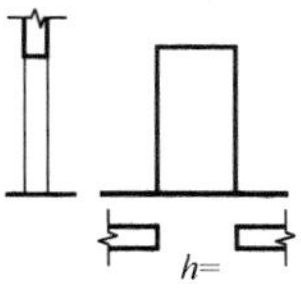	h 为门洞高度

（续三）

序号	名称	图　例	备　注
24	单面开启单扇门(包括平开或单面弹簧)	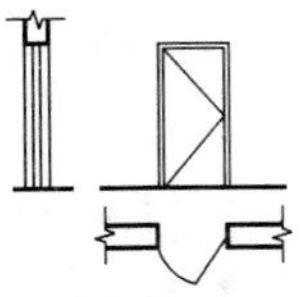	1. 门的名称代号用 M 表示 2. 平面图中,下为外,上为内门开启线为 90°、60°或 45°,开启弧线宜绘出 3. 立面图中,开启线实线为外开,虚线为内开,开启线交角的一侧为安装合页一侧。开启线在建筑立面图中可不表示,在立面大样图中可根据需要绘出 4. 剖面图中,左为外,右为内 5. 附加纱扇应以文字说明,在平、立、剖面图中均不表示 6. 立面形式应按实际情况绘制
	双面开启单扇门(包括双面平开或双面弹簧)	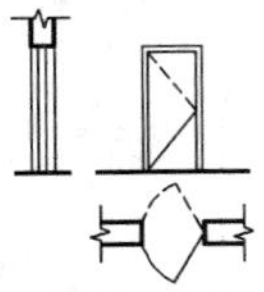	
	双层单扇平开门	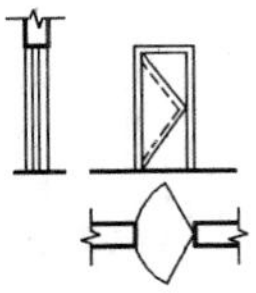	
25	单面开启双扇门(包括平开或单面弹簧)	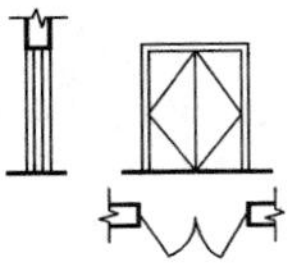	1. 门的名称代号用 M 表示 2. 平面图中,下为外,上为内门开启线为 90°、60°或 45°,开启弧线宜绘出 3. 立面图中,开启线实线为外开,虚线为内开。开启线交角的一侧为安装合页一侧。开启线在建筑立面图中可不表示,在立面大样图中可根据需要绘出 4. 剖面图中,左为外,右为内 5. 附加纱扇应以文字说明,在平、立、剖面图中均不表示 6. 立面形式应按实际情况绘制
	双面开启双扇门(包括双面平开或双面弹簧)	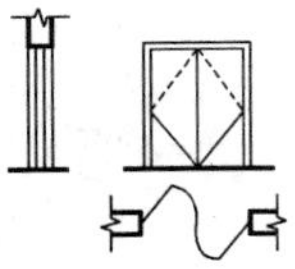	
	双层双扇平开门	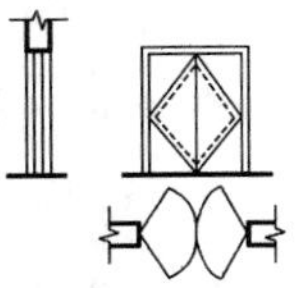	
26	折叠门	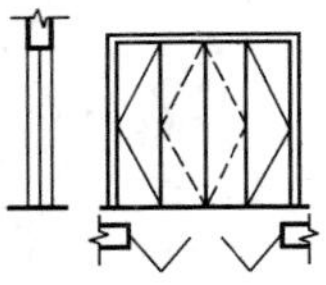	1. 门的名称代号用 M 表示 2. 平面图中,下为外,上为内 3. 立面图中,开启线实线为外开,虚线为内开,开启线交角的一侧为安装合页一侧 4. 剖面图中,左为外,右为内 5. 立面形式应按实际情况绘制
	推拉折叠门	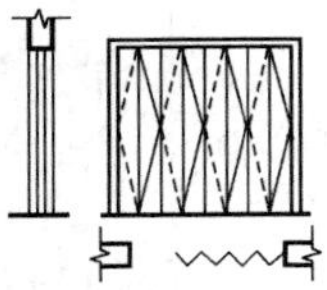	

（续四）

序号	名称	图　例	备　注
27	墙洞外单扇推拉门	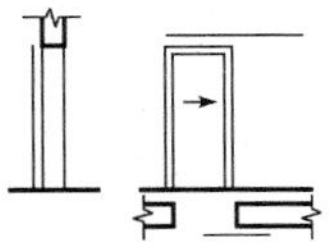	1. 门的名称代号用 M 表示 2. 平面图中，下为外，上为内 3. 剖面图中，左为外，右为内 4. 立面形式应按实际情况绘制
	墙洞外双扇推拉门	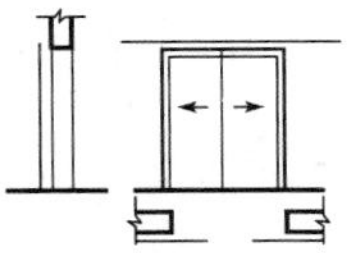	
	墙中单扇推拉门	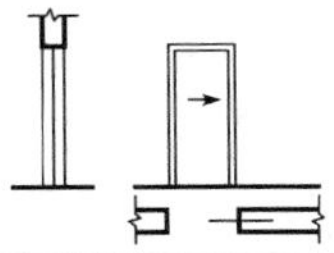	1. 门的名称代号用 M 表示 2. 立面形式应按实际情况绘制
	墙中双扇推拉门	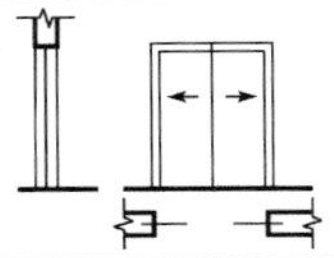	
28	推杠门	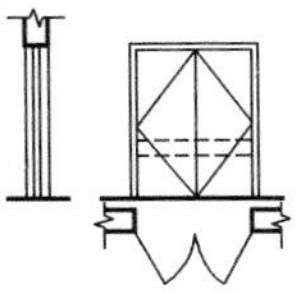	1. 门的名称代号用 M 表示 2. 平面图中，下为外，上为内，门开启线为 90°、60°或 45° 3. 立面图中，开启线实线为外开，虚线为内开，开启线交角的一侧为安装合页一侧。开启线在建筑立面图中可不表示，在室内设计门窗立面大样图中需绘出 4. 剖面图中，左为外，右为内 5. 立面形式应按实际情况绘制
29	门连窗	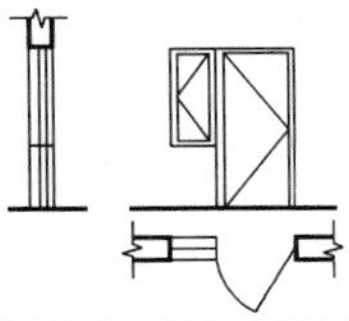	
30	旋转门	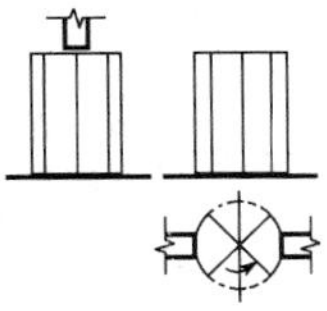	1. 门的名称代号用 M 表示 2. 立面形式应按实际情况绘制
	两翼智能旋转门	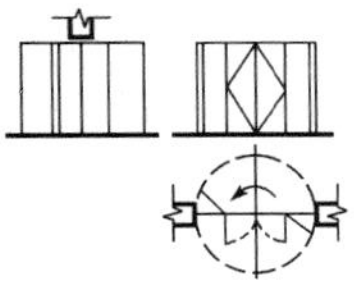	
31	自动门	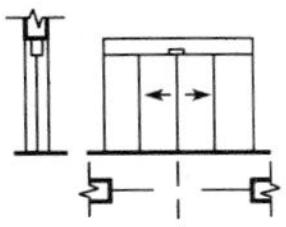	1. 门的名称代号用 M 表示 2. 立面形式应按实际情况绘制
32	折叠上翻门	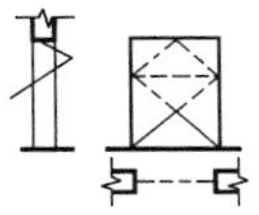	1. 门的名称代号用 M 表示 2. 平面图中，下为外，上为内 3. 剖面图中，左为外，右为内 4. 立面形式应按实际情况绘制

（续五）

序号	名称	图例	备注
33	提升门	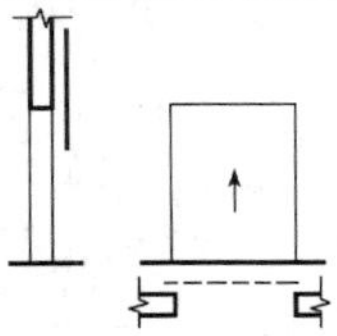	1. 门的名称代号用 M 表示 2. 立面形式应按实际情况绘制
34	分节提升门	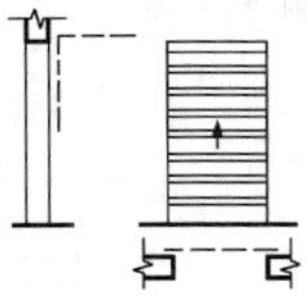	
35	人防单扇防护密闭门	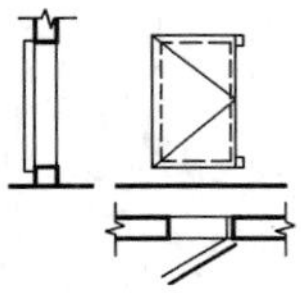	1. 门的名称代号按人防要求表示 2. 立面形式应按实际情况绘制
	人防单扇密闭门	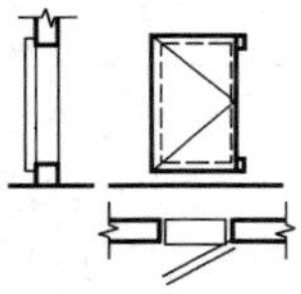	
36	人防双扇防护密闭门	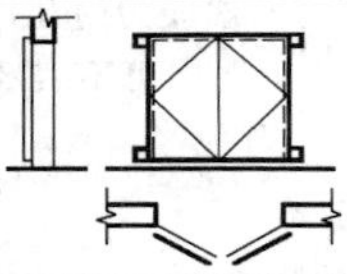	1. 门的名称代号按人防要求表示 2. 立面形式应按实际情况绘制
	人防双扇密闭门	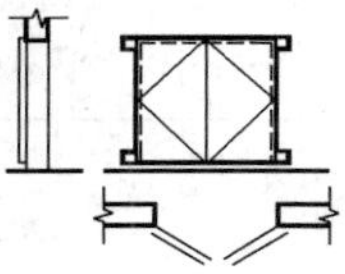	
37	横向卷帘门	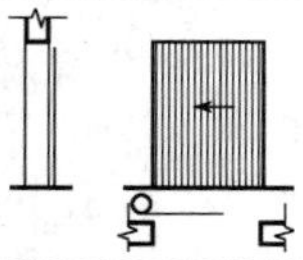	
	竖向卷帘门	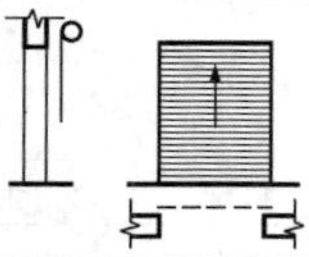	
	单侧双层卷帘门	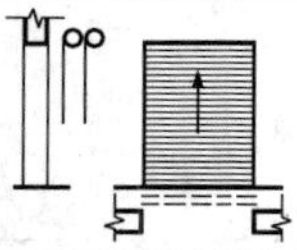	
	双侧单层卷帘门	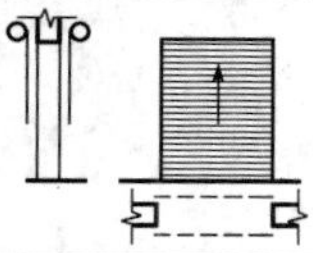	

（续六）

序号	名称	图　例	备　注
38	固定窗	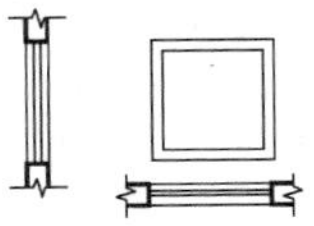	
39	上悬窗	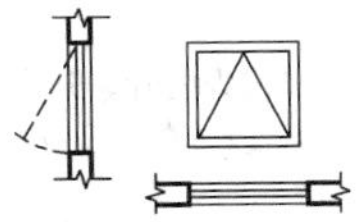	1. 窗的名称代号用 C 表示 2. 平面图中，下为外，上为内 　3. 立面图中，开启线实线为外开，虚线为内开，开启线交角的一侧为安装合页一侧。开启线在建筑立面图中可不表示，在门窗立面大样图中需绘出 　4. 剖面图中，左为外，右为内，虚线仅表示开启方向，项目设计不表示 　5. 附加纱窗应以文字说明，在平、立、剖面图中均不表示 　6. 立面形式应按实际情况绘制
40	中悬窗	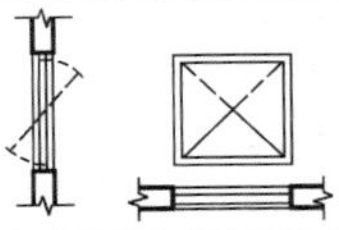	
	下悬窗	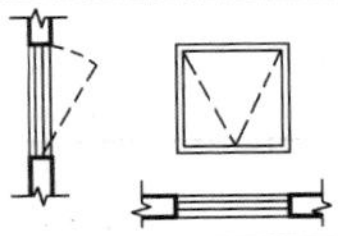	
41	立转窗	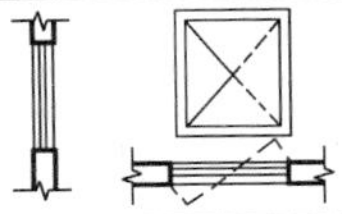	
42	内开平开内倾窗	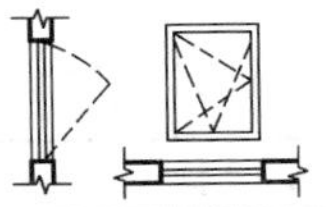	1. 窗的名称代号用 C 表示 2. 平面图中，下为外，上为内 　3. 立面图中，开启线实线为外开，虚线为内开。开启线交角的一侧为安装合页一侧。开启线在建筑立面图中可不表示，在门窗立面大样图中需绘出 　4. 剖面图中，左为外，右为内，虚线仅表示开启方向，项目设计不表示 　5. 附加纱窗应以文字说明，在平、立、剖面图中均不表示 　6. 立面形式应按实际情况绘制
43	单层外开平开窗	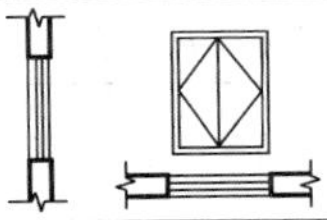	
	单层内开平开窗	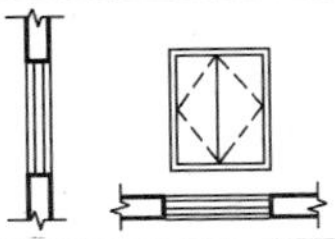	
	双层内外开平开窗	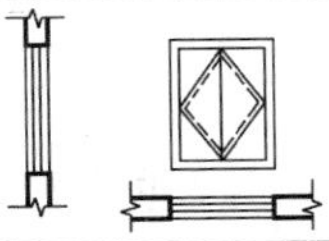	
44	单层推拉窗	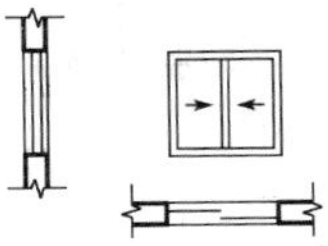	1. 窗的名称代号用 C 表示 2. 立面形式应按实际情况绘制
	双层推拉窗	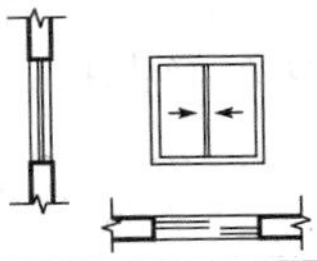	
45	上推窗	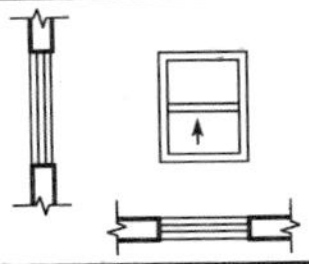	1. 窗的名称代号用 C 表示 2. 立面形式应按实际情况绘制

(续七)

序号	名称	图　例	备　注
46	百叶窗	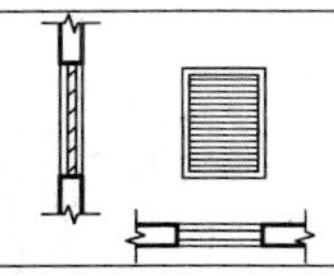	1. 窗的名称代号用 C 表示 2. 立面形式应按实际情况绘制
47	高窗	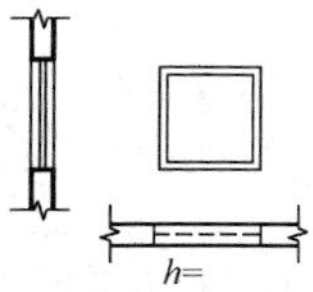 $h=$	1. 窗的名称代号用 C 表示 2. 立面图中,开启线实线为外开,虚线为内开。开启线交角的一侧为安装合页一侧。开启线在建筑立面图中可不表示,在门窗立面大样图中需绘出 3. 剖面图中,左为外,右为内 4. 立面形式应按实际情况绘制 5. h 表示高窗底距本层地面高度 6. 高窗开启方式参考其他窗型
48	平推窗	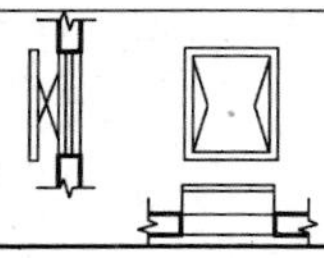	1. 窗的名称代号用 C 表示 2. 立面形式应按实际情况绘制

三、水平及垂直运输装置图例

水平及垂直运输装置图例及说明见表 2-23。

表 2-23　　　　　　　　　水平及垂直运输装置图例

(依据 GB/T 50104—2010 编录)

序号	名称	图　例	备　注
1	铁路	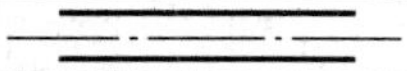	适用于标准轨及窄轨铁路,使用时应注明轨距
2	起重机轨道		—
3	手、电动葫芦	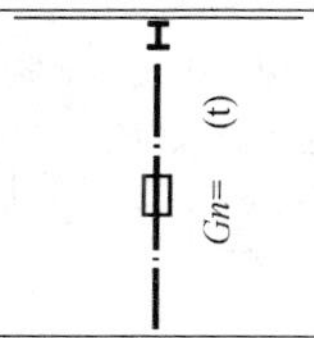 $Gn=$ (t)	
4	梁式悬挂起重机	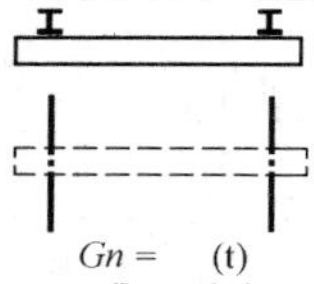 $Gn=$ (t) $S=$ (m)	1. 上图表示立面(或剖切面),下图表示平面 2. 手动或电动由设计注明 3. 需要时,可注明起重机的名称、行驶的范围及工作级别 4. 有无操纵室,应按实际情况绘制 5. 本图例的符号说明: Gn——起重机起重量,以吨(t)计算 S——起重机的跨度或臂长,以米(m)计算
5	多支点悬挂起重机	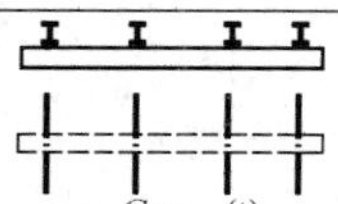 $Gn=$ (t) $S=$ (m)	
6	梁式起重机	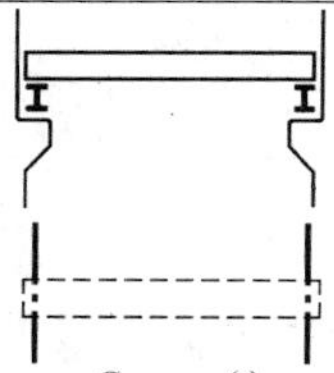 $Gn=$ (t) $S=$ (m)	

(续表)

序号	名称	图 例	备 注
7	桥式起重机	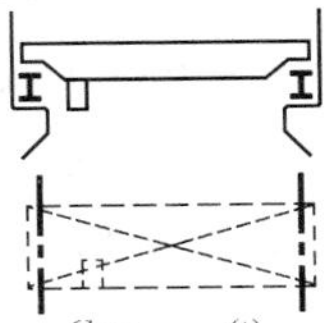 $Gn=$　(t) $S=$　(m)	1. 上图表示立面(或剖切面)，下图表示平面 2. 有无操纵室，应按实际情况绘制 3. 需要时，可注明起重机的名称、行驶的范围及工作级别 4. 本图例的符号说明： Gn——起重机起重量，以吨(t)计算 S——起重机的跨度或臂长，以米(m)计算
8	龙门式起重机	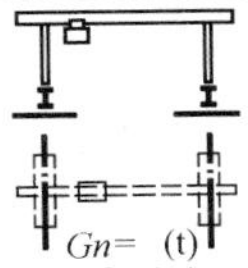 $Gn=$　(t) $S=$　(m)	
9	壁柱式起重机	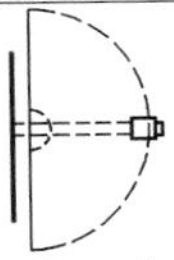 $Gn=$　(t) $S=$　(m)	1. 上图表示立面(或剖切面)，下图表示平面 2. 需要时，可注明起重机的名称、行驶的范围及工作级别 3. 本图例的符号说明： Gn——起重机起重量，以吨(t)计算 S——起重机的跨度或臂长，以米(m)计算
10	壁行起重机	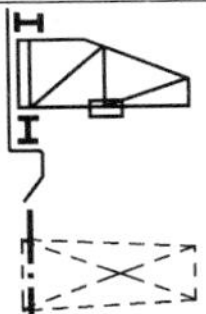 $Gn=$　(t) $S=$　(m)	
11	定柱式起重机	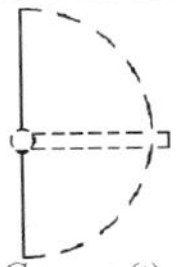 $Gn=$　(t) $S=$　(m)	1. 上图表示立面(或剖切面)，下图表示平面 2. 需要时，可注明起重机的名称、行驶的范围及工作级别 3. 本图例的符号说明： Gn——起重机起重量，以吨(t)计算 S——起重机的跨度或臂长，以米(m)计算
12	传送带	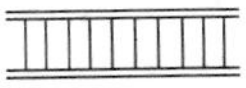	传送带的形式多种多样，项目设计图均按实际情况绘制，本图例仅为代表
13	电梯	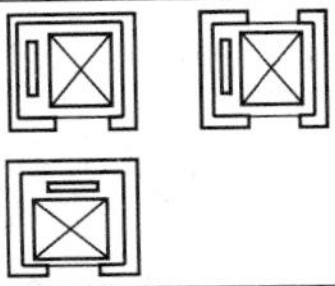	1. 电梯应注明类型，并按实际绘出门和平衡锤或导轨的位置 2. 其他类型电梯应参照本图例按实际情况绘制
14	杂物梯、食梯	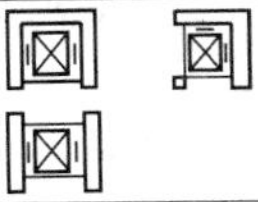	
15	自动扶梯	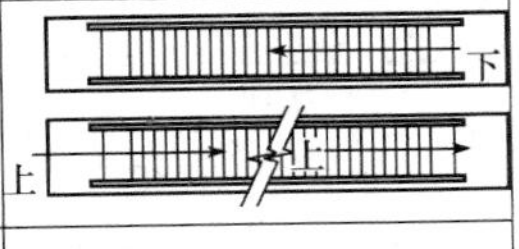	箭头方向为设计运行方向
16	自动人行道	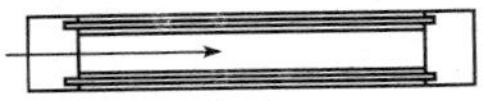	
17	自动人行坡道	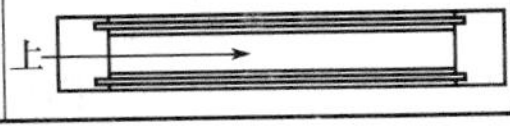	箭头方向为设计运行方向

第四节　建筑工程施工图的识图方法

　　工业或民用工程施工图都是由建筑图(通常又称"土建图")和安装图两部分组成,而一个建设项目的建筑工程施工图又是由建筑图、结构图及详图等几十张图纸组成的。各图纸之间是相互配合、紧密联系、互相补充的建筑施工的"语言"。因此,建筑工程施工图的识图,应按照一定的步骤和方法进行,才能获得比较好的效果。

一、建筑工程施工图识图的步骤

　　建筑工程施工图纸都是由图纸目录、设计说明、建筑平面图、立面图、剖面图、结构平面图(包括基础平面布置图、楼层平面布置图和屋盖平面图等)以及建筑和结构详图组成。一个建设项目的施工图纸,由于结构、规模、性质、用途等不同,其数量多少也就不同,以建造一栋 4000~5000m² 的砖混结构住宅楼来说,图纸的张数就有 20 多张。所以,当拿到一个建设项目的施工图纸时,就必须按照一定的步骤进行阅读,形成系统的概念,以利于下一步工程量计算等,反之则欲速而不达。对于建筑工程施工图的识图步骤可以用程序式表达为:查看图纸目录→阅视设计说明→阅视建筑平面图、立面图、剖面图→阅视基础平面图→阅视楼层、屋盖结构图→阅视详图→建筑、结构平、立、剖面图及门窗表等对照起来阅读。

二、建筑工程施工图识图的方法

　　无论是工业或民用建筑项目的施工图识图,都不是通过阅读某一张或某一种图纸就可以达到指导施工和编制工程量清单或概预算计算工程量的目的的,而最有效的方法是系统地、有联系地、综合地识图,也就是说,基本图、详图结合起来识读;建筑图、结构图结合起来识读;平面图、立面图、剖面图结合起来识读;设计说明、建筑用料表、门窗及过梁表等结合起来阅读。总的来说,对建筑施工图的识图方法可以用图 2-16 表示。

三、建筑工程施工图识图举例

(一)建筑施工图识图

　　1. 建筑平面图识读

　　图 2-17(a)、(b)是某氮肥厂压缩厂房(车间)技改工程平面图。通过阅视该图设计说

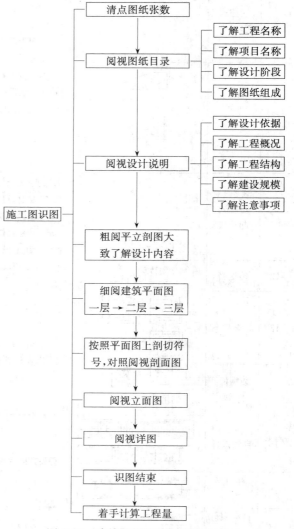

图 2-16　建筑工程施工图识图方法

明[见第一节"三、(二)施工图的内容"中"(2)设计说明"的举例]和平面图可以了解到以下各项内容。

(1)该厂房为两层框架结构,建筑面积 1030m²、68m²,占地面积 1180m²,建筑高度 20.55m。

(2)建筑抗震设防烈度为 8 度,建筑耐火等级为一级,生产火灾危险性类别为甲类,建筑设计使用年限为 50 年。

(3)该厂房共有四个开间,开间中心线宽度为 3.6m,横轴线①～⑤中心长度为 25m,总跨度尺寸为 24.075m,轴线编号为Ⓐ～Ⓔ,其中横轴线①～②与竖轴线Ⓓ～Ⓔ之间为 4.8m×4.2m 小房间,用途一层为值班室,二层为配电室。

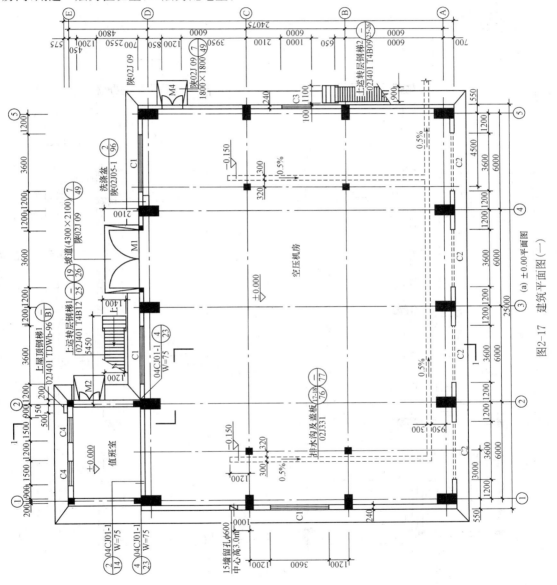

图2-17　建筑平面图(一)

(a) ±0.00平面图

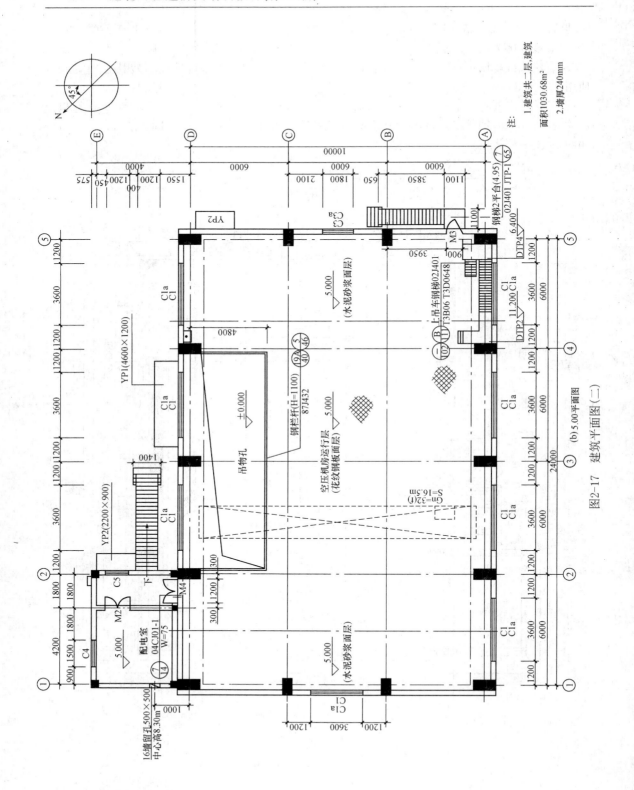

图2-17　建筑平面图(二)

(b) 5.00平面图

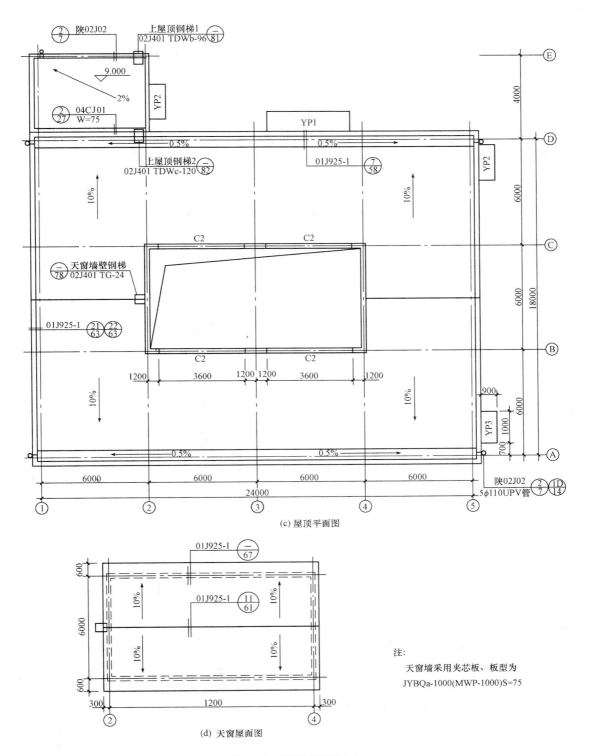

(c) 屋顶平面图

(d) 天窗屋面图

注:
天窗墙采用夹芯板、板型为
JYBQa-1000(MWP-1000)S=75

图 2-17 建筑平面图(三)

(4)该厂房±0.000 以上墙体采用 MU10 空心砖或轻质混凝砌块砌筑,砌筑砂浆为 M7.5 混合砂浆,墙厚度为 240mm。

(5)该厂房所安装门窗分别为钢门、防火门、塑钢门和塑钢窗,门窗规格、型号等详见表 2-24 所示。

(6)该厂房室外②~③轴及Ⓐ~Ⓑ轴之间各安装钢梯一个,其选自通用图集 02J401。

(7)该厂房标高 5.0m 层安装有 $S=16.5m$,$G_n=32t$ 吊车一台。

表 2-24   门窗及过梁表

编号	种类	洞口尺寸		门窗选型		数量	过梁选用		备 注
		宽(mm)	高(mm)	门窗型号	标准图集		过梁型号	标准图集	
M1	钢大门	3600	3600	M12-3636	02J611-1 ⑩	1	ML4A—361A	02J611—1 ⑩	有框架梁过梁略、下同
M2	防火门	1200	2700	1M08-1227 (丙)	03J609	2	GL—4122	03G322—1	
M3	防火门	900	2100	1M08-0921 (丙)	03J609	1	GL—4092	03G322—1	
M4	塑钢门	1200	2700	PSM4-72	92SJ704(一)		GL—4122	03G322—1	58 系列 6 厚白玻
C1	塑钢窗	3600	2400	SH2-220	92SJ704(一)	11	GL—4361	03G322—1	85 系列窗
C1a	塑钢窗	3600	2400	SH1-137	92SJ704(一)	8	GL—4361	03G322—1	58 系列窗
C2	塑钢窗	3600	1200	SH1-118	92SJ704(一)	8	GL—4360	03G322—1	58 系列中悬窗
C3	塑钢窗	1800	2400	SH2-201	92SJ704(一)		GL—4151	03G322—1	85 系列窗
C4	塑钢窗	1500	1800	TSC-73S	92SJ704(一)	3	GL—4151	03G322—1	85 系列窗
C5	塑钢窗	1200	1800	TSC-72	92SJ704(一)	1	GL—4121	03G322—1	85 系列窗

注:1. 门窗安装为外开门贴外皮、内开门贴内皮安装,窗坐墙中安装,窗扇玻璃 5 厚

    2. 窗子窗台高出楼地面 1800 时,可选用手摇开窗机开闭,参见 92SJ705 国标图集

2. 建筑剖面图识读

图 2-18 是图 2-17(a)的转折剖面图,它主要表明了以下内容:

(1)该厂房从室内地坪±0.000 至屋顶的总高度为 20.35m,室内外高差 0.20m,Ⓓ~Ⓔ轴间辅助厂房的屋顶高度为 9.0m。

(2)该厂房吊车轨顶部高度为 14.34m,吊车梁安装在顶部高度为 13.0m 的牛腿上,至于吊车轨、牛腿柱等详细构造情况,通过阅视结构图方可知晓,而在建筑图上难以得知。

(3)该厂房屋架选用通用图集 97G511 中 18m 跨钢屋及相应钢檩条,天窗架选自 97G512 通用图集。钢屋架、钢天窗架、钢檩条等详细做法通过查阅通用图集后才能知道。

(4)该厂房剖面图上的"①①59/25" 及 "陕02J02④"均为所选用的通用图册代号和详细做法的图样编号与所在的页数。例如"陕02J02④"标示女儿墙及泛水等具体做法选用陕西省 02 系列建筑标准设计图集"陕 02J02"中第 7 页第 2 个图样。

(5)通过剖面图阅读还可以获知沿墙及山墙上窗的安装高度等。

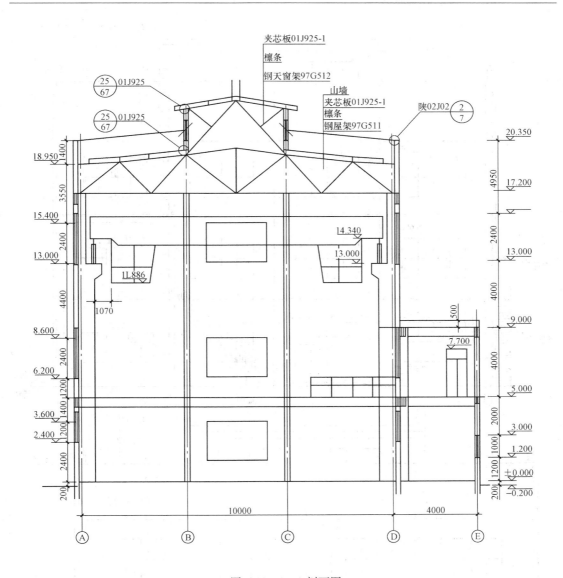

图 2-18　1—1 剖面图

3. 建筑立面图识读

图 2-19(a)、(b)、(c)、(d)是图 2-17 的四个方向的立面图。图 2-19(a)是⑤～①轴线立面图,即正立面图;图 2-19(b)是①～⑤轴线立面图,即背立面图;图 2-19(c)、(d)分别是该厂房左右两侧的立面图,通过这几个图样可以获知以下内容:

(1)该厂房外貌形状、门窗安装高度、厂房屋顶高度及室内外高差等。

(2)室外钢梯形状,如图 2-19(c)立面图Ｅ轴线外侧钢梯为直形爬梯,通至辅助厂房屋顶 9.0m 处。到了 9.0m 屋顶后还有一钢爬梯通至主厂房屋顶 20.35m 处,但这一处的钢梯在平面图上看不到,只能看到上屋顶钢梯"1"的平面布置形状为"▭▭"。所以我们通常说立面图、剖面图是平面图不足的补充,其道理就在于如此。室外其他几个钢梯(如 1 号钢梯、2 号钢梯等)的形状等情况就不再作一一介绍。

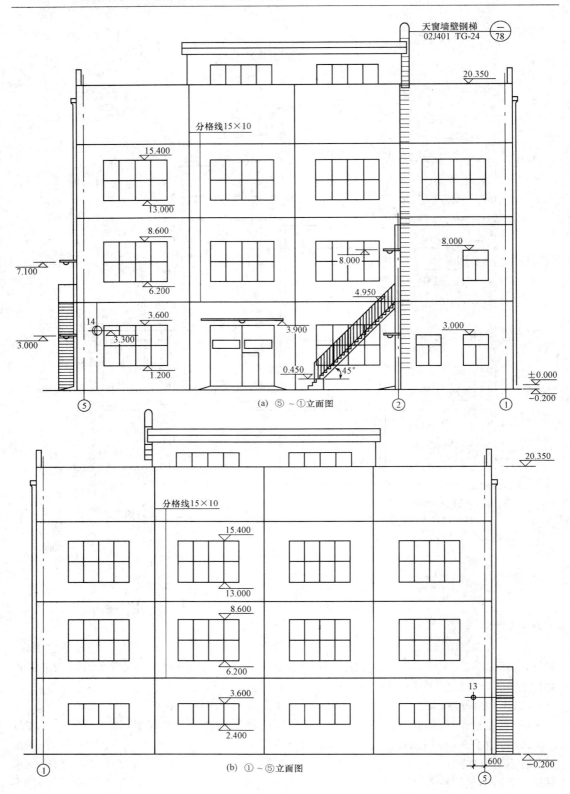

图 2-19　建筑立面图(一)

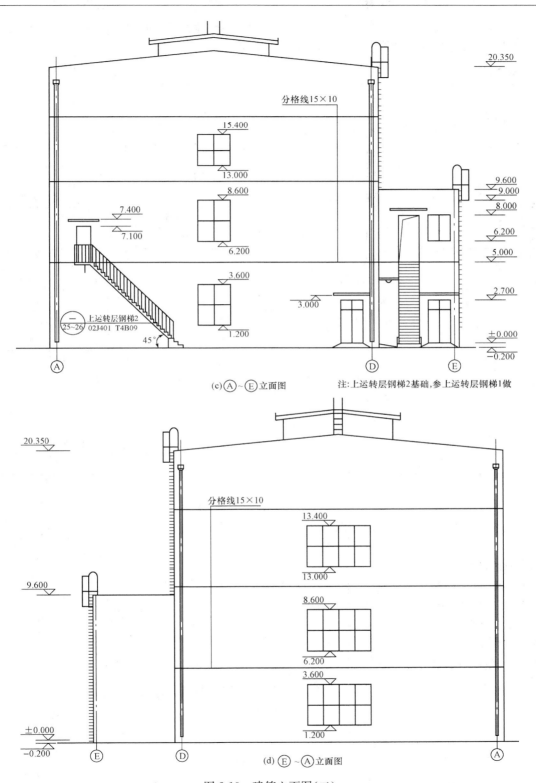

(c) Ⓐ～Ⓔ立面图

注:上运转层钢梯2基础,参上运转层钢梯1做

(d) Ⓔ～Ⓐ立面图

图 2-19　建筑立面图(二)

(3)外墙面粉刷分格线尺寸为 15×10(m),外墙面粉刷做法,内墙面粉刷做法、顶棚粉刷做法,以及地面、楼面、屋面、斜坡、散水等构造及做法,详见表 2-25。

表 2-25　　　　　　　　　　　　建筑用料及做法　　　　　　　　陕 02J 01. 国标 01J925-1

项目名称:×化合成氨技改工程			主项名称:	压缩厂房		
序号	编号	名　　称	适用范围	厚度	备　注	
1	坡 11	混凝土坡道	±0.00 米 M2. M4 门前	360		
2	坡 12	混凝土坡道	M1 门前	420		
3	散 3	混凝土散水	全部	210	宽1500	
4	潮 1	水泥砂浆防潮层	砖墙 -0.06 米处	20	有地梁时略	
5	外 13-14	喷(刷)涂料外墙面	全部乳胶漆外墙面	18	色与邻近厂房协调	
6	地 2	混凝土地面	配电室	270		
7	地 3	混凝土地面	压缩机房	310		
8	楼 3	水泥砂浆楼面	全部	20		
9	踢 2-3	水泥砂浆踢脚		18	高 120	
10	内 17-18	乳胶漆墙面	全部白乳胶漆	16	经济型乳胶漆	
11	棚 6	乳胶漆顶棚	配电室	10	经济型乳胶漆	
12	油 23	调和漆	金属面(防锈)		颜色甲方定	
13	屋Ⅱ6	水泥砂浆面层	配电室屋面			
		防水层:一层 SBS 防水卷材 3 厚	一层 SBS 防水涂膜 3 厚			
		保温层:100 厚憎水膨胀珍珠岩板				
14	屋Ⅱ	夹芯板屋面(荷载≥1.0KN/m²)	压缩机房屋面		见标准图 01J925-1	
		夹芯板板型:JYBQa-1000(MWP-1000)	S≥50 或 JXB45-500-1000		S≥75	

4. 建筑详图识读

建筑详图通常主要有门窗详图、楼梯详图、墙身详图、屋架详图、天窗详图、台阶、斜坡、散水坡以及明沟详图等。详图又有通用详图和非通用详图之分,表 2-25 中所列部位或构件的施工用料及做法,均采用国标或省标详图。以图 2-20 来说,它是前述厂房室外 1 号钢梯的立面大样图,对于这个图样的阅读方法介绍如下:

(1)该图选自国标 02J401 图册第 25~26 页,钢梯编号为 T4B12 或 T4B09。

(2)该梯材料规格通过查阅通用图册 02J401 才能知道。

(3)该梯始端为 C20 混凝土踏步基础,基础宽度为 1.4m,基础为三踏步,踏步高度为 166mm,宽度为 250mm,基础垫层也

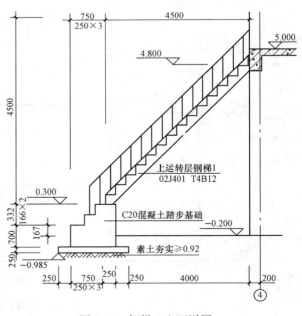

图 2-20　钢梯 1 立面详图

为 C20 混凝土,垫层下面素土夯实密度≥0.92。

(4)该梯标高 4.5m 处为钢筋混凝土平台,平台顶面标高为 5.0m。

(5)该梯水平长度为 6.54m。

(二)结构施工图识图

结构施工图是建筑结构施工图的简称。建筑结构施工图主要包括有基础图(砖、石基础、混凝土及钢筋混凝土基础、桩基础等)、混凝土及钢筋混凝土结构图、钢结构图、木结构图等。

建筑工程施工、概预算编制和工程量清单编制的分部分项工程量计算,都是先从基础开始。对于建筑结构施工图的识图,这里以基础图为例作以说明。图 2-21 是图 2-2 中拟建浴室的基础平面图,通过阅视这张施工图,对造价人员来说,应着重掌握以下主要内容。

1. 基础平面布置情况

基础是位于建筑物底层地面以下,承受上部建(构)筑物全部荷载的构件。基础平面图是表明基础类型、平面尺寸、剖切位置、剖切形式及剖切记号等情况的施工图。因此,在图 2-21(a)中可以看到以下几种情况:

(1)该基础为矩形,中心线长度为 22.80m,宽度为 9.90m,横轴线编号为①～⑦,轴距为 2.10m、4.50m、3.30m 和 4.20m 六个不相等轴距;纵轴线编号为Ⓐ～Ⓒ,轴距为 7.80m 和 2.10m。

(2)有独立柱基础十二个,其中编号 J—1 八个,J—2 四个。基础梁(JL—1)两个。

(3)基础宽 0.70m,独立柱基础地坑平面尺寸为 2.50×3.50(m)和 3.00×3.50(m)两种。

(4)在④⑤⑥轴线上的 -1.57m、-1.58m、-1.60m 处各有预留孔一个,在⑦轴线的 -1.88m 处有预留孔两个;Ⓐ轴线的第⑤轴距左侧的 -1.58m 处有预留孔一个,Ⓐ轴线上有预留孔一个,Ⓒ轴线上有预留孔三个。

2. 基础构成材料

从基础平面图上只能得知它的平面布置概况,而不知道它的构成材料、埋设深度和详细尺寸等,欲知这些内容,必须识读它的剖面图。图 2-21 基础图共有剖切标记四组,即"1—1""2—2"、"3—3"、"4—4",J—1、J—2 独立基础的剖切标记为"A—A"与"B—B"。从"1—1"、"2—2"、"3—3"、"4—4"断面图[图 2-21(b)、(c)]得知:①基础埋深为 -1.20m。②基础下部的 -0.75m 处为 3∶7 灰土垫层,其宽度为 0.70m,厚度为 0.45m。③砖基础宽度"1—1"和"4—4"断面为 0.37m,有大放脚一层,高度为 0.12m,两边各凸出 0.06m;"2—2"和"3—3"断面为 0.24m,大放脚一层,高度也为 0.12m,两边各凸出 0.06m。J—1、J—2 独立基础及 JL—1 基础梁的构成材料等,请阅视图 2-21(d)、(e)、(f),这里不再作一一介绍。

3. 基础施工要求

了解施工要求对正确选用材料质量和概预算选套定额单价有重要的作用。此部分内容如混凝土、砖和砂浆的强度等级,一般不在平面与剖面图中标注,而需要阅读它的设计说明方可得知。图 2-21 的施工要求和设计说明见图中文字部分。

基础图识读完后,就可以进行施工放线、土(石)方开挖、基础砌(浇)筑及工程量计算等工作。

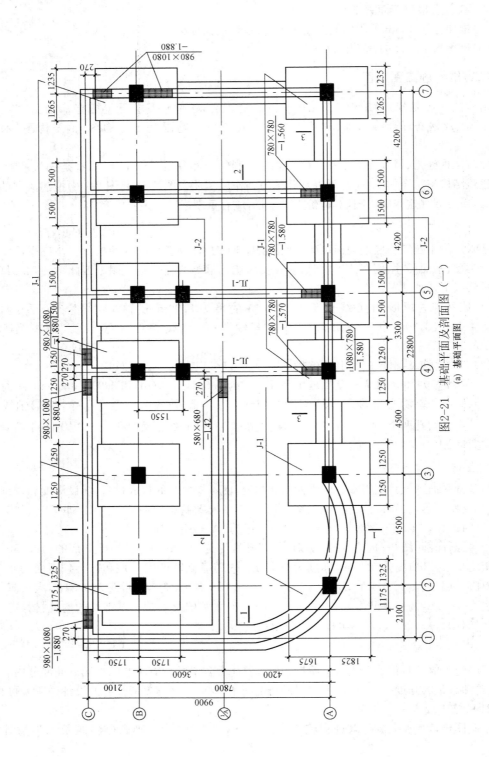

图2-21 基础平面及剖面图 (一)

(a) 基础平面图

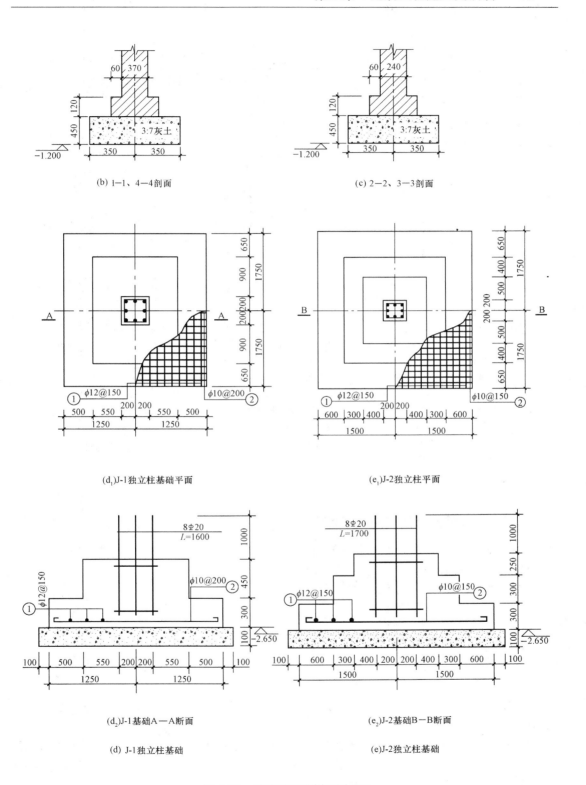

(b) 1—1、4—4剖面

(c) 2—2、3—3剖面

(d₁)J-1独立柱基础平面

(e₁)J-2独立柱基础平面

(d₂)J-1基础A—A断面

(e₂)J-2基础B—B断面

(d) J-1独立柱基础

(e)J-2独立柱基础

图 2-21 基础平面及剖面图(二)

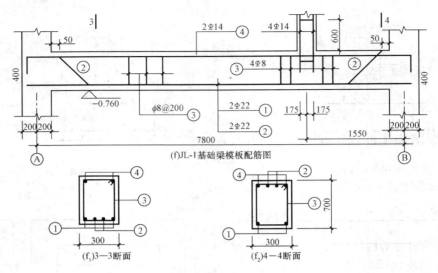

图 2-21 基础平面及剖面图（三）

设计说明：

(1)钢筋混凝土基础垫层为 C 10,其他均为 C 20。楼层及屋面现浇板施工要连续浇筑,不留施工缝,二楼浴室现浇板混凝土抗渗等级≥8,施工中应加强养护,不得长期暴露。砖砌体在±0.000 以下为 MU10 砖,M5 水泥砂浆;±0.000 以上为非承重空心砖,M5 混合砂浆砌筑。

(2)墓、穴、坑、井按《建筑场地墓坑探查与处理暂行规程》Q/XJ104 进行处理。

(3)基础过梁均采用现浇,当洞口尺寸 B≤900 时过梁采用Ⅰ322,当 B＞900 时采用Ⅰ333。

(4)所有悬挑构件应在混凝土达到设计强度等级和屋面防水层完工后才能拆除模板支撑。

(5)钢筋保护层厚度:基础 35mm,梁、柱 25mm,板 10mm。

(6)框架柱的四角钢筋应采用单面焊缝连接。即在搭接长度的上下端各焊一个焊缝长度不少于 3D 的单面焊缝。D 为角上钢筋的直径。

(7)······

(三)建筑工程施工图识图注意事项

(1)注意由大到小,由粗到细,循序看图。

(2)注意平、立、剖面图互相对照,综合看图。

(3)注意由整体到局部系统地去看图。

(4)注意索引标志和详图标志。

(5)注意图例、符号和代号。

(6)注意计量单位和要求。

(7)注意附注或说明。

(8)结合实物看图。

(9)发现图中有不明白或错误时,应及时询问设计人员,切忌想当然地去判断和在图面上乱勾滥画,保持图面整洁无损。

建筑工程施工图是计算工程量和指导施工的依据,为了便于表达设计内容和图面的整洁、简明、清晰,施工图中采用了一系列统一规定的图例、符号、代号,熟悉与牢记这些图例、符号和代号,有助于提高识图能力和看图速度。

第五节　混凝土结构平法施工图识读

建筑结构施工图平面整体设计方法(简称"平法"),对我国目前混凝土结构施工图的设计表示方法作了重大改革,既减少了出图数量,又统一了表示方法,同时,还可以确保设计与施工质量。

一、平法施工图的概念

所谓"混凝土结构施工图平面整体设计方法",概括来讲,就是把结构构件的尺寸和配筋等,按照平面整体表示方法制图规则,整体直接表达在各类构件的结构平面布置图上(如图 2-22 所示),再与标准构造详图配合,即构成一套新型完整的结构设计图样,就称作平法施工图。平法施工图的特点是:改变了传统的那种将构件从结构平面布置图中索引出来,再逐个绘制模板图、配筋图、节点大样图等的烦琐方法;缩减了图纸数量,提高了设计效率;使图面进一步简化、简洁、清晰、好看。目前,中华人民共和国住房和城乡建设部批准实施的 G101《混凝土结构施工图平面整体表示方法制图规则和构造详图》系列主要有以下三种:

(1)11G101-1(现浇混凝土框架、剪力墙、梁、板)。

(2)11G101-2(现浇混凝土板式楼梯)。

(3)11G101-3(独立基础、条形基础、筏形基础及桩基承台)。

本节内容依据上述各种规定编写。

二、平法施工图一般规定

(1)按平法设计绘制的施工图,一般是由各类结构构件的平法施工图和标准构造详图两大部分构成,但对于复杂的工业与民用建筑,尚需增加模板、开洞和预埋件等平面图。只有在特殊情况下才需增加剖面配筋图。

(2)按平法设计绘制结构施工图时,必须根据具体工程设计,按照各类构件的平法制图规则,在按结构(标准)层绘制的平面布置图上直接表示各构件的尺寸、配筋。出图时宜按基础、柱、剪力墙、梁、板、楼梯及其他构件的顺序排列。

(3)在平面布置图上表示各构件尺寸和配筋的方式,分平面注写方式、列表注写方式和截面注写方式三种。

(4)按平法设计绘制结构施工图时,应将所有柱、剪力墙、梁和板构件进行编号,编号中含有类型代号和序号等,其中,类型代号的主要作用是指明所选用的标准构造详图;在标准构造详图上,已经按其所属构件类型注明代号,以明确该详图与平法施工图中该类型构件的互补关系,使两者结合构成完整的结构设计图。

(5)按平法设计绘制结构施工图时,应当用表格或其他方式注明包括地下和地上各层的结构层楼(地)面标高、结构层高及相应的结构层号。

其结构层楼面标高和结构层高在单项工程中必须统一,以保证基础、柱与墙、梁、板等用同一标准竖向定位。为施工方便,应将统一的结构层楼面标高和结构层高分别放在柱、墙、梁等各类构件的平法施工图中。

注:结构层楼面标高是指将建筑图中的各层地面和楼面标高值扣除建筑面层及垫层做法厚度后的标高,结构层号应与建筑楼层号对应一致。

(6)为了确保施工人员准确无误地按平法施工图进行施工,在具体工程施工图中必须写明以下与平法施工图密切相关的内容。

1)注明所选用平法标准图的图集号(如"11G101－1"),以免图集升版后在施工中用错版本。

2)写明混凝土结构的设计使用年限。

3)当抗震设计时,应写明抗震设防烈度及抗震等级,以明确选用相应抗震等级的标准构造详图;当无抗震设计时,也应注明,以明确选用非抗震的标准构造详图。

4)写明各类构件在不同部位所选用的混凝土的强度等级和钢筋级别,以确定相应纵向受拉钢筋的最小锚固长度及最小搭接长度等。

当采用机械锚固形式时,设计者应指定机械锚固的具体形式、必要的构件尺寸以及质量要求。

5)当标准构造详图有多种可选择的构造做法时,写明在何部位选用何种构造做法。当未写明时,则为设计人员自动授权施工人员可以任选一种构造做法进行施工。

6)写明柱(包括墙柱)纵筋、墙身分布筋、梁上部贯通纵筋等在具体工程中需接长时所采用的接头形式及有关要求。必要时,尚应注明对钢筋的性能要求。

轴心受拉及小偏心受拉构件的纵向受力钢筋不得采用绑扎搭接,设计者应在平法施工图中注明其平面位置及层数。

7)写明结构不同部位所处的环境类别。

8)注明上部结构的嵌固部位位置。

9)设置后浇带时,注明后浇带的位置、浇筑时间和后浇混凝土强度等级以及其他特殊要求。

10)当墙、柱或梁与其他填充墙需要拉结时,其构造详图应由设计者根据墙身材料和规范要求选用相关国家建筑标准设计图集或自行绘制。

11)当具体工程需要对图集的标准构造详图进行局部变更时,应写明变更的具体内容。

12)当具体工程中有特殊要求时,应在施工图中另加说明。

三、平法施工图识图

(一)基础图识图

现行混凝土平法施工图国家标准设计图集 11G101－3 中的基础图类型主要有"独立基础"、"条形基础"、"筏形基础"和"桩基承台"四种。鉴于篇幅关系,这里仅就"筏形基础"施工图识图方法进行介绍。

1.筏形基础的种类

筏形基础包括有梁板式和平板式两种。二者的区别主要是前者有肋梁,后者无肋梁。本书仅就梁板式筏形基础平法制图规则进行介绍。

2.梁板式筏形基础平法施工图表示方法

(1)梁板式筏形基础平法施工图,系在基础平面布置图上采用平面注写方式进行表达。

(2)当绘制基础平面布置图时,应将梁板式筏形基础与其所支承的柱、墙一起绘制。当基础底面标高不同时,需注明与基础底面基准标高不同之处的范围和标高。

(3)通过选注基础梁底面与基础平板底面的标高高差来表达两者间的位置关系,可以明确其"高板位"(梁顶与板顶一平)、"低板位"(梁底与板底一平)以及"中板位"(板在梁的中部)三种不同位置组合的筏形基础,方便设计表述。

(4)对于轴线未居中的基础梁,应标注其定位尺寸。

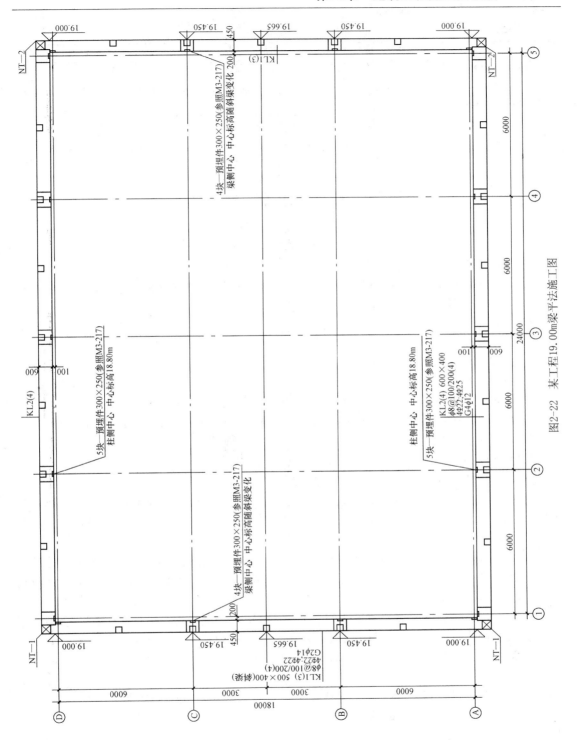

图2-22 某工程19.00m梁平法施工图

3.梁板式筏形基础构件的类型与编号

梁板式筏形基础由基础主梁、基础次梁和基础平板等构成,其编号见表2-26。

表 2-26　　　　　　　　　　　　　　　　梁板式筏形基础构件编号

构件类型	代　号	序　号	跨数及有否外伸
基础主梁(柱下)	JL	××	(××)或(××A)或(××B)
基础次梁	JCL	××	(××)或(××A)或(××B)
梁板筏形基础平板	LPB	××	

注:1. (××A)为一端有外伸,(××B)为两端有外伸,外伸不计入跨数。

【例】JZL7(5B)表示第 7 号基础主梁、5 跨、两端有外伸。

2. 梁板式筏形基础平板跨数及是否有外伸分别在 X、Y 两向的贯通纵筋之后表达。图面从左至右为 X 向,从上至下为 Y 向。

3. 梁板式筏形基础主梁与条形基础梁编号与标准构造详图一致。

4. 基础主梁与基础次梁的平面注写方式

(1)基础主梁 JL 与基础次梁 JCL 的平面注写,分集中标注与原位标注两部分内容。

(2)基础主梁 JL 与基础次梁 JCL 的集中标注内容为:基础梁编号、截面尺寸、配筋三项必注内容,以及基础梁底面标高高差(相对于筏形基础平板底面标高)一项选注内容。具体规定如下:

1)注写基础梁的编号(表 2-26)。

2)注写基础梁的截面尺寸。以 $b×h$ 表示梁截面宽度与高度;当为加腋梁时,用 $b×hYc_1×c_2$ 表示,其中 c_1 为腋长,c_2 为腋高。

3)注写基础梁的配筋。

①注写基础梁箍筋。

a. 当采用一种箍筋间距时,注写钢筋级别、直径、间距与肢数(写在括号内)。

b. 当采用两种箍筋时,用"/"分隔不同箍筋,按照从基础梁两端向跨中的顺序注写。先注写第 1 段箍筋(在前面加注箍数),在斜线后再注写第 2 段箍筋(不同加注箍数)。

【例】 $9\phi16@100/\phi16@200(6)$,表示箍筋为 HPB300 级钢筋,直径 $\phi16$,从梁端向跨内,间距 100,设置 9 道,其余间距为 200,均为六肢箍。

建造师施工、造价师计算钢筋用量时应注意的是:两向基础主梁相交的柱下区域,应有一向截面较高的基础主梁按梁端箍筋贯通设置;当两向基础主梁高度相同时,任选一向基础主梁箍筋贯通设置。

②注写基础梁的底部、顶部及侧面纵向钢筋。

a. 以 B 打头,先注写梁底部贯通纵筋(不应少于底部受力钢筋总截面面积的 1/3)。当跨中所注根数少于箍筋肢数时,需要在跨中加设架立筋以固定箍筋,注写时,用加号"+"将贯通纵筋与架立筋相联,架立筋注写在加号后面的括号内。

b. 以 T 打头,注写梁顶部贯通纵筋值。注写时用分号";"将底部与顶部纵筋隔开,如有个别跨与其不同,按下述第"(3)"小题基础主梁与基础次梁的原位注写的相关规定进行处理。

【例】 B4Φ32;T7Φ32,表示梁的底部配置 4Φ32 的贯通纵筋,梁的顶部配置 7Φ32 的贯通纵筋。

c. 当梁底部或顶部贯通纵筋多于一排时,用斜线"/"将各排纵筋自上而下分开。

【例】 梁底部贯通纵筋注写为 B8Φ28　3/5,则表示上一排纵筋为 3Φ28,下一排纵筋为 5Φ28。

注:1. 基础主梁与基础次梁的底部贯通纵筋,可在跨中 1/3 净跨长度范围内采用搭接连接、机械连接或焊接;

2. 基础主梁与基础次梁的顶部贯通纵筋,可在距柱根 1/4 净跨长度范围内采用搭接连接,或在支座附近采用机械连接或焊接(均应严格控制接头百分率)。

d. 以大写字母 G 打头注写基础梁两侧面对称设置的纵向构造钢筋的总配筋值(当梁腹板高

度h_w不小于450mm时,根据需要配置)。

【例】 G8Φ16,表示梁的两个侧面共配置8Φ16的纵向构造钢筋,每侧各配置4Φ16。

当需要配置抗扭纵向钢筋时,梁两个侧面设置的抗扭纵向钢筋以N打头。

【例】 N8Φ16,表示梁的两个侧面共配置8Φ16的纵向抗扭钢筋,沿截面周边均匀对称设置。

注:1. 当为梁侧面构造钢筋时,其搭接与锚固长度可取为15d。

　　2. 当为梁侧面受扭纵向钢筋时,其锚固长度为l_a,搭接长度为l_l,其锚固方式同基础梁上部纵筋。

4)注写基础梁底面标高高差(是指相对于筏形基础平板底面标高的高差值),该项为选注值。有高差时须将高差写入括号内(如"高板位"与"中板位"基础梁的底面与基础平板底面标高的高差值),无高差时不注(如"低板位"筏形基础的基础梁)。

(3)基础主梁与基础次梁的原位标注,规定如下:

1)注写梁端(支座)区域的底部全部纵筋,系包括已经集中注写过的贯通纵筋在内的所有纵筋:

①当梁端(支座)区域的底部纵筋多于一排时,用斜线"/"将各排纵筋自上而下分开。

【例】 梁端(支座)区域底部纵筋注写为10Φ25　4/6,则表示上一排纵筋为4Φ25,下一排纵筋为6Φ25。

②当同排纵筋有两种直径时,用加号"+"将两种直径的纵筋相联。

【例】 梁端(支座)区域底部纵筋注写为4Φ28+2Φ25,表示一排纵筋由两种不同直径钢筋组合。

③当梁中间支座两边的底部纵筋配置不同时,须在支座两边分别标注;当梁中间支座两边的底部纵筋相同时,可仅在支座的一边标注配筋值。

④当梁端(支座)区域的底部全部纵筋与集中注写过的贯通纵筋相同时,可不再重复做原位标注。

⑤加腋梁加腋部位钢筋,需在设置加腋的支座处以Y打头注写在括号内。

【例】 加腋梁端(支座)处注写Y4Φ25,表示加腋部位斜纵筋为4Φ25。

设计时应注意:当对底部一平的梁支座两边的底部非贯通纵筋采用不同配筋值时,应先按较小一边的配筋值选配相同直径的纵筋贯穿支座,再将较大一边的配筋差值选配适当直径的钢筋锚入支座,避免造成两边大部分钢筋直径不相同的不合理配置结果。

施工及预算方面应注意:当底部贯通纵筋经原位修正注写后,两种不同配置的底部贯通纵筋应在两毗邻跨中配置较小一跨的跨中连接区域连接(即配置较大一跨的底部贯通纵筋须越过其跨数终点或起点伸至毗邻跨的跨中连接区域。具体位置见标准构造详图)。

2)注写基础梁的附加箍筋或(反扣)吊筋。将其直接画在平面图中的主梁上,用线引注总配筋值(附加箍筋的肢数注在括号内),当多数附加箍筋或(反扣)吊筋相同时,可在基础梁平法施工图上统一注明,少数与统一注明值不同时,再原位引注。

施工时应注意:附加箍筋或(反扣)吊筋的几何尺寸应按照标准构造详图,结合其所在位置的主梁和次梁的截面尺寸而定。

3)当基础梁外伸部位变截面高度时,在该部位原位注写$b \times h_1/h_2$,其中h_1根部截面高度,h_2为尽端截面高度。

4)注写修正内容。当在基础梁上集中注写的某项内容(如梁截面尺寸、箍筋、底部与顶部贯通纵筋或架立筋、梁侧面纵向构造钢筋、梁底面标高高差等)不适用于某跨或某外伸部分时,则将其修正内容原位标注在该跨或该外伸部位,施工时原位标注优先。

当在多跨基础梁的集中标注中已注明加腋,而该梁某跨根部不需要加腋时,则应在该跨原位标注等截面的$b \times h$,以修正集中标注中的加腋信息。

按以上各项规定的组合表达方式,详见图 2-23 及表 2-27。

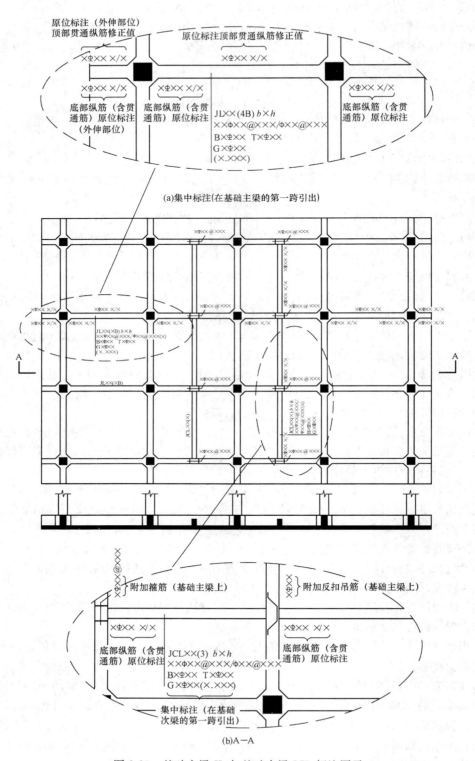

图 2-23 基础主梁 JL 与基础次梁 JCL 标注图示

表 2-27　　　　　　　　　　基础主梁 JL 与基础次梁 JCL 标注说明

集中标注说明：(集中标注应在第一跨引出)

注写形式	表　达　内　容	附　加　说　明
JL××(×B)或 JCL××(×B)	基础主梁 JL 或基础次梁 JCL 编号，具体包括：代号、序号、(跨数及外伸状况)	(×A)：一端有外伸；(×B)：两端均有外伸；无外伸则仅注跨数(×)
$b \times h$	截面尺寸，梁宽×梁高	当加腋时，用 $b \times h$ $Yc_1 \times c_2$ 表示，其中 c_1 为腋长，c_2 为腋高
$\times \phi \times @ \times \times / \phi \times @ \times \times (\times)$	箍筋道数、强度等级、直径、第一种间距/第二种间距、(肢数)	ϕ—HPB300　Φ—HRB335　Φ—HRB400 Φ^R—RRB400，下同
B×Φ××； T×Φ××	底部(B)贯通纵筋根数、强度等级、直径； 顶部(T)贯通纵筋根数、强度等级、直径	底部纵筋应有不少于 1/3 贯通全跨 顶部纵筋全部连通
G×Φ××	梁侧面纵向构造钢筋根数、强度等级、直径	为梁两个侧面构造纵筋的总根数
(×.×××)	梁底面相对于基准标高的高差	高者前加"+"号，低者前加"-"号，无高差不注

原位标注(含贯通筋)的说明：

注写形式	表　达　内　容	附　加　说　明
×Φ××　×/×	基础主梁柱下与基础次梁支座区域底部纵筋根数、强度等级、直径，以及用"/"分隔的各排筋根数	为该区域底部包括贯通筋与非贯通筋在内的全部纵筋
×Φ××@××××	附加箍筋总根数(两侧均分)、强度等级、直径	在主次梁相交处的主梁上引出
其他原位标注	某部位与集中标注不同的内容	一经原位标注，原位标注取值优先

注：相同的基础主梁或次梁只标注一根，其他仅注编号，有关标注的其他规定详见制图规则。

在基础梁相交处位于同一层面的纵筋相交叉时，设计应注有何梁纵筋在下，何梁纵筋在上。

5. 基础梁底部非贯通纵筋的长度规定

(1)为方便施工，凡基础主梁柱下区域和基础次梁支座区域底部非贯通纵筋的延伸长度 a_0 值，当配置不多于两排时，在标准构造详图中统一取值为自支座边向跨内延伸至 $l_n/3$ 位置；当非贯通纵筋配置多于两排时，从第三排起向跨内的伸出长度值应由设计者注明。l_n 的取值规定为：边跨边支座的底部非贯通纵筋，l_n 取本边跨的净跨长度值；中间支座的底部非贯通纵筋，l_n 取支座两边较大一跨的净跨长度值。

(2)基础主梁与基础次梁外伸部位底部纵筋的伸出长度 a_0 值，在标准构造详图中统一取值为：第一排伸出至梁端头后，全部上弯 12d；其他排伸出至梁端头后截断。

(3)设计者在执行上述第"(1)"、第"(2)"点所述的统一取值规定时，应注意按《混凝土结构设计规范》(GB 50010—2010)、《建筑地基基础设计规范》(GB 50007—2011)和《高层建筑混凝土结构技术规程》(JGJ 3—2010)的相关规定进行校核，若不满足时应另行变更。

6. 梁板式筏形基础平板的平面注写方式

(1)梁板式筏形基础平板 LPB 的平面注写，分板底部与顶部贯通纵筋的集中标注与板底部附加非贯通纵筋的原位标注两部分内容。当仅设置贯通纵筋而未设置附加非贯通纵筋时，则仅做集中标注。

(2)梁板式筏形基础平板 LPB 贯通纵筋的集中标注，应在所表达的板区双向均为第一跨(X 与 Y 双向首跨)的板上引出(图面从左至右为 X 向，从下至上为 Y 向)。

板区划分条件：板厚相同、基础平板的底部与顶部贯通纵筋配置相同的区域为同一板区。

集中标注的内容规定如下：

1)注写基础平板的编号,见表 2-26。

2)注写基础平板的截面尺寸。注写 $h=\times\times\times$ 表示板厚。

3)注写基础平板的底部与顶部贯通纵筋及其总长度。先注写 X 向底部(B 打头)贯通纵筋与顶部(T 打头)贯通纵筋及纵向长度范围;再注写 Y 向底部(B 打头)贯通纵筋与顶部(T 打头)贯通纵筋及纵向长度范围。(图面从左至右为 X 向,从下至上为 Y 向。)

贯通纵筋的总长度注写在括号中,注写方式为"跨数及有无外伸",其表达形式为:$(\times\times)$(无外伸)、$(\times\times A)$(一端有外伸)或 $(\times\times B)$(两端有外伸)。

注:基础平板的跨数以构成柱网的主轴线为准;两主轴线之间无论有几道辅助轴线(例如框筒结构中混凝土内筒中的多道墙体),均可按一跨考虑。

【例】 X:BΦ22@150;TΦ20@150;(5B)

Y:BΦ20@200;TΦ18@200;(7A)

表示基础平板 X 向底部配置 Φ22 间距 150 的贯通纵筋,顶部配置 Φ20 间距 150 的贯通纵筋,纵向总长度为 5 跨,两端有外伸;Y 向底部配置 Φ20 间距 200 的贯通纵筋,顶部配置 Φ18 间距 200 的贯通纵筋,纵向总长度为 7 跨,一端有外伸。

当贯通筋采用两种规格钢筋"隔一布一"方式时,表达为 $\phi xx/yy@\times\times$,表示直径 xx 的钢筋和直径 yy 的钢筋之间的间距为 $\times\times$,直径为 xx 的钢筋、直径为 yy 的钢筋间距分别为 $\times\times$ 的两倍。

【例】 Φ10/12@100 表示贯通纵筋为 Φ10、Φ12 隔一布一,彼此之间间距为 100。

施工及预算编制方面应注意:当基础平板分板区进行集中标注,且相邻板区板底一平时,两种不同配置的底部贯通纵筋应在两毗邻板跨中配置较小板跨的跨中连接区域连接(即配置较大板跨的底部贯通纵筋须越过板区分界线伸至毗邻板跨的跨中连接区域,具体位置见标准构造详图)。

(3)梁板式筏形基础平板 LPB 的原位标注,主要表达板底部附加非贯通纵筋。

1)原位注写位置及内容。板底部原位标注的附加非贯通纵筋,应在配置相同跨的第一跨表达(当在基础梁悬挑部位单独配置时则在原位表达)。在配置相同跨的第一跨(或基础梁外伸部位),垂直于基础梁绘制一段中粗虚线(当该筋通长设置在外伸部位或短跨板下部时,应画至对边或贯通短跨),在虚线上注写编号(如①、②等)、配筋值、横向布置的跨数及是否布置到外伸部位。

注:$(\times\times)$ 为横向布置的跨数,$(\times\times A)$ 为横向布置的跨数及一端基础梁的外伸部位,$(\times\times B)$ 为横向布置的跨数及两端基础梁外伸部位。

板底部附加非贯通纵筋向两边跨内的伸出长度值注写在线段的下方位置。当该筋两侧对称伸出时,可仅在一侧标注,另一侧不注;当布置在边梁下时,向基础平板外伸部位一侧的伸出长度与方式按标准构造,设计不注。底部附加非贯通筋相同者,可仅注写一处,其他只注写编号。

横向连续布置的跨数及是否布置到外伸部位,不受集中标注贯通纵筋的板区限制。

【例】 在基础平板第一跨原位注写底部附加非贯通纵筋 Φ18@300(4A),表示在第一跨至第四跨板且包括基础梁外伸部位横向配置 Φ18@300 底部附加非贯通纵筋。伸出长度值略。

原位注写的底部附加非贯通纵筋与集中标注的底部贯通钢筋,宜采用"隔一布一"的方式布置,即基础平板(X 向或 Y 向)底部附加非贯通纵筋与贯通纵筋间隔布置,其标注间距与底部贯通纵筋相同(两者实际组合后的间距为各自标注间距的 1/2)。

【例】 原位注写的基础平板底部附加非贯通纵筋为⑤Φ22@300(3),该 3 跨范围集中标注的底部贯通纵筋为 BΦ22@300,在该 3 跨支座处实际横向设置的底部纵筋合计为 Φ22@150。其他与⑤号筋相同的底部附加非贯通纵筋可仅注编号⑤。

【例】　原位注写的基础平板底部附加非贯通纵筋为②Φ25@300(4)，该4跨范围集中标注的底部贯通纵筋为BΦ22@300，表示该4跨支座处实际横向设置的底部纵筋为Φ25和C22间隔布置，彼此间距为150。

2)注写修正内容。当集中标注的某些内容不适用于梁板式筏形基础平板某板区的某一板跨时，应由设计者在该板跨内注明，施工时应按注明内容取用。

3)当若干基础梁下基础平板的底部附加非贯通纵筋配置相同时(其底部、顶部的贯通纵筋可以不同)，可仅在一根基础梁下做原位注写，并在其他梁上注明"该梁下基础平板底部附加非贯通纵筋同××基础梁"。

(4)梁板式筏形基础平板LPB的平面注写规定，同样适用于钢筋混凝土墙下的基础平板。

按以上主要分项规定的组合表达方式，详见图2-24及表2-28。

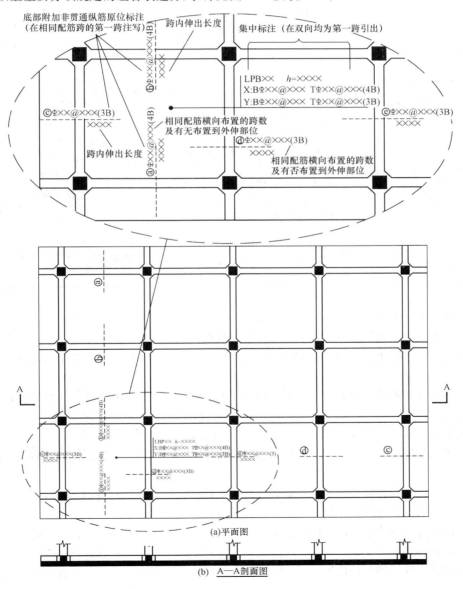

图2-24　梁板式筏形基础平板LPB标注图示

表 2-28 梁板式筏形基础平板 LPB 标注说明

集中标注说明:(集中标注应在双向均为第一跨引出)

注 写 形 式	表 达 内 容	附 加 说 明
LPB××	基础平板编号,包括代号和序号	为梁板式基础的基础平板
$h=\times\times\times\times$	基础平板厚度	
X:B$\oplus$××@×××; 　T$\oplus$××@×××;(×,×A、 　×B) Y:B$\oplus$××@××× 　T$\oplus$××@×××;(×,×A、 　×B)	X 向底部与顶部贯通纵筋强度 等级、直径、间距,(总长度:跨数及 有无伸)。 Y 向底部与顶部贯通纵筋强度 等级、直径、间距,(总长度:跨数及 有无伸)	底部纵筋应有不少于 1/3 贯通全跨,注意 与非贯通纵筋组合设置的具体要求,详见制 图规则。 顶部纵筋应全跨贯通。用"B"引导底部贯 通纵筋,用"T"引导顶部贯通纵筋。(×A): 一端有外伸;(×B):两端均有外伸;无外伸则 仅注跨注(×),图面从左至右为 X 向,从下至 上为 Y 向。

板底部附加非贯通筋的原位标注说明:(原位标注应在基础梁下相同配筋跨的第一跨下注写)

注 写 形 式	表 达 内 容	附 加 说 明
⊗$\oplus$××@×××(×,×A.×B) 　　　　　××× 　　　基础梁	底部附加非贯通纵筋编号、强度 等级、直径、间距,(相同配筋横向 布置的跨数及有否布置到外伸部 位);自梁中心线分别向两边跨内 的伸出长度值	当向两侧对称伸出时,可只在一侧注写伸 出长度值。外伸部位一侧的伸出长度与方式 按标准构造,设计不注。相同非贯通纵筋可 只注写一处,其他仅在中粗虚线上注写编号。 与贯通纵筋组合设置时的具体要求详见相应 制图规则
修正内容原位注写	某部位与集中标注不同的内容	一经原位注写,原位标注的修正内容取值 优先

7. 其他应在图中注明的内容

(1)当在基础平板周边侧面设置纵向构造钢筋时,应在图注中注明。

(2)应注明基础平板外伸部位的封边方式,当采用 U 形钢筋封边时应注明其规格、直径及间距。

(3)当基础平板外伸变截面高度时,注明外伸部位的 h_1/h_2,h_1 为板根部截面高度,h_2 为板尽端截面高度。

(4)当基础平板厚度大于 2m 时,应注明具体构造要求。

(5)当在基础平板外伸阳角部位设置放射筋时,应注明放射筋的强度等级、直径、根数以及设置方式等。

(6)当在板的分布范围内采用拉筋时,应注明拉筋的强度等级、直径、双向间距等。

(7)应注明混凝土垫层厚度与强度等级。

(8)结合基础主梁交叉纵筋的上下关系,当基础平板同一层面的纵筋相交叉时,应注明何种钢筋在下,何种钢筋在上。

(9)设计需注明的其他内容。

(二)柱平法施工图识图

1. 柱平法施工图的表示方法

(1)柱平法施工图系在柱平面布置图上采用列表注写方式或截面注写方式表达。

(2)柱平面布置图,可采用适当比例单独绘制,也可与剪力墙平面布置图合并绘制。

(3)在柱平法施工图中,应按规定注明各结构层的楼面标高、结构层高及相应的结构层号,尚应注明上部结构嵌固部位位置。

2. 柱平法施工图列表注写方式

(1)列表注写方式,系在柱平面布置图上(一般只需采用适当比例绘制一张柱平面布置图,包括框架柱、框支柱、梁上柱和剪力墙上柱),分别在同一编号的柱中选择一个(有时需要选择几个)截面标注几何参数代号;在柱表中注写柱编号、柱段起止标高、几何尺寸(含柱截面对轴线的偏心情况)与配筋的具体数值,并配以各种柱截面形状及其箍筋类型图的方式,来表达柱平法施工图。

(2)柱表注写内容规定如下:

1)注写柱编号,柱编号由类型代号和序号组成,应符合表 2-29 的规定。

表 2-29 柱编号

柱 类 型	代 号	序 号
框架柱	KZ	××
框支柱	KZZ	××
芯 柱	XZ	××
梁上柱	LZ	××
剪力墙上柱	QZ	××

注:编号时,当柱的总高、分段截面尺寸和配筋均对应相同,仅分段截面与轴线的关系不同时,仍可将其编为同一柱号。

2)注写各段柱的起止标高,自柱根部往上以变截面位置或截面未变但配筋改变处为界分段注写。框架柱和框支柱的根部标高是指基础顶面标高;芯柱的根部标高是指根据结构实际需要而定的起始位置标高;梁上柱的根部标高是指梁顶面标高;剪力墙上柱的根部标高分两种:当柱纵筋锚固在墙顶部时,其根部标高为墙顶面标高;当柱与剪力墙重叠一层时,其根部标高为墙顶面往下一层的结构层楼面标高。

3)对于矩形柱,注写柱截面尺寸 $b \times h$ 及与轴线关系的几何参数代号 b_1、b_2 和 h_1、h_2 的具体数值,要对应于各段柱分别注写。其中 $b = b_1 + b_2$,$h = h_1 + h_2$。当截面的某一边收缩变化至与轴线重合或偏到轴线的另一侧时,b_1、b_2、h_1、h_2 中的某项为零或为负值。

对于圆柱,表中 $b \times h$ 一栏改用在圆柱直径数字前加 d 表示。为表达简单,圆柱截面与轴线的关系也用 b_1、b_2 和 h_1、h_2 表示,并使 $d = b_1 + b_2 = h_1 + h_2$。

对于芯柱,根据结构需要,可以在某些框架柱的一定高度范围内,在其内部的中心位置设置(分别引注其柱编号)。芯柱截面尺寸按构造确定,并按标准构造详图施工,设计不注;当设计者采用与标准构造详图不同的做法时,应另行注明。芯柱定位随框架柱走,不需要注写其与轴线的几何关系。

4)注写柱纵筋。当柱纵筋直径相同,各边根数也相同时(包括矩形柱、圆柱和芯柱),将纵筋注写在"全部纵筋"一栏中;除此之外,柱纵筋分角筋、截面 b 边中部筋和 h 边中部筋三项分别注写(对于采用对称配筋的矩形截面柱,可仅注写一侧中部筋,对称边省略不注)。

5)注写箍筋类型号及箍筋肢数,在箍筋类型栏内注写按规定绘制柱截面形状及其箍筋类型号。

6)注写柱箍筋,包括钢筋级别、直径与间距。当为抗震设计时,用斜线"/"区分柱端箍筋加密区与柱身非加密区长度范围内箍筋的不同间距。施工人员须根据标准构造详图的规定,在规定的几种长度值中取其最大者作为加密区长度。

【例】 $\phi10@100/250$,表示箍筋为 HPB300 级钢筋,直径 $\phi10$,加密区间距为 100,非加密区间距为 250。框架节点核芯区箍筋为 HPB300 级钢筋,直径 $\phi12$,间距为 100。

当箍筋沿柱全高为一种间距时,则不使用"/"线。

【例】 $\phi10@100$,表示沿柱全高范围内箍筋均为 HPB300 级钢筋,直径 $\phi10$,间距为 100。

当圆柱采用螺旋箍筋时,需在箍筋前加"L"。

【例】 $L\phi10@100/200$,表示采用螺旋箍筋,HPB300 级钢筋,直径 $\phi10$,加密区间距为 100,非加密区间距为 200。

(3)具体工程所设计的各种箍筋类型图以及箍筋复合的具体方式,需画在表的上部或图中的适当位置,在其上标注与表中相对应的 b、h 和类型号。

注:当为抗震设计时,确定箍筋肢数时要满足对柱纵筋"隔一拉一"以及箍筋肢距的要求。

3. 柱平法施工图截面注写方式

(1)截面注写方式,系在柱平面布置图的柱截面上,分别在同一编号的柱中选择一个截面,以直接注写截面尺寸和配筋具体数值的方式来表达柱平法施工图(图 2-25)。

(2)对除芯柱之外的所有柱截面应按规定进行编号,从相同编号的柱中选择一个截面,按另一种比例原位放大绘制柱截面配筋图,并在各配筋图上继其编号后再注写截面尺寸 $b\times h$、角筋或全部纵筋(当纵筋采用一种直径且能够图示清楚时)、箍筋的具体数值,以及在柱截面配筋图上标注柱截面与轴线关系 b_1、b_2、h_1、h_2 的具体数值。

当纵筋采用两种直径时,需再注写截面各边中部筋的具体数值(对于采用对称配筋的矩形截面柱,可仅在一侧注写中部筋,对称边省略不注)。

当在某些框架柱的一定高度范围内,在其内部的中心位置设置芯柱时,首先按照上述柱平法施工图列表注写方式中表 2-29 进行编号,继其编号后注写芯柱的起止标高、全部纵筋及箍筋的具体数值,芯柱截面尺寸按构造确定,并按标准构造详图施工,设计不注;当设计者采用与标准构造详图不同的做法时,应另行注明。芯柱定位随框架柱,不需要注写其与轴线的几何关系。

(3)在截面注写方式中,如柱的分段截面尺寸和配筋均相同,仅截面与轴线的关系不同时,可将其编为同一柱号。但此时应在未画配筋的柱截面上注写该柱截面与轴线关系的具体尺寸。

(三)有梁楼盖平法施工图识图

有梁楼盖是指以梁为支座的楼面与屋面板。

1. 有梁楼盖板平法施工图表达方式

(1)有梁楼盖板平法施工图,是在楼面板和屋面板布置图上,采用平面注写的表达方式。板平面注写主要包括板块集中标注和板支座原位标注。

(2)为方便设计表达和施工识图,规定结构平面的坐标方向为:

1)当两向轴网正交布置时,图面从左至右为 X 向,从下至上为 Y 向。

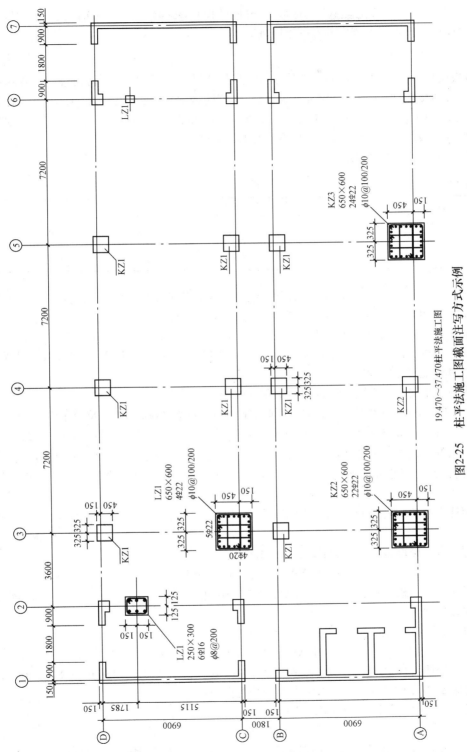

图2-25 柱平法施工图截面注写方式示例

2)当轴网转折时,局部坐标方向顺轴网转折角度做相应转折。

3)当轴网向心布置时,切向为 X 向,径向为 Y 向。

此外,对于平面布置比较复杂的区域,如轴网转折交界区域、向心布置的核心区域等,其平面坐标方向应由设计者另行规定并在图上明确表示。

2. 板块集中标注

(1)板块集中标注的内容为:板块编号,板厚,贯通纵筋,以及当板面标高不同时的标高高差。

对于普通楼面,两向均以一跨为一板块;对于密肋楼盖,两向主梁(框架梁)均以一跨为一板块(非主梁密肋不计)。所有板块应逐一编号,相同编号的板块可择其一做集中标注,其他仅注写置于圆圈内的板编号,以及当板面标高不同时的标高高差。

板块编号按表 2-30 的规定。

表 2-30 板块编号

板 类 型	代 号	序 号
楼面板	LB	××
屋面板	WB	××
悬挑板	XB	××

板厚注写为 $h=\times\times\times$(为垂直于板面的厚度);当悬挑板的端部改变截面厚度时,用斜线分隔根部与端部的高度值,注写为 $h=\times\times\times/\times\times\times$;当设计已在图注中统一注明板厚时,此项可不注。

贯通纵筋按板块的下部和上部分别注写(当板块上部不设贯通纵筋时则不注),并以 B 代表下部,以 T 代表上部,B&T 代表下部与上部;X 向贯通纵筋以 X 打头,Y 向贯通纵筋以 Y 打头,两向贯通纵筋配置相同时则以 X&Y 打头。

当为单向板时,分布筋可不必注写,而在图中统一注明。

当在某些板内(例如在悬挑板 XB 的下部)配置有构造钢筋时,则 X 向以 Xc,Y 向以 Yc 打头注写。

当 Y 向采用放射配筋时(切向为 X 向,径向为 Y 向),设计者应注明配筋间距的定位尺寸。

当贯通筋采用两种规格钢筋"隔一布一"方式时,表达为 $\phi xx/yy@\times\times$,表示直径为 xx 和直径为 yy 的钢筋二者之间间距为 ××,直径 xx 的钢筋间距为 ×× 的 2 倍,直径 yy 的钢筋间距为 ×× 的 2 倍。

板面标高高差,是指相对于结构层楼面标高的高差,应将其注写在括号内,且有高差则注,无高差不注。

【例】 有一楼面板块注写为:LB5 $h=110$

  B:XΦ12@120;YΦ10@110

表示 5 号楼面板,板厚 110,板下部配置的贯通纵筋 X 向为 Φ12@120,Y 向为 Φ10@110;板上部未配置贯通纵筋。

【例】 有一楼面板块注写为:LB5 $h=110$

  B:XΦ10/12@100;YΦ10@110

表示 5 号楼面板,板厚 110,板下部配置的贯通纵筋 X 向为 Φ10、Φ12 隔一布一,Φ10 和 Φ12 之间间距为 100;Y 向为 Φ10@110;板上部未配置贯通纵筋。

【例】 有一悬挑板注写为:XB2 $h=150/100$

  B:Xc&YcΦ8@200

表示 2 号悬挑板,板根部厚 150,端部厚 100,板下部配置构造钢筋双向均为 Φ8@200(上部受力钢筋见板支座原位标注)。

(2)同一编号板块的类型、板厚和贯通纵筋均应相同,但板面标高、跨度、平面形状以及板支座上部非贯通纵筋可以不同,如同一编号板块的平面形状可为矩形、多边形及其他形状等。施工预算时,应根据其实际平面形状,分别计算各块板的混凝土与钢材用量。

(3)设计与施工应注意:单向或双向连续板的中间支座上部同向贯通纵筋,不应在支座位置连接或分别锚固。当相邻两跨的板上部贯通纵筋配置相同,且跨中部位有足够空间连接时,可在两跨任意一跨的跨中连接部位连接;当相邻两跨的上部贯通纵筋配置不同时,应将配置较大者越过其标注的跨数终点或起点伸至相邻跨的跨中连接区域连接。

设计应注意板中间支座两侧上部贯通纵筋的协调配置,施工及预算应按具体设计和相应标准构造要求实施。等跨与不等跨板上部贯通钢筋的连接有特殊要求时,其连接部位及方式应由设计者注明。

3. 板支座原位标注

(1)板支座原位标注的内容为:板支座上部非贯通纵筋和悬挑板上部受力钢筋。

板支座原位标注的钢筋,应在配置相同跨的第一跨表达(当在梁悬挑部位单独配置时则在原位表达)。在配置相同跨的第一跨(或梁悬挑部位),垂直于板支座(梁或墙)绘制一段适宜长度的中粗实线(当该筋通长设置在悬挑板或短跨板上部时,实线段应画至对边或贯通短跨),以该线段代表支座上部非贯通纵筋;并在线段上方注写钢筋编号(如①、②等)、配筋值、横向连续布置的跨数(注写在括号内,且当为一跨时可不注),以及是否横向布置到梁的悬挑端。

【例】　(××)为横向布置的跨数,(××A)为横向布置的跨数及一端的悬挑梁部位;(××B)为横向布置的跨数及两端的悬挑梁部位。

板支座上部非贯通筋自支座中线向跨内的伸出长度,注写在线段的下方位置。

当中间支座上部非贯通纵筋向支座两侧对称伸出时,可仅在支座一侧线段下方标注伸出长度,另一侧不注,如图 2-26(a)所示。

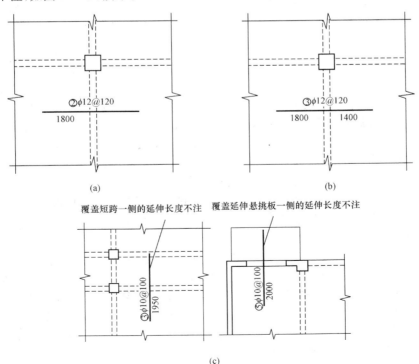

图 2-26　板支座原位标注(一)

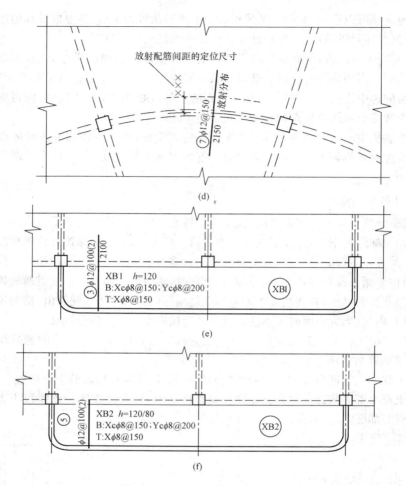

图 2-26　板支座原位标注(二)

当向支座两侧非对称伸出时,应分别在支座两侧线段下方注写伸出长度,如图 2-26(b)所示。

对线段画至对边贯通全跨或贯通全悬挑长度的上部通长纵筋,贯通全跨或伸出至全悬挑一侧的长度值不注,只注明非贯通纵筋另一侧的伸出长度值,如图 2-26(c)所示。

当板支座为弧形,支座上部非贯通纵筋呈放射状分布时,设计者应注明配筋间距的度量位置并加注"放射分布"四字,必要时应补绘平面配筋图,如图 2-26(d)所示。

关于悬挑板的注写方式如图 2-26(e)所示。当悬挑板端部厚度不小于 150 时,设计者应指定板端部封边构造方式,当采用 U 形钢筋封边时,尚应指定 U 形钢筋的规格、直径。

此外,悬挑板的悬挑阳角上部放射钢筋的表示方法,详见图 2-27 所示。

在板平面布置图中,不同部位的板支座上部非贯通纵筋及悬挑板上部受力钢筋,可仅在一个部位注写,对其他相同者则仅需在代表钢筋的线段上注写编号及按规定注写横向连续布置跨数即可。

【例】　在板平面布置图某部位,横跨支承梁绘制的对称线段上注有⑦Φ12@100(5A)和1500,表示支座上部⑦号非贯通纵筋为 Φ12@100,从该跨起沿支承梁连续布置 5 跨加梁一端的悬挑端,该筋自支座中线向两侧跨内的伸出长度均为 1500。在同一板平面布置图的另一部位,横跨梁支座绘制的对称线段上注有⑦(2)者,系表示该筋同⑦号纵筋,沿支承梁连续布置 2 跨,且无梁悬挑端布置。

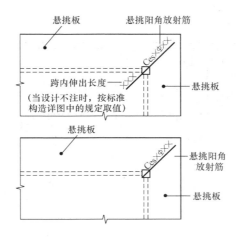

图 2-27　悬挑阳角放射筋引注图示

此外,与板支座上部非贯通纵筋垂直且绑扎在一起的构造钢筋或分布钢筋,应由设计者在图中注明。

(2)当板的上部已配置有贯通纵筋,但需增配板支座上部非贯通纵筋时,应结合已配置的同向贯通纵筋的直径与间距采取"隔一布一"方式配置。

"隔一布一"方式,为非贯通纵筋的标注间距与贯通纵筋相同,两者组合后的实际间距为各自标注间距的 1/2。当设定贯通纵筋为纵筋总截面面积的 50% 时,两种钢筋应取相同直径;当设定贯通纵筋大于或小于总截面面积的 50% 时,两种钢筋则取不同直径。

【例】 板上部已配置贯通纵筋 $\Phi12@250$,该跨同向配置的上部支座非贯通纵筋为⑤$\Phi12@250$,表示在该支座上部设置的纵筋实际为 $\Phi12@125$,其中 1/2 为贯通纵筋,1/2 为⑤号非贯通纵筋(伸出长度值略)。

【例】 板上部已配置贯通纵筋 $\Phi10@250$,该跨配置的上部同向支座非贯通纵筋为③$\Phi12@250$,表示该跨实际设置的上部纵筋为 $\Phi10$ 和 $\Phi12$ 间隔布置,二者之间间距为 125。

施工时应注意:当支座一侧设置了上部贯通纵筋(在板集中标注中以 T 打头),而在支座另一侧仅设置了上部非贯通纵筋时,如果支座两侧设置的纵筋直径、间距相同,应将两者连通,避免各自在支座上部分别锚固。

4. 其他

(1)板上部纵向钢筋在端支座(梁或圈梁)的锚固要求,标准构造详图中规定:当设计按铰接时,平直段伸至端支座对边后弯折,且平直段长度 $\geqslant 0.35 l_{ab}$,弯折段长度 $15d(d$ 为纵向钢筋直径);当充分利用钢筋的抗拉强度时,直段伸至端支座对边后弯折,且平直段长度 $\geqslant 0.6 l_{ab}$,弯折段长度 $15d$。设计者应在平法施工图中注明采用何种构造,当多数采用同种构造时可在图注中写明,并将少数不同之处在图中注明。

(2)板纵向钢筋的连接可采用绑扎搭接、机械连接或焊接,其连接位置详见相应的标准构造详图。当板纵向钢筋采用非接触方式的绑扎搭接连接时,其搭接部位的钢筋净距不宜小于 30mm,且钢筋中心距不应大于 $0.2 l_l$ 及 150mm 的较小者。·

注:非接触搭接使混凝土能够与搭接范围内所有钢筋的全表面充分粘接,可以提高搭接钢筋之间通过混凝土传力的可靠度。

(3)采用平面注写方式表达的楼面板平法施工图示例,如图 2-28 所示。

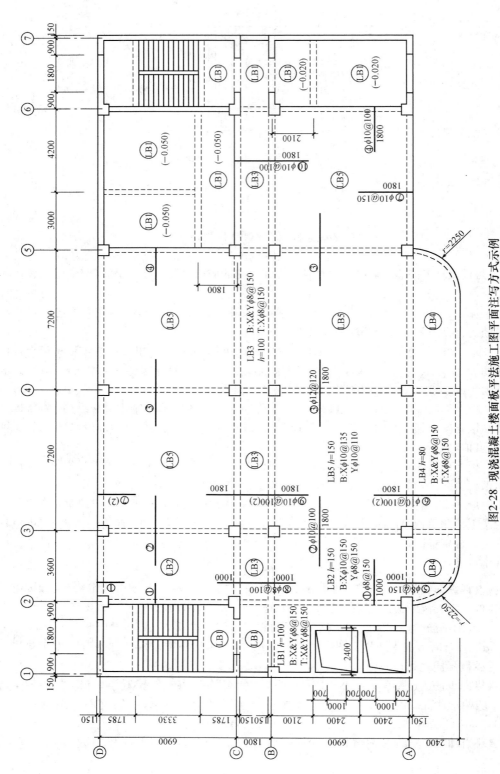

图2-28 现浇混凝土楼面板平法施工图平面注写方式示例

注：可在结构层楼面标高、结构层高表中加设混凝土强度等级等栏目。

四、平法施工图识图举例

图 2-22 是某合成氨技改工程中的压缩厂房标高 19.00m 梁平法施工图。对于这张图的识读除按照国家建筑标准设计图集 11G101《混凝土结构施工图平面整体表示方法制图规则和构造详图》识读外，还要与建筑图、其他结构图、设计说明配合起来识读，具体方法如下所述。

1. 阅视图面组成

该图横向定位轴线为①～⑤，总长度 24m，开间尺寸 6m，共四个开间；纵向轴线编号为Ⓐ～Ⓓ，总跨度 18m，进深尺寸 6m；排架结构；TN－1、TN－2（牛腿）各两个；预埋件 300×250 共 18 块；KL1(3)及 KL2(4)各两根，梁顶面标高 19m。

2. 阅视图面注写方式

在平面布置图上表示各构件尺寸和配筋的方式，分平面注写方式、列表注写方式和截面注写方式三种。

图 2-22 的注写方式系平面集中注写方式。平面注写方式是指在梁平面布置图上，分别在不同编号的梁中各选一根梁，在其上注写截面尺寸和配筋具体数值的方式来表达梁平法施工图，如图 2-22①轴线上 KL1(3)500×400、ϕ8@100/200 等内容就是平面注写方式。平面注写方式包括集中标注与原位标注，集中标注表达梁的通用数值，原位标注表达梁的特殊数值。当集中标注中的某项数值不适用于梁的某部位时，则将该项数值原位标注，施工或编制工程量清单时，原位标注取值优先。

图 2-22 中梁编号由梁类型代号(KL)、序号(1、2)、跨数[(3)、(4)]及有无悬挑代号几项组成（该图中无悬挑代号）。各种梁的编号等见表 2-31 所示。

表 2-31　　　　　　　　　　　　　　梁　编　号

梁类型	代　号	序　号	跨数及是否带有悬挑
楼层框架梁	KL	××	(××)、(××A)或(××B)
屋面框架梁	WKL	××	(××)、(××A)或(××B)
框支梁	KZL	××	(××)、(××A)或(××B)
非框架梁	L	××	(××)、(××A)或(××B)
悬挑梁	XL	××	
井字梁	JZL	××	(××)、(××A)或(××B)

注：(××A)为一端有悬挑，(××B)为两端有悬挑，悬挑不计入跨数。

【例】　KL1(3)表示第 1 号框架梁，3 跨，无悬挑(图 2-22)；

　　　　KL2(4)表示第 2 号框架梁，4 跨，无悬挑(图 2-22)；

　　　　KL7(5A)表示第 7 号框架梁，5 跨，一端有悬挑；

　　　　L9(7B)表示第 9 号非框梁，7 跨，两端有悬挑。

梁集中标注的内容，有五项必注值及一项选注值（集中标注可以从梁的任一跨引出），规定如下：

(1)梁编号，见表 2-31，该项为必注值。

(2)梁截面尺寸，该项为必注值。

当为等截面梁时，用 $b×h$ 表示，如图 2-22 中 KL1 为 500×400（宽×高），KL2 为 600×400（宽×高）；

当为竖向加腋梁时,用 $b×h$　GY$c_1×c_2$表示,其中c_1为腋长,c_2为腋高[图 2-29(a)];

当为水平加腋梁时,一侧加腋时用 $b×h$　PY$c_1×c_2$表示,其中c_1为腋长,c_2为腋高,加腋部位应在平面图中绘制[图 2-29(b)]。

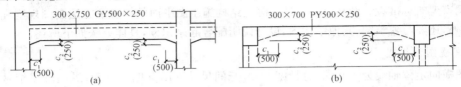

图 2-29　加腋梁截面尺寸注写示意图

(a)竖向加腋梁截面;(b)水平加腋梁截面

当有悬挑梁且根部和端部的高度不同时,用斜线分隔根部与端部的高度值,即为 $b×h_1/h_2$(图 2-30)。

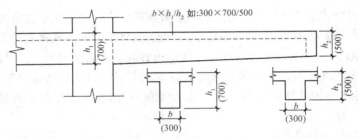

图 2-30　悬挑梁不等高截面尺寸注写示意图

(3)梁箍筋,包括钢筋级别、直径、加密区与非加密区间距及肢数,该项为必注值。箍筋加密区与非加密区的不同间距及肢数需用斜线"/"分隔;当梁箍筋为同一种间距及肢数时,则不需用斜线;当加密区与非加密区的箍肢数相同时,则将肢数注写一次;箍筋肢数应写在括号内。例如图 2-22 中 KL1、KL2 箍筋标注均为 $\phi8@100/200(4)$,表示箍筋为 HPB300 级钢筋,直径 $\phi8$,加密区间距为 100,非加密区间距为 200,且均为四肢箍。

当抗震设计中的非框架梁、悬挑梁、井字梁,及非抗震设计中的各类梁采用不同的箍筋间距及肢数时,也用斜线"/"将其分隔开来。注写时,先注写梁支座端部的箍筋(包括箍筋的箍数、钢筋级别、直径、间距与肢数),在斜线后注写梁跨中部分的箍筋间距及肢数。

【例】　$13\phi10@150/200(4)$,表示箍筋为 HPB300 钢筋,直径 $\phi10$;梁的两端各有 13 个四肢箍,间距为 150;梁跨中部分间距为 200,四肢箍。

$18\phi12@150(4)/200(2)$,表示箍筋为 HPB300 钢筋,直径 $\phi12$;梁的两端各有 18 个四肢箍,间距为 150;梁跨中部分,间距为 200,双肢箍。

(4)梁上部通长筋或架立筋配置(通长筋可为相同或不同直径采用搭接连接、机械连接或焊接的钢筋),该项为必注值。所注规格与根数应根据结构受力要求及箍筋肢数等构造要求而定。当同排纵筋中既有通长筋又有架立筋时,应用加号"+"将通长筋和架立筋相联。注写时需将角部纵筋写在加号的前面,架立筋写在加号后面的括号内,以示不同直径及与通长筋的区别。当全部采用架立筋时,则将其写入括号内。图 2-22 中不存在这一情况,但举例说明如下:

【例】　2$\pm$22 用于双肢箍;2$\pm$22+(4ϕ12)用于六肢箍,其中 2$\pm$22 为通长筋,4ϕ12 为架立筋。

当梁的上部纵筋和下部纵筋为全跨相同,且多数跨配筋相同时,此项可加注下部纵筋的配筋值,用分号";"将上部与下部纵筋的配筋值分隔开来,少数跨不同者,按前述相应规定处理。例如,图 2-22 中 KL1 梁配筋"4 $\oplus$ 22;4 $\oplus$ 22",表示梁的上部配置 HRB335 级钢筋 4 根、直径 $\oplus$ 22 通长筋,梁的下部配置 4 $\oplus$ 22 的通长筋,也就是说,梁的上下部配置筋的级别和直径相同。而图 2-22 中 KL2 上下配筋则不相同——上部为 4 $\oplus$ 22,下部为 4 $\oplus$ 25。

(5)梁侧面纵向构造钢筋或受扭钢筋配置,该项为必注值。当梁腹板高度 h_w ≥450mm 时,需配置纵向构造钢筋,所注规格与根数应符合规范规定。此项注写值以大写字母 G 打头,接续注写设置在梁两个侧面的总配筋值,且对称配置。例如图 2-22 中 KL2 标写的 G4ϕ12,表示梁的两个侧面共配置 4ϕ12 的纵向构造钢筋,每侧各配置 2ϕ12。而 KL1 标写的 G2ϕ14,表示梁的两个侧面共置 2ϕ14 的纵向构造钢筋,每侧各配置 1ϕ14。

当梁侧面需配置受扭纵向钢筋时,此项注写值以大写字母 N 打头,接续注写配置在梁两个侧面的总配筋值,且对称配置。受扭纵向钢筋应满足梁侧面纵向构造钢筋的间距要求,且不再重复配置纵向构造钢筋。图 2-22 中未注写此种配筋,应阅视设计说明。这里仅举例说明如下:

【例】　N6 $\oplus$ 22,表示梁的两个侧面共配置 6 $\oplus$ 22 的受扭纵向钢筋,每侧各配置 3 $\oplus$ 22。

注:1. 当为梁侧面构造钢筋时,其搭接与锚固长度可取为 15d。

2. 当为梁侧面受扭纵向钢筋时,其搭接长度为 l_l 或 l_{lE}(抗震),锚固长度为 l_a 或 l_{aE}(抗震);其锚固方式同框架梁下部纵筋。

(6)梁顶面标高高差,该项为选注值。梁顶面标高高差,是指相对于结构层楼面标高的高差值,对于位于结构夹层的梁,则指相对于结构夹层楼面标高的高差。有高差时,需将其写入括号内,无高差时不注。

注:当某梁的顶面高于所在结构层的楼面标高时,其标高高差为正值,反之为负值。

梁平法施工图制图规则除介绍上述几项外,尚还有截面注写方式等内容,但由于图 2-22 中不涉及这方面内容,故不再作一一介绍。

3. 阅视设计说明

上述有关内容已涉及了设计说明,这里再作补充或重复说明。该厂房设计说明内容较多,这里仅摘录与图 2-22 有关的下列几点:

(1)本工程Ⓐ~Ⓓ轴为现浇排架结构,跨度 18m,柱距 6m,柱顶标高 19m。排架梁混凝土强度等级 C30;0.000 以上梁保护层厚度为 25mm。

(2)±0.000 绝对标高 421.04m(压缩厂房二期±0.000 绝对标高为 420.04m)。

(3)结构设计概要(见下表)。

设计使用年限	结构的安全等级	抗震设防类别	设防烈度	设计地震分组	场地类别	框架抗震等级	地基基础设计
50 年	二级	丙类	8 度	第一组	Ⅱ类	二级	乙级

有关抗震的结构构造措施应按相应的抗震等级采用。

(4)本工程结构施工图采用《混凝土结构施工图平面整体表示方法制图规则和构造详图》(11G101－1)所规定的平面整体设计方法,本施工图中未注明的结构构件构造配筋图应按图集中对应的标准构造详图施工。

(5)钢筋 ϕ 为 HPB300 级钢筋,$\oplus$ 为 HRB335 级钢筋,型钢 Q235。

(6)KL、WKL 系列梁纵向钢筋构造按(11G101－1)P79~P82 图施工,中间支座处纵向钢筋构造按(11G101－1)P84 图施工。

(7)本图与主厂房建筑,水、暖、电图对照施工,部分结构图没标注的埋件、孔洞以建筑图、工艺图为准。

1. 什么是建筑施工图和结构施工图？结构施工图有哪些种类？

2. 建筑平面图的基本内容有哪些？

3. 建筑立面图、剖面图各表明了哪些主要内容？

4. 建筑平、立、剖面图之间的主要关系是什么？

5. 何谓混凝土结构平法施工图？平法施工图与传统设计施工图相比较的优点是什么？

6. 平法施工图的注写方式分为哪几种？何谓平面注写方式和截面注写方式？

7. 施工图中箍筋 $\phi8@100$、$\phi8@100/150$ 的意义是什么？钢筋 ϕ、Φ、Φ、Φ 的含义是什么？

第三章　建设工程工程量清单计价规范

为了更加广泛深入地推行工程量清单计价,规范建设市场发承包双方的计量计价行为,进一步建立健全我国统一的建设工程计价计量规范标准体系,以及为适应新技术、新工艺、新材料日益发展的需要,住房和城乡建设部组织相关单位对 2008 版清单计价规范进行了修订,并于2012 年 12 月 25 日正式发布了《建设工程工程量清单计价规范》(GB 50500—2013)(以下简称"13 计价规范")和《房屋建筑与装饰工程工程量计算规范》(GB 50854—2013)、《仿古建筑工程工程量计算规范》(GB 50855—2013)、《通用安装工程工程量计算规范》(GB 50856—2013)、《市政工程工程量计算规范》(GB 50857—2013)、《园林绿化工程工程量计算规范》(GB 50858—2013)、《矿山工程工程量计算规范》(GB 50859—2013)、《构筑物工程工程量计算规范》(GB 50860—2013)、《城市轨道交通工程工程量计算规范》(GB 50861—2013)、《爆破工程工程量计算规范》(GB 50862—2013)等 9 本计量规范(以下简称"13 工程计量规范"),全部 10 本规范于 2013 年 7 月 1 日起实施。

第一节　工程量清单计价规范概述

一、计价规范的概念

规范是一种标准。所谓"计价规范",就是应用于规范建设工程计价行为的国家标准。具体地讲,就是工程造价计价工作者,对确定建筑产品价格的分部分项工程名称、工程特征、工作内容、项目编码、工程量计算规则、计量单位、费用项目组成与划分、费用项目计算方法与程序等作出的全国统一规定标准。"13 计价规范"及"13 工程计量规范"是我国国家级标准,其中有些条款为强制性条文,必须严格执行。国家标准是一个国家的标准中的最高层次,以国家标准的形式发布关于工程造价方面的统一规定,在我国尚属首次,也是我国在"借鉴国外文明成果"方面的一个"创举"。可以说,"计价规范"的发布与实施,是我国工程造价计价工作向逐步实现"政府宏观调控、企业自主报价、市场形成价格"的目标迈出了坚实的一步,同时,也是我国工程造价管理领域的一个重要的里程碑。

二、计价规范的内容

"13 计价规范"及配套实施的 9 本工程计量规范均由正文和附录两部分组成。"13 计价规范"主要对有关计价的内容进行介绍,而"13 工程计量规范"则主要对工程计量活动进行了规定。

(一)"13 计价规范"的内容

1. 正文部分

"13 计价规范"的正文部分共有 16 章、54 节、329 条,包括总则、术语、一般规定、工程量清单编制、招标控制价、投标报价、合同价款约定、工程计量、合同价款调整、合同价款期中支付、竣工结算与支付、合同解除的价款结算与支付、合同价款争议的解决、工程造价鉴定、工程计价资料与档案、工程计价表格等内容。相比 2008 版工程量清单计价规范而言,分别增加了 11 章、37 节、192 条。

2. 附录部分

"13 计价规范"共包括从附录 A～附录 L 共 11 个附录。其中,附录 A 规定了物价变化合同价款的调整方法;附录 B～附录 L 规定的工程计价表格的组成,分别为:工程计价文件封面,工程计价文件扉页,工程计价总说明,工程计价汇总表,分部分项工程和单价措施项目清单与计价表,其他项目计价表,规费、税金项目计价表,工程计量申请(核准)表,合同价款支付申请(核准)表,主要材料、工程设备一览表等。

(二)"13 工程计量规范"的内容

"13 工程计量规范"是在 2008 版清单计价规范附录 A～附录 F 的基础上制订的,内容包括房屋建筑与装饰工程、仿古建筑工程、通用安装工程、市政工程、园林绿化工程、矿山工程、构筑物工程、城市轨道交通工程、爆破工程等 9 个专业。正文部分共计 261 条,包括总则、术语、工程计量、工程量清单编制等内容;附录部分共计 3915 条,主要内容包括有:项目编码、项目名称、项目特征、计量单位、工程量计算规则、工作内容等,其中项目编码、项目名称、计量单位、工程量计算规则作为"四统一"内容,要求招标人在编制工程量清单时必须执行。

三、计价规范的特点

计价规范具有强制性、实用性、竞争性和通用性四个方面的特点。

1. 强制性

强制性主要表现在,一是由建设主管部门按照强制性国家标准的要求批准颁布,规定使用国有资金投资的建设工程发承包,必须采用工程量清单计价,非国有资金投资的建设工程,宜采用工程量清单计价;二是明确招标工程量清单是招标文件的组成部分,并规定了招标人在编制工程量清单时必须遵守的规则,做到四个统一,即统一项目编码、统一项目名称、统一计量单位、统一工程量计算规则。

2. 实用性

工程量清单项目及计算规则的项目名称表现的是工程实体项目,项目名称明确清晰,工程量计算规则简洁明了;特别还列有项目特征和工作内容,易于编制工程量清单时确定项目名称和投标报价。

3. 竞争性

竞争性具体表现在两个方面:一是使用工程量清单计价时,"13 工程计量规范"规定的措施项目中,投标人具体采用什么措施,如模板、脚手架、临时设施、施工排水等详细内容由投标人根据企业的施工组织设计等确定。因为这些项目在各企业之间各不相同,是企业的竞争项目,是留给企业竞争的空间,从中可体现各企业的竞争力。二是人工、材料和施工机械没有具体消耗量,投标企业可以依据企业的定额和市场价格信息进行报价,2013 版清单清单计价规范将这一空间也交给了企业,从而也可体现各企业在价格上的竞争力。

4. 通用性

采用工程量清单计价将与国际惯例接轨,符合工程量计算方法标准化、工程量计算规则统一化、工程造价确定市场化的要求。

四、计价规范的适用范围

"13 计价规范"第 1.0.2 条指出:"本规范适用于建设工程发承包及实施阶段的计价活动。"这就是说，"13 计价规范"主要适用于建设工程发承包及实施阶段的招标工程量清单、招标控制价、投标报价的编制，工程合同价款约定、竣工结算办理以及施工过程中的工程计量、合同价款支付、施工索赔与现场签证、合同价款调整和合同争议解决等活动，而建设工程主要是指由房屋建筑与装饰工程、仿古建筑工程、通用安装工程、市政工程、园林绿化工程、矿山工程、构筑物工程、城市轨道交通工程、爆破工程等所组成的基本建设工程。

工程量清单计价的适用范围从资金来源方面来说，"13 计价规范"第 3.1.1 条强制规定了实行工程量清单计价的范围，即："使用国有资金投资的建设工程发承包，必须采用工程量清单计价"。这里的"国有投资的资金"包括国家融资资金、国有资金为主的投资资金。国有资金投资的工程建设项目包括：①使用各级财政预算资金的项目；②使用纳入财政管理的各种政府性专项建设资金的项目；③使用国有企事业单位自有资金，并且国有资产投资者实际拥有控制权的项目。国家融资资金投资的工程建设项目包括：①使用国家发行债券所筹资金的项目；②使用国家对外借款或者担保所筹资金的项目；③使用国家政策性贷款的项目；④国家授权投资主体融资的项目；⑤国家特许的融资项目。国有资金为主的工程建设项目是指国有资金占投资总额 50% 以上，或虽不足 50% 但国有投资者实质上拥有控股权的工程建设项目。

五、计价规范的作用

"13 计价规范"及"13 工程计量规范"的发布与实施，在我国工程造价管理领域具有以下作用：

(1)有利于市场机制决定工程造价的实现。

(2)有利于业主获得合理的工程造价。

(3)有利于促进施工企业改善经营管理，提高竞争能力。

(4)有利于提高造价工程师业务素质，使其成为懂技术、懂经济、懂管理的全面发展的复合型人才。

(5)有利于参与国际市场的竞争。

第二节 工程量清单编制概述

国家标准《建设工程工程量清单计价规范》的发布实施，开创了我国工程造价管理工作的新格局，也是我国工程造价计价方式改革的一项重大举措，必将推动我国工程造价管理改革的深入和体制的创新，最终建立由政府宏观调控、市场竞争形成价格的新机制。

《建设工程工程量清单计价规范》计价的核心：一是由招标人提供承担风险的招标工程量清单；二是由投标人进行自主和承担风险的报价。工程量清单计价是一种区别于定额计价模式的新计价模式，是一种主要由市场竞争定价的计价模式，是由建筑安装工程的买方和卖方在建设市场上根据供求状况和掌握工程造价信息的情况下进行公开、公平的竞争定价，从而最终形成能够签订工程合同价格的方法。在工程量清单的计价过程中，工程量清单向建设市场的交易双方提供了一个平等的平台，是投标人在投标活动中进行公正、公平、公开竞争的重要基础。

一、工程量清单及其计价的概念

1. 工程量的概念

工程量即工程的实物数量，是以物理计量单位或自然计量单位所表示的各个分项或子项工程和构配件的数量。物理计量单位，是指以法定计量单位表示的长度、面积、体积、质量等。如建筑物的建筑面积、屋面面积(m²),基础砌筑、墙体砌筑的体积(m³),钢屋架、钢支撑、钢平台制作安装的质量(t)等。自然计量单位是指以物体的自然组成形态表示的计量单位,如通风机、空调器安装以"台"为单位,风口及百叶窗安装以"个"为单位,消火栓安装以"套"为单位,大便器安装以"组"为单位,散热器安装以"片"为单位。

2. 工程量清单的概念

工程量清单是载明建设工程分部分项工程项目、措施项目、其他项目的名称和相应数量以及规费、税金项目等内容的明细清单;招标工程量清单是招标人依据国家标准、招标文件、设计文件以及施工现场实际情况编制的,随招标文件发布供投标报价的工程量清单,包括其说明和表格。工程量清单体现的核心内容为分项工程项目名称及其相应数量。"13计价规范"第4.1.2条强制规定"招标工程量清单必须作为招标文件的组成部分,其准确性和完整性应由招标人负责"。招标工程量清单应由具有编制能力的招标人或受其委托,具有相应资质的工程造价咨询人编制。招标工程量清单是工程量清单计价的基础,应以单位(项)工程为单位进行编制,是编制招标控制价、投标报价、计算或调整工程量、索赔等的依据之一。

3. 工程量清单计价的概念

工程量清单计价是指由投标人按照招标人提供的招标工程量清单,逐一的填报单价,并计算出建设项目所需的全部费用,包括分部分项工程费、措施项目费、其他项目费、规费和税金等的过程。工程量清单计价应采用"综合单价"计价。综合单价是指完成规定计量单位分项工程所需的人工费、材料费、施工机具使用费、管理费、利润,并考虑了风险因素的一种单价。

二、实行工程量清单计价的目的和意义

工程量清单计价是由具有建设项目管理能力的业主或受其委托具有相应资质的工程造价咨询人,依据"13计价规范"及"13工程计量规范"、招标文件要求和设计施工图纸等,编制出拟建工程的分部分项工程项目、措施项目、其他项目的名称和相应数量以及规费、税金项目等内容的明细清单,公开提供给各投标人,投标人按照招标文件所提供的招标工程量清单、施工现场的实际情况及拟定的施工方案、施工组织设计,按企业定额或建设行政主管部门发布的消耗量定额以及市场价格,结合市场竞争情况,充分考虑风险,自主报价,通过市场竞争形成价格的计价方式。

建设工程造价实行工程量清单计价的目的和意义主要有以下几点:

(1)是工程造价深化改革的产物。

(2)是规范建设市场秩序和适应中国特色社会主义市场经济发展的需要。

(3)是促进中国特色建设市场有序竞争和企业健康发展的需要。

(4)可以促进我国工程造价管理政府职能的转变。

(5)是适应我国加入"WTO"、融入世界大市场的需要。

三、招标工程量清单编制程序和要求

1. 招标工程量清单编制的程序

招标工程量清单编制程序与概预算书编制程序一样,这里仅用程序式表达为:熟悉施工图纸→计算分部分项工程量→校审工程量→填写招标工程量清单→审核招标工程量清单→发送投标人计价(或招标人自行编制招标控制价)。

2. 招标工程量清单编制的规定

招标工程量清单是招标投标活动的依据,专业性强,内容复杂,业主能否编制出完整、严谨的

招标工程量清单,直接影响招标的质量,也是招标成败的关键。因此,招标工程量清单应由具有编制招标文件能力的招标人或具有相应资质的工程咨询人进行编制。

招标工程量清单体现了招标人要求投标人完成的工程项目及相应工程数量,是招标文件的重要组成部分。招标工程量清单由分部分项工程量清单、措施项目清单和其他项目清单等组成。

3. 招标工程量清单编制的要求

在工程建设过程中,工程量清单将涉及诸多方面,所以招标工程量清单包括的内容,应满足两方面的要求,其一要满足规范管理、方便管理的要求;二要满足计价的要求。为了满足上述要求,"13 计价规范"提出了分部分项工程量清单的四个统一,招标人必须按规定执行,不得因情况不同而变动。

第三节　工程量清单组成及编制原则

一、工程量清单的组成

(1)封面(表 5-1)。

(2)扉页(表 5-2)。

(3)总说明(表 5-3)。

(4)分部分项工程和单价措施项目清单与计价表(表 5-4)。

(5)总价措施项目清单与计价表(表 5-5)。

(6)其他项目清单与计价汇总表(表 5-6)。

(7)暂列金额明细表(表 5-7)。

(8)材料(工程设备)暂估单价及调整表(表 5-8)。

(9)专业工程暂估价及结算价表(表 5-9)。

(10)计日工表(表 5-10)。

(11)总承包服务费计价表(表 5-11)。

(12)规费、税金项目计价表(表 5-12)

(13)发包人提供材料和工程设备一览表(表 5-13)

(14)承包人提供主要材料和工程设备一览表(适用于造价信息差额调整法)(表 5-14)或承包人提供主要材料和工程设备一览表(适用于价格指数差额调整法)(表 5-15)。

二、工程量清单编制依据

(1)"13 计价规范"和相关工程的国家计量规范。

(2)国家或省级、行业建设主管部门颁发的计价定额和办法。

(3)建设工程设计文件及相关资料。

(4)与建设工程有关的标准、规范、技术资料。

(5)拟定的招标文件。

(6)施工现场情况、地勘水文资料、工程特点及常规施工方案。

(7)其他相关资料。

三、工程量清单编制原则

(1)必须能满足建设工程项目招标和投标计价的需要。

(2)必须遵循"13计价规范"及"13工程计量规范"中的各项规定(包括项目编码、项目名称、计量单位、计算规则、工作内容等)。

(3)必须能满足控制实物工程量,市场竞争形成价格的价格运行机制和对工程造价进行合理确定与有效控制的要求。

(4)必须有利于规范建筑市场的计价行为,能够促进企业的经营管理、技术进步,增加企业的综合能力、社会信誉和在国内、国际建筑市场的竞争能力。

(5)必须适度考虑我国目前工程造价管理工作的现状。因为在我国虽然已经推行了工程量清单计价模式,但由于各地实际情况的差异,工程造价计价方式不可避免地会出现双轨并行的局面——工程量清单计价与定额计价同时存在、交叉执行。

本 章 思 考 重 点

1. 什么是《建设工程工程量清单计价规范》?

2. "13计价规范"及"13工程计量规范"的内容由哪几部分组成?

3. 工程量清单计价规范的特点是什么?

4. 何谓"工程量清单"和"工程量清单计价"?

5. 工程量清单由哪几部分组成?

第四章　建筑工程清单项目工程量计算

中华人民共和国国家标准《房屋建筑与装饰工程工程量计算规范》(GB 50854—2013)(以下简称《房建计算规范》)中,将房屋建筑与装饰工程清单项目及工程量计算规则划分为附录 A～附录 S 共十七部分,分别为土石方工程,地基处理与边坡防护工程,桩基工程,砌筑工程,混凝土及钢筋混凝土工程,金属结构工程,木结构工程,门窗工程,屋面及防水工程,保温、隔热、防腐工程,楼地面装饰工程,墙、柱面装饰与隔断、幕墙工程,天棚工程,油漆、涂料、裱糊工程,其他装饰工程,拆除工程,措施项目。

工程量,是指以物理计量单位(m、m^2、m^3、t)或自然计量单位(台、组、套、个、项)表示的各个具体分项工程或构配件的数量。

计算工程量是编制工程项目清单的重要环节。工程量计算得正确与否,直接影响工程项目清单的编制质量和造价质量。造价人员应在熟悉施工图纸、"计价规范"和工程量计算规则的基础上,根据施工图纸规定的内容和各个分部分项工程的尺寸、数量,按照一定的顺序准确地计算出各个分部分项工程的实物数量。一般土建工程工程量的计算顺序是先底层,后上层;先结构,后建筑。对某一张图纸来说,一般是按顺时针方向从左到右,先横后竖,由上而下的计算。工程量计算应采用表格形式(表 4-1),计算公式应简明扼要,计算式前要注明轴线或部位,以便进行校核和审核。

本章以《房建计算规范》为依据,对建筑工程和装饰装修工程的分部分项工程工程量计算方法,分节叙述于后。

表 4-1　　　　　　　　　　　　　预(概)算工程量计算表

工程编号＿＿＿＿＿＿　　　　　　　　　　　　　　　＿＿年＿＿月＿＿日

工程名称＿＿＿＿＿＿　　　　　　　　　　　　　　　第＿＿＿＿页　共＿＿＿＿页

部位	项目名称	计算式	单位	工程量

计算　　　　　　　　　　　　　　校核　　　　　　　　　　　　　　审核

第一节　土石方工程工程量计算

土石方工程清单项目划分为土方工程、石方工程和回填三部分,适用于建筑物和构筑物的土石方开挖及回填工程。其中,土方工程包括平整场地、挖一般土方、挖沟槽土方、挖基坑土方、冻土开挖、挖淤泥及流砂、管沟土方七个项目;石方工程包括挖一般石方、挖沟槽石方、挖基坑石方、挖管沟石方四个项目;回填包括回填方和余方弃置两个项目。

一、土方工程(编码:010101)

土方工程主要包括平整场地、挖一般土方、挖沟槽土方、挖基坑土方、管沟土方,至于冻土开挖和挖淤泥、流砂项目,在一个建设项目中可能有也可能没有,它仅是个别现象和局部现象。

1. 平整场地工程量计算规则

平整场地是指建筑物场地厚度在±300mm 以内的挖土、填土、运土及找平,其工程量按设计图示尺寸以建筑物首层建筑面积"m²"计算(图 4-1)。其计算方法可用计算式表示为:

$$S_m = ab$$

式中　S_m——建筑物场地平整工程量(m²);

a——建筑物首层图示长度尺寸(m);

b——建筑物首层图示宽度尺寸(m)。

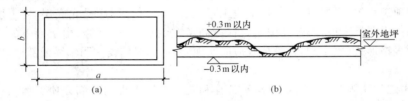

图 4-1　建筑物平整场地工程量计算图
(a)建筑物首层图示尺寸平面;(b)断面计算范围

平整场地工程量计算应注意下列两点:

(1)当实际计算中出现±300mm 以内的全部是挖方或全部是填方时,需外运土方或购土回填时,在工程量清单项目中应描述弃土运距(或弃土地点)或取土运距(或取土地点),这部分的运输量应包括在"平整场地"工程量项目的报价内。

(2)如果施工组织设计规定的平整场地面积超过了按计算规则计算的面积时,超出部分的工、料、机消耗量应包括在平整场地清单项目的报价内。

【例 4-1】　某工厂机修车间图示轴线中心长度尺寸为 72.61m,两端山墙厚度为 370mm;图示跨度轴线中心长度尺寸为 15.88m,两边沿墙厚度与山墙厚度相同,试计算平整场地工程量。

【解】　按照上述计算公式及已知条件,其工程量计算如下:

$$S_m = ab = (72.61 + 0.185 \times 2) \times (15.88 + 0.185 \times 2)$$
$$= 72.98 \times 16.25 = 1185.93 m^2$$

【例 4-2】　若将"【例 4-1】"改为定额计价工程量计算方法,试计算其工程量。

【解】　定额计价工程量计算规则称:"平整场地工程量按建筑物外墙外边线每边各加 2m,以平方米(m²)计算",故其计算公式应为:

$$F_m = (a+2+2) \times (b+2+2) = ab + 4(a+b) + 16$$
$$= (72.61 + 0.185 \times 2) \times (15.88 + 0.185 \times 2) + 4 \times (72.61 + 15.88) + 16$$
$$= 72.98 \times 16.25 + 4 \times 88.49 + 16$$

$$= 1179.91 + 353.96 + 16$$
$$= 1549.87\text{m}^2$$

两种计算方法相比较，"[例 4-2]"计算比"[例 4-1]"计算多出 363.94m² ，也就是说这 363.94m² 的劳务价值，应包括在综合单价内。

2. 挖一般土方工程量计算规则

沟槽、基坑、一般土方的划分为：底宽≤7m 且底长＞3 倍底宽为沟槽；底长≤3 倍底宽且底面积≤150m² 为基坑；超出上述范围则为一般土方。厚度＞±300mm 的竖向布置挖土或山坡切土也应按挖一般土方项目编码列项。挖一般土方工程量应区分土壤类别、挖土深度、弃土运距的不同，按设计图示尺寸以体积"m³"计算，计算公式为：

$$V = ab\bar{h}$$

式中　V——挖土方体积（m³）；

　　　a——设计图示长度（m）；

　　　b——设计图示宽度（m）；

　　　$\bar{h}$——挖土平均厚度（m）。

3. 挖沟槽土方、挖基坑土方工程量计算规则

挖沟槽土方、挖基坑土方清单项目适用带形基础、独立基础、设备基础、满堂基础（包括地下室基础）及人工挖孔桩等的土方开挖和指定范围内的土方运输。挖沟槽土方、挖基坑土方工程量应区分土壤类别、挖土深度、弃土运距的不同，按设计图示尺寸以基础垫层底面积乘以挖土深度计算，计量单位为 m³ 。

（1）挖沟槽土方工程量计算式

$$V = abh$$

式中　V——某种基础挖土体积（m³）；

　　　a——某种基础挖土长度（m）；

　　　b——某种基础挖土宽度（m）；

　　　h——某种基础挖土深度（m）。

【例 4-3】　某单位办公楼外墙带形基础图示中心线长度尺寸为 83.64m ，挖土宽度及深度如图 4-2 所示，试计算该基础挖土方工程量。

【解】　依据已知条件及图 4-2 所示尺寸：$a = 83.64\text{m}$ ，$b = 0.6 \times 2 + 0.1 \times 2 = 1.4\text{m}$ ，$h = 0.06 + 1.318 = 1.378\text{m}$ 。将已知数据代入计算式运算后得：

$$V = 83.64 \times 1.4 \times 1.378 = 161.35\text{m}^3$$

（2）地坑、桩孔挖土计算式

1）不放坡方形或矩形地坑

$$V = (a + 2c) \times (b + 2c) \times h$$

式中　a——地坑一边长度（m）；

　　　b——地坑另一边长度（或宽度）（m）；

　　　c——增加工作面一边宽度（m）；

　　　其他字母含义同前。

2）放坡方形或矩形地坑

$$V = (a + 2c + kH) \times (b + 2c + kH) \times H + \frac{1}{3}kH^3$$

式中　　k——地坑放坡系数；

$\dfrac{1}{3}k^2H^3$——地坑四角的锥角体积(图 4-3);

其他字母含义同前。

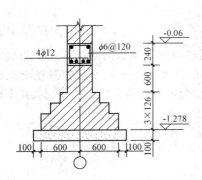

图 4-2　带形砖基础断面图

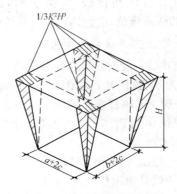

图 4-3　放坡地坑透视图

(3)圆形地坑、桩孔挖土计算式

1)不放坡圆形地坑、桩孔

$$V=\frac{1}{4}\pi D^2H=0.7854D^2H$$

或

$$V=\pi R^2H$$

式中　$\dfrac{1}{4}$——常数;

D——地坑、桩孔底部直径(m);

R——地坑、桩孔底部半径(m);

H——地坑、桩孔中心线深度(m)。

2)放坡圆形地坑、桩孔

$$V=\frac{1}{3}\pi H(R_1^2+R_2^2+R_1R_2)$$

式中　R_1——坑底半径(m);

R_2——坑口半径,$R_2=R_1+kH$(m);

k——坑的放坡系数;

其他母含义同前。

【例 4-4】　某工厂材料仓库图示圆形混凝土灌注孔桩 12 个,桩孔直径 D 为 1.6m,深度为 3.2m,试计算人工挖土工程量。

【解】　该工程地质报告土质为四类,故放坡系数应为 0.25,则挖土方工程量为:

(1)按图示尺寸挖土量

$$V_1=0.7854D^2H=0.7854\times1.6^2\times3.2\times12$$
$$=77.21\text{m}^3$$

(2)按地质报告挖土量

$$V_2=\frac{1}{3}\pi H(R_1^2+R_2^2+R_1R_2)\times12$$

$$=\frac{1}{3}\times3.14\times16\times3.2\times(0.8^2+1.6^2+0.8\times1.6)\times12$$

$$=3.35104×(0.64+2.56+1.28)×12$$
$$=3.35104×4.48×12$$
$$=180.15m^3$$

（3）应包括在报价内的挖土量

$$V_3=V_2-V_1=180.15-77.21=102.94m^3$$

4. 管沟土方工程量计算规则

"管沟土方"是指管道沟（槽）土方的简称。该项目适用于管沟土方开挖、回填。其工程量应区分土壤类别、管外径、挖沟深度、回填要求的不同分别计算。若以米计量,管沟土方工程量按设计图示以管道中心线长度计算;若以立方米计量,则按设计图示管底垫层面积乘以挖土深度计算,无管底垫层按管外径的水平投影面积乘以挖土深度计算,不扣除各类井的长度,井的土方并入。管沟土方若以立方米计量,其工程量计算方法可用计算式表达为:

$$V=L_{中}\,B\bar{h}$$

式中　V——管沟挖土工程量$（m^3）$;

$\qquad L_{中}$——管沟土方中心长度$（m）$;

$\qquad B$——管沟土方宽度$（m）$;

$\qquad \bar{h}$——管沟土方平均深度$（m）$。

5. 冻土开挖和挖淤泥、流砂工程量计算规则

冻土、淤泥、流砂开挖工程量仅是少数和个别现象,其计算方法与上述挖一般土方、挖沟槽土方、挖基坑土方和管沟土方开挖基本相同,这里不再详述。

二、石方工程（编码:010102）

1. 挖一般石方工程量计算规则

沟槽、基坑、一般石方的划分为:底宽≤7m且底长>3倍底宽为沟槽;底长≤3倍底宽且底面积≤150m² 为基坑;超出上述范围则为一般石方。厚度>±300mm 的竖向布置挖石或山坡凿石应按挖一般石方项目编码列项。挖一般石方工程量应区分岩石类别、开凿深度、弃碴运距的不同,按设计图示尺寸以体积"m³"计算。

2. 挖沟槽石方、挖基坑石方工程量计算规则

挖沟槽石方工程量应区分岩石类别、开凿深度、弃碴运距的不同,按设计图示尺寸沟槽底面积乘以挖石深度以体积"m³"计算;挖基坑石方工程量应区分岩石类别、开凿深度、弃碴运距的不同,按设计图示尺寸基坑底面积乘以挖石深度以体积"m³"计算。

3. 挖管沟石方工程量计算规则

管沟石方是指为敷设管道而开凿沟槽的石方,其工程量应区分岩石类别、管外径、挖沟深度等的不同分别计算。分别按设计图示管道中心线长度以"延长米（m）"为单位计算。若以米计量,挖管沟石方工程量按设计图示以管道中心线长度计算;若以立方米计量,则按设计图示截面积乘以长度计算。

三、回填（编码:010103）

1. 回填方工程量计算规则

回填方回填项目适用于场地回填、室内回填和基础回填,并包括指定范围内的运输以及借土

回填的土方开挖。其工程量应区分密实度要求、填方材料品种、填方粒径要求、填方来源及运距等的不同分别按设计图示尺寸以体积"m³"计算。其中,场地回填工程量按回填面积乘平均回填厚度计算;室内回填工程量按主墙间面积乘回填厚度计算,不扣除间隔墙;基础回填工程量按挖方清单项目工程量减去自然地坪以下埋设的基础体积(包括基础垫层及其他构筑物)。回填方工程量具体计算方法可用计算式表示为:

(1)场地回填: $\qquad V_c = S_c h_c$

(2)室内回填: $\qquad V_s = S_j h_s$

(3)基础回填: $\qquad V_t = V_w - V_j$

式中 V_c——场地回填工程(m³);

$\qquad S_c$——场地回填面积=设计图示长度尺寸×设计图示宽度尺寸(m);

$\qquad h_c$——场地回填厚度(m);

$\qquad V_s$——室内回填工程量(m³);

$\qquad S_j$——室内净空面积=建筑面积-结构件所占面积(m²),室内净空面积是指室内主墙间面积。"主墙"是指结构厚度在120mm以上(不含120mm)的各类墙体;

$\qquad h_s$——室内回填土(石)厚度(m);

$\qquad V_t$——基础回填土(石)工程量(m³);

$\qquad V_w$——挖方清单项目工程量(m³);

$\qquad V_j$——自然地坪以下埋设的基础体积(包括基础垫层及其他构筑物)(m³)。

基础回填计算式的计算结果若为负数时,则为欠土(石)数量。

【例 4-5】 设某工程设备基础挖地坑 30.64m³,设备基础体积为 20.68m³,试计算其回填土工程量。

【解】 依据已知条件及上述计算公式经计算得:

$$V_t = 30.64 - 20.68 = 9.96m³$$

2.余方弃置工程量计算规则

余方弃置工程量应区分废弃料品种、运距等的不同,分别按挖方清单项目工程量减利用回填方体积(正数)以"m³"计算。

四、土石方工程量计算及报价应注意事项

1. 土方工程量计算及报价应注意事项

(1)挖土方平均厚度应按自然地面测量标高至设计地坪标高间的平均厚度确定。基础土方开挖深度应按基础垫层底表面标高至交付施工场地标高确定。无交付施工场地标高时,应按自然地面标高确定。

(2)挖土方如需截桩头时,应按桩基工程相关项目列项。

(3)桩间挖土不扣除桩的体积,并在项目特征中加以描述。

(4)弃、取土运距可以不描述,但应注明由投标人根据施工现场实际情况自行考虑,决定报价。

(5)土壤的分类应按表4-2确定,如土壤类别不能准确划分时,招标人可注明为综合,由投标人根据地勘报告决定报价。

表 4-2   土壤分类表

土壤分类	土壤名称	开挖方法
一、二类土	粉土、砂土(粉砂、细砂、中砂、粗砂、砾砂)、粉质黏土、弱中盐渍土、软土(淤泥质土、泥炭、泥炭质土)、软塑红黏土、冲填土	用锹,少许用镐、条锄开挖。机械能全部直接铲挖满载者
三类土	黏土、碎石土(圆砾、角砾)混合土、可塑红黏土、硬塑红黏土、强盐渍土、素填土、压实填土	主要用镐、条锄、少许用锹开挖。机械需部分刨松方能铲挖满载者或可直接铲挖但不能满载者
四类土	碎石土(卵石、碎石、漂石、块石)、坚硬红黏土、超盐渍土、杂填土	全部用镐、条锄挖掘,少许用撬棍挖掘。机械须普遍刨松方能铲挖满载者

注:本表中土的名称及其含义按国家标准《岩土工程勘察规范》(GB 50021—2001)(2009 年版)定义。

(6)土方体积应按挖掘前的天然密实体积计算。非天然密实土方应按表 4-3 折算。

表 4-3   土方体积折算系数表

天然密实度体积	虚方体积	夯实后体积	松填体积
0.77	1.00	0.67	0.83
1.00	1.30	0.87	1.08
1.15	1.50	1.00	1.25
0.92	1.20	0.80	1.00

注:1. 虚方指未经碾压、堆积时间≤1 年的土壤。

2. 本表按《全国统一建筑工程预算工程量计算规则》(GJD$_{GZ}$−101−1995)整理。

3. 设计密实度超过规定的,填方体积按工程设计要求执行;无设计要求按各省、自治区、直辖市或行业建设行政主管部门规定的系数执行。

(7)挖沟槽、基坑、一般土方因工作面和放坡增加的工程量(管沟工作面增加的工程量)是否并入各土方工程量中,应按各省、自治区、直辖市或行业建设主管部门的规定实施,如并入各土方工程量中,办理工程结算时,按经发包人认可的施工组织设计规定计算,编制工程量清单时,可按表 4-4~表 4-6 规定计算。

表 4-4   放坡系数表

土类别	放坡起点(m)	人工挖土	机械挖土		
			在坑内作业	在坑上作业	顺沟槽在坑上作业
一、二类土	1.20	1:0.5	1:0.33	1:0.75	1:0.5
三类土	1.50	1:0.33	1:0.25	1:0.67	1:0.33
四类土	2.00	1:0.25	1:0.10	1:0.33	1:0.25

注:1. 沟槽、基坑中土类别不同时,分别按其放坡起点、放坡系数,依不同土类别厚度加权平均计算。

2. 计算放坡时,在交接处的重复工程量不予扣除,原槽、坑作基础垫层时,放坡自垫层上表面开始计算。

表 4-5   基础施工所需工作面宽度计算表

基础材料	每边各增加工作面宽度(mm)
砖基础	200
浆砌毛石、条石基础	150
混凝土基础垫层支模板	300
混凝土基础支模板	300
基础垂直面做防水层	1000(防水层面)

表 4-6   管沟施工每侧所需工作面宽度计算表

管道结构宽(mm) 管沟材料	≤500	≤1000	≤2500	>2500
混凝土及钢筋混凝土管道(mm)	400	500	600	700
其他材质管道(mm)	300	400	500	600

注:1. 本表按《全国统一建筑工程预算工程量计算规则》(GJD$_{GZ}$—101—1995)整理。

   2. 管理结构宽:有管座的按基础外缘,无管座的按管道外径。

(8)挖方出现流砂、淤泥时,如设计未明确,在编制工程量清单时,其工程数量可为暂估量,结算时应根据实际情况由发包人与承包人双方现场签证确认工程量。

注:1. 流砂。指在坑内抽水时,坑底的土会成流动状态,随地下水涌出,这种土无承载力边挖边冒,无法挖深,强挖会掏空邻近地基。

   2. 淤泥。指一种稀软状,不易成形的灰黑色、有臭味、含有半腐朽的植物遗体(占 60% 以上)、置于水中有动植物残体渣滓浮于水面,并常有气泡从水中冒出的泥土。

(9)管沟土方项目适用于管道(给排水、工业、电力、通信)、光(电)缆沟[包括:人(手)孔、接口坑]及连接井(检查井)等。

2. 石方工程量计算及报价应注意事项

(1)挖石应按自然地面测量标高至设计地坪标高的平均厚度确定。基础石方开挖深度应按基础垫层底表面标高至交付施工现场地标高确定,无交付施工场地标高时,应按自然地面标高确定。

(2)弃碴运距可以不描述,但应注明由投标人根据施工现场实际情况自行考虑,决定报价。

(3)岩石的分类应按表 4-7 确定。

(4)石方体积应按挖掘前的天然密实体积计算。非天然密实石方应按表 4-8 折算。

(5)管沟石方项目适用于管道(给排水、工业、电力、通信)、光(电)缆沟[包括:人(手)孔、接口坑]及连接井(检查井)等。

表 4-7   岩石分类表

岩石分类		代表性岩石	开挖方法
极软岩		1. 全风化的各种岩石 2. 各种半成岩	部分用手凿工具、部分用爆破法开挖
软质岩	软岩	1. 强风化的坚硬岩或较硬岩 2. 中等风化—强风化的较软岩 3. 未风化—微风化的页岩、泥岩、泥质砂岩等	用风镐和爆破法开挖
	较软岩	1. 中等风化—强风化的坚硬岩或较硬岩 2. 未风化—微风化的凝灰岩、千枚岩、泥灰岩、砂质泥岩等	用爆破法开挖
硬质岩	较硬岩	1. 微风化的坚硬岩 2. 未风化—微风化的大理岩、板岩、石灰岩、白云岩、钙质砂岩等	用爆破法开挖
	坚硬岩	未风化—微风化的花岗岩、闪长岩、辉绿岩、玄武岩、安山岩、片麻岩、石英岩、石英砂岩、硅质砾岩、硅质石灰岩等	用爆破法开挖

注:本表依据国家标准《工程岩体分级标准》(GB 50218—1994)和《岩土工程勘察规范》(GB 50021—2001)(2009 年版)整理。

表 4-8　　　　　　　　　　　　　　石方体积折算系数表

石方类别	天然密实度体积	虚方体积	松填体积	码方
石方	1.0	1.54	1.31	
块石	1.0	1.75	1.43	1.67
砂夹石	1.0	1.07	0.94	

注:本表按原建设部颁发的《爆破工程消耗量定额》(GYD—102—2008)整理。

3. 回填方工程量计算及报价应注意事项

(1)填方密实度要求,在无特殊要求情况下,项目特征可描述为满足设计和规范的要求。

(2)填方材料品种可以不描述,但应注明由投标人根据设计要求验方后方可填入,并符合相关工程的质量规范要求。

(3)填方粒径要求,在无特殊要求情况下,项目特征可以不描述。

(4)如需买土回填应在项目特征填方来源中描述,并注明买方土方数量。

第二节　地基处理与边坡支护工程工程量计算

《房建计算规范》中"地基处理与边坡支护工程"共 28 个项目,分为地基处理、基坑与边坡支护两节。相比 2008 年清单计价规范,地基处理部分增加了换填垫层、铺设土工合成材料、预压地基、水泥粉煤灰碎石桩、深层搅拌桩、夯实水泥土桩、石灰桩、注浆地基、桩锤冲扩桩、褥垫层项目,将振冲灌注碎石划分为振冲密实(不填料)和振冲桩(填料),并将项目名称与技术规范相统一;基坑与边坡支护部分将原锚杆支护、土钉支护划分为锚杆(锚索)、土钉,以及喷射混凝土、水泥砂浆,增加了咬合灌注桩、圆木桩、预制钢筋混凝土板桩、型钢桩、钢板桩、钢筋混凝土支撑、钢支撑项目。

一、地基处理(编码:010201)

地基处理是指为提高地基承载力,改善其变形性能或渗透性能而采取的技术措施。

1. 换填垫层工程量计算规则

换填垫层是指挖除基础底面下一定范围内的软弱土层或不均匀土层,回填其他性能稳定、无侵蚀性、强度较高的材料,并夯压密实形成的垫层。换填垫层适用于浅层软弱土层或不均匀土层的处理,应根据建筑体型、结构特点、荷载性质、场地土质条件、施工机械设备及填料性质和来源等综合分析后,进行换填垫层设计,并选择施工方法。换填垫层工程量应根据材料种类及配比、压实系数、掺加剂品种等的不同按设计图示以体积"m³"计算。

2. 铺设土工合成材料工程量计算规则

土工合成材料是指以聚合物为原料的材料名词的总称。土工合成材料的主要功能是反滤、排水、加筋、隔离等作用。土工合成材料可分为土工织物、土工膜、特种土工合成材料和复合型土工合成材料四大类。铺设土工合成材料工程量应按部位、品种、规格的不同分别按设计图示尺寸以面积"m²"计算。

3. 预压地基、强夯地基、振冲密实(不填料)工程量计算规则

预压地基常用的预压方法有堆载预压法、真空预压法与真空和堆载联合预压法。堆载预压法就是对地基进行堆载,使土体中的水通过砂井或塑料排水带排出,土体孔隙比减小,使地基土固结的地基处理方法。根据排水系统的不同,堆载预压法又可以分为砂井堆载预压法、袋装砂井

堆载预压法、塑料排水带堆载预压法。真空预压法是在饱和软土地基中设置竖向排水通道(砂井或塑料排水带等)和砂垫层,在其上覆盖不透气塑料薄膜或橡胶布。通过埋设于砂垫层的渗水管道与真空泵连通进行抽气,使砂垫层和砂井中产生负压,而使软土排水固结的方法。

强夯地基就是反复将夯锤提到高处使其自由落下,给地基以冲击和振动能量,将地基土夯实的地基处理方法,属于夯实地基。强大的夯击能给地基一个冲击力,并在地基中产生冲击波,在冲击力作用下,夯锤对上部土体进行冲切,土体结构破坏,形成夯坑,并对周围土进行动力挤压。

振冲密实是利用振动和压力水使砂层液化,砂颗粒相互挤密,重新排列,孔隙减少,从而提高砂层的承载力和抗液化能力,它又称为振冲挤密砂桩法,这种桩根据砂土性质的不同,又有加填料和不加填料两种。不加填料的振冲挤密仅适用于处理黏粒含量小于 10% 的中、粗砂地基。

预压地基、强夯地基、振冲密实(不填料)工程量按设计图示处理范围以面积计算,即根据每个点位所代表的范围乘以点数计算,如图 4-4 所示。

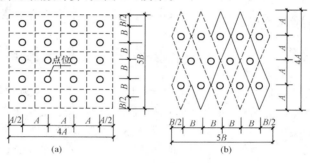

图 4-4　工程量计算示意图

4. 振冲桩(填料)工程量计算规则

振冲桩(填料)工程量应根据地层情况、空桩长度与桩长、桩径、填充材料种类等的不同分别计算。若以米计量,振冲桩(填料)工程量按设计图示尺寸以桩长计算;若以立方米计量,则按设计桩截面乘以桩长以体积计算。

5. 砂石桩工程量计算规则

砂石桩是指使用振动或冲击荷载在地基中成孔,再将砂石挤入土中而形成的密实砂(石)质桩体,其加固的基本原理是对原性质较差的土进行挤密和置换,达到提高地基承载力、减小沉降的目的。砂石桩工程量应根据地层情况、空桩长度及桩长、桩径、成孔方法、材料种类与级配等的不同分别计算。若以米计量,砂石桩工程量按设计图示尺寸以桩长(包括桩尖)计算;若以立方米计量,则按设计桩截面乘以桩长(包括桩尖)以体积计算。

6. 水泥粉煤灰碎石桩工程量计算规则

水泥粉煤灰碎石桩(简称 CFG 桩)是由水泥、粉煤灰、碎石、石屑或砂加水拌和形成的高粘度强度桩,与桩间土、褥垫层一起形成复合地基,共同承担上部结构荷载。水泥粉煤灰碎石桩适用于处理黏性土、粉土、砂土和已自重固结的素填土等地基。水泥粉煤灰碎石桩工程量应根据地层情况、空桩长度及桩长、桩径、成孔方法、混合料强度等级等不同,分别按设计图示尺寸以桩长"m"(包括桩尖)计算。

7. 深层搅拌桩工程量计算规则

深层搅拌桩复合地基是指利用水泥(或水泥系材料)为固化剂,通过特制的搅拌机械,在地基深处对原状土和水泥强制搅拌,形成水泥土圆柱体,与原地基土构成的地基。根据固化剂掺入状态的不同,分为湿法(浆液搅拌)和干法(粉体喷射搅拌)。深层搅拌桩适用于处理正常固结的淤泥与淤泥质土、粉土、饱和黄土、素填土、黏性土以及无流动地下水的饱和松散砂土等地基。当地基土的天然含水量小于30%(黄土含水量小于25%)、大于70%或地下水的pH值小于4时不宜采用干法。深层搅拌桩工程量应根据地层情况、空桩长度及桩长、桩截面尺寸、水泥强度等级与掺量等的不同分别按设计图示尺寸以桩长"m"计算。

8. 粉喷桩工程量计算规则

粉喷桩工程量应根据地层情况、空桩长度及桩长、桩径、粉体种类及掺量、水泥强度等级与石灰粉要求等的不同分别按设计图示尺寸以桩长"m"计算。

9. 夯实水泥土桩工程量计算规则

夯实水泥土桩是指利用机械成孔(挤土、不挤土)或人工成孔,然后将土与不同比例的水泥拌和,将他们夯入土中而形成的桩。由于夯实中形成的高密度及水泥土本身的强度,夯实水泥土桩桩体具有较高强度。在机械挤土成孔与夯实的同时可将桩周围土挤密,提高桩间土的密度和承载力。夯实水泥土桩工程量应根据地层情况、空桩长度及桩长、桩径、成孔方法、水泥强度等级、混合料配比等的不同分别按设计图示尺寸以桩长"m"(包括桩尖)计算。

10. 高压喷射注浆桩工程量计算规则

高压喷射注浆桩是利用钻机成孔,再把带有喷嘴的注浆管进至土体预定深度后,用高压设备以20~40MPa高压把混合浆液或水从喷嘴中以很高的速度喷射出来,土颗粒在喷射流的作用下(冲击力、离心力、重力),与浆液搅拌混合,待浆液凝固后,便在土中形成一个固结体,与原地基土构成新的地基。高压喷射注浆桩工程量应根据地层情况、空桩长度及桩长、桩截面、注浆类型与方法、水泥强度等级等的不同分别按设计图示尺寸以桩长"m"计算。

11. 石灰桩工程量计算规则

石灰桩的主要作用机理是通过生石灰的吸水膨胀挤密桩周土,继而通过离子交换和胶凝反应使桩间土强度提高,同时桩身生石灰与活性掺合料经过水化、胶凝反应,使桩身具有0.3~1.0MPa的抗压强度。由于生石灰的吸水膨胀作用,特别适用于新填土和淤泥的加固,生石灰吸水后还可使淤泥产生自重固结,形成强度后的密集的石灰桩身与经加固的桩间土结合为一体,使桩间土欠固结状态消失。石灰桩法适用于处理饱和黏性土、淤泥、淤泥质土、素填土和杂填土等地基;用于地下水位以上的土层时,宜增加掺合料的含水量并减少生石灰用量,或采取土层浸水等措施。石灰桩工程量应根据地层情况、空桩长度及桩长、桩径、成孔方法、掺合料种类与配合比等的不同分别按设计图示尺寸以桩长"m"(包括桩尖)计算。

12. 灰土(土)挤密桩工程量计算规则

灰土(土)挤密桩是通过成孔过程的横向挤压作用,桩孔内的土被挤向周围,使桩周土得以密实,然后将准备好的灰土或素土(黏土)分层填入桩孔内,并分层捣实至设计标高。用灰土分层夯实的桩体,称为灰土挤密桩;用素土夯实的桩体称为土挤密桩。灰土(土)挤密桩复合地基适用于处理地下水位以上的湿陷性黄土、素填土和杂填土等地基,可处理地基的深度为5~15m。当以消除地基土的湿陷性为主要目的时,宜选用土挤密桩法。当以提高地基土的承载力或增强其水稳性为主要目的时,宜选用灰土挤密桩法。灰土(土)挤密桩工程量应根据地层情况、空桩长度及桩长、桩径、成孔方法、灰土级配等的不同分别按设计图示尺寸以桩长"m"(包括桩尖)计算。

13. 柱锤冲扩桩工程量计算规则

柱锤冲扩桩地基是利用直径300~500mm、长2~6m圆柱形重锤冲击成孔,再向孔内添加填料(碎砖三合土、级配砂石、矿渣、灰土、水泥混合土等)并夯实制成桩体,与原地基土构成的地基。柱锤冲扩桩复合地基适用于处理地下水位以上的杂填土、粉土、黏性土、素填土和黄土等地基,对地下水位以下饱和松软土层,应通过现场试验确定其适用性。地基处理深度不宜超过10m,复合地基承载力特征值不宜超过160kPa。柱锤冲扩桩工程量应根据地层情况、空桩长度及桩长、桩径、成孔方法、桩体材料种类与配合比等的不同分别按设计图示尺寸以桩长"m"计算。

14. 注浆地基工程量计算规则

注浆地基是将水泥浆或其他化学浆液注入地基土层中,增强土颗粒间的联结,使土体强度提高、变形减少、渗透性降低的地基处理方法。注浆地基适用于建筑地基的局部加固处理,适用于砂土、粉土、黏性土和人工填土等地基加固。注浆地基工程量应根据地层情况、空钻深度及注浆深度、注浆间距、浆液种类及配比、注浆方法、水泥强度等级等的不同分别计算。若以米计量,注浆地基工程量按设计图示尺寸以钻孔深度计算;若以立方米计量,则按设计图示尺寸以加固体积计算。

15. 褥垫层工程量计算规则

褥垫层工程量应根据褥垫层厚度、材料品种及比例的不同分别计算。若以平方米计量,褥垫层工程量按设计图示尺寸以铺设面积计算;若以立方米计量,则按设计图示尺寸以体积计算。

二、基坑与边坡支护(编码:010202)

1. 地下连续墙工程量计算规则

地下连续墙是指在所定位置利用专用的挖槽机械和泥浆(又叫稳定液、触变泥浆等)护壁,开挖出一定长度(一般为4~6m,叫单元槽段)的深槽后,插入钢筋笼,并在充满泥浆的深槽中用导管法浇筑混凝土(混凝土浇筑从槽底开始,逐渐向上,泥浆也就被它置换出来),最后把这些槽段用特制的接头相互连接起来形成一道连续的现浇地下墙。地下连续墙项目适用于各种导墙施工的复合型地下连续墙工程。地下连续墙工程量应根据地层情况、导墙类型与截面、墙体厚度、成槽深度、混凝土种类与强度等级、接头形式等的不同分别按设计图示墙的中心线长度乘以厚度乘以槽深,以体积"m³"为单位计算,计算公式如下:

$$V = L_{中} B H$$

式中　V——地下连续墙的体积(m^3);

　　$L_{中}$——地下连续墙的中心线长度(m);

　　B——地下连续墙的厚度(m);

　　H——地下连续墙的槽深(m)。

2. 基坑支护桩工程量计算规则

当拟开挖深基坑临边净距离内有建筑物、构筑物、管、线、缆或其他荷载,无法放坡的情况,且坑底下有可靠结实的土层作为桩尖端嵌固点时,可使用基坑支护桩支护。基坑支护桩具有保证临边的建筑物、构筑物、管、线、缆的安全;在基坑开挖过程中及基坑的使用期间,维持临空的土体稳定,以保证施工安全的作用。基坑支护桩主要有咬合灌注桩、圆木桩、预制钢筋混凝土板桩、型钢桩、钢板桩等。

咬合灌注桩是采用机械钻孔施工,桩与桩之间相互咬合排列的一种基坑围护结构。咬合灌注桩工程量应根据地层情况、桩长、桩径、混凝土种类及强度等级、部位等的不同分别计算。

若以米计量,咬合灌注桩工程量按设计图示尺寸以桩长计算;若以根计量,则按设计图示数量以计算。

圆木桩工程量应根据地层情况、桩长、材质、尾径、桩倾斜度等的不同分别计算。若以米计量,圆木桩工程量按设计图示尺寸以桩长(包括桩尖)计算;若以根计量,则按设计图示数量计算。

预制钢筋混凝土板桩工程量应根据地层情况、送桩深度及桩长、桩截面、沉桩方法、连接方式、混凝土强度等级等的不同分别计算。预制钢筋混凝土板桩工程量按设计图示尺寸以桩长(包括桩尖)计算;若以根计量,则按设计图示数量计算。

型钢桩是利用三轴搅拌桩钻机在原地层中切削土体,同时,钻机前端低压注入水泥浆液,与切碎土体充分搅拌形成隔水性较高的水泥土柱列式挡墙,在水泥土浆液尚未硬化前插入型钢的一种地下工程施工技术。型钢桩工程量应根据地层情况或部位、送桩深度及桩长、规格型号、桩倾斜度、防护材料种类、是否拔出等的不同分别计算。若以吨计量,型钢桩工程量按设计图示尺寸以质量计算;若以根计量,则按设计图示数量计算。

钢板桩是带锁口或钳口的热轧型钢,钢板桩靠锁口或钳口连接咬合,形成连续的钢板桩墙,用来挡土或挡水。钢板桩断面形式很多,常用的钢板桩有U形或Z形。钢板桩工程量应根据地层情况、桩长、板桩厚度等的不同分别计算。若以吨计量,钢板桩工程量按设计图示尺寸以质量计算;若以平方米计量,则按设计图示墙中心线长乘以桩长以面积计算。

3. 锚杆(锚索)工程量计算规则

锚杆支护是在边坡、岩土深基坑等地表工程及隧道、采场等地下硐室施工中采用的一种加固支护方式。用金属件、木件、聚合物件或其他材料制成杆柱,打入地表岩体或硐室周围岩体预先钻好的孔中,利用其头部、杆体的特殊构造和尾部托板(亦可不用),或依赖于粘结作用将围岩与稳定岩体结合在一起而产生悬吊效果、组合梁效果、补强效果,以达到支护的目的。锚杆支护具有成本低、支护效果好、操作简便、使用灵活、占用施工净空少等优点。锚杆支护项目适用于岩石高削坡混凝土支护挡墙和风化岩石混凝土、砂浆护坡等。锚杆支护工程量应根据地层情况、锚杆(索)类型与部位、钻孔深度、钻孔直径、杆体材料品种规格与数量、预应力、浆液种类与强度等级等的不同分别计算。若以米计量,锚杆(锚索)工程量按设计图示尺寸以钻孔深度计算;若以根计量,则按设计图示数量计算。

计算锚杆(锚索)工程量时,应注意下列两点:

(1)钻孔、布筋、锚杆安装、灌浆、张拉等搭设的脚手架,应列入措施项目费用内。

(2)锚杆土钉应按"混凝土及钢筋混凝土工程"相关项目编码列项。

4. 土钉工程量计算规则

土钉支护是指在开挖边坡表面铺钢筋网喷射细石混凝土,并每隔一定距离埋设土钉,使与边坡土体形成复合体,共同工作,从而有效提高边坡稳定的能力,增强土体破坏的岩性,变土体荷载为支护结构的一部分,对土体起到嵌固作用,对土坡进行加固,增加边坡支护锚固力,使基坑开挖后保持稳定。土钉支护项目适用于土层的锚固,其工程量应按照地层情况、钻孔深度、钻孔直径、置入方法、杆体材料品种规格与数量、浆液种类与强度等级等的不同分别计算。若以米计量,土钉支护工程量按设计图示尺寸以钻孔深度计算;若以根计量,则按设计图示数量计算。

土钉支护项目工程量计算的注意事项与"锚杆支护"项目相同,此处不再重述。

土钉钢筋与喷射混凝土面层的连接方法如图4-5所示。

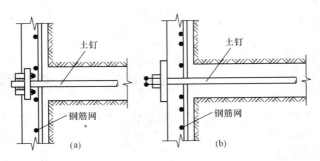

图 4-5 土钉与面层连接形式示意图

(a)井字架形；(b)垫板形

5. 喷射混凝土、水泥砂浆工程量计算规则

喷射混凝土、水泥砂浆工程量应根据部位、厚度、材料种类、混凝土（砂浆）类别与强度等级等的不同分别按设计图示尺寸以面积"m²"计算。

6. 基坑支撑工程量计算规则

基坑支撑系统是增大围护结构刚度，改善围护结构受力条件，确保基坑安全和稳定性的构件。目前，支撑体系主要有钢支撑和混凝土支撑。支撑系统主要由围檩、支撑和立柱组成。根据基坑的平面形状、开挖面积及开挖深度等，内支撑可分为有围檩和无围檩两种。对于圆形围护结构的基坑，可采用内衬墙和围檩两种方式而不设置内支撑。

钢筋混凝土支撑工程量应根据部位、混凝土种类、混凝土强度等级等的不同分别按设计图示尺寸以体积"m³"计算。

钢支撑工程量应根据部位、材品种与规格、探伤要求等的不同分别按设计图示尺寸以质量计算。不扣除孔眼质量，焊条、铆钉、螺栓等不另增加质量。

三、地基处理与边坡支护工程量计算及报价应注意事项

1. 地基处理工程量计算及报价应注意事项

(1)地层情况按表 4-2 和表 4-7 的规定，并根据岩土工程勘察报告按单位工程各地层所占比例(包括范围值)进行描述。对无法准确描述的地层情况，可注明由投标人根据岩土工程勘察报告自行决定报价。为避免描述内容与实际地质情况有差异而造成重复组价，可采用以下方法处理：

1)描述各类土石的比例及范围值。

2)分不同土石类别分别列项。

3)直接描述"详勘察报告"。

(2)项目特征中的桩长应包括桩尖，空桩长度＝孔深－桩长，孔深为自然地面至设计桩底的深度。

(3)为避免"空桩长度、桩长"的描述引起重新组价，可采用以下方法处理：

1)描述"空桩长度、桩长"的范围值，或描述空桩长度、桩长所占比例及范围值。

2)空桩部分单独列项。

(4)高压喷射注浆类型包括旋喷、摆喷、定喷，高压喷射注浆方法包括单管法、双重管法、三重管法。

(5)如采用泥浆护壁成孔，工作内容包括：土方、废泥浆外运；如采用沉管灌注成孔，工作内容包括桩尖制作、安装。

2.基坑与边坡支护工程量计算及报价应注意事项

（1）地层情况按表4-2和表4-7的规定，并根据岩土工程勘察报告按单位工程各地层所占比例（包括范围值）进行描述。对无法准确描述的地层情况，可注明由投标人根据岩土工程勘察报告自行决定报价。为避免描述内容与实际地质情况有差异而造成重复组价，可采用以下方法处理：

1）描述各类土石的比例及范围值。

2）分不同土石类别分别列项。

3）直接描述"详勘察报告"。

（2）土钉置入方法包括钻孔置入、打入或射入等。

（3）混凝土种类：指清水混凝土、彩色混凝土等，如在同一地区既使用预拌（商品）混凝土，又允许现场搅拌混凝土时，也应注明（下同）。

（4）地下连续墙和喷射混凝土（砂浆）的钢筋网、咬合灌注桩的钢筋笼及钢筋混凝土支撑的钢筋制作、安装，按《房建计算规范》附录E中相关项目列项（参见本章第五节）。本分部未列的基坑与边坡支护的排桩按《房建计算规范》附录C中相关项目列项（参见本章第三节）。水泥土墙、坑内加固按地基处理相关项目列项。砖、石挡土墙、护坡按《房建计算规范》附录D中相关项目列项（参见本章第四节）。混凝土挡土墙按《房建计算规范》附录E中相关项目列项（参见本章第五节）。

第三节　桩基工程工程量计算

《房建计算规范》中"桩基工程"共11个项目，分为打桩、灌注桩两节。相比2008年清单计价规范，打桩部分增加了预制钢筋混凝土管桩、钢管桩、截（凿）桩头项目，并将"接桩"工作内容并入上述项目中；灌注桩部分将原混凝土灌注桩分为泥浆护壁成孔灌注桩、沉管灌注桩、干作业成孔灌注桩、挖孔桩土（石）方、人工挖孔灌注桩，并增加了钻孔压浆桩、灌注桩后压浆项目。

一、打桩（编码：010301）

1.桩和桩基础的概念

按照设计规定的施工方法，将某种材质的构件或某种材料事先打（压）或浇注入地基之中，以达到提高地基承载能力的那些构件或材料的组合体，就称为桩。桩的类型很多，按照不同的分类方法，可以划分为如图4-6所示几种类型。

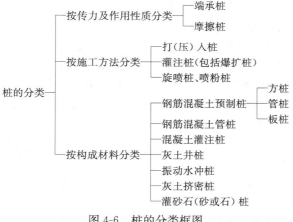

图4-6　桩的分类框图

当上部建(构)筑物荷载较大,地基上部松软土层较厚时,采用浅埋基础不能满足强度和变形限制要求时,工程设计师通常采用桩基础。桩基础是由设置于土中的桩将荷载传给埋藏较深的坚硬土层,或通过桩周围的摩擦力传给地基,以提高地基的承载能力。桩基础由桩和桩承台组成,如图4-7所示。

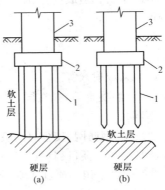

图 4-7　桩基础示意图

(a)端承桩;(b)摩擦桩

1—桩;2—承台;3—上部结构

2. 预制钢筋混凝土桩工程量计算规则

预制钢筋混凝土桩包括预制钢筋混凝土桩、管桩等。其工程量应根据预制钢筋混凝土桩类别的不同,分别按下列规则进行计算:

(1)以米计量,按设计图示尺寸以桩长(包括桩尖)计算。

(2)以立方米计量,按设计图示截面面积乘以桩长(包括桩尖)以实体积计算。

(3)以根计量,按设计图示数量计算。

预制钢筋混凝土桩工程量计算方法可用计算式表示如下:

以米计量　　　　　　　　　　　$L=lN$

以立方米计量　　　　　　　　　$V=AL$

以根计量　　　　　　　　　　　$N=N_j$

式中　L——打(压)预制桩总长度(m);

l——打(压)预制桩的单根长度(m);

N——打(压)预制桩的根数(根);

V——打(压)预制桩的体积(m^3);

A——预制桩的截面面积(m^2);

N_j——打(压)预制桩的根数(根)(可采用数数法或数学公式计算求得)。

预制钢筋混凝土方桩需描述的项目特征包括:地层情况、送桩深度及桩长、桩截面、桩倾斜度、沉桩方法、接桩方式、混凝土强度等级等;预制钢筋混凝土管桩需描述的项目特征包括:地层情况、送桩深度及桩长、桩外径与壁厚、桩倾斜度、沉桩方法、桩尖类型、混凝土强度等级、填充材料种类、防护材料种类等。

【例4-6】　某工程桩基础施工图标注 450mm×450mm 方桩 70 根,首根桩长 12m,续桩设计长度为 20m,试计算其工程量。

【解】　阅视该基础图设计说明得知"每根桩续桩为 2 根,混凝土强度等级为 C30,采用等边角钢∟$90 \times 90 \times 8$电焊接桩",故其工程量计算如下：

(1)以米计量：

1)首根桩工程量　　　$L_首 = l_首 \times N_首 = 70 \times 12 = 840\text{m}$

2)续桩工程量　　　　$L_续 = l_续 \times N_续 \times 2 = 70 \times 20 \times 2 = 2800\text{m}$

3)桩的总工程量　　　$L_总 = L_首 + L_{首续} = 840 + 2800 = 3640\text{m}$

(2)以立方米计量：

$$桩工程量 = A \times L_总 = 0.45 \times 0.45 \times 3640 = 737.10 \text{ m}^3$$

(3)以根计量：

$$桩工程量 = 70 \text{ 根}$$

计算打(压)桩基础工程量时应注意以下几点：

(1)当设计规定打(压)试桩时,试桩应按"预制钢筋混凝土方桩"或"预制钢筋混凝土管桩"项目编码单独列项。

(2)试桩与打(压)桩之间间歇时间,机械现场的停滞,应包括在打(压)试桩报价内。

(3)预制桩刷防护材料应包括在报价内。

所谓"送桩"是指在打(压)预制钢筋混凝土桩工程中,有时设计要求将桩顶端打(压)到低于桩机架操作平台以下,或由于某种原因,需要将桩顶端打(压)入自然地坪以下,这时桩锤就不能触击到桩顶头,因此,需要另用一根如同铁路枕木断面大小的"冲桩"(图 4-8)接到该桩顶面以传递桩锤的锤击力,将桩的顶端打(压)到设计要求的深度,然后去掉冲桩的过程。

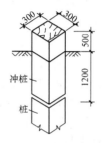

图 4-8　送桩示意图

3. 钢管桩工程量计算规则

钢管桩一般用普通碳素钢,抗拉强度为 402MPa,屈服强度为 235.2MPa,或按设计选用。按加工工艺区分,钢管桩有螺旋缝钢管和直缝钢管两种。钢管桩工程量应根据地层情况、送桩深度与桩长、材质、管径与壁厚、桩倾斜度、沉桩方法、填充材料种类、防护材料种类等的不同按下列规则分别计算：

(1)以吨计量,按设计图示尺寸以质量计算。

(2)以根计量,按设计图示数量计算。

4. 截(凿)桩头工程量计算规则

截(凿)桩头工程量应根据桩类型、桩头截面及高度、混凝土强度等级、有无钢筋等的不同按下列规则分别计算：

(1)以立方米计量,按设计桩截面乘以桩头长度以体积计算。

(2)以根计量,按设计图示数量计算。

二、灌注桩(编码:010302)

1. 泥浆护壁成孔灌注桩工程量计算规则

泥浆护壁成孔灌注桩工程量应根据地层情况、空桩长度及桩长、桩径、成孔方法、护筒类型与长度、混凝土种类与强度等级等的不同按下列规则分别计算：

(1)以米计量,按设计图示尺寸以桩长(包括桩尖)计算。

(2)以立方米计量,按不同截面在桩上范围内以体积计算。

(3)以根计量,按设计图示数量计算。

2. 沉管灌注桩工程量计算规则

沉管灌注桩又称套管成孔灌注桩,是国内广泛采用的一种灌注桩。按其成孔方法可分为锤击沉管灌注桩、振动沉管灌注桩和振动冲击沉管灌注桩。沉管灌注桩宜用于黏性土、粉土和砂土。沉管灌注桩工程量应根据地层情况、空桩长度及桩长、复打长度、桩径、沉管方法、桩尖类型、混凝土种类与强度等级等的不同分别计算。其工程量计算规则同上述"泥浆护壁成孔灌注桩"。

3. 干作业成孔灌注桩工程量计算规则

干作业成孔灌注桩工程量应根据地层情况、空桩长度及桩长、桩径、扩孔直径与高度、成孔方法、混凝土种类与强度等级等的不同分别计算。其工程量计算规则同上述"泥浆护壁成孔灌注桩"。

4. 挖孔桩土(石)方工程量计算规则

挖孔桩土(石)方工程量应根据地层情况、挖孔深度、弃土(石)运距等的不同分别按设计图示尺寸(含护壁)截面积乘以挖孔深度以 m³ 计算。

5. 人工挖孔灌注桩工程量计算规则

人工挖孔灌注桩是指在桩位采用人工挖掘方法成孔(或端部扩大),然后安放钢筋笼、灌注混凝土而成的桩。人工挖孔灌注桩宜用于地下水位以上的黏性土、粉土、填土、中等密实以上的砂土、风化岩层,也可在黄土、膨胀土和冻土中使用,适应性较强。人工挖孔灌注桩工程量应根据桩芯长度、桩芯直径、扩底直径、扩底高度、护壁厚度与高度、护壁混凝土种类与强度等级、桩芯混凝土种类与强度等级等的不同按下列规则分别计算:

(1)以立方米计量,按桩芯混凝土体积计算。

(2)以根计量,按设计图示数量计算。

为了保证安全、防止人工挖孔土壁坍塌,在施工过程中所采用的砖砌护壁、预制混凝土护壁、现浇钢筋混凝土护壁、钢模周转护壁、竹笼护壁等,其制作、安装工程量不包括在人工挖孔工程量内,对于这部分的工、料价值应包括在人工挖孔灌注桩项目的报价内。

6. 钻孔压浆桩工程量计算规则

钻孔压浆桩工程量应根据地层情况、空钻长度及桩长、钻孔直径、水泥强度等级等的不同按下列规则分别计算:

(1)以米计量,按设计图示尺寸以桩长计算。

(2)以根计量,按设计图示数量计算。

7. 灌注桩后压浆工程量计算规则

灌注桩后压浆工法可用于各类钻、挖、冲孔灌注桩及地下连续墙的沉渣(虚土)、泥皮和桩底、桩侧一定范围土体的加固。灌注桩后压浆工程量应根据注浆导管材料与规格、注浆导管长度、单孔注浆量、水泥强度等级等的不同分别按设计图示以注浆孔数计算。

8. 混凝土灌注桩钢筋笼骨工程量计算规则

混凝土灌注桩钢筋笼骨(图 4-9)制作、安装,按《房建计算规范》附录 E.15"钢筋工程"中相关项目编码列项。其工程量按设计图示钢筋长度乘以理论质量计算。

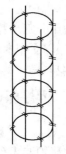

图 4-9 混凝土灌注桩钢筋笼骨示意图

$$G = (g_1 + g_2) \times (1 + i)$$

式中　G——钢筋笼骨质量(t)；

　　　g_1——主筋质量(t)＝［主筋长度＋弯钩($12.5d$)］×根数×单位质量(kg/m)；

　　　g_2——箍筋质量(分圆形和螺旋形)。

　　圆形箍筋质量计算：

$$G_{箍}＝(箍筋周长＋弯钩或搭接长度)×根数×单位质量(kg/m)$$

　　螺旋形箍筋质量计算：

$$G_{箍}＝螺旋箍筋长度×单位质量(kg/m)＝\frac{1}{S}\sqrt{S^2+(2\pi R)^2}g$$

式中　S——箍筋螺距(mm)；

　　　R——钢筋笼骨半径(mm)；

　　　g——某种规格钢筋单位质量(kg/m)。

　　为了计算钢筋笼骨的方便，可采用表4-9(a)、(b)中数值计算。

表 4-9(a) 　　　　　　　　　　　　　**每根圆形箍筋质量**　　　　　　　　　　　　　kg

桩身直径(mm)		300	350	400	450	500	550	600	650	700
箍筋直径	$\phi6$	0.218	0.252	0.287	0.322	0.357	0.392	0.427	0.642	0.497
(mm)	$\phi8$	0.413	0.475	0.537	0.599	0.661	0.723	0.785	0.847	0.909

表 4-9(b) 　　　　　　　　　　　　　**每米高螺旋形箍筋质量**　　　　　　　　　　　　　kg

桩及钢筋直径 (mm)	300		400		500		600		700	
箍筋旋距(mm)	$\phi6$	$\phi8$	$\phi6$	$\phi8$	$\phi6$	$\phi8$	$\phi6$	$\phi8$	$\phi6$	$\phi8$
100	1.758	3.127	2.451	4.361	3.146	5.598	3.842	6.836	4.539	8.076
120	1.470	2.615	2.046	3.641	2.625	4.670	3.204	5.701	3.784	6.733
150	1.183	2.106	1.642	2.922	2.104	3.744	2.567	4.567	3.030	5.392
180	0.994	1.768	1.374	2.445	1.758	3.127	2.143	3.812	2.528	4.498
200	0.900	1.601	1.240	2.207	1.585	2.820	1.931	3.435	2.277	4.052

注：每米螺旋筋质量＝$\sqrt{1+[\frac{\pi(D-50)}{b}]^2}$×相应规格钢筋单位质量(kg)

　　式中　D——桩的直径(mm)；b——箍筋螺距(mm)；50——桩的两侧保护层厚度(mm)。

　　【例 4-7】　某市咸宁路国际购物广场地基处理施工图标注直径 D 为 400mm 钻孔钢筋混凝土灌注桩 94 根，钻孔深度 8.55m(包括预制桩尖长度在内)，骨架笼骨主立筋 6 根 $\phi12$ 带 180°弯钩，螺旋形箍筋为 $\phi8$，螺距为 200mm，试计算该工程灌注桩的混凝土和钢笼骨工程量。

　　【解】　阅视图纸施工说明得知："混凝土强度等级为 C20，钢筋保护层为 20mm，钢筋斜弯钩长度为 $6.25d$，采用 HPB300(Ⅰ)级钢筋。"依据已知条件及上述公式分别计算如下：

　　(1)混凝土 C20 工程量

$$V=\frac{1}{4}\pi D^2 HN=0.7854×0.4^2×(8.55+0.25)×94$$

$$=0.125664×8.8×94=103.95m^3$$

　　(2)钢筋骨架工程量

$$G=G_1+G_2=4337.21+697.36=5034.57=5.035t$$

　　1)主立筋 $\phi12$(Ⅰ)

$$G_1 = (8.55 - 2 \times 0.02 + 2 \times 6.25d) \times 6 \times 0.888 \text{kg/m} \times 94$$
$$= 8.66 \times 6 \times 0.888 \text{kg/m} \times 94 = 4337.21 \text{kg}$$

2)箍筋 $\phi 8$(Ⅰ)

$$G_2 = 2.207 \times (8.55 - 2 \times 0.02) \times 0.395 \text{kg/m} \times 94 = 697.36 \text{kg}$$

三、桩基工程量计算及报价应注意事项

1. 打桩工程量计算及报价应注意事项

(1)地层情况按表 4-2 和表 4-7 的规定,并根据岩土工程勘察报告按单位工程各地层所占比例(包括范围值)进行描述。对无法准确描述的地层情况,可注明由投标人根据岩土工程勘察报告自行决定报价。为避免描述内容与实际地质情况有差异而造成重复组价,可采用以下方法处理:

1)描述各类土石的比例及范围值。

2)分不同土石类别分别列项。

3)直接描述"详勘察报告"。

(2)项目特征中的桩截面、混凝土强度等级、桩类型等可直接用标准图代号或设计桩型进行描述。

(3)预制钢筋混凝土方桩、预制钢筋混凝土管桩项目以成品桩编制,应包括成品桩购置费,如果用现场预制,应包括现场预制桩的所有费用。

(4)打试验桩和打斜桩应按相应项目单独列项,并应在项目特征中注明试验桩或斜桩(斜率)。

(5)截(凿)桩头项目适用于本章第二节和第三节中所列桩的桩头截(凿)。

(6)预制钢筋混凝土管桩桩顶与承台的连接构造按《房建计算规范》附录 E 相关项目列项(参见本章第五节)。

2. 灌注桩工程量计算及报价应注意事项

(1)地层情况按表 4-2 和表 4-7 的规定,并根据岩土工程勘察报告按单位工程各地层所占比例(包括范围值)进行描述。对无法准确描述的地层情况,可注明由投标人根据岩土工程勘察报告自行决定报价。为避免描述内容与实际地质情况有差异而造成重复组价,可采用以下方法处理:

1)描述各类土石的比例及范围值。

2)分不同土石类别分别列项。

3)直接描述"详勘察报告"。

(2)项目特征中的桩长应包括桩尖,空桩长度＝孔深－桩长,孔深为自然地面至设计桩底的深度。

(3)为避免"空桩长度、桩长"的描述引起重新组价,可采用以下方法处理:

1)描述"空桩长度、桩长"的范围值,或描述空桩长度、桩长所占比例及范围值。

2)空桩部分单独列项。

(4)项目特征中的桩截面(桩径)、混凝土强度等级、桩类型等可直接用标准图代号或设计桩型进行描述。

(5)泥浆护壁成孔灌注桩是指在泥浆护壁条件下成孔,采用水下灌注混凝土的桩。其成孔方法包括冲击钻成孔、冲抓锥成孔、回旋钻成孔、潜水钻成孔、泥浆护壁的旋挖成孔等。

(6)沉管灌注桩的沉管方法包括锤击沉管法、振动沉管法、振动冲击沉管法、内夯沉管法等。

(7)干作业成孔灌注桩是指不用泥浆护壁和套管护壁的情况下,用钻机成孔后,下钢筋笼,灌注混凝土的桩,适用于地下水位以上的土层使用。其成孔方法包括螺旋钻成孔、螺旋钻成孔扩

底、干作业的旋挖成孔等。

(8)混凝土种类:指清水混凝土、彩色混凝土、水下混凝土等,如在同一地区既使用预拌(商品)混凝土,又允许现场搅拌混凝土时,也应注明。

第四节　砌筑工程工程量计算

采用小型块状建筑材料以砂浆粘结而成的结构构件[如砖(石)基础、砖(石)及轻质砌块墙体等]就称作砌筑工程(也可称"砖石"工程)。砌筑工程的种类如图 4-10 所示。

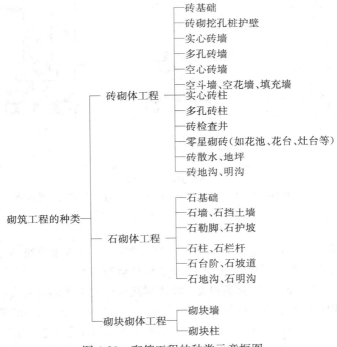

图 4-10　砌筑工程的种类示意框图

《房建计算规范》中"砌筑工程"共 27 个项目,分为砖砌体、砌块砌体、石砌体、垫层、相关问题及说明等五节。

一、砖砌体(编码:010401)

砖砌体分项工程共包括:砖基础,砖砌挖孔桩护壁,实心砖墙,多孔砖墙,空心砖墙,空斗墙,空花墙,填充墙,实心砖柱,多孔砖柱,砖检查井,零星砌砖,砖散水、地坪,砖地沟、明沟共 14 个子项工程。该分项工程砌体所用标准砖尺寸均应为 240mm×115mm×53mm。标准砖墙厚度应按表 4-10 规定计算。

表 4-10　　　　　　　　　　　　标准砖砌体计算厚度表

砖数(厚度)	$\frac{1}{4}$	$\frac{1}{2}$	$\frac{3}{4}$	1	$1\frac{1}{2}$	2	$2\frac{1}{2}$	3
计算厚度(mm)	53	115	180	240	365	490	615	740

1. 砖基础工程量计算规则

砖基础项目适用于各种类型的砖基础,即:柱基础、墙基础、烟囱基础、水塔基础、管道基础等。砖基础与砖墙(身)划分应以设计室内地面为界(有地下室的按地下室室内设计地坪为界),以下为基础,以上为墙(柱)身,如图 4-11(a)所示。基础与墙身使用不同材料,位于设计室内地面高度≤300mm 时以不同材料为界,高度>300mm 时,以设计室内地面为界,如图 4-11(b)、(c)所示。砖围墙应以设计室外地坪为界,以下为基础,以上为墙身。

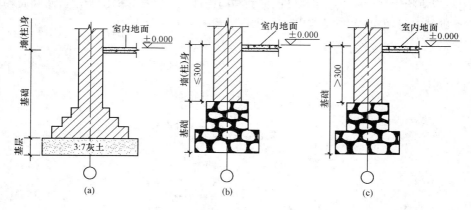

图 4-11　基础与墙(柱)身划分示意图
(a)同一材料基础与墙(柱)身划分;(b)不同材料基础与墙(柱)身划分;
(c)不同材料基础与墙(柱)身划分

砖基础工程量应根据砖品种规格及强度等级、基础类型、砂浆强度等级、防潮层材料种类等的不同按设计图示尺寸以体积"m³"计算。其中基础长度外墙按中心线,内墙按净长线计算。应扣除地梁(圈梁)、构造柱所占体积;不扣除基础大放脚 T 形接头处的重叠部分及嵌入基础内的钢筋、铁件、管道、基础砂浆防潮层和单个面积≤0.3m 的孔洞所占体积,靠墙暖气沟的挑檐不增加,附墙垛基础宽出部分体积应并入基础工程量内。带形砖基础工程量的计算方法可用计算式表示如下:

$$带形砖基础体积(m^3) = 基础断面面积 \times 基础长度$$

其中　　基础断面面积(m²)＝基础高度(设计图示高度＋大放脚折加高度)×基础宽度

基础长度:外墙基础中心线长度(m)＝外墙基础外边线－外墙基础厚度×4

内墙基础净长线长度(m)＝内墙基础中心线－外墙基础厚度(图 4-12)

砖基础大放脚折加高度按表 4-11(a)、(b)计算。

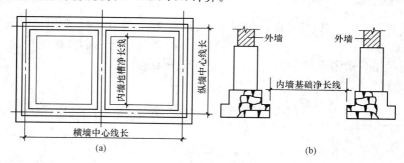

图 4-12　内墙基础净长线计算图

表 4-11(a)　　　　　　　　　　　等高式砖墙基大放脚折加高度计算表

墙　厚	大 放 脚 错 台 层 数					
	一	二	三	四	五	六
	折加高度(m)					
$\frac{1}{2}$砖	0.137	0.411	0.822	1.369	2.054	2.876
1砖	0.066	0.197	0.394	0.656	0.984	1.378
$1\frac{1}{2}$砖	0.043	0.129	0.259	0.432	0.647	0.906
2砖	0.032	0.096	0.193	0.321	0.482	0.675
$2\frac{1}{2}$砖	0.026	0.077	0.154	0.256	0.384	0.538
3砖	0.021	0.064	0.128	0.213	0.319	0.447
增加断面积(m²)	0.01575	0.04725	0.0945	0.1575	0.2363	0.3308

注:本表按标准砖双面放脚每层等高 12.6cm 砌出 6.25cm 计算。

表 4-11(b)　　　　　　　　　　不等高式砖墙基大放脚折加高度计算表

墙　厚	大 放 脚 错 台 层 数							
	一	二	三	四	五	六	七	八
	折加高度(m)							
$\frac{1}{2}$砖	0.069	0.342	0.685	1.096	1.643	2.260	3.013	3.835
1砖	0.033	0.164	0.328	0.525	0.788	1.083	1.444	1.838
$1\frac{1}{2}$砖	0.022	0.108	0.216	0.345	0.518	0.712	0.949	1.208
2砖	0.016	0.080	0.161	0.257	0.386	0.530	0.707	0.900
$2\frac{1}{2}$砖	0.013	0.064	0.128	0.205	0.307	0.419	0.563	0.717
3砖	0.011	0.053	0.106	0.170	0.255	0.351	0.468	0.596
增加断面积(m²)	0.00788	0.03938	0.07875	0.1260	0.1890	0.2599	0.3464	0.4410

注:本表高的一层按 12.6cm,低的一层按 6.3cm 间隔砌出 6.25cm 计算。

$$折加高度计算公式高(m) = \frac{放脚断面积(m^2)}{墙厚(m)}$$

【例 4-8】　试计算图 4-13(a)、(b)所示某工程砖基础工程量为多少。

【解】　依据上述计算公式及图 4-13 所示已知条件,首先应解决四个问题:①基础总长度;②基础埋设深度;③大放脚折加高度;④应扣除构件的体积。

这四个问题解决后,砖基础工程量计算就可迎刃而解。

砖基础总长度$(L)=(21+6)\times 2-[0.505\times 2+1.99+0.24\times 14+0.24\times 2($四个角的构造柱$)]=54-6.84=47.16$m

基础埋设深度$(H)=1.20-0.30=0.90$m

大放脚折高$(h)=0.066$m[查表 4-5(a)得]

构造柱体积$(V_柱)=0.24\times 0.24\times 16\times(0.90-0.24)=0.608$m³

基础圈梁断面面积$(F)=0.24\times 0.24=0.0576$m²

砖基础体积$(V)=47.16\times[(0.90+0.066)\times 0.24-0.0576]-0.608$

$\qquad =47.16\times 0.17424-0.608$

$=7.61\text{m}^3$

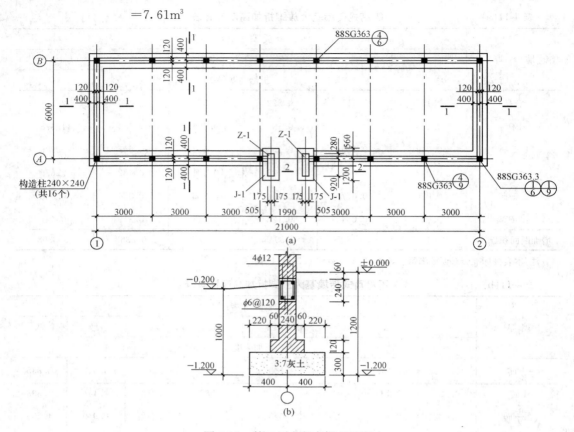

图 4-13　某工厂自行车棚基础图

(a)基础平面；(b)1—1剖面

【例 4-9】　试计算图 4-14 所示某液化气站泵房外墙及内墙砖基础体积。

【解】　该工程外墙砖基础与"**【例 4-7】**"相比较，主要不同点是带有附墙砖垛，据此，现按上例步骤计算如下：

基础埋设深度$(H)=0.90-0.24(圈梁)=0.66\text{m}$

大放脚折加高度$(h)=0.197\text{m}$，[查表 4-5(a)得]

砖基础总高度$(H_{总})=0.66+0.197=0.857\text{m}$

外墙基础总长度$(L_{外})=[12.00-0.24(构造柱)+5.00-0.24]\times2=33.04\text{m}$

内墙基础总长度$(L_{内})=5.00-0.24=4.76\text{m}$

附墙砖垛基础体积$(V_{垛})=0.0469\text{m}^3/个(查概预算手册得)$

外墙砖基础$(V_{外})=33.04\times0.857\times0.24+0.0469\times2=6.8898\text{m}^3$

内墙砖基础$(V_{内})=4.76\times0.857\times0.24=0.979\text{m}^3$

内、外墙砖基础合计$(V_{总})=V_{外}+V_{内}=6.8898+0.979=7.87\text{m}^3$

2. 砖砌挖孔桩护壁工程量计算规则

砖砌挖孔桩护壁工程量应根据砖品种规格与强度等级、砂浆强度等级等的不同分别按设计图示尺寸以 m^3 计算。

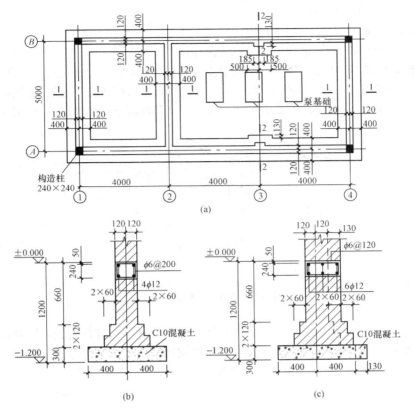

图 4-14 某液化气站泵房基础图

(a)基础平面图;(b)1—1 剖面图;(c)2—2 剖面图;

注:基础平面图中凡未标注剖切编号部位,均为"1—1"剖切。

3. 实心砖墙、多孔砖墙、空心砖墙工程量计算规则

实心砖墙项目适用于各种类型实心砖墙,包括不同墙厚的外墙、内墙、围墙、双面混水墙、双面清水墙、单面清水墙、直形墙、弧形墙等;多孔砖墙、空心砖墙项目适用于各种规格的多孔砖或空心砖砌筑的各种类型的墙体。实心砖墙、多孔砖墙、空心砖墙的工程量按设计图示尺寸以体积"m³"计算。应扣除门窗、洞口、嵌入墙内的钢筋混凝土柱、梁、圈梁、挑梁、过梁及凹进墙内的壁龛、管槽、暖气槽、消火栓箱所占体积。不扣除梁头、板头、檩头、垫木、木楞头、沿缘木、木砖、门窗走头、砖墙内加固钢筋、木筋、铁件、钢管及单个面积≤0.3m²的孔洞所占体积。凸出墙面的腰线、挑檐、压顶、窗台线、虎头砖、门窗套的体积亦不增加。凸出墙面的砖垛并入墙体体积内计算。其具体计算方法可用计算公式表示为:

$$V = (LH - F_{扣}) \times C + V_1 - V_2$$

式中 V——砌筑墙体积(m³);

     L——砌筑墙长度(m);

     H——砌筑墙高度(m);

     $F_{扣}$——砌筑墙应扣门窗洞口面积(m²);

     C——砌筑墙厚度(m);

     V_1——砌筑墙应并入的体积(m³);

V_2——砌筑墙应扣除的体积(m^3)。

其中砖墙的长度、高度应按以下规定计算:

(1)墙长度:外墙按中心线,内墙按净长线计算。

(2)外墙高度:斜(坡)屋面无檐口天棚者算至屋面板底,如图4-15(a)所示;有屋架,且室内外均有天棚者算至屋架下弦底另加200mm,如图4-15(b)所示;无天棚者算至屋架下弦底加300mm,出檐宽度超过600mm时应按实砌高度计算;平屋面算至钢筋混凝土板底,如图4-15(c)所示。

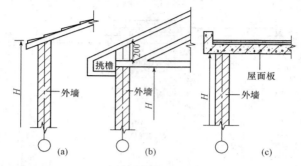

图4-15　外墙计算高度示意图

(3)内墙高度:位于屋架下弦者,算至屋架下弦底,如图4-16(a)所示;无屋架者算至天棚底另加100mm,如图4-16(b)所示;有钢筋混凝土楼板隔层者算至楼板顶(注意:《基础定额》规定算至板底),如图4-16(c)所示;有框架梁时算至梁底。

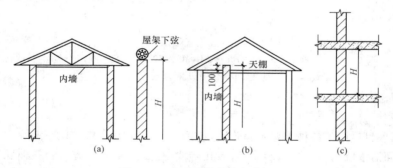

图4-16　内墙计算高度示意图

(4)女儿墙高度:从屋面板上表面算至女儿墙顶面(如有混凝土压顶时算至压顶下表面)。

(5)内、外山墙高度:按其平均高度计算,如图4-17所示。

(6)框架间墙:不分内外墙按墙体净尺寸以体积计算。

(7)围墙高度:算至压顶上表面(如有混凝土压顶时算至压顶下表面),围墙柱并入围墙体积内。

实心砖墙、多孔砖墙、空心砖墙工程量计算及编制工程量清单时,应注意以下几点:

(1)墙体的类型、砌筑砂浆强度等级及配合比,不同的砖品种规格及强度等级等,应在工程量清单项目中一一描述。

(2)不论三皮砖以下或三皮砖以上的腰线、挑檐突出墙面部分均不计算其体积。

(3)女儿墙的砖压顶、围墙的砖压顶突出墙面部分不计算体积,压顶顶面凹进墙面的部分也不扣除(包括一般围墙的抽屉檐、棱角檐、仿瓦砖檐等)。

(4)墙内砖平碳、砖拱碳、砖过梁的体积不扣除,应包括在报价内。

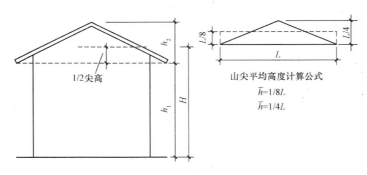

图 4-17 内、外山墙计算高度示意图

【例 4-10】 某工厂职工自行车存车库如图 4-18 所示,试计算其外砖墙工程量。

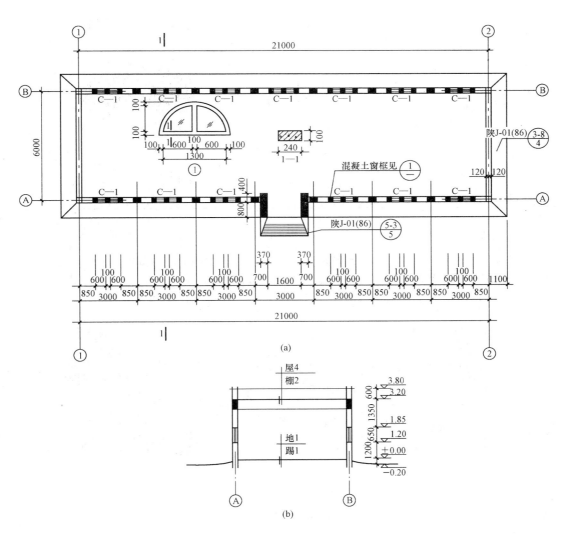

图 4-18 某工程自行车棚施工图

(a)平面图;(b)剖面图

【解】 实际工作中,墙体砌筑工程量计算并不难,但由于需要增加的、扣除的内容较多,所以计算工作十分麻烦,因此必须细心。本例按图示已知条件,详见表 4-12 计算。

表 4-12　　　　　　　　　　　　　　　工程量计算表

顺序	部分提要	项目名称及计算公式	计算单位	工程量数
1		(1)墙体总长度:47.82m		
2	Ⓑ上①~②	$L=21.0-0.24\times7=19.32$m		
3	②上Ⓐ~Ⓑ	$L=6.0-0.24=5.76$m $L=21.0-0.24\times7-(0.37\times2+1.6)$ 　$=16.98$m		
4	Ⓐ上②~①	$L=6.0-0.24=5.76$m		
5	①上Ⓑ~Ⓐ	(2)墙体总高度:3.56m $H=3.8-0.24=3.56$m		
6		注:0.24 参见 QL 布置及详图(略)		
7		(3)墙体厚度:0.24m		
8		(4)窗洞口面积:C—1　$S=\pi R^2\div2\times13$	m³	38.10
9		$=11.48$m²		
10				
11				
12		(5)墙的砌筑体积: $V=(47.82\times3.56-11.48)\times0.24$ 　$=38.10$m³		
13		注:QL 圈梁及构造柱已从墙的高度及长度中扣 　去,故不再扣除其体积		

4. 空斗墙工程量计算规则

空斗墙是普通砖侧砌与平砌组合砌筑而成的一种空心较大的墙体,如图 4-19 所示。侧砌形成中间空心的围合空间叫"斗",平砌叫"眠"。因而空斗墙称为:一斗一眠、二斗一眠、三斗一眠和无眠空斗等多种砌筑形式。这种墙一般主要适用于隔墙及低层居住建筑。

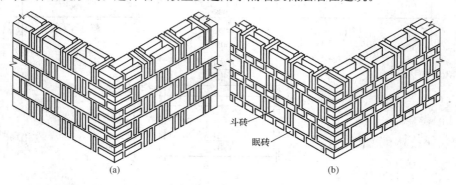

图 4-19　空斗砖墙示意图
(a)无眠空斗墙;(b)有眠空斗墙

空斗墙项目适用于各种砌法的空斗墙。空斗墙工程量按设计图示尺寸以空斗墙外形体积"m³"计算。墙角、内外墙交接处、门窗洞口立边、窗台砖、屋檐处的实砌部分并入墙体内计算。但窗间墙、窗台下、楼板下、梁头下的实砌部分,应按"零星砌砖"项目另行列项计算,并按"010401012"进行编码。

5. 空花墙工程量计算规则

空花墙是指用标准砖砌筑的花格墙,如图 4-20 所示。一般多用于非承重部位,如围墙的上部以及城市、农村低层建筑的压沿等处。这种墙属于装饰性砌体。空花墙项目适用于各种类型的空花墙。其工程量按设计图示尺寸以空花部分外形体积"m³"计算,不扣除空洞部分的体积。空花墙工程量计算时,应注意下列两点:

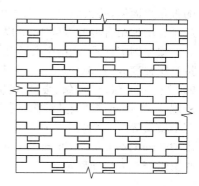

图 4-20　空花墙示意图

(1)"空花部分的外形体积计算"应包括空花的外框。

(2)使用混凝土花格砌筑的空花墙,分实砌墙体与混凝土花格分别计算工程量,混凝土花格按混凝土及钢筋混凝土中预制构件相关项目编码列项。

6. 填充墙工程量计算规则

填充墙是指将墙体砌筑为空心,然后在其中填充轻质材料(炉渣、轻质混凝土等)的一种墙体。它除具有减轻结构荷载之外,还具有保温、隔声之功能。填充墙工程量按设计图示尺寸以填充墙外形体积"m³"计算。

7. 实心砖柱、多孔砖柱工程量计算规则

实心砖柱、空心砖柱项目适用于矩形柱、异形柱、圆形柱、包柱等各种类型柱。其工程量按设计图示尺寸以体积"m³"计算,扣除混凝土及钢筋混凝土梁垫、梁头、板头所占体积。

8. 砖检查井工程量计算规则

砖检查井项目适用于各类砖砌检查井。其工程量按设计图示数量以"座"为计量单位计算。工程量的"座"包括砂浆制作、运输,铺设垫层,底板混凝土制作、运输、浇筑、振捣、养护,砌砖,刮缝,井池底、壁抹灰,抹防潮层,材料运输等全部工作内容。在投标时,"一座化粪池"的报价,就应包括完成这座化粪池所有工作的报价。

检查井内钢爬梯按《房建计算规范》附录 E 中相关项目编码列项(参见本章第五节);井内的混凝土构件按《房建计算规范》附录 E 中混凝土及钢筋混凝土预制构件编码列项(参见本章第五节)。

9. 零星砌砖工程量计算规则

零星砌砖项目适用于台阶、台阶挡墙、梯带、锅台、炉灶、蹲台、池槽、池槽腿、花台、花池、楼梯栏板、阳台栏板、地垄墙、屋面隔热板下的砖墩、0.3m² 以内孔洞填塞等。其中,砖砌台阶可按水平投影面积以"m²"计算(不包括梯带或台阶挡墙);砖砌锅台与炉灶可按个计算,并以"长×宽×高"顺序标明外形尺寸;砖砌小便槽、地垄墙可按长度"m"计算,其他工程量按 m³ 计算。

10. 砖散水、地坪工程量计算规则

砖散水、地坪工程量按设计图示尺寸以面积"m²"计算。

11. 砖地沟、明沟工程量计算规则

砖地沟、明沟工程量以米计量,按设计图示以中心线长度计算。

二、砌块砌体(编码:010402)

采用空心砖、多孔砖以及硅酸盐砌块、加气混凝土砌块、小型空心砌块砌筑成的墙体,就称为砌块砌体工程。

烧结空心砖是以黏土、页岩、煤矸石等为主要原料,经焙烧而成。烧结空心砖为顶面有孔洞的直角六面体,孔大而少,孔洞为矩形条孔或其他孔形、平行于大面和条面,在与砂浆的接合面上应设有增加结合力的深度 1mm 以上的凹线槽。

根据国家标准《烧结空心砖和空心砌块》(GB 13545—2003)的规定,烧结空心砖和空心砌块按抗压强度分为 MU10.0、MU7.5、MU5.0、MU3.5、MU2.5(表 4-13);按体积密度分为 800 级、900 级、1000 级、1100 级;强度、密度、抗风化性能和放射性物质合格的砖和砌块,根据尺寸偏差、外观质量、孔洞排列及其结构、泛霜、石灰爆裂、吸水率分为优等品(A)、一等品(B)和合格品(C)三个质量等级。烧结空心砖和空心砌块的外形为直角六面体,其长度、宽度、高度尺寸应符合要求:390mm、290mm、240mm、240mm、190mm、180(175)mm、140mm、115mm、90mm。其他规格尺寸由供需双方协商确定。

表 4-13   烧结空心砖和空心砌块强度等级

| 强度等级 | 抗压强度/MPa | | | 密度等级范围 (kg/m³) |
| | 抗压强度平均值 $\overline{f}\geqslant$ | 变异系数 $\delta\leqslant0.21$ | 变异系数 $\delta>0.21$ | |
		强度标准值 f_h	单块最小抗压强度值 $f_{min}\geqslant$	
MU10.0	10.0	7.0	8.0	≤1100
MU7.5	7.5	5.0	5.8	
MU5.0	5.0	3.5	4.0	
MU3.5	3.5	2.5	2.8	
MU2.5	2.5	1.6	1.8	≤800

烧结空心砖,孔洞率一般在 40% 以上,表观密度在 800～1100kg/m³ 之间,自重较轻,强度不高,因而多用作非承重墙,如多层建筑内隔墙或框架结构的填充墙等。

烧结多孔砖是以黏土、页岩、煤矸石、粉煤灰、淤泥(江河湖淤泥)及其他固体废弃物等为主要原料,经焙烧而成。

烧结多孔砖外形一般为直角六面体,在与砂浆的接合面上应有增加结合力的粉刷槽和砌筑砂浆槽。烧结多孔砖的长度、宽度、高度尺寸应符合要求:290mm、240mm、190mm、180mm、140mm、115mm、90mm。其他规格尺寸由供需双方协商确定。

按国家标准《烧结多孔砖和多孔砌块》(GB 13544—2011)的规定,根据砖的抗压强度分为 MU30、MU25、MU20、MU20、MU15、MU10 五个强度等级(表 4-14),烧结多孔砖的密度等级分为 1000、1100、1200、1300 四个等级。

表 4-14   烧结多孔砖和多孔砌块强度等级   MPa

强度等级	抗压强度平均值 $\overline{f}\geqslant$	强度标准值 $f_h\geqslant$
MU30	30.0	22.0
MU25	25.0	18.0
MU20	20.0	14.0
MU15	15.0	10.0
MU10	10.0	6.5

虽然多孔砖具有一定的孔洞率,使砖受压时有效受压面积减小,但因制坯时受较大的压力,使砖孔壁致密程度提高,且对原材料要求也较高,这就补偿了因有效面积减少而造成的强度损失,故烧结多孔砖的强度仍较高,常被用于砌筑六层以下的承重墙。

空心砖、多孔砖可节省黏土,节省能源,且砖的自重轻、热工性能好,使用多孔砖尤其是空心砖和空心砌块,既可提高建筑施工效率,降低造价,还可减轻墙体自重,改善墙体的热工性能等。

《房建计算规范》中"砌块砌体"分项工程包括砌块墙和砌块柱两个子项工程,其工程量计算方法分述如下:

1. 砌块墙工程量计算规则

砌块墙项目适用于各种规格的砌块砌筑的各种类型的墙体。砌块墙工程量计算规则与实心砖墙计算规则完全一样,即工程量按设计图示尺寸以体积计算。应扣除门窗、洞口、嵌入墙内的钢筋混凝土柱、梁、圈梁、挑梁、过梁及凹进墙内的壁龛、管槽、暖气槽、消火栓箱所占体积,不扣除梁头、板头、檩头、垫木、木楞头、沿缘木,木砖、门窗走头、砖墙内加固钢筋、木筋、铁件、钢管及单个面积≤0.3m² 的孔洞所占体积。凸出墙面的腰线、挑檐、压顶、窗台线、虎头砖、门窗套的体积亦不增加。凸出墙面的砖垛并入墙体体积内计算。砖墙工程量的计量单位为 m³。其中砖墙的长度、高度应按以下规定计算:

(1)墙长度:外墙按中心线,内墙按净长计算。

(2)墙高度:

1)外墙:斜(坡)屋面无檐口天棚者算至屋面板底;有屋架且室内外均有天棚者算至屋架下弦底另加 200mm;无天棚者算至屋架下弦底加 300mm;出檐宽度超过 600mm 时应按实砌高度计算;与钢筋混凝土楼板隔层者算至板顶;平屋面算至钢筋混凝土板底。

2)内墙:位于屋架下弦者,算至屋架下弦底;无屋架者算至天棚底另加 100mm;有钢筋混凝土楼板隔层者算至楼板顶;有框架梁时算至梁底。

3)女儿墙:从屋面板上表面算至女儿墙顶面(如有混凝土压顶时算至压顶下表面)。

4)内、外山墙:按其平均高度计算。

(3)框架间墙:不分内外墙按墙体净尺寸以体积计算

(4)围墙高度:算至压顶上表面(如有混凝土压顶时算至压顶下表面),围墙柱并入围墙体积内。

2. 砌块柱工程量计算规则

砌块柱项目适用于矩形柱、方柱、异形柱、圆柱、包柱等各种类型柱。砌块柱工程量计算规则与实心砖柱工程量计算规则完全一样,即按设计图示尺寸以体积计算,扣除混凝土及钢筋混凝土梁垫、梁头、板头所占体积,以 m³ 为计量单位。

三、石砌体(编码:010403)

《房建计算规范》中"石砌体"分项工程共包括石基础、石勒脚、石墙、石挡土墙、石柱、石栏杆、石护坡、石台阶、石坡道、石地沟明沟等十个子项工程。

凡从天然岩石中开采而得的料石,或经加工制成块状或板状的石材,统称天然石材。建筑工程中常用天然石材的性能及用途见表 4-15。

表 4-15 建筑工程常用天然石材的性能及用途

名 称	主要质量指标			主 要 用 途
	项 目		指 标	
花岗石 (俗名:豆渣石)	容重(MPa/m³)		250~270	基础、桥墩、堤坝、拱石、阶石、路面、海港、结构、基座、勒脚、窗盘、装饰石等
	强 度 (MPa/cm²)	抗 压	120~250	
		抗 折	8.5~15	
		抗 剪	13~19	
	吸水率(%)		<1	
	膨胀系数(10⁻⁶/℃)		5.6~7.37	
	平均韧性(cm)		8	
	耐用年限(年)		75~200	
石灰石 (俗名:青石)	容重(MPa/m³)		100~260	墙身、桥墩、基础、阶石、路面及石灰、粉刷材料原料等
	强 度 (MPa/cm²)	抗 压	22~140	
		抗 折	1.8~20	
		抗 剪	7~14	
	吸水率(%)		2~6	
	膨胀系数(10⁻⁶/℃)		6.75~6.77	
	平均韧性(cm)		7	
	耐用年限(年)		20~40	
大理岩 (俗名:大理石)	容重(MPa/m³)		260~270	装饰材料、踏步、地面、墙面、柱面、栏杆、柜台、电气绝缘板等
	强 度 (MPa/cm²)	抗 压	70~110	
		抗 折	6~16	
		抗 剪	7~12	
	吸水率(%)		<1	
	膨胀系数(10⁻⁶/℃)		6.5~10.12	
	平均耐韧性(cm)		—	
	耐用年限(年)		40~100	

1. 石基础工程量计算规则

石基础项目适用于各种规格(粗料石、细料石等)、各种材质(砂石、青石等)和各种类型(柱基、墙基、直形、弧形等)的基础。石基础工程量按设计图示尺寸以体积"m³"计算。包括附墙垛基础宽出部分体积,不扣除基础砂浆防潮层及单个面积≤0.3m²孔洞所占体积,靠墙暖气沟的挑檐也不增加体积,并入石基础体积内。其基础长度:外墙按中心线,内墙按净长计算。

2. 石勒脚工程量计算规则

沿外墙面四周垂直方向至散水坡处砌筑高度为0.5mm左右的护墙层,就称作勒脚。石勒脚项目适用于各种规格(粗料石、细料石等)、各种材质(砂石、青石、大理石、花岗石等)和各种类型(直形、弧形等)勒脚。其工程量按图示尺寸以体积"m³"计算。应扣除单个面积>0.3m²的孔洞所占的体积。

3. 石墙工程量计算规则

石墙项目适用于各种规格(粗料石、细料石等)、各种材质(砂石、青石、大理石、花岗石等)和各种类型(直形、弧形等)石墙。其工程量计算规则与实心砖墙工程量计算规则相同,这里不再重述。

4.石挡土墙、石柱、石护坡、石台阶工程量计算规则

石挡土墙项目适用于各种规格(粗料石、细料石、块石、毛石、卵石等)、各种材质(砂石、青石、石灰石等)和各种类型(直形、弧形、台阶形等)挡土墙。石柱项目适用于各种规格、各种石质、各种类型的石柱。石护坡项目适用于各种石质和各种石料(如:粗料石、细料石、片石、毛石、块石、卵石等)的护坡;石台阶项目包括石梯带(垂带),不包括石梯膀,石梯膀按石挡土墙项目编码列项。它们的工程量均按设计图示尺寸以体积"m³"计算。

(1)石梯带:在石梯的两侧或一侧与石梯斜度完全一致的石梯封头的条石称石梯带[图4-21(a)]。

(2)石梯膀:在石梯的两端侧面,形成的两个直角三角形称石梯膀(古建筑中称"象眼")。石梯膀的工程量计算以石梯带下边线为斜边,与地坪相接的直线为一直角边,石梯与平台相交的垂线为另一直角边,形成一个三角形,三角形面积乘以砌石的宽度为石梯膀的工程量[图4-21(b)]。石梯膀的工程量计算公式为:

1)不考虑台阶起步高度(h_1)时:

$$V=\frac{Lh_2}{2}b\times2$$

(b)考虑台阶起步高度(h_1)时:

$$V=\frac{(h_1+h_2)}{2}Lb\times2$$

式中　b——梯膀宽度;

　　　2——两个梯膀。

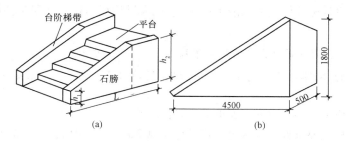

图4-21　石梯膀及其工程量计算示意图

(a)石梯膀示意图;(b)石梯膀工程量计算示意图

【例4-11】　某工程界区入口处有一条小溪,过溪小桥石梯水平投影长度4.5m,石梯膀起步台阶高度(h_1)为0.15m,石梯与平台相交的垂直高度(h_2)为1.8m,石梯膀砌石厚(宽)度为0.5m,试计算石梯膀工程量。

【解】　依据上述计算公式及已知条件,其工程量计算如下:

$$V=\frac{(h_1+h_2)}{2}Lb\times2=\frac{0.15+1.8}{2}\times4.5\times0.5\times2$$

$$=0.975\times4.5\times0.5\times2$$

$$=4.39m^3$$

5. 石栏杆工程量计算规则

石栏杆项目适用于无雕饰的一般石栏杆。其工程量按设计图示以长度"m"计算。

6. 石坡道工程量计算规则

石坡道工程量按设计图示尺寸以水平投影面积计算。以平方米(m^2)为计量单位。

7. 石地沟、明沟工程量计算规则

石地沟、明沟工程量按设计图示以中心线长度计算,以米(m)为计量单位。

四、垫层(编码:010404)

除混凝土垫层应按《房建计算规范》附录 E 中相关项目编码列项外(参见本章第五节),没有包括垫层要求的清单项目应按此垫层项目编码列项。垫层工程量应根据垫层材料种类、配合比、厚度等的不同分别按设计图示尺寸以立方米(m^3)计算。

五、砌筑工程工程量计算及报价应注意事项

1. 砖砌体工程量计算及报价应注意事项

(1)框架外表面的镶贴砖部分,按零星项目编码列项。

(2)附墙烟囱、通风道、垃圾道应按设计图示尺寸以体积(扣除孔洞所占体积)计算并入所依附的墙体体积内。当设计规定孔洞内需抹灰时,应按《房建计算规范》附录 M 中零星抹灰项目编码列项。

(3)砖砌体内钢筋加固,应按《房建计算规范》附录 E 中相关项目编码列项(参见本章第五节)。

(4)砖砌体勾缝按《房建计算规范》附录 M 中相关项目编码列项。

(5)如施工图设计标注做法见标准图集时,应在项目特征描述中注明标注图集的编码、页号及节点大样。

2. 砌块砌体工程量计算及报价应注意事项

(1)砌体内加筋、墙体拉结的制作、安装,应按《房建计算规范》附录 E 中相关项目编码列项(参见本章第五节)。

(2)砌块排列应上、下错缝搭砌,如果搭错缝长度满足不了规定的压搭要求,应采取压砌钢筋网片的措施,具体构造要求按设计规定。若设计无规定时,应注明由投标人根据工程实际情况自行考虑;钢筋网片按《房建计算规范》附录 F 中相应编码列项。

(3)砌体垂直灰缝宽>30mm 时,采用 C20 细石混凝土灌实。灌注的混凝土应按《房建计算规范》附录 E 相关项目编码列项(参见本章第五节)。

3. 石砌体工程量计算及报价应注意事项

(1)石基础、石勒脚、石墙的划分:基础与勒脚应以设计室外地坪为界。勒脚与墙身应以设计室内地面为界。石围墙内外地坪标高不同时,应以较低地坪标高为界,以下为基础;内外标高之差为挡土墙时,挡土墙以上为墙身。

(2)如施工图设计标注做法见标准图集时,应在项目特征描述中注明标注图集的编码、页号及节点大样。

第五节 混凝土及钢筋混凝土工程工程量计算

以混凝土及钢筋为主要材料构筑的工程称为混凝土及钢筋混凝土工程。《房建计算规范》中"混凝土及钢筋混凝土工程"共76个项目,包括现浇混凝土基础、现浇混凝土柱、现浇混凝土梁、现浇混凝土墙、现浇混凝土板、现浇混凝土楼梯、现浇混凝土其他构件、后浇带、预制混凝土柱、预制混凝土梁、预制混凝土屋架、预制混凝土板、预制混凝土楼梯、其他预制构件、钢筋工程、螺栓铁件、相关问题及说明等十七节。

一、混凝土及钢筋混凝土基本知识

1. 混凝土基本知识

(1)混凝土:以水泥、沥青或合成材料(如树脂等)为胶结料,与粗细骨料(石、砂)和水(或其他液体)按规定比例混合搅拌而成的一种稠糊状材料,就称为混凝土。混凝土按照胶结材料的不同,可分为水泥混凝土、沥青混凝土和聚合物混凝土等。

(2)混凝土标准值见表4-16。

表 4-16 混凝土标准值 N/mm²

强度种类	符号	混 凝 土 强 度 等 级												
		C15	C20	C25	C30	C35	C40	C45	C50	C55	C60	C65	C70	C75	C80
轴心抗压	f_{ck}	10.0	13.4	16.7	20.1	23.4	26.8	29.6	32.4	35.5	38.5	41.5	44.5	47.4	50.2
轴心抗拉	f_{tk}	1.27	1.54	1.78	2.01	2.20	2.39	2.51	2.64	2.74	2.85	2.93	2.99	3.05	3.11

(3)混凝土构件有无筋混凝土构件和有筋混凝土构件之分。将钢筋与混凝土浇筑在一起的构件称为钢筋混凝土构件。钢筋混凝土构件按施工方法和程序的不同,分为现浇钢筋混凝土构件和预制钢筋混凝土构件两大类。

2. 钢筋混凝土基本知识

(1)钢筋混凝土:混凝土的抗压能力较强,但抗拉能力却很差,所以用混凝土制成的构件当受到拉力时就很容易被破坏。为了弥补混凝土构件的这一缺陷,经过反复选择,发现钢筋和混凝土粘结在一起可克服混凝土抗拉能力差这个缺陷,因而,在混凝土构件中承受拉力的部位,配制一些钢筋,让钢筋和混凝土分别承受不同的力,发挥各自特长,组成一种既耐压、又抗拉的混凝土构件就称作钢筋混凝土构件。

(2)钢筋是建筑工程中用量很大的建筑材料,混凝土构件常用钢筋有热轧光圆钢筋、热轧带肋钢筋、热处理钢筋和余热处理钢筋等。结构工程师对钢筋一般是按下列规定选用:

1)普通钢筋通常采用 HRB400 级和 HRB335 级钢筋,但也采用 HPB300 级和 RRB400 级钢筋。

2)预应力钢筋通常采用预应力钢绞线、钢丝,但有时也采用热处理钢筋。

注:①普通钢筋是指用于钢筋混凝土结构中的钢筋和预应力混凝土结构中的非预应力钢筋。

②HRB400 级和 HRB335 级钢筋是指现行国家标准《钢筋混凝土用钢 第 2 部分:热轧带肋钢筋》(GB 1499.2—2007)中的 HRB400 级和 HRB335 级钢筋;HPB300 级钢筋是指现行国家标准《钢筋混凝土用钢 第 1 部分:热轧光圆钢筋》(GB 1499.1—2008)HPB300 级钢筋;RRB400 级钢筋是指现行国家标准《钢筋混凝土用余热处理钢筋》(GB 13014)中的 KL400 钢筋。

③预应力钢丝是指现行国家标准《预应力混凝土用钢丝》(GB/T 5223—2002)中的光圆、螺旋肋和三面刻痕的消除应力的钢丝。

(3)钢筋的强度标准值见表 4-17(a)、(b)。

表 4-17(a) 普通钢筋强度标准值   N/mm²

牌号	符号	公称直径 d(mm)	屈服强度标准值 f_{yk}	极限强度标准值 f_{stk}
HPB300	ϕ	6~22	300	420
HRB335	$\oplus$	6~50	335	455
HRBF335	$\oplus^F$			
HRB400	$\oplus$	6~50	400	540
HRBF400	$\oplus^F$			
RRB400	$\oplus^R$			
HRB500	$\oplus$	6~50	500	630
HRBF500	$\oplus^F$			

注:钢筋的强度标准值应有不小于 95% 的保证率。

表 4-17(b) 预应力钢筋强度标准值   N/mm²

种类		符号	公称直径 d(mm)	屈服强度标准值 f_{pyk}	极限强度标准值 f_{ptk}
中强度 预应力钢丝	光面 螺旋肋	ϕ^{PM} ϕ^{HM}	5、7、9	620	800
				780	970
				980	1270
预应力 螺纹钢筋	螺纹	ϕ^T	18、25、32、40、50	785	980
				930	1080
				1080	1230
消除 应力钢丝	光面 螺旋肋	ϕ^P ϕ^H	5	—	1570
				—	1860
			7	—	1570
				—	1470
			9	—	1570
钢绞线	1×3 (三股)	ϕ^S	8.6、10.8、12.9	—	1570
				—	1860
				—	1960
	1×7 (七股)		9.5、12.7、15.2、17.8	—	1720
				—	1860
				—	1960
			21.6	—	1860

注:极限强度标准值为 1960N/mm² 的钢绞线作后张预应力配筋时,应有可靠的工程经验。

3. 模板基本知识

(1)模板的概念:混凝土及钢筋混凝土构件在浇筑混凝土前,按照设计图纸规定的构件形状、尺寸等,制作出与图纸规定相符合的模型就称作模板。

(2)模板的作用:是保证混凝土在浇筑过程中能够保持构件的正确形状和尺寸,在硬化过程中进行防护和养护的工具。

(3)模板的组成和要求:模板系统由模板、支架和连接件三部分组成。模板及其支架应具有足够的承载能力、刚度和稳定性,能可靠地承受浇筑混凝土的重量、侧压力以及施工荷载。

(4)模板的种类:按照所用材料的不同,模板可分为钢模板、木模板和复合木模板三种。

(5)模板的形式:可分为整体式模板、定型模板、工具式模板、滑升模板和地胎模板等。

二、混凝土工程量计算

(一)现浇混凝土工程

现浇混凝土构件工程包括:现浇混凝土基础、现浇混凝土柱、现浇混凝土梁、现浇混凝土墙、现浇混凝土板、现浇混凝土楼梯、现浇混凝土其他构件及后浇带等八个部分。各部分工程量计算规则分述如下:

1. 现浇混凝土基础(编码:010501)

《房建计算规范》中现浇混凝土基础工程分为:垫层、带形基础、独立基础、满堂基础、桩承台基础、设备基础等六个项目。其中,垫层项目适用于基础现浇混凝土垫层;带形基础项目适用于各种带形基础,墙下的板式基础包括浇筑在一字排桩上面的带形基础;独立基础项目适用于块体柱基、杯基、柱下的板式基础、无筋倒圆台基础、壳体基础、电梯井基础等;满堂基础项目适用于地下室的箱式、筏式基础等;桩承台基础项目适用于浇筑在组桩(如:梅花桩)上的承台;设备基础项目适用于设备的块体基础、框架基础等。现浇混凝土基础工程量区分不同特征均按设计图示尺寸以体积"m³"计算,不扣除伸入承台基础的桩头所占体积。

【例4-12】 某工程外墙带形基础构造及断面尺寸如图4-22所示,其周长为102.88m,试计算其工程量,并描述工程特征。

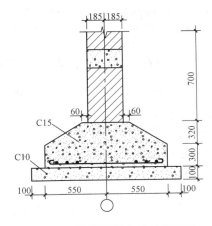

图4-22 带形混凝土基础断面图

【解】 按照图示尺寸和要求,应分下述几步进行:

(1)垫层。项目特征为:C10混凝土垫层。

$$垫层工程量=(0.55+0.1)\times2\times0.1\times102.88=13.37m^3$$

(2)带形基础。项目特征为:C15混凝土带形基础。

$$带形基础工程量=\left(Bh_1+\frac{B+b}{2}h_2\right)L$$

$$= \left(0.55 \times 2 \times 0.3 + \frac{0.55 \times 2 + 0.185 \times 2 + 0.06 \times 2}{2} \times 0.32\right) \times 102.88$$

$$= (0.33 + 0.795 \times 0.32) \times 102.88 = 60.123 \text{ m}^3$$

【例 4-13】 某工程基础施工图标明如图 4-23 所示,杯形基础共有 18 个,试计算其混凝土体积。

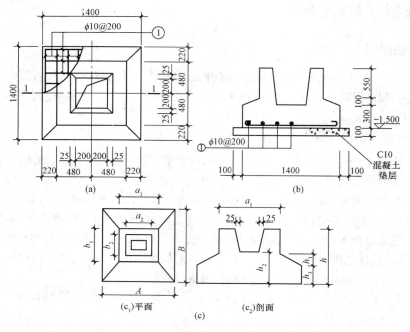

图 4-23 杯形基础施工图及杯形基础组成代号

(a)J—1 平面;(b)1—1 剖面;(c)杯形基础组成代号

【解】 该基础是一个棱台式杯形基础,其工程量计算方法可用计算式表示为:

$$V = ABh_3 + \frac{h_1}{3} \times [AB + a_1 b_1 + \sqrt{(AB) \times (a_1 b_1)}] + a_1 b_1 \times (h - h_1 - h_3) -$$

$$(h - h_2) \times (a_2 - 0.025) \times (b_2 - 0.025)$$

式中 字母含义如图 4-23(c)所示。

依据上述公式及图 4-23(a)、(b)所示尺寸,该基础工程量可分步计算如下:

下部 $\qquad\qquad V_下 = 1.4 \times 1.4 \times 0.3 = 0.588 \text{m}^3$

上部 $\qquad\qquad V_上 = 0.96 \times 0.96 \times 0.55 = 0.507 \text{m}^3$

棱台 $\quad V_台 = \frac{1}{3} \times 0.1 \times [1.4 \times 1.4 \times 0.96 \times 0.96 + \sqrt{(1.4 \times 1.4) \times (0.96 \times 0.96)}]$

$$= \frac{1}{3} \times 0.1 \times [1.96 + 0.9216 + 1.344]$$

$$= 0.141 \text{m}^3$$

杯口 $\qquad\qquad V_口 = \frac{0.4 + 0.025 \times 2 + 0.4}{2} \times \frac{0.4 + 0.025 \times 2 + 0.4}{2} \times 0.3$

$$= 0.425 \times 0.425 \times 0.3$$

$$= 0.054 \text{m}^3$$

则 $\qquad\qquad V_总 = V_下 + V_上 + V_台 - V_口$

$$=0.588+0.507+0.141-0.054$$
$$=1.182(\text{m}^3/\text{个})$$

故　　　　　　　　　$1.182\text{m}^3/\text{个}\times18\text{个}=21.276\text{m}^3$

本例也可按综合式一次性计算如下：

$$V=\{1.4\times1.4\times0.3+\frac{1}{3}\times0.1\times[1.4\times1.4+0.96\times0.96+$$

$$\sqrt{(1.4\times1.4)+(0.96\times0.96)}]+0.96\times0.96\times0.55-\frac{0.4+2\times0.025+0.4}{2}\times$$

$$\frac{0.4+2\times0.025+0.4}{2}\times0.3\}\times18$$

$$=\{0.588+\frac{1}{3}\times0.1\times[2.8816+1.344]+0.507-0.425\times0.425\times0.3\}\times18$$

$$=\{0.588+0.141+0.507-0.054\}\times18$$

$$=1.182\times18=21.276\text{m}^3$$

现浇混凝土各种类型基础的构造形式较多，其工程量计算方法各异，笔者除列举上述两例外，鉴于篇幅关系，不再对其他类型基础工程量计算进行举例。

2. 现浇混凝土柱（编码：010502）

《房建计算规范》中现浇混凝土柱分为矩形柱、构造柱、异形柱三个项目。适用于各种形式的现浇混凝土柱。其工程量按设计图示尺寸以体积"m³"计算。其中柱的高度按以下规定计算：

(1)有梁板柱高，应自柱基上表面（或楼板上表面）至上一层楼板上表面之间的高度计算。

(2)无梁板的柱高，应自柱基上表面（或楼板上表面）至柱帽下表面之间的高度计算。

(3)框架柱的柱高，应自柱基上表面至柱顶高度计算。

(4)构造柱按全高计算，嵌接墙体部分（马牙槎）并入柱身体积。

(5)依附柱上的牛腿和升板的柱帽，并入柱身体积计算。

矩形柱及圆形柱工程量计算方法可用计算公式表达如下：

矩形柱　　　　　　　　$V_{矩}=$ 柱断面面积×柱高

圆形柱　　　　　　　　$V_{圆}=\pi r^2 h$

式中　$V_{矩}$、$V_{圆}$——矩形、圆形柱体积（m³）；

　　　　r^2——圆形柱半径的平方（m²）；

　　　　h——圆形柱高度（m）。

3. 现浇混凝土梁（编码：010503）

《房建计算规范》中现浇混凝土梁包括基础梁、矩形梁、异形梁、圈梁、过梁、弧形及拱形梁等六个项目。它们的工程量在描述项目特征（混凝土种类、混凝土强度等级）的基础上，均按设计图示尺寸以体积"m³"计算，伸入墙内的梁头、梁垫并入梁体积内。其中，梁长按以下规定计算：

(1)梁与柱连接时，梁长算至柱侧面。

(2)主梁与次梁连接时，次梁长算至主梁侧面。

实际工作中现浇混凝土梁的工程量计算并不复杂，只要对梁的长度与根数确定后，通过下述计算公式就可计算得其工程量：

$$V=FLN$$

式中　V——现浇混凝土梁的体积（m³）；

　　　　F——现浇混凝土梁的断面面积＝梁宽×梁高（m²）；

L——现浇混凝土梁的长度(m);

N——现浇混凝土梁的根数(根)。

【例 4-14】 某工程施工图标注两端山墙厚度为 370mm,轴线居中,室内走道两侧内墙各设 240mm×450mm 单梁一根,该工程共五层,试计算其工程量,并编写项目编码。

【解】 通过阅视该工程施工图设计说明及上述已知条件与计算公式,该工程现浇矩形单梁工程量计算如下:

梁的长度 $L=61.44$(①~㉛轴中心线长度)$-0.185×2$(两端与山墙圈梁相接)

$\qquad\qquad\quad =61.07m$

梁的断面积 $F=0.24×0.45=0.108m^2$

梁的根数 $N=2$(每层两根)$×5$ 层$=10$(根)

混凝土强度等级 C30

梁的工程量 $V=0.108×61.07×10=65.96m^3$(项目编码 010503002001)

4. 现浇混凝土墙(编码:010504)

《房建计算规范》中现浇混凝土墙包括直形墙、弧形墙、短肢剪力墙、挡土墙四个项目。直形墙和弧形墙项目同时也适用于电梯井。短肢剪力墙是指截面厚度不大于 300mm、各肢截面高度与厚度之比的最大值大于 4 但不大于 8 的剪力墙,各肢截面高度与厚度之比的最大值不大于 4 的剪力墙按柱项目编码列项。现浇混凝土墙工程量计算按设计图示尺寸以体积"m^3"计算,扣除门窗洞口及单个面积$>0.3m^2$ 的孔洞所占体积,墙垛及突出墙面部分并入墙体体积内计算。工程量计算中,当薄壁柱与墙相连接时,应按墙项目编码列项。墙的工程量计算公式为:

$$V=LHB$$

式中 V——现浇混凝土墙体积(m^3);

L——现浇混凝土墙长度(外墙长度按中心线长度计,内墙按净长线计)(m);

H——现浇混凝土墙高度(m);

B——现浇混凝土墙厚度(m)。

混凝土墙工程量计算应描述混凝土种类、混凝土强度等级等特征。

5. 现浇混凝土板(编码:010505)

《房建计算规范》中现浇混凝土板包括:梁板、无梁板、平板、拱板、薄壳板、栏板、天沟(檐沟)及挑檐板、雨篷、悬挑板及阳台板,空心板、其他板等十个项目。其中有梁板、无梁板、平板、拱板、薄壳板、栏板工程量按设计图示尺寸以体积"m^3"计算,不扣除单个面积$\leqslant 0.3m^2$ 的柱、垛以及孔洞所占体积,压形钢板混凝土楼板扣除构件内压形钢板所占体积。有梁板(包括主、次梁与板)按梁、板体积之和计算,无梁板按板和柱帽体积之和计算,各类板伸入墙内的板头并入板体积内计算,薄壳板的肋、基梁并入薄壳体积内计算。雨篷、悬挑板及阳台板工程量按设计图示尺寸以墙外部分体积"m^3"计算,包括伸出墙外的牛腿和雨篷反挑檐的体积。天沟(檐沟)及挑檐板、其他板工程量按设计图示尺寸以体积"m^3"计算。空心板工程量按设计图示尺寸以体积"m^3"计算,空心板(GBF 高强薄壁蜂巢芯板)应扣除空心部分体积。

有梁板工程量计算方法以计算表示如下:

$$V_{总}=V_{板}+V_{梁}$$

$$V_{板}=F\delta$$

$$V_{梁}=SLN$$

式中 $V_{总}$——有梁板总体积(m^3);

$V_板$——有梁板的板体积(m^3);

$V_梁$——有梁板的梁体积(m^3);

F——有梁板的板平面面积＝图示长度×图示宽度(m^2);

δ——有梁板的板厚度(m);

S——有梁板的梁断面面积(计算方法如图 4-24 所示)(m^2);

L——有梁板的梁长度(m);

N——有梁板的梁根数(根)。

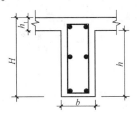

图 4-24 有梁板梁高计算示意图

注:$h=H-h_1$;$S=hb$

实际工作中几种常见的现浇混凝土板类型示意图如图 4-25 所示。

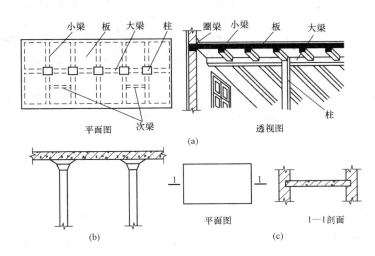

图 4-25 几种常见现浇混凝土板类型示意图

(a)有梁板;(b)无梁板;(c)平板

6. 现浇混凝土楼梯(编码:010506)

《房建计算规范》中现浇混凝土楼梯包括现浇混凝土直形楼梯和弧形楼梯两个项目。其工程量可按下列规则进行计算:

(1)以平方米计量,按设计图示尺寸以水平投影面积计算。不扣除宽度≤500mm 的楼梯井,伸入墙内部分不计算。

(2)以立方米计量,按设计图示尺寸以体积计算。

工程量计算中,单跑楼梯的工程量计算与直形楼梯、弧形楼梯的工程量计算相同,单跑楼梯如无中间休息平台,在工程量清单中应进行描述。单跑、双跑、三跑楼梯的形式如图 4-26 所示。

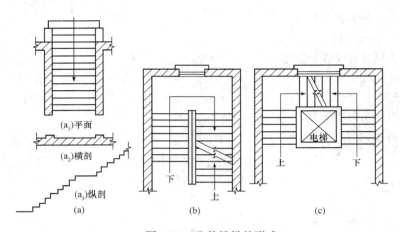

图 4-26　几种楼梯的形式

(a)单跑楼梯；(b)双跑楼梯；(c)三跑楼梯

7. 现浇混凝土其他构件(编码:010507)

《房建计算规范》中现浇混凝土其他构件包括:散水及坡道、室外地坪、电缆沟及地沟、台阶、扶手及压顶、化粪池及检查井、其他构件七个项目。其中,散水及坡道、室外地坪工程量按设计图示尺寸以水平投影面积"m²"计算,不扣除单个面积≤0.3m²的孔洞所占面积。电缆沟及地沟工程量按设计图示以中心线长度"m"计算。台阶工程量若以平方米计量,则按设计图示尺寸水平投影面积计算;若以立方米计量,则按设计图示尺寸以体积计算。扶手及压顶工程量若以米计量,则按设计图示的中心线延长米计算;若以立方米计量,则按设计图示尺寸以体积计算。化粪池及检查井、其他构件工程量按设计图示尺寸以体积"m³"计算;若以座计量,则按设计图示数量计算。

当电缆沟、地沟,散水、坡道需抹灰时,应包括在报价内。

8. 后浇带(编码:010508)

《房建计算规范》中"后浇带"项目适用于梁、墙、板的后浇带。其工程量按设计图示尺寸以体积"m³"计算。

(二)预制混凝土工程

按照施工图纸或通用图册事先制作好的构件,就称作预制构件。钢筋混凝土构件制作,可分为工厂预制、施工现场预制和现场浇制三种。预制混凝土构件主要是梁、柱、板、屋架、楼梯及一些小型构件(如槽、池、花格、垃圾道、烟道、通风道等)。《房建计算规范》中的预制混凝土构件主要包括:预制柱、预制梁、预制屋架、预制板、预制楼梯和其他构件六大类。其工程量计算方法分述如下:

1. 预制混凝土柱(编码:010509)

《房建计算规范》中预制混凝土柱包括矩形柱和异形柱两个项目。其工程量可按以下两种方式计算:

(1)以立方米计量,按设计图示尺寸以体积计算。

(2)以根计量,按设计图示尺寸以数量计算。

以"根"为计量单位预制构件,主要适用于截面相同、长度相同的构件。例如:某工程施工图标注有450mm×450mm矩形柱10根,其高度均为6500mm。故该柱的工程量就可以按"根"计量。以"根"为单位计算柱的工程量时,在工程量清单项目表中应对柱的类型、单件体积、安装高度、混凝强度等级、砂浆强度等级等,予以详细描述。

2. 预制混凝土梁(编码:010510)

《房建计算规范》中预制混凝土梁包括预制混凝土矩形梁、异形梁、过梁、拱形梁、鱼腹式吊车梁、其他梁等六个项目。其工程量若以立方米计量,则按设计图示尺寸以体积计算;若以根计量,则按设计图示尺寸以数量计算。

3. 预制混凝土屋架(编码:010511)

《房建计算规范》中预制混凝土屋架包括预制混凝土折线形屋架、组合屋架、薄腹屋架、门式刚架屋架、天窗架屋架等五个项目。其工程量若以立方米计量,则按设计图示尺寸以体积计算;若以榀计量,则按设计图示尺寸以数量计算。

4. 预制混凝土板(编码:010512)

《房建计算规范》中预制混凝土板包括预制混凝土平板、空心板、槽形板、网架板、折线板、带肋板、大型板和沟盖板、井盖板、井圈等八个项目。其中,预制混凝土平板、空心板、槽形板、网架板、折线板、带肋板、大型板工程量若以立方米计量,则按设计图示尺寸以体积计算,不扣除单个面积≤300mm×300mm 的孔洞所占体积,扣除空心板空洞体积;若以块计量,则按设计图示尺寸以数量计算;预制混凝土沟盖板、井盖板、井圈工程量若以立方米计量,则按设计图示尺寸以体积计算;若以块计量,则按设计图示尺寸以数量计算。

5. 预制混凝土楼梯(编码:010513)

预制混凝土楼梯工程量若以立方米计量,则按设计图示尺寸以体积计算,扣除空心踏步板空洞体积;若以段计量,则按设计图示数量计算。

6. 其他预制构件(编码:010514)

《房建计算规范》中其他预制构件包括:垃圾道、通风道、烟道、其他构件等项目。其他预制构件工程量若以立方米计量,则按设计图示尺寸以体积计算,不扣除单个面积≤300mm×300mm的孔洞所占体积,扣除烟道、垃圾道、通风道的孔洞所占体积;若以平方米计量,则按设计图示尺寸以面积计算,不扣除单个面积≤300mm×300mm 的孔洞所占面积;若以根计量,则按设计图示尺寸以数量计算。

上述各种类型预制构件工程量计算一般来说都比较复杂,同时也很费时费工,因此,凡是采用通用图册中的标准构件,其混凝土耗用量和钢筋与铁件的耗用量,均可从该图册中查得,不必重新计算。

三、钢筋及螺栓、铁件工程量计算

(一)钢筋工程(编码:010515)

1. 概述

混凝土是由石料、砂、水泥三种材料组成。混凝土的强度等级可划分为:C10、C15、C20、C25、C30、C35、C40、C45、C50 和 C60 等十个级别。混凝土的抗压能力很强,但抗拉能力却很差(一般混凝土的抗压能力是抗拉能力的 9~16 倍)。所以用纯混凝土制成的构件,虽能承受较大的压力,但受到拉力时就很容易被破坏。由于混凝土性能上有这样一个缺点,就使混凝土在使用范围上受到了很大的限制。为了弥补混凝土的这个缺点,就必须设法寻找一种抗拉能力很强,而且又能与混凝土结合在一起共同承担外力的材料。经过专家、学者反复选择和验证,发现钢筋这一建筑材料在许多方面是符合这个条件的,因为钢筋不但抗拉能力很强,并且有很多性能可以与混凝

土组合在一起共同起作用,这些性能归结起来主要表现在以下几个方面:

(1)粘结能力很强。当混凝土结硬后,混凝土和钢筋间有很强的粘结能力,特别是当钢筋端部加了弯钩,表面轧了花纹,或者将钢筋焊成网片后,两者之间的粘结能力就会大大加强,使钢筋和混凝土结合成一个坚固的整体,共同承担外力的作用。

(2)变形值基本相同。材料受力之后,一定会产生变形(如伸长或缩短),钢筋和混凝土也是这样,但钢筋和混凝土在一定受力范围内,在构件中的钢筋和周围混凝土的变值是基本相同的,这样,就不会因变形值不同而破坏混凝土和钢筋的整体性。温度变化也会使构件中的钢筋和混凝土产生伸长和缩短,这一热胀冷缩的自然现象不言而喻。钢筋和混凝土在相同长度和温度变化下,伸长和缩短的数值也是基本相同的。这样,也保证了钢筋和混凝土的结合。

(3)混凝土能够有效地保护钢筋不受锈蚀,使钢筋混凝土构件经久耐用。

从以上所列举的几种性能来看,钢筋的诸多条件是能够和混凝土结合在一起共同起作用的。因此,可以在混凝土构件中承受拉力的部位,配置一些钢筋,让钢筋和混凝土发挥各自的特长,分别承受不同的力,组成一种既耐压、又抗拉的建筑构件——钢筋混凝土构件。

2. 钢筋的分类

在钢筋工程施工或工程设计中,经常可以听到多种多样的钢筋名称,如:受拉筋、受压筋、分布筋、HPB300级钢筋、HRB335级钢筋等。如果将这些名称加以分析,就可以看出,有的名称是按钢筋在构件中的作用来冠名的,有的是按钢筋的化学成分来冠名的,还有的是按钢筋的外部形状或其强度来冠名的。因此,通过对施工图中的各种钢筋进行分类,就可以比较清楚地了解各种钢筋的性质。施工图中的钢筋按不同方法可分为如图4-27所示几类。

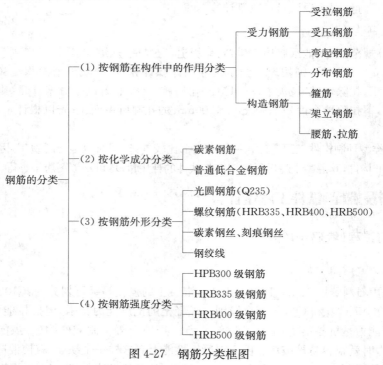

图 4-27　钢筋分类框图

3. 钢筋工程工程量计算

《房建计算规范》中钢筋工程包括现浇构件钢筋、预制构件钢筋、钢筋网片、钢筋笼、先张法预应力钢筋、后张法预应力钢筋、预应力钢丝、预应力钢绞线、支撑钢筋(铁马)、声测管等十个项目。各类构件钢筋计算方法应按表 4-18 规定执行。

表 4-18　　　　　　　　　　　钢筋工程(编码:010515)

项目编码	项目名称	项目特征	计量单位	工程量计算规则	工程内容
010515001	现浇构件钢筋	钢筋种类、规格	t	按设计图示钢筋(网)长度(面积)乘单位理论质量计算	1. 钢筋制作、运输 2. 钢筋安装 3. 焊接(绑扎)
010515002	预制构件钢筋				
010515003	钢筋网片				1. 钢筋网制作、运输 2. 钢筋网安装 3. 焊接(绑扎)
010515004	钢筋笼				1. 钢筋笼制作、运输 2. 钢筋笼安装 3. 焊接(绑扎)
010515005	先张法预应力钢筋	1. 钢筋种类、规格 2. 锚具种类		按设计图示钢筋长度乘单位理论质量计算	1. 钢筋制作、运输 2. 钢筋张拉
010515006	后张法预应力钢筋	1. 钢筋种类,规格 2. 钢丝种类,规格 3. 钢绞线种类、规格 4. 锚具种类 5. 砂浆强度等级		按设计图示钢筋(丝束、绞线)长度乘单位理论质量计算 1. 低合金钢筋两端均采用螺杆锚具时,钢筋长度按孔道长度减0.35m计算,螺杆另行计算 2. 低合金钢筋一端采用镦头插片,另一端采用螺杆锚具时,钢筋长度按孔道长度计算,螺杆另行计算 3. 低合金钢筋一端采用镦头插片,另一端采用帮条锚具时,钢筋增加0.15m计算;两端均采用帮条锚具时,钢筋长度按孔道长度增加0.3m计算 4. 低合金钢筋采用后张混凝土自锚时,钢筋长度按孔道长度增加0.35m计算 5. 低合金钢筋(钢绞线)采用JM、XM、QM型锚具,孔道长度≤20m时,钢筋长度增加1m计算,孔道长度>20m时,钢筋长度增加1.8m计算 6. 碳素钢丝采用锥形锚具,孔道长度≤20m时,钢丝束长度按孔道长度增加1m计算,孔道长度>20m时,钢丝束长度按孔道长度增加1.8m计算 7. 碳素钢丝采用镦头锚具时,钢丝束长度按孔道长度增加0.35m计算	1. 钢筋、钢丝、钢绞线制作、运输 2. 钢筋、钢丝、钢绞线安装 3. 预埋管孔道铺设 4. 锚具安装 5. 砂浆制作、运输 6. 孔道压浆、养护
010515007	预应力钢丝				
010515008	预应力钢绞线				

(续表)

项目编码	项目名称	项目特征	计量单位	工程量计算规则	工程内容
010515009	支撑钢筋(铁马)	1. 钢筋种类 2. 规格	t	按钢筋长度乘单位理论质量计算	钢筋制作、焊接、安装
010515010	声测管	1. 材质 2. 规格型号		按设计图示尺寸以质量计算	1. 检测管截断、封头 2. 套管制作、焊接 3. 定位、固定

注:现浇混凝土构件钢筋的计算方法可用计算式表示如下:

(1)钢筋长度计算公式　$L=(l_1-\delta+l_2)N_1N_2$

式中　L——钢筋长度(m);l_1——某种构件长(高)度(m);δ——某种构件混凝土保护层厚度(见表 6-21)(m);l_2——钢筋增加长度(m);N_1——某种构件、某种规格钢筋根数(根);N_2——某种构件的数量(根、个、块)。

(2)钢筋重量计算公式　$G=L\cdot kg/m$

式中　G——某种规格钢筋的重量(kg、t);L——某种规格钢筋的长度(m);kg/m——某种规格钢筋的单位重量(kg/m)。

【例 4-15】　试计算图 4-28 所示单梁钢筋用量。

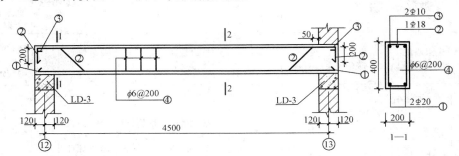

图 4-28　L—202、102 单梁施工图

【解】　该梁楼层平面布置图中显示为 L—202、102,即二层、一层各一根,其钢筋图示用量计算如下:

①号筋　2Φ20　$G=(4.5+0.12\times2-0.025\times2)\times2$ 根 $\times2.467$kg/m$\times2$ 根梁
　　　　　　　　$=9.38$m$\times2.467$(kg/m)$\times2=46.28$kg

②号筋　1Φ18　$G=(0.2\times2+4.5+0.12\times2-0.025\times2+0.166\times2)\times1$ 根 $\times$
　　　　　　　　1.998kg/m$\times2$ 根梁
　　　　　　　　$=5.422$m$\times1.998$kg/m$\times2=21.45$kg

③号筋　2φ10　$G=(4.5+0.24+12.5\times0.01-0.05)\times2$ 根 $\times0.617$kg/m$\times2$ 根梁
　　　　　　　　$=9.73$m$\times0.617$kg/m$\times2=12.006$kg

④号筋(箍筋)　φ6@200　$N=4.69\div0.2+1=24$ 根
　　　　　　　　$L=[2\times(0.2+0.4)-0.02]\times24\times2=56.64$m
　　　　　　　　$G=56.64$m$\times0.222$kg/m$=12.57$kg

注:②号筋计算式中的"0.166×2"为弯起部分的长度计算值。

【例 4-16】　试计算图 4-29 所示 Z—1 矩形柱的配筋数量。

【解】　本例不考虑搭接长度和弯钩。因为该图所示受力钢筋均为 HRB335 级,HRB400 级钢筋可不做弯钩。

①号筋　2Φ18　$G=(0.65+4.13-0.025\times2)\times2\times1.998$kg/m
　　　　　　　　$=9.46$m$\times1.998$kg/m$=18.901$kg

②号筋 2Φ18 $G=(4.13-0.05)\times2\times1.998kg/m$
$\qquad =4.08m\times1.998kg/m=8.152kg$

③号筋 2Φ18 $G=(4.08+0.15)\times2\times1.998kg/m=16.903kg$

④号筋(箍筋) $\phi8$ $N=0.65/0.1+1=7$ 根
$\qquad N=2.58/0.2+1=14$ 根
$\qquad N=0.9/0.1+1=10$ 根
$\qquad G=[2\times(0.42+0.3+0.01)\times(7+14+10)]\times0.395kg/m=17.878kg$

注:③号筋计算式中的4.08表示利用②号筋的计算长度。

(二)螺栓、铁件(编码:010516)

《房建计算规范》中螺栓、铁件工程包括:螺栓、预埋铁件、机械连接三个项目。其中螺栓、预埋铁件工程量按设计图示尺寸以质量"t"计算,机械连接工程量按数量"个"计算。

钢筋混凝土标准构件上的预埋铁件可直接由所选用的通用图册中查得,不需另行计算。而现浇非标准构件中的预埋铁件,必须一个一个地进行计算,求出每一个预埋件的质量,再用每个预埋件的质量乘以这种预埋件的个数,求得这种预埋件的总质量。将各种预埋件的质量加起来的和数,就是这一单位工程预埋铁件的预算工程量,用计算式表达如下:

$$G=\sum_{1}^{n}(g_1+g_2+\cdots\cdots+g_n)$$

式中　　G——单位工程预埋件总重量(t);

g_1、g_2、g_n——每一种预埋件的重量之和数(t)。

【例4-17】 某工程施工图显示预埋件如图4-30所示,试计算其工程量若干。

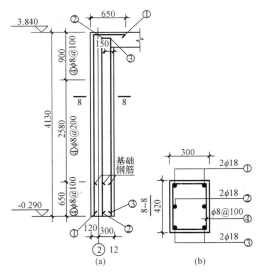

图4-29 Z—1矩形柱施工图

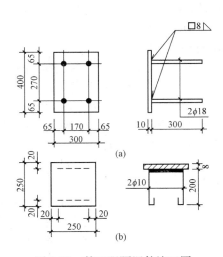

图4-30 某工程预埋件施工图
(a)M—4(20个);(b)M—1(4个)

【解】 按照上述计算公式及图4-30所示尺寸等参数,其工程量分步计算如下:

(1)图4-30(a) 钢板 $\delta=10$ $g_1=0.4\times0.3\times78.5kg/m^2=9.42kg$
$\qquad$ 圆钢 $\phi18$ $g_2=0.3\times4\times1.998kg/m=2.398kg$ $\Big\}=11.82kg$

M—4 预埋件总重量 $G_1 = 11.82\text{kg}/个 \times 20(个) = 236.40\text{kg}$

(2)图 4-30(b)   钢板 $\delta = 8$ $g_1 = 0.25 \times 0.25 \times 62.8\text{kg/m}^2 = 3.925\text{kg}$

圆钢 $\phi 10$ $g_2 = (0.21 + 0.2 \times 2 + 2 \times 6.25 \times 0.01) \times 2(根) \times$ $= 4.832\text{kg}$
$0.617\text{kg/m} = 0.907\text{kg}$

M—1 预埋件总重量 $G_2 = 4.832 \times 4(个) = 19.328\text{kg}$

(3)单位工程预埋件总量 $G_{总} = G_1 + G_2 = 236.40 + 19.328 = 255.728(\text{kg})$

四、混凝土及钢筋混凝土工程量计算及报价应注意事项

(1)有肋带形基础、无肋带形基础应按现浇混凝土基础(编码:010501)中相关项目列项,并注明肋高。

(2)箱式满堂基础中柱、梁、墙、板按现浇混凝土柱(编码:010502)、现浇混凝土梁(编码:010503)、现浇混凝土墙(编码:010504)、现浇混凝土板(编码:010505)中相关项目分别编码列项;箱式满堂基础底板按现浇混凝土基础(编码:010501)中满堂基础项目列项。

(3)框架式设备基础中柱、梁、墙、板分别按现浇混凝土柱(编码:010502)、现浇混凝土梁(编码:010503)、现浇混凝土墙(编码:010504)、现浇混凝土板(编码:010505)中相关项目编码列项;基础部分按现浇混凝土基础(编码:010501)中相关项目编码列项。

(4)如为毛石混凝土基础,项目特征应描述毛石所占比例。

(5)描述现浇混凝土柱项目特征时,混凝土种类是指清水混凝土、彩色混凝土等,如在同一地区既使用预拌(商品)混凝土,又允许现场搅拌混凝土时,也应注明。

(6)现浇挑檐、天沟板、雨篷、阳台与板(包括屋面板、楼板)连接时,以外墙外边线为分界线;与圈梁(包括其他梁)连接时,以梁外边线为分界线。外边线以外为挑檐、天沟、雨篷或阳台。

(7)现浇混凝土整体楼梯(包括直形楼梯、弧形楼梯)水平投影面积包括休息平台、平台梁、斜梁和楼梯的连接梁。当整体楼梯与现浇楼板无梯梁连接时,以楼梯的最后一个踏步边缘加 300mm 为界。

(8)现浇混凝土小型池槽、垫块、门框等,应按现浇混凝土其他构件(编码:010507)中其他构件项目编码列项。

(9)架空式混凝土台阶,按现浇楼梯计算。

(10)预制混凝土柱、梁以根计量,必须描述单件体积。

(11)预制混凝土屋架以榀计量,必须描述单件体积。

(12)三角形屋架按预制混凝土屋架(编码:010511)中折线型屋架项目编码列项。

(13)预制混凝土板以块、套计量,必须描述单件体积。

(13)不带肋的预制遮阳板、雨篷板、挑檐板、拦板等,应按预制混凝土板(编码:010512)中平板项目编码列项。

(14)预制 F 形板、双 T 形板、单肋板和带反挑檐的雨篷板、挑檐板、遮阳板等应按预制混凝土板(编码:010512)中带肋板项目编码列项。

(15)预制大型墙板、大型楼板、大型屋面板等,按预制混凝土板(编码:010512)中大型板项目编码列项。

(16)预制混凝土楼梯以块计量,必须描述单件体积。

(17)其他预制构件以块、根计量,必须描述单件体积。

(18)预制钢筋混凝土小型池槽、压顶、扶手、垫块、隔热板、花格等,按其他预制构件(编码:010514)中其他构件项目编码列项。

(19)现浇构件中伸出构件的锚固钢筋应并入钢筋工程量内。除设计(包括规范规定)标明的

搭接外,其他施工搭接不计算工程量,在综合单价中综合考虑。

(20)现浇构件中固定位置的支撑钢筋、双层钢筋用的"铁马"以及螺栓、预埋铁件、机械连接的工程数量,在编制工程量清单时,如果设计未明确,其工程数量可为暂估量,结算时按现场签证数量计算。

(21)现浇混凝土工程项目"工作内容"中已包括模板及支架的内容,如招标人在措施项目清单中未编列现浇混凝土模板项目清单,即表示现浇混凝土模板项目不单列,现浇混凝土工程项目的综合单价中应包括模板及支架的工程费用。

(22)预制混凝土及预制钢筋混凝土构件,《房建计算规范》均按现场制作编制项目,"工作内容"中包括模板制作、安装、拆除,不再单列,钢筋应按钢筋工程(编码:010515)中预制构件钢筋项目编码列项。若采用成品预制混凝土构件,钢筋和模板工程均不再单列,综合单价中应包括钢筋和模板的费用。

(23)预制混凝土构件或预制钢筋混凝土构件,如施工图设计标注做法见标准图集时,项目特征注明标准图集的编码、页号及节点大样即可。

(24)现浇或预制混凝土和钢筋混凝土构件,不扣除构件内钢筋、螺栓、预埋铁件、张拉孔道所占体积,但应扣除劲性骨架的型钢所占体积。

第六节　金属结构工程工程量计算

以强度高而匀质的建筑材料——钢、铝和铸铁等金属制成的杆件和板件经过必要的组装和连接而成的金属结构构件,就称作金属结构工程(亦可称为"钢结构")。钢结构是指主要承重结构是由钢材制成的结构。它是由钢板、圆钢、热轧型钢或冷弯薄壁型钢通过螺栓、焊接等把它们连接成构件或结构。

《房建计算规范》中"金属结构工程"共31个项目,包括钢网架,钢屋架、钢托架、钢桁架、钢架桥,钢柱,钢梁,钢板楼板、墙板,钢构件,金属制品,相关问题及说明等8节。

一、钢网架(编码:010601)

钢网架是指用无缝钢管、钢球、高强螺栓制成的网状式桁架。钢网架项目适用于一般钢网架和不锈钢网架。不论节点形式(球形节点、板式节点等)和节点连接方式(焊接、丝接)等均使用该项目。钢网架工程量按设计图示尺寸以质量"t"计算,不扣除孔眼的质量,焊条、铆钉等不另增加质量。编制钢网架项目清单时,需描述的项目特征包括:钢材品种、规格,网架节点形式、连接方式,网架跨度、安装高度,探伤要求,防火要求等。

二、钢屋架、钢托架、钢桁架、钢架桥(编码:010602)

钢屋架项目适用于一般钢屋架和轻钢屋架[①]、冷弯薄壁型钢屋架[②]。钢托架是指在工业厂房中,由于工业或者交通需要而在大开间位置设置的承托屋架的钢构件。钢托架一般采用平行弦桁架,其腹杆采用带竖杆的人字形体系。

注:①采用圆钢筋、小角钢(小于∟45×4等肢角钢、小于∟56×36×4不等肢角钢)和薄钢板(其厚度一般不大于4mm)等材料组成的屋架称为轻钢屋架。

②薄壁型钢屋架是指厚度在2～6mm的钢板或带形钢经冷弯或冷拔等方式弯曲而成的型钢组成的屋架称为薄壁型钢屋架。

钢屋架工程量若以榀计量,则按设计图示数量计算;若以吨计量,按设计图示尺寸以质量计算,不扣除孔眼的质量,焊条、铆钉、螺栓等不另增加质量。编制钢屋架项目清单时,需描述的项目特征包括:钢材品种、规格、单榀质量,屋架跨度、安装高度、螺栓种类,探伤要求,防火要求等。当施工图中标注采用通用图册中的某种钢屋架时,其单位质量可从所采用的图册中查得。国标CG516"芬克式钢屋架"单位质量见表 4-19(a)～(c)。

表 4-19(a) 芬克式钢屋架重量表(依据 CG516)

屋架编号	总重量(kg/榀)	其中		屋架编号	总重量(kg/榀)	其中	
		角钢	钢板			角钢	钢板

GWJ L—×××

钢屋架

跨度 (9~18m)

屋架承载能力序号

屋架与支撑连接分类代号表

屋架与支撑连接分类代号表

连接情况 / 编号	仅有下弦中间节点外一道水平系杆	仅有下弦三道水平系杆	屋架上弦设有横向水平支撑,跨中设有垂直支撑	屋架上下弦设有横向水平支撑,跨水设有垂直支撑	
				5.5m 开间	6.0m 开间
GWJ—××( )	1	2	3	4	5

屋架檐口形式代号

屋架檐口形式分类表

代号	檐口形式	备注
A		两端自由落水
B		一端内天沟、一端自由落水
C		两端内天沟

屋架编号	总重量(kg/榀)	角钢	钢板	屋架编号	总重量(kg/榀)	角钢	钢板
GWJ9—1A₁	223		64	GWJ9—2A₁	244		65
GWJ9—1A₃	225	159	66	GWJ9—2A₃	246	179	67
GWJ9—1A₄	244		85	GWJ9—2A₄	265		86
GWJ9—1A₅	243		84	GWJ9—2A₅	264		85
GWJ9—3A₁	281		72	GWJ15—3A₁	589		138
GWJ9—3A₃	283	209	74	GWJ15—3A₂	593		142
GWJ9—3A₄	302		93	GWJ15—3A₃	591	451	140
GWJ9—3A₅	301		92	GWJ15—3A₄	628		177
GWJ9—4A₁	275		70	GWJ15—3A₅	626		175
GWJ9—4A₃	277	205	72				
GWJ9—4A₄	296		91	GWJ15—4A₁	574		92
GWJ9—4A₅	295		90	GWJ15—4A₂	578		96
GWJ9—5A₁	259		70	GWJ15—4A₃	576	482	94
GWJ9—5A₃	261		72	GWJ15—4A₄	613		131
GWJ9—5A₄	280	189	91	GWJ15—4A₅	611		129
GWJ9—5A₅	279		90	GWJ15—5A₁	574		91
GWJ12—1A₁	297		70	GWJ15—5A₂	578		95
GWJ12—1A₃	299		72	GWJ15—5A₃	576	483	93
GWJ12—1A₄	323	227	96	GWJ15—5A₄	613		130
GWJ12—1A₅	322		95	GWJ15—5A₅	611		128

（续表）

屋架编号	总重量（kg/榀）	其中		屋架编号	总重量（kg/榀）	其中	
		角钢	钢板			角钢	钢板
GWJ12—2A₁	360		97	GWJ18—1A₁	552		106
GWJ12—2A₃	362	263	99	GWJ18—1A₂	556		110
GWJ12—2A₄	386		123	GWJ18—1A₃	554	446	108
GWJ12—2A₅	385		122	GWJ18—1A₄	596		150
				GWJ18—1A₅	594		148
GWJ12—3A₁	415		78				
GWJ12—3A₃	417	337	80	GWJ18—2A₁	672		140
GWJ12—3A₄	441		104	GWJ18—2A₂	676		144
GWJ12—3A₅	440		103	GWJ18—2A₃	674	532	142
				GWJ18—2A₄	716		184
GWJ12—4A₁	407		79	GWJ18—2A₅	714		182
GWJ12—4A₃	409		79				
GWJ12—4A₄	433	330	103	GWJ18—3A₁	757		152
GWJ12—4A₅	432		102	GWJ18—3A₂	761		156
				GWJ18—3A₃	759	605	154
GWJ12—5A₁	414		78	GWJ18—3A₄	801		196
GWJ12—5A₃	416		80	GWJ18—3A₅	799		194
GWJ12—5A₄	440	336	104				
GWJ12—5A₅	439		103	GWJ18—4A₁	882		148
				GWJ18—4A₂	886		152
GWJ15—1A₁	419		82	GWJ18—4A₃	884	734	150
GWJ15—1A₂	423		86	GWJ18—4A₄	926		192
GWJ15—1A₃	421	337	84	GWJ18—4A₅	924		190
GWJ15—1A₄	458		121				
GWJ15—1A₅	456		119	GWJ18—5A₁	799		146
				GWJ18—5A₂	803		150
GWJ15—2A₁	481		89	GWJ18—5A₃	801	653	148
GWJ15—2A₂	485		93	GWJ18—5A₄	843		190
GWJ15—2A₃	483	392	91	GWJ18—5A₅	841		188
GWJ15—2A₄	520		128				
GWJ15—2A₅	518		126				

注：GWJ（9、12、15、18—1B、2B…、1C、2C（或3C）…的钢材总重量与GWJ（9、12、15、18—1A、2A（或3A）…的重量相同。如GWJ18—5B₁,₂,₃,₄,₅、5C₁,₂,₃,₄,₅同GWJ18—5A₁,₂,₃,₄,₅的重量。

表 4-19(b)　　　　芬克式钢屋架檩条重量表(依据 CG516)

构件编号		钢材重量（kg）	构件编号		钢材重量（kg）
实腹式钢檩条	KL—1、1A	25.00	卷边 Z 形薄壁型钢檩条	BL—1、1A、1B、1C、1D、1E	23.00
	KL—1B、1C、1D、1E	26.00		BL—2、2A、2B、2C、2D、2E	33.00
	KL—2、2A	29.00		BL—3、3A、3B、3C、3D、3E	36.00
	KL—2B、2C、2D、2E	30.00	连接件	LJ—1	11.00
	KL—3、3A	37.00		LJ—2	1.00
	KL—3B、3C、3D、3E	38.00		LJ—3	1.00

表 4-19(c) 　　　　　　　　芬克式钢屋架支撑、系杆、拉条重量表(依据 CG516)

构件编号		钢材重量 (kg)	构件编号		钢材重量 (kg)	构件编号		钢材重量 (kg)
上弦水平支撑	SC1	57.00	下弦水平支撑	XC1	56.00	下弦水平支撑	XC9	58.00
	SC2	21.00		XC2	53.00		XC10	54.00
	SC3	26.00		XC3	70.00		XC11	55.00
	SC4	52.00		XC4	67.00		XC12	50.00
	SC5	51.00		XC5	55.00	系杆	XG1	24.00
	SC6	25.00		XC6	51.00		XG2	46.00
	SC7	25.00		XC7	51.00		XG3	56.00
	SC8	50.00		XC8	48.00			
垂直支撑	CC1	160.00	拉条	T1	1.00	套管	G1	1.00
	CC2	142.00		T2	1.00			
	CC3	173.00		T3	1.00			
	CC4	148.00		T4	2.00			
	CC5	178.00		T5	2.00			
	CC6	158.00		T6	1.00			
	CC7	190.00		T7	1.00			
	CC8	169.00						

【例 4-18】 某工程钢屋架不规则多边形钢板连接件如图 4-31(a)、(b)所示各 20 块,钢板厚度为 8mm,采用电弧焊连接,试计算其工程量为若干。

【解】 依据工程量计算规则及图 4-31(a)、(b)所示已知条件,其工程量计算如下:

(1)不规则形连接件　$G_1 = 0.46 \times 0.4 \times 62.8 \times 20$
　　　　　　　　　　　　$= 231.10 \text{kg}$

(2)多边形连接件　$G_2 = 0.335 \times 0.48 \times 62.8 \times 20$
　　　　　　　　　　　$= 201.96 \text{kg}$

(3)连接件质量合计　$G_总 = G_1 + G_2 = 231.10 + 201.96$
　　　　　　　　　　　　$= 433.06 \text{kg}$

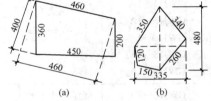

图 4-31　不规则多边形钢板连接件

【例 4-19】 某工程乳制品车间施工图设计说明称:"本工程采用'全国通用图册——工业厂房结构构件标准图集 CG516 芬克式钢屋架 GWJ12—1A₁'"进行施工。试计算屋架安装工程量。

【解】 依据该工程屋面构件平面布置图计算,GWJ12—1A₁ 型钢屋架为 9 榀,经查阅"芬克式钢屋架"CG516 图册得知 GWJ12—1A₁ 的含义及每榀屋架质量为:

(1)含义

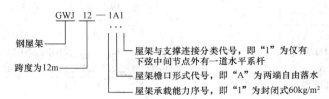

(2)质量　297kg/榀

(3)计算　$G = 297 \times 9 = 2673.00 \text{kg}$

　　钢托架、钢桁架、钢架桥工程量按设计图示尺寸以质量"t"计算,不扣除孔眼的质量,焊条、铆钉、螺栓等不另增加质量。编制钢托架、钢桁架项目清单时,需描述的项目特征包括:钢材品种、规格,单榀质量,安装高度,螺栓种类,探伤要求,防火要求等;编制钢架桥项目清单时,需描述的项目特征包括:桥类型,钢材品种、规格,单榀质量,安装高度,螺栓种类,探伤要求等。

三、钢柱(编码:010603)

　　《房建计算规范》中"钢柱"包括实腹钢柱、空腹钢柱、钢管柱三个项目。钢柱工程量计算规则如表4-20所示。

表4-20　　　　　　　　　　　　　　钢柱(编码:010603)

项目编码	项目名称	项目特征	计量单位	工程量计算规则	工程内容
010603001	实腹钢柱	1. 柱类型 2. 钢材品种、规格 3. 单根柱质量 4. 螺栓种类 5. 探伤要求 6. 防火要求	t	按设计图示尺寸以质量计算。不扣除孔眼的质量,焊条、铆钉、螺栓等不另增加质量,依附在钢柱上的牛腿及悬臂梁等并入钢柱工程量内	1. 拼装 2. 安装 3. 探伤 4. 补刷油漆
010603002	空腹钢柱				
010603003	钢管柱	1. 钢材品种、规格 2. 单根柱质量 3. 螺栓种类 4. 探伤要求 5. 防火要求		按设计图示尺寸以质量计算。不扣除孔眼的质量,焊条、铆钉、螺栓等不另增加质量,钢管柱上的节点板、加强环、内衬管、牛腿等并入钢管柱工程量内	

四、钢梁(编码:010604)

　　《房建计算规范》中"钢梁"包括钢梁、钢吊车梁两个项目。钢梁项目适用于钢梁和实腹式型钢筋混凝土梁、空腹式型混凝土梁(指由混凝土包裹型钢而组成的梁)。

　　钢梁项目工程量应按设计图示尺寸以质量计算。不扣除孔眼的质量,焊条、铆钉、螺栓等不另增加质量,制动梁(指吊车梁旁边承受吊车横向水平荷载的梁)、制动板、制动桁架、车挡并入钢吊车梁工程量内。

五、钢板楼板、墙板(编码:010605)

　　钢板楼板及钢板墙板是近几年发展起来的一种新型建筑材料,是采用厚度0.5~1.0mm镀锌或经防腐处理的薄钢板压制而成,其形状多为"ΛΛΛ"型,且表面还有一定形状的花纹或花样。这种楼板的上下表面及墙面的外表面上还要铺贴设计规定的相应材料。其优点是质量轻,强度大,施工方便、速度快。"钢板楼板"项目适用于现浇混凝土楼板,它是使用钢板作永久性模板,并与混凝土叠合后组成共同受力的构件。钢板楼板工程量按设计图示尺寸以铺设水平投影面积"m²"计算。不扣除单个面积≤0.3m²柱、垛及孔洞所占面积。钢板墙板工程量按设计图示尺寸以铺挂展开面积"m²"计算。不扣除单个面积≤0.3m²的梁、孔洞所占面积,包角、包边、窗台泛水等不另加面积。

六、钢构件(编码:010606)

　　《房建计算规范》中"钢构件"共包括:钢支撑、钢拉条,钢檩条,钢天窗架,钢挡风架,钢墙架,钢

平台,钢梯,钢护栏,钢漏斗,钢板天沟,钢支架,零星钢构件等十三个项目,其工程量计算方法如下:

(1)钢支撑、钢拉条,钢檩条,钢天窗架,钢挡风架,钢墙架,钢平台,钢梯,钢护栏工程量按设计图示尺寸以质量"t"计算。不扣除孔眼质量,焊条、铆钉、螺栓等不另增加质量。"钢护栏"适用于工业厂房平台钢栏杆。

(2)钢漏斗、钢板天沟工程量按设计图示尺寸以质量"t"计算,不扣除孔眼的质量,焊条、铆钉、螺栓等不另增加质量,依附漏斗或天沟的型钢(如"加劲箍"、"吊装环"、"地脚撑"等)并入漏斗或天沟工程量内。

(3)钢支架、零星钢构件工程量均按设计图示尺寸以质量"t"计算,不扣除孔眼的质量,焊条、铆钉、螺栓等不另增加质量。

七、金属制品(编码:010607)

《房建计算规范》中"金属制品"共包括:成品空调金属百页护栏、成品栅栏、成品雨篷、金属网栏、砌块墙钢丝网加固、后浇带金属网等六个项目,其工程量计算方法如下:

(1)成品空调金属百页护栏、成品栅栏、金属网栏工程量按设计图示尺寸以框外围展开面积"m²"计算。

(2)成品雨篷工程量若以米计量,则按设计图示接触边以米计算;若以平方米计量,则按设计图示尺寸以展开面积计算。

(3)砌块墙钢丝网加固、后浇带金属网工程量按设计图示尺寸以面积"m²"计算。

八、金属结构工程量计算及报价应注意事项

(1)钢屋架以榀计量时,按标准图设计的应注明标准图代号,按非标准图设计的项目特征必须描述单榀屋架的质量。

(2)编制实腹钢柱、空腹钢柱项目工程量清单,描述其项目特征时,实腹钢柱类型是指十字形、T形、L形、H形等,空腹钢柱类型是指箱形、格构式等。

(3)型钢混凝土柱、梁,钢板楼板、墙板浇筑钢筋混凝土,其混凝土和钢筋按《房建计算规范》附录 E 混凝土及钢筋混凝土工程中相关项目编码列项(参见本章第五节)。

(4)编制钢梁项目工程量清单,描述其项目特征时,钢梁的类型是指 H 形、L 形、T 形、箱形、格构式等。

(5)压型钢楼板按钢板楼板、墙板(编码:010605)中钢板楼板项目编码列项。

(6)钢墙架项目包括墙架柱、墙架梁和连接杆件。

(7)编制钢构件项目工程量清单,描述其项目特征时,钢支撑、钢拉条构件类型是指单式、复式,钢檩条构件类型是指型钢式、格构式,钢漏斗形式是指方形、圆形,钢板天沟形式是指矩形沟或半圆形沟。

(8)加工铁件等小型构件,按钢构件(编码:010606)中零星钢构件项目编码列项。

(9)抹灰钢丝网加固按金属制品(编码:010607)中砌块墙钢丝网加固项目编码列项。

(10)金属构件的切边,不规则及多边形钢板发生的损耗在综合单价中考虑。

(11)项目特征描述时的"防火要求"是指耐火极限。

(12)金属结构工程中部分钢构件按工厂成品化生产编列项目,购置成品价格或现场制作的所有费用应计入综合单价。钢构件刷油漆可按两种方式处理:一是若购置成品价不含油漆,则单独按《房建计算规范》附录 P 油漆、涂料、裱糊工程相关项目编码列项(参见本章第十四节);二是

若购置成品价包含油漆,钢构件相关项目工作内容中含"补刷油漆"。

【例 4-20】 试计算图 2-20 钢梯制作安装工程量。

【解】 该梯为图 2-17 中 1 号钢梯,钢梯型号为"T4B12",梯段极限高度为 4.5m,梯宽 1200mm,梯梁为[16a 槽钢,踏步板为花纹钢板,厚度为 3mm。该钢梯为通用梯,其质量可从通用图中查得,不须另行计算。经查 02J401 图册得:$G_{总}$=593.04kg,其中:梯梁[16a=219.27kg,踏步板δ3=370.07kg,连接件=3.7kg,但栏杆及扶手的质量应另行计算。

【例 4-21】 试计算图 2-20 中栏杆及扶手工程量。

【解】 栏杆清单项目的计量单位是"t",故该栏杆应分以下几步计算:(1)求出钢梯的斜长;(2)求出栏杆的根数;(3)求出栏杆及扶手的重量。

扶手长度($\phi5\times2.5$)=垂直高度+斜长

$$=[1.0\times2+\sqrt{(0.25\times3+4.0)^2+(4.8+1.0)^2}]\times2(两侧)$$

$$=[2.0+\sqrt{22.5625+33.64}]\times2$$

$$=[2.0+7.5]\times2$$

$$=19.00m$$

栏杆根数(□20)=(7.5÷0.2+1)×2(两侧)=38.5×2=77(根)

栏杆长度(L)=77×1.0=77m

栏杆、扶手总重量(G)=19m×2.93kg/m+77m×3.14kg/m=297.45kg

第七节　木结构工程工程量计算

《房建计算规范》中"木结构工程"共 8 个项目,包括木屋架、木构件、屋面木基层等三节。

一、木屋架(编码:010701)

木屋架工程包括木屋架和钢木屋架两个项目。木屋架项目适用于各种方木、圆木屋架。钢木屋架项目适用于各种方木、圆木的钢木组合屋架。

木屋架工程量计算规则应按表 4-21 的规定执行。

表 4-21　　　　　　　　　　　　木屋架(编码:010701)

项目编码	项目名称	项目特征	计量单位	工程量计算规则	工程内容
010701001	木屋架	1. 跨度 2. 材料品种、规格 3. 刨光要求 4. 拉杆及夹板种类 5. 防护材料种类	1. 榀 2. m³	1. 以榀计量,按设计图示数量计算 2. 以立方米计量,按设计图示的规格尺寸以体积计算	1. 制作 2. 运输 3. 安装 4. 刷防护材料
010701002	钢木屋架	1. 跨度 2. 木材品种、规格 3. 刨光要求 4. 钢材品种、规格 5. 防护材料种类	榀	以榀计量,按设计图示数量计算	

二、木构件(编码:010702)

木构件包括:木柱、木梁、木檩、木楼梯和其他木构件五个项目。木柱、木梁项目适用于建筑物各部位的柱、梁;木檩项目适用于瓦屋面檩条;木楼梯项目适用于楼梯和爬梯;其他木构件项目适用于斜撑,传统民间的垂花、花芽子、封檐板、博风板等构件。

木构件工程量计算规则应按表 4-22 的规定执行。

表 4-22 木构件(编码:010702)

项目编码	项目名称	项目特征	计量单位	工程量计算规则	工程内容
010702001	木柱	1. 构件规格尺寸 2. 木材种类 3. 刨光要求 4. 防护材料种类	m³	按设计图示尺寸以体积计算	1. 制作 2. 运输 3. 安装 4. 刷防护材料
010702002	木梁				
010702003	木檩		1. m³ 2. m	1. 以立方米计量,按设计图示尺寸以体积计算 2. 以米计量,按设计图示尺寸以长度计算	
010702004	木楼梯	1. 楼梯形式 2. 木材种类 3. 刨光要求 4. 防护材料种类	m²	按设计图示尺寸以水平投影面积计算。不扣除宽度≤300mm的楼梯井,伸入墙内部分不计算	
010702005	其他木构件	1. 构件名称 2. 构件规格尺寸 3. 木材种类 4. 刨光要求 5. 防护材料种类	1. m³ 2. m	1. 以立方米计量,按设计图示尺寸以体积计算 2. 以米计量,按设计图示尺寸以长度计算	

三、屋面木基层(编码:010703)

屋面木基层项目适用于瓦屋面木基层铺设,其工程量应按表 4-23 的规定执行。

表 4-23 屋面木基层(编码:010703)

项目编码	项目名称	项目特征	计量单位	工程量计算规则	工程内容
010703001	屋面木基层	1. 椽子断面尺寸及椽距 2. 望板材料种类、厚度 3. 防护材料种类	m²	按设计图示尺寸以斜面积计算 不扣除房上烟囱、风帽底座、风道、小气窗、斜沟等所占面积。小气窗的出檐部分不增加面积	1. 椽子制作、安装 2. 望板制作、安装 3. 顺水条和挂瓦条制作、安装 4. 刷防护材料

四、木结构工程量计算及报价应注意事项

(1)设计规定使用干燥木材时,干燥损耗及干燥费应包括在报价内;木材的出材率及木结构有防虫要求时,防虫药剂应包括在报价内。

(2)屋架的跨度应以上、下弦中心线两交点之间的距离计算。

(3)与屋架相连接的挑檐木、钢夹板构件、连接螺栓均应包括在木屋架报价内。

(4)钢木屋架的钢拉杆、受拉腹杆、钢夹板、连接螺栓应包括在报价内。

(5)带气楼的屋架和马尾、折角以及正交部分的半屋架,应按相关屋架项目编码列项。其中的马尾是指四坡水屋顶建筑物的两端屋面的端头坡面部位;折角是指构成 L 形的坡屋顶建筑横向和竖向相交的部位;正交部分是指构成丁字形的坡屋顶建筑横向和竖向相交的部位。上述各部分的位置如图 4-32 所示。

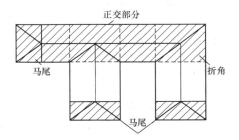

图 4-32　马尾、折角、正交部分示意图

(6)木屋架以榀计量时,按标准图设计的应注明标准图代号,按非标准图设计的项目特征必须按表 4-20 的要求予以描述。

(7)木楼梯的栏杆(栏板)、扶手,应按《房建计算规范》附录 Q 中的相关项目编码列项。例如:某工程设计楼梯为硬木扶手带栏杆,其编码应为"011503002001"。若施工中将其改为塑料扶手带栏杆,其编码也应改为"011503003001"。

(8)木构件以米计量时,项目特征必须描述构件规格尺寸。

第八节　门窗工程工程量计算

门和窗是房屋围护结构中的两种重要构件。门具有交通联系和分隔不同的空间(室内与室外、走道与房间或房间与房间),并兼有保温、隔声、采光、通风等功能;窗具有采光、通风、日照、眺望等功能。此外,门窗对建筑物的立面装饰效果影响极大。因而建筑师们在工程设计中,对门窗的造型、材质、尺寸、比例、位置布置等,无不进行深入的研究处理。随着建筑装饰工程的不断发展,门窗也在不断演变,从材质上看,已由过去以木材为主发展到今天的铝合金、不锈钢、彩色涂层钢板及塑料和塑钢等材料做成的各种门窗。

《房建计算规范》中"门窗工程"共 55 个项目,包括木门,金属门,金属卷帘(闸)门,厂库房大门、特种门,其他门,木窗,金属窗,门窗套,窗台板,窗帘、窗帘盒、轨等十节。

一、门窗术语释义

门窗术语释义如图 4-33 所示。

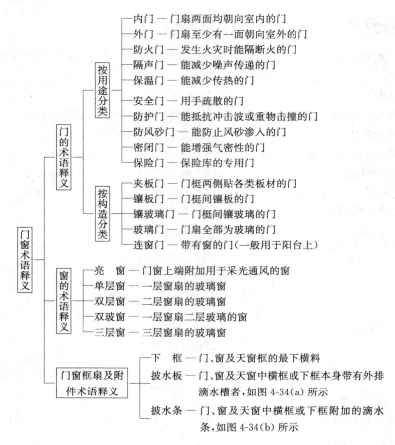

图 4-33　门窗术语释义框图

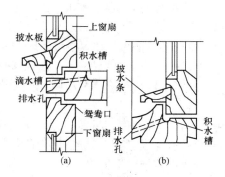

图 4-34　披水板、披水条概念图
(a)披水板；(b)披水条

1. 木门(编码:010801)

《房建计算规范》中"木门"包括:木质门、木质门带套、木质连窗门、木质防火门、木门框、门锁安装等六个项目。

木质门、木质门带套、木质连窗门、木质防火门工程量若以樘计量,则按设计图示数量计算;若以平方米计量,则按设计图示洞口尺寸以面积计算。木质门、木质门带套、木质连窗门、木质防火门的工作内容包括门安装、玻璃安装、五金安装,清单编制时应描述的项目特征包括门代号及洞口尺寸、镶嵌玻璃品种与厚度。木门报价中,应包括木门五金的价格,木门五金主要有:折页、插销、门碰珠、弓背拉手、搭机、木螺丝、弹簧折页(自动门)、管子拉手(自由门、地弹门)、地弹簧(地弹门)、角铁、门轧头(地弹门、自由门)等。

木门框工程量若以樘计量,则按设计图示数量计算;若以米计量,则按设计图示框的中心线以延长米计算。木门框的工作内容包括:木门框制作安装、运输、刷防护材料,清单编制时应描述的项目特征包括门代号及洞口尺寸、框截面尺寸、防护材料种类。

门锁安装工程按按设计图示数量以个(套)为计量单位计算。

2. 金属门(编码:010802)

《房建计算规范》中"金属门"包括金属(塑钢)门、彩板门、钢质防火门、防盗门等四个项目。

金属门工程量若以樘计量,则按设计图示数量计算;若以平方米计量,则按设计图示洞口尺寸以面积计算。

金属门报价中,应包括金属门五金的价格。其中铝合金门五金包括:地弹簧、门锁、拉手、门插、门铰、螺丝等,金属门五金包括:L 型执手插锁(双舌)、执手锁(单舌)、门轧头、地锁、防盗门机、门眼(猫眼)、门碰珠、电子锁(磁卡锁)、闭门器、装饰拉手等。

3. 金属卷帘(闸)门(编码:010803)

《房建计算规范》中"金属卷帘(闸)门"包括金属卷帘(闸)门、防火卷帘(闸)门两个项目。

金属卷帘(闸)门工程量若以樘计量,则按设计图示数量计算;若以平方米计量,则按设计图示洞口尺寸以面积计算。

4. 厂库房大门、特种门(编码:010804)

《房建计算规范》中"厂库房大门、特种门"包括:木板大门、钢木大门、全钢板大门、防护铁丝门、金属格栅门、钢制花饰大门、特种门。其中木板大门项目适用于厂库房的平开、推拉、带观察窗、不带观察窗等各类型木板大门;钢木大门项目适用于厂库房的平开、推拉、单面铺木板、双面铺木板、防风型、保暖型等各类型钢木大门;全钢板门项目适用于厂库房的平开、推拉、折叠、单面铺钢板、双面铺钢板等各类型全钢板门;特种门项目适用于各种冷藏门、冷冻间门、保温门、变电室门、隔音门、防射线门、人防门、金库门等特殊使用功能门;围墙铁丝门项目适用于钢管骨架铁丝门、角钢骨架铁丝门、木骨架铁丝门等。

木板大门、钢木大门、全钢板大门、金属格栅门、特种门工程量若以樘计量,则按设计图示数量计算;若以平方米计量,则按设计图示洞口尺寸以面积计算。防护铁丝门、钢制花饰大门工程量若以樘计量,则按设计图示数量计算;若以平方米计量,则按设计图示门框或扇以面积计算。

5. 其他门(编码:010805)

《房建计算规范》中"其他门"包括:电子感应门、旋转门、电子对讲门、电动伸缩门、全玻自由门、镜面不锈钢饰面门、复合材料门等七个项目。

其他门工程量若以樘计量,则按设计图示数量计算;若以平方米计量,则按设计图示洞口尺寸以面积计算。

6. 木窗(编码:010806)

《房建计算规范》中"木窗"包括木质窗、木飘(凸)窗、木橱窗、木纱窗等四个项目。

木质窗工程量若以樘计量,则按设计图示数量计算;若以平方米计量,则按设计图示洞口尺寸以面积计算。

木飘(凸)窗、木橱窗工程量若以樘计量,则按设计图示数量计算;若以平方米计量,则按设计图示尺寸以框外围展开面积计算。

木纱窗工程量若以樘计量,则按设计图示数量计算;若以平方米计量,则按框的外围尺寸以面积计算。

木窗报价中,应包括木窗五金的价格,木窗五金主要包括:折页、插销、风钩、木螺丝、滑轮滑轨(推拉窗)等。

7. 金属窗(编码:010807)

《房建计算规范》中"金属窗"包括金属(塑钢、断桥)窗、金属防火窗、金属百叶窗、金属纱窗、金属格栅窗、金属(塑钢、断桥)橱窗、金属(塑钢、断桥)飘(凸)窗、彩板窗、复合材料窗等九个项目。

金属(塑钢、断桥)窗、金属防火窗、金属百叶窗、金属格栅窗工程量若以樘计量,则按设计图示数量计算;若以平方米计量,则按设计图示洞口尺寸以面积计算。

金属纱窗工程量若以樘计量,则按设计图示数量计算;若以平方米计量,则按框的外围尺寸以面积计算。

金属(塑钢、断桥)橱窗、金属(塑钢、断桥)飘(凸)窗工程量若以樘计量,则按设计图示数量计算;若以平方米计量,则按设计图示尺寸以框外围展开面积计算。

彩板窗、复合材料窗工程量若以樘计量,则按设计图示数量计算;若以平方米计量,则按设计图示洞口尺寸或框外围以面积计算。

金属窗报价中,应包括金属窗五金的价格,金属窗五金主要包括:折页、螺丝、执手、卡锁、铰拉、风撑、滑轮、滑轨、拉把、拉手、角码、牛角制等。

8. 门窗套(编码:010808)

门窗套是指在门窗洞口内外侧及侧边所做的装饰面层,或者说,门窗套是门窗贴脸及筒子板的合称,即:门窗套=门窗贴脸(内、外侧)+筒子板。如图 4-35 所示。

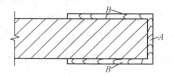

图 4-35　门窗套概念图
A—筒子板;B—贴脸

《房建计算规范》中"门窗套"包括木门窗套、木筒子板、饰面夹板筒子板、金属门窗套、石材门窗套、门窗木贴脸、成品木门窗套等七个项目。

木门窗套、木筒子板、饰面夹板筒子板、金属门窗套、石材门窗套、成品木门窗套工程量若以樘计量,则按设计图示数量计算;若以平方米计量,则按设计图示尺寸以展开面积计算;若以米计量,则按设计图示中心以延长米计算。

门窗木贴脸工程量若以樘计量,则按设计图示数量计算;若以米计量,则按设计图示尺寸以延长米计算。

9. 窗台板(编码:010809)

在窗子下槛内侧面设置凸出墙面一定宽度的板,就称作窗台板,如图 4-36 所示。窗台板按照材质的不同,有木窗台板、水磨石窗台板及石材窗台板等。

《房建计算规范》中"窗台板"包括木窗台板、铝塑窗台板、金属窗台板、石材窗台板四个项目。窗台板工程量按设计图示尺寸以展开面积计算。

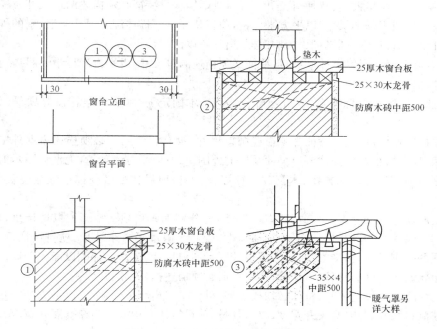

图 4-36 木窗台板类型及构造示意图

10. 窗帘、窗帘盒、轨(编码:010810)

用来挂窗帘的一种矩形盒子称窗帘盒,用来穿挂窗帘环的一种木质或金属棍称作窗帘轨。窗帘盒、窗帘轨除发挥各自的功能外,还起着室内装饰的作用。

《房建计算规范》中"窗帘、窗帘盒、轨"包括窗帘,木窗帘盒,饰面夹板、塑料窗帘盒,铝合金窗帘盒,窗帘轨五个项目。

窗帘工程量若以米计量,则按设计图示尺寸以成活后长度计算;若以平方米计量,则按图示尺寸以成活后展开面积计算。

木窗帘盒,饰面夹板、塑料窗帘盒,铝合金窗帘盒,窗帘轨工程量按设计图示尺寸以长度计算。

二、门窗工程量计算及报价应注意事项

(1)门窗(除个别门窗外)工程均按成品编制项目,若成品中已包含油漆,则不再单独计算油漆,若不含油漆则应按《房建计算规范》附录P油漆、涂料、裱糊工程相应项目编码列项。

(2)木质门应区分镶板木门、企口木板门、实木装饰门、胶合板门、夹板装饰门、木纱门、全玻门(带木质扇框)、木质半玻门(带木质扇框)等项目,分别编码列项。

(3)木质门带套计量按洞口尺寸以面积计算,不包括门套的面积,但门套应计算在综合单价中。

(4)木门以樘计量,项目特征必须描述洞口尺寸;以平方米计量,项目特征可不描述洞口尺寸。

(5)单独制作安装木门框按木门框项目编码列项。

（6）金属门应区分金属平开门、金属推拉门、金属地弹门、全玻门（带金属扇框）、金属半玻门（带扇框）等项目，分别编码列项。

（7）金属门、厂库房大门、特种门、其他门以樘计量，项目特征必须描述洞口尺寸，没有洞口尺寸必须描述门框或扇外围尺寸，以平方米计量，项目特征可不描述洞口尺寸及框、扇的外围尺寸，以平方米计量，无设计图示洞口尺寸，按门框、扇外围以面积计算。

（8）金属卷帘（闸）门以樘计量，项目特征必须描述洞口尺寸，以平方米计量，项目特征可不描述洞口尺寸。

（9）木质窗应区分木百叶窗、木组合窗、木天窗、木固定窗、木装饰空花窗等项目，分别编码列项。

（10）木窗以樘计量，项目特征必须描述洞口尺寸，没有洞口尺寸必须描述窗框外围尺寸，以平方米计量，项目特征可不描述洞口尺寸及框的外围尺寸，以平方米计量，无设计图示洞口尺寸，按窗框外围以面积计算。木橱窗、木飘（凸）窗以樘计量，项目特征必须描述框截面及外围展开面积。

（11）金属窗应区分金属组合窗、防盗窗等项目，分别编码列项。金属窗以樘计量，项目特征必须描述洞口尺寸，没有洞口尺寸必须描述窗框外围尺寸，以平方米计量，项目特征可不描述洞口尺寸及框的外围尺寸，以平方米计量，无设计图示洞口尺寸，按窗框外围以面积计算。

（12）金属橱窗、飘（凸）窗以樘计量，项目特征必须描述框外围展开面积。

（13）门窗套以樘计量，项目特征必须描述洞口尺寸、门窗套展开宽度，以平方米计量，项目特征可不描述洞口尺寸、门窗套展开宽度，以米计量，项目特征必须描述门窗套展开宽度、筒子板及贴脸宽度。

（14）木门窗套适用于单独门窗套的制作、安装。

（15）窗帘若是双层，项目特征必须描述每层材质。窗帘以米计量，项目特征必须描述窗帘高度和宽。

第九节　屋面及防水工程工程量计算

屋面是指屋顶的表面层。由于屋面直接受大自然的侵袭，所以屋顶的面层材料要有很好的防水性能，并耐大自然的长期侵蚀。

《房建计算规范》中共 21 个项目，包括瓦、型材及其他屋面，屋面防水及其他，墙面防水、防潮，楼（地）面防水、防潮等四节。

一、瓦、型材及其他屋面（编码：010901）

瓦、型材及其他屋面包括瓦屋面、型材屋面、阳光板屋面、玻璃钢屋面、膜结构屋面五个项目。其中，瓦屋面项目适用于小青瓦、平瓦、筒瓦、石棉水泥瓦、玻璃钢波形瓦等，型材屋面项目适用于压型钢板、金属压型夹心板、阳光板、玻璃钢等。

瓦屋面、型材屋面工程量按设计图示尺寸以斜面积计算，不扣除房上烟囱、风帽底座、风道、小气窗、斜沟等所占面积，小气窗的出檐部分不增加面积。斜屋面工程量计算方法可用计算式表示为：

$$F_{斜} = LBK$$

式中　$F_{斜}$——屋面斜面积（m²）；

　　　L——屋面图示长度（m）；

B——屋面图示宽(跨)度(m);

K——屋面坡度系数(表4-24)。

表 4-24 屋面坡度系数表

| 坡 度 | | | 延尺系数 C | 偶延尺系数 D |
B/A	B/2A	角度 θ	(A=1)	(A=1)
1	1/2	45°	1.4142	1.7321
0.75		36°52′	1.2500	1.6008
0.70		35°	1.2207	1.5779
0.666	1/3	33°40′	1.2015	1.5620
0.65		33°01′	1.1926	1.5564
0.60		30°58′	1.1662	1.5362
0.577		30°	1.1547	1.5270
0.55		28°49′	1.1413	1.5270
0.50	1/4	26°34′	1.1180	1.5000
0.45		24°14′	1.0966	1.4839
0.40	1/5	21°48′	1.0770	1.4697
0.35		19°17′	1.0594	1.4569
0.30		16°42′	1.0440	1.4457
0.25		14°02′	1.0308	1.4362
0.20	1/10	11°19′	1.0198	1.4283
0.15		8°32′	1.0112	1.4221
0.125		7°8′	1.0078	1.4191
0.100	1/20	5°42′	1.0050	1.4177
0.083		4°45′	1.0035	1.4166
0.066	1/30	3°49′	1.0022	1.4157

注:1. 两坡排水屋面面积为屋面水平投影面积乘以延尺系数 C。

2. 四坡排水屋面斜脊长度=AD(当 $S=A$ 时)。

3. 沿山墙泛水长度=AC。

双坡屋面示意图如图4-37所示。

建筑物的屋面结构形式很多,但经常见到的结构形式主要有平屋面、坡屋面和拱形屋面三种类型。屋面坡度的表示方法主要有角度法、高跨比法、坡度值法和百分比法四种。其表示方法分别是:

用屋面与水平面间的角度表示,如 $\alpha=45°$、$36°$、$26°$等。

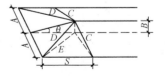

图 4-37 双坡屋面示意图

用屋面高度与跨度之比表示,如$\dfrac{H}{l}=\dfrac{1}{4}$、$\dfrac{1}{5}$、$\dfrac{1}{6}$等。

用屋面高度与跨度一半之比表示,如 $H:l=1:2$、$1:2.5$、$1:3$等。

用屋面的起坡高度与坡面水平投影长度的百分比表示,如 $i=1\%$、2%、2.5%等。

屋面坡度用系数表示,称为屋面坡度系数。两坡屋面、四坡屋面、折板屋面坡度系数的计算方法分述如下:

(1)两坡屋面的坡度系数,简称为屋面系数(延尺系数)C,计算方法为:

$$\frac{C}{A} = \sec\theta \quad C = A\sec\theta, \text{当} A=1 \text{时} \quad C = \sec\theta$$

(2)四坡屋面脊长度系数,简称为屋脊系数(隅延尺系数)D,计算方法为:

$$E = \sqrt{A^2 + A^2} = \sqrt{2A} \quad D = \sqrt{B^2 + E^2} \quad B = A\tan\theta$$

$$D = \sqrt{(A\tan\theta)^2 + (\sqrt{2}A)^2}, \text{当} A=1 \text{时} \quad D = \sqrt{\tan^2\theta + 2}$$

(3)折板屋面系数计算同两坡屋面。折板屋面系数见表4-25。

表 4-25 　　　　　　　　　　　　**折板屋面面积计算系数**

倾角 θ	高跨比 $\dfrac{H}{l}$	坡度系数 C	倾角 θ	高跨比 $\dfrac{H}{l}$	坡度系数 C
38°	0.7813/2.00	1.27	33°	0.6532/2.06	1.192
38°	0.170/3.06	1.27	33°	0.9748/3.00	1.193

【例 4-22】 某别墅四坡水屋面如图 4-38 所示,试计算该屋面斜面面积。

【解】 阅视该工程设计说明及施工图得知:设计图标示屋面坡度$=\dfrac{1}{50}$(即坡度角 $\theta = 26°34'$,坡度比例$=\dfrac{1}{4}$)。据此,其屋面斜面积为:

$$F_{\text{斜}} = (15.26 + 2 \times 0.4) \times (8.74 + 2 \times 0.4) \times 1.118 = 171.29\text{m}^2$$

阳光板屋面、玻璃钢屋面工程量按设计图示尺寸以斜面积计算,不扣除屋面面积$\leqslant 0.3\text{m}^2$孔洞所占面积。

膜结构屋面项目适用于膜布屋面。这种屋面是一种以膜布与支撑(柱、网架等)和拉结构件(拉杆、拉丝绳等)组成的屋面结构,其工程量按设计图示尺寸以需要覆盖的水平面积"m²"为单位计算(图 4-39)。其计算方法可用计算式表达为:覆盖水平面积(m²)=屋面长度(m)×屋面宽度(m)。

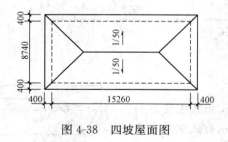

图 4-38　四坡屋面图

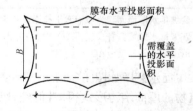

图 4-39　膜结构屋面工程量计算图

二、屋面防水及其他(编码:010902)

1. 屋面防水概述

防止屋面渗漏雨水的一系列设施与措施就称作屋面防水工程。屋面防水工程根据使用材料的不同,可分为瓦屋面、防水砂浆屋面、防水卷材屋面、防水涂膜屋面和刚性防水屋面等。屋面防水等级及设防要求应根据建筑物的性质、重要程度、使用功能要求以及防水层合理使用年限,按不同等级进行设防,并应符合表 4-26 的要求。

表 4-26　　　　　　　　　　　　屋面防水等级及设防要求

防水等级	建筑类别	设防要求
Ⅰ级	重要建筑和高层建筑	两道防水设防
Ⅱ级	一般建筑	一道防水设防

建筑防水卷材简称防水卷材。目前,建筑防水卷材主要包括有沥青防水卷材、高聚物改性沥青防水卷材和合成高分子防水卷材。合成高分子防水卷材和合成高分子防水涂料,均系以合成橡胶、合成树脂或两者的共混体为基料,加入适当化学助剂等加工而成。目前,我国开发的合成高分子防水卷材及合成高分子防水涂料的种类如图 4-40 所示。

图 4-40 中三元乙丙橡胶防水片材的物理性能及 PVC 防水涂料的性能、适用范围分别见表4-27 及表 4-28 所示。

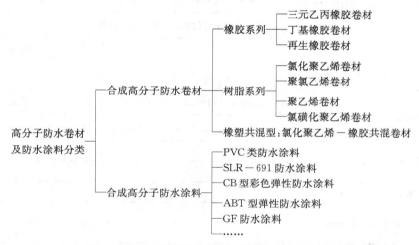

图 4-40　合成高分子防水卷材及防水涂料分类

表 4-27　　　　　　　　　　　　三元乙丙橡胶防水卷材物理性能

序号	项　　目			指　　标	
				一等品	合格品
1	拉伸强度,常温(MPa)		≥	8	7
2	扯断伸长率(%)		≥	450	
3	直角形撕裂强度,常温(N/cm)		≥	280	245
4	不透水性	0.3MPa×30min		合格	—
		0.1MPa×30min		—	合格
5	加热伸缩量(mm)	延伸	<	2	
		收缩	<	4	

（续表）

序号	项　　目		指标	
			一等品	合格品
6	粘合性能(胶与胶)	无处理	合格	
		热空气老化(80℃×168h)	合格	
		耐碱性[10％Ca(OH)₂,168h]	合格	
7	热空气老化(80℃×168h)	拉伸强度变化率(％)	−20~40	−20~50
		扯断伸长率变化率,减少值不超过(％)	30	
		撕裂强度变化率(％)	−40~40	−50~50
8	耐碱性[10％Ca(OH)₂,168h×室温]	拉伸强度变化率(％)	−20~20	
		拉断伸长率变化率,减少值不超过(％)	20	
9	脆性温度(℃) ≤		−45	−40
10	热老化(80℃×168h),伸长率100％		无裂纹	
11	臭氧老化	500pphm①;168h×40℃,伸长率40％,静态	无裂纹	—
		100pphm①;168h×40℃,伸长率40％,静态	—	无裂纹
12	拉伸强度(MPa)	−20℃ ≤	15	
		60℃ ≥	2.5	
13	扯断伸长率(−20℃)(％) ≥		200	
14	直角形撕裂强度(N/cm)	−20℃ ≤	490	
		60℃ ≥	74	

①1pphm 臭氧浓度相当于 1.0MPa 臭氧分压。

表 4-28 　　　　　　　　　**PVC 防水涂料性能、特点及适用范围**

名　称	技 术 性 能		特　　点	适用范围
	项目	指标		
PVC 防水涂料	耐热性 耐碱性	80℃±2℃　5h　涂膜无不良变化 在 Ca(OH)₂ 饱和溶液中浸泡15d,涂膜无不良变化	具有优良的弹塑性,能适应基层的一般开裂或变形,粘结延伸率较大,能牢固地与基层粘结成一体,其抗老化性优于热施工塑料油膏和沥青油毡。通常采用多层涂抹,冷施工。另则,该涂料也可在潮湿的基层上施工,干固后涂膜富有弹性	可用于工业与民用建筑屋面、楼地面、地下工程的防水、防渗、防潮、水利工程的渡槽、贮水池、蓄水屋面、水沟、天沟等的防水、防腐;建筑物的伸缩缝、钢筋混凝土屋面板缝、水落管接口处等的嵌缝、防水、止水;粘贴耐酸陶瓷砖及化工车间屋面、地面的防腐蚀工程
	不适水性	20℃±2℃,动水压 0.1MPa30min　涂膜不透水		
	低温柔性	−20℃　2h 绕 φ10mm 棒 无裂纹		
	粘结强度 抗裂性	20℃±2℃,大于 0.2MPa 20℃±2℃　涂膜厚 1.5~2.0mm,抗基层裂缝宽度大于 0.2mm		
	抗老化性	SH60B 氙灯耐气候试验机500h,涂膜表面无明显变化		

以平屋面为例,其组成如图 4-41 所示。

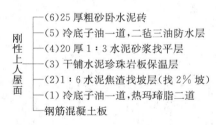
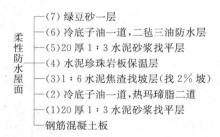

图 4-41　平屋面组成框板图

注:图中表示方法为由下而上即(1)、(2)、(3)…。

2. 屋面防水及其他工程量计算规则

(1)屋面卷材防水、屋面涂膜防水工程量按设计图示尺寸以面积"m²"计算。斜屋顶(不包括平屋顶找坡)按斜面积计算,即:屋面长度×屋面宽度×屋面坡度系数,平屋顶按水平投影面积计算,即:屋面长度×屋面宽度;不扣除房上烟囱、风帽底座、风道、屋面小气窗和斜沟所占面积;屋面的女儿墙、伸缩缝和天窗等处的弯起部分,并入屋面工程量内。

(2)屋面刚性层工程量按设计图示尺寸以面积"m²"计算,不扣除房上烟囱、风帽底座、风道等所占面积。

(3)屋面排水管工程量按设计图示尺寸以长度"m"计算。如设计未标注尺寸,以檐口至设计室外散水上表面垂直距离计算。

(4)屋面排(透)气管工程量按设计图示尺寸以长度"m"计算。

(5)屋面(廊、阳台)泄(吐)水管工程量按设计图示数量以"根(个)"为计量单位计算

(6)屋面天沟、檐沟工程量按设计图示尺寸以展开面积"m²"计算。

(7)屋面变形缝工程量按设计图示以长度"m"计算。

3. 屋面防水工程量计算注意事项

(1)屋面卷材防水项目适用于利用胶结材料粘贴卷材进行防水的屋面。屋面涂膜防水项目适用于厚质涂料、薄质涂料和有加强材料或无加强材料的涂膜防水屋面。屋面卷材防水及屋面涂膜防水项目中,屋面基层处理(清理修补、刷基层处理剂);檐沟、天沟、水落口、泛水收头、变形缝等处的卷材附加层;浅色、反射涂料保护层、绿豆砂保护层、细砂、云母、蛭石保护层应包括在报价内。水泥砂浆、细石混凝土保护层可包括在报价内,也可按相关项目编码列项。

(2)屋面刚性防水项目适用于细石混凝土、补偿收缩混凝土、块体混凝土、预应力混凝土和钢纤维混凝土刚性防水屋面。在计算工程量时,刚性防水屋面的分格缝、泛水、变形缝部位的防水卷材、密封材料、脊衬材料、沥青麻丝等应包括在报价内。

(3)屋面排水管项目适用于各种排水管材(PVC 管、玻璃钢管、铸铁管等)。屋面的排水管、雨水口、箅子板、水斗、埋设管卡箍、裁管、接嵌缝等应包括在报价内。

(4)屋面天沟、檐沟项目适用于水泥砂浆天沟、细石混凝土天沟、预制混凝土天沟板、卷材天沟、玻璃钢天沟、镀锌铁皮天沟等;塑料沿沟、镀锌铁皮沿沟、玻璃钢沿沟等。在投标报价时,天沟、檐沟的固定卡件、支撑件、接缝及嵌缝材料均应包括在报价内,而不得另行列项计算。

(5)变形缝亦可称伸缩缝、沉降缝等。屋面变形缝项目适用于屋面的抗震缝、温度缝(伸缩缝)、沉降缝等。变形缝的止水带安装、盖板制作、安装应包括在报价内,不得另行列项计算。屋面变形缝如图 4-42 所示。

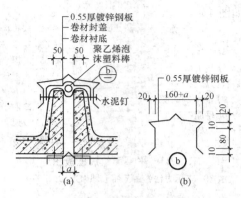

图 4-42　屋面变形缝详图

三、墙面防水、防潮(编码:010903)

防止建筑物地面上各种液体或地下水、潮气渗透墙、地面作用的构造层,称作防水层;若仅防止地下潮气透过地面时,则称作防潮层。墙防潮层一般多做在墙基础±0.000 之下的－60mm处,有基础圈梁时则不做基础防潮层。墙面防水、防潮层有刚性和柔性之分。刚性防水、防潮层是指采用较高强度和无延伸能力的防水防潮材料,如防水砂浆、防水混凝土所构成的防水防潮层。柔性防水防潮层是指采用具有一定柔韧性和较大延伸率的防水材料,如防水卷材、有机防水涂料构成的防水防潮层。

《房建计算规范》中"墙面防水、防潮"包括墙面卷材防水、墙面涂膜防水、墙面砂浆防水(防潮)、墙面变形缝四个项目。其工程量计算方分述如下。

(1)墙面卷材防水、墙面涂膜防水、墙面砂浆防水(防潮)工程量按设计图示尺寸以面积"m^2"计算。墙面卷材防水、墙面涂膜防水项目适用于墙面部位的防水。墙面砂浆防水(防潮)项目适用于墙面部位的防水防潮。卷材防水、涂膜防水项目中的刷基础处理剂、刷胶粘剂、胶粘防水卷材以及特殊处理部位(如"管道的通道部位")的嵌缝材料、附加卷材衬垫和砂浆防水(潮)层的外加剂应包括在报价内。

(2)墙面变形缝工程量按设计图示以长度"m"计算。

四、楼(地)面防水、防潮(编码:010904)

《房建计算规范》中"楼(地)面防水、防潮"包括:楼(地)面卷材防水、楼(地)面涂膜防水、楼(地)面砂浆防水(防潮)、楼(地)面变形缝四个项目。其工程量计算方分述如下。

(1)楼(地)面卷材防水、楼(地)面涂膜防水、楼(地)面砂浆防水(防潮)工程量按设计图示尺寸以面积"m^2"计算。工程量计算时应注意的事项包括:楼(地)面防水按主墙间净空面积计算,扣除凸出地面的构筑物、设备基础等所占面积,不扣除间壁墙及单个面积≤0.3m^2柱、垛、烟囱和孔洞所占面积;楼(地)面防水反边高度:≤300mm算作地面防水,反边高度>300mm按墙面防水计算。

(2)楼(地)面变形缝工程量按设计图示以长度"m"计算。

【例 4-23】　某合成氨工程水洗车间如图 4-43 所示。设计说明称"墙基础在－0.060m 处抹20 厚 1：2 水泥砂浆掺防水剂 5％(质量比)—道抹平;地面 1：3 水泥砂浆基层上铺设 1.5 厚高分子 GF 防水涂料一道,四周卷起 150 高"。试计算该车间墙基防潮层及地面防水层。

【解】 由图 4-41 得知,该车间 L_d=24.00m,B_d=8.00m;室内有圆形设备和矩形设备基础各两个,圆形地坑一个;墙基宽度 B_j=0.24m,砖垛尺寸=130mm×370mm,共 8 个。依据图示条件其工程量计算如下:

$$F_d = (24-0.12\times2)\times(8-0.12\times2)-3.1416\times0.55^2\times2-$$
$$0.85\times0.6\times2+(23.76+7.76)\times2\times0.15$$
$$=23.76\times7.76-1.90-1.02+9.46=190.92m^2$$

圆形地坑面积 $=\dfrac{\pi D^2}{4}=\dfrac{3.1416\times0.6^2}{4}=0.2827m^2$,小于 $0.30m^2$ 不予扣除。

$$F_j = (23.76+7.76)\times2\times0.24+0.13\times0.37\times8=63.04\times0.24+0.38=15.51m^2$$

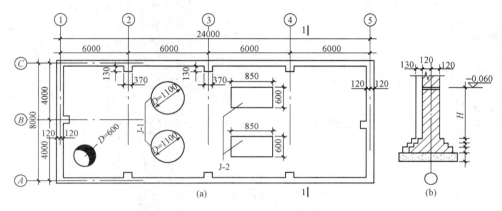

图 4-43 某合成氨工程水洗车间平、剖面图
(a)平面;(b)1—1 剖面

五、屋面及防水工程量计算及报价应注意事项

(1)瓦屋面若是在木基层上铺瓦,项目特征不必描述粘结层砂浆的配合比,瓦屋面铺防水层,按屋面防水及其他(编码:010902)中相关项目编码列项。

(2)型材屋面、阳光板屋面、玻璃钢屋面的柱、梁、屋架,按《房建计算规范》附录 F 金属结构工程(参见本章第六节)、附录 G 木结构工程(参见本章第七节)中相关项目编码列项。

(3)屋面刚性层无钢筋,其钢筋项目特征不必描述。

(4)屋面、墙、楼(地面)防水项目,不包括垫层、找平层、保温层。垫层按《房建计算规范》附录 D.4 垫层以及附录 E.1 现浇混凝土基础相关项目编码列项;找平层按《房建计算规范》附录 L 楼地面装饰工程"平面砂浆找平层"以及附录 M 墙、柱面装饰与隔断、幕墙工程"立面砂浆找平层"项目编码列项;保温层按《房建计算规范》附录 K 保温、隔热、防腐工程相关项目编码列项。

(5)屋面防水、墙面防水、楼(地)面防水搭接及附加层用量不另行计算,在综合单价中考虑。

(6)墙面变形缝,若做双面,工程量乘系数 2。

第十节 保温、隔热、防腐工程工程量计算

一、概述

《房建计算规范》中"保温、隔热、防腐工程"共 16 个项目,包括保温、隔热,防腐面层,其他防腐三节,内容如图 4-44 所示。适用于工业与民用建筑的基础、地面、墙面防腐、楼地面、墙体、屋盖的保温隔热工程。

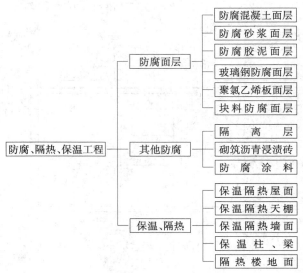

图 4-44 防腐、隔热、保温工程内容框图

二、工程量计算规则

1. 保温、隔热(编码:011001)

《房建计算规范》中"隔热、保温"工程包括保温隔热屋面(编码:011001001)、保温隔热天棚(编码:011001002)、保温隔热墙面(编码:011001003)、保温柱、梁(编码:011001004)、保温隔热楼地面(编码:011001005)、其他保温隔热(编码:011001006)六个分项工程,其工程量计算规则分述如下。

(1)保温隔热屋面工程量按设计图示尺寸以面积"m²"计算。扣除面积>0.3m²孔洞及占位面积。保温隔热屋面项目适用于各种材料的屋面隔热。但屋面保温隔热层上的防水层应按屋面的防水项目单独列项。预制隔热板屋面的隔热板与砖墩分别按"混凝土及钢筋混凝土工程"和"砌筑工程"相关项目编码列项。屋面保温隔热的找坡、找平层应包括在报价内,如果屋面防水层项目包括找坡和找平层时,屋面保温隔热层项目中则不另行列项计算找坡、找平层,以免重复计算。

【例 4-24】 某单位 13 号住宅楼"屋顶平面图"标示坡度值 $i=0.02$(即 2‰),长度轴线尺寸(L)=61.44m,两端檐沟各宽 600mm;跨度轴线尺寸(B)=11.12m,两侧檐沟各宽 600mm,屋面做法标注为"陕 02J01 屋Ⅲ13"。试计算该屋面工程量和编制工程量清单。

【解】　该例需经过以下几步工作才能达到题意要求——第一步阅视"陕 02J01"通用图册了解屋面构造及做法；第二步计算各构造层工程量；第三步编制工程量清单表。现分述于下。

第一步，查阅通用图册：通过阅视"陕 02J01《建筑用料及做法》"页号"屋—10"屋Ⅲ13 得知，该住宅楼屋面为"架空板面层屋面"（一道高分子卷材设防隔热、有保温、不上人），其具体构造如下（从下至上）：

(a)钢筋混凝土屋面板。

(b)1：6 水泥焦渣找坡层最薄处 30 厚。

(c)现浇水泥膨胀珍珠岩保温层 60 厚。

(d)25 厚 1：3 水泥砂浆找平层。

(e)1.5 厚合成高分子防水卷材一道。

(f)20 厚 1：2.5 水泥砂浆保护层，每 1m 见方半缝分格。

(g)495×495×40　C20 预制钢筋混凝土板(4φ6)用 M2.5 砂浆架空卧铺在 115×115×200 高砖墩上，缝宽 10 用 1：2.5 水泥砂浆嵌固，砖墩用 M5 砂浆砌筑，纵横中距 500mm。

第二步，计算各构造层工程量（表 4-29）。

表 4-29　　　　　　　　　　　预(概)算工程量计算表

序号	部位提要	项目名称	计　算　式	计算单位	工程数量
1	①～㉛及Ⓐ～Ⓓ轴	1：6 水泥焦渣找坡层	61.44×11.12(檐沟处不考虑找坡)	m²	683.21
2	①～㉛及Ⓐ～Ⓓ轴	水泥膨胀珍珠岩(现浇)保温层 δ=60mm	61.44×11.12(檐沟处不考虑保温)	m²	683.21
3	①～㉛及Ⓐ～Ⓓ轴	25 厚 1：3 水泥砂浆找平层	(包括在综合单价内，不予计算)		
4	①～㉛及Ⓐ～Ⓓ轴	1.5 厚合成高分子防水卷材一道	(61.44+0.6×2)×(11.12+0.6×2)=62.64×12.32	m²	771.72
5	①～㉛及Ⓐ～Ⓓ轴	20 厚 1：2.5 水泥砂浆保护层	62.64×12.32(利用序号 4 尺寸)	m²	771.72
6	①～㉛及Ⓐ～Ⓓ轴	C20 预制钢筋混凝土板	61.44×11.12×0.04(不考虑缝隙)	m³	29.77
7	①～㉛及Ⓐ～Ⓓ轴	砖墩 M5 砂浆砌筑	(61.44÷0.5+1)×(11.12÷0.5-1)=124×21	个	2604
			0.115×0.115×0.2×2604(个)	m³	6.89

第三步，编制工程量清单（表 4-30）。

表 4-30　　　　　　　　　　　分部分项工程量清单

工程名称：某住宅楼屋面保温工程　　　　　　　　　　　　　　　　　　　第 1 页　　共 1 页

序号	项目编码	项　目　名　称	计量单位	工程数量
1	010401012001	架空屋面隔热板砖墩，M5 砂浆砌筑，规格：115×115×200(mm)	m³	6.89

（续表）

序号	项目编码	项目名称	计量单位	工程数量
2	010512008001	C20 钢筋混凝土预制隔热平板,规格:495×495×40 (mm),架空在 $H＝200$mm 的砖墩上,用 M2.5 砂浆架空卧铺,板间缝宽 10mm,用 1:2.5 水泥砂浆嵌固	m³	29.77
3	010902001001	防水卷材一道,$\delta＝1.5$mm,材质:合成高分子氯丁橡胶卷材(蝶宇牌 F102 型)	m²	771.72
4	011001001001	现浇水泥膨胀珍珠岩保温层 $\delta＝60$mm	m²	683.21

注:1:6 水泥焦渣找坡层及 25 厚 1:3 水泥砂浆找平层,按照工程量计算规则的规定应包括在报价内,故不列入上表。

（2）保温隔热天棚工程量按设计图示尺寸以面积"m²"计算。扣除面积＞0.3m² 上柱、垛、孔洞所占面积,与天棚相连的梁按展开面积,计算并入天棚工程量内。保温隔热天棚项目适用于各种材料的下贴式或吊顶上搁置式的保温隔热的天棚工程。但保温隔热材料需加药物防虫剂时,应在工程量清单中加以明确描述。下贴式保温隔热天棚如需底层抹灰时,应包括在报价内。

（3）保温隔热墙面工程量按设计图示尺寸以面积"m²"计算。扣除门窗洞口以及面积＞0.3m² 梁、孔洞所占面积;门窗洞口侧壁以及与墙相连的柱,并入保温墙体工程量内。

（4）保温柱、梁工程量按设计图示尺寸以面积"m²"计算。其中柱按设计图示柱断面保温层中心线展开长度乘保温层高度以面积"m²"计算,扣除面积＞0.3m² 梁所占面积;梁按设计图示梁断面保温层中心线展开长度乘保温层长度以面积"m²"计算。保温柱工程量计算方法可用计算式表达为:

矩形柱 $\qquad F_矩＝(A_中＋B_中)×2H_温\ N_矩$

圆形柱 $\qquad F_圆＝\pi d_中\ H_温\ N_圆$

式中 $\quad F_矩$、$F_圆$——矩、圆形柱保温面积(m²);

$\quad A_中$、$B_中$——矩形柱保温层中心线长度与宽度(m);

$\quad H_温$——保温层高度(m);

$\quad N_矩$、$N_圆$——矩、圆形柱的数量(个);

$\quad d_中$——圆形柱保温中心线直径(m);

$\quad \pi$——圆周率(3.1416)。

【例 4-25】 某冷库地下室有直径 $D＝600$mm 圆形钢筋混凝土柱 6 个,采用细玻璃棉丝保温,保温厚度为 300mm,保温高度为 4.45m。试计算保温工程量为多少。

【解】 依据已知条件及计算公式,保温工程量计算如下:

$$F_圆＝3.1416×(0.60＋2×0.15)×4.45×6$$
$$＝3.1416×0.90×4.45×6＝75.49m²$$

（5）保温隔热楼地面工程量按设计图示尺寸以面积计算。扣除面积＞0.3m² 柱、垛、孔洞等所占面积。门洞、空圈、暖气包槽、壁龛的开口部分不增加面积。

（6）其他保温隔热工程量按设计图示尺寸以展开面积计算。扣除面积＞0.3m² 孔洞及占位面积。

2. 防腐面层(编码:011002)

（1）防腐混凝土面层、防腐砂浆面层、防腐胶泥面层、玻璃钢防腐面层、聚氯乙烯板面层、块料防腐面层工程均按设计图示尺寸以面积"m²"计算。计算平面防腐工程量时,扣除凸出地面的构筑物、设备基础等以及面积>0.3m²孔洞、柱、垛等所占面积,门洞、空圈、暖气包槽、壁龛的开口部分不增加面积;计算立面防腐工程量时,扣除门、窗、洞口以及面积>0.3m²孔洞、梁所占面积,门、窗、洞口侧壁、垛突出部分按展开面积并入墙面积内。

防腐混凝土面层、防腐砂浆面层、防腐胶泥面层项目适用于平面或立面的水玻璃混凝土、水玻璃砂浆、水玻璃胶泥、沥青混凝土、沥青砂浆、沥青胶泥、树脂砂浆、树脂胶泥以及聚合物水泥砂浆等防腐工程;玻璃钢防腐面层项目适用于树脂胶料与增强材料(如:玻璃纤维丝、布、玻璃纤维表面毡、玻璃纤维短切毡或涤纶布、涤纶毡、丙纶布、丙纶毡等)复合塑制而成的玻璃钢防腐;聚氯乙烯板面层项目适用于地面、墙面的软、硬聚氯乙烯板防腐工程;块料防腐面层项目适用于地面、沟槽、基础的各类块料防腐工程,聚氯乙烯板面层的焊接工料消耗应包括在综合单价内,而不得另行列项计算,防腐蚀块料面层的块料粘贴部位、规格、品种应在清单项目中描述清楚。

防腐混凝土面层施工做法及一般规定以"水玻璃混凝土地面"为例说明如下:

水玻璃混凝土地面的施工做法可用程序式表示为:①素土夯实→②100 厚 C15 混凝土→③素水泥浆结合层一道→④15 厚 1:3 水泥砂浆找平层→⑤水乳型橡胶沥青二布三涂隔离层→⑥60～80 厚水玻璃混凝土面层。

(2)池、槽块料防腐面层工程量按设计图示尺寸以展开面积计算。

3. 其他防腐(编码:011003)

从图 4-44 可以看出"其他防腐"工程包括隔离层、砌筑沥青浸渍砖、防腐涂料三个项目。其工程量计算见表 4-31。

表 4-31　　　　　　　　　　　　　其他防腐工程量计算规则

项目编码	项目名称	工程量计算规则	适用范围
011003001	隔离层①	按设计图示尺寸以面积计算。 (1)平面防腐:扣除凸出地面的构筑物、设备基础等以及面积>0.3m²孔洞、柱、垛等所占面积,门洞、空圈、暖气包槽、壁龛的开口部分不增加面积。 (2)立面防腐:扣除门、窗、洞口以及面积>0.3m²孔洞、梁所占面积,门、窗、洞口侧壁、垛突出部分按展开面积并入墙面积内	适用于楼地面的沥青类、树脂玻璃钢类防腐工程隔离层
011003002	砌筑沥青浸渍砖	按设计图示尺寸以体积计算	适用于浸渍标准砖。立砌按厚度 115mm 计算,平砌以 53mm 计算
011003003	防腐涂料	按设计图示尺寸以面积计算。 (1)平面防腐:扣除凸出地面的构筑物、设备基础等以及面积>0.3m²孔洞、柱、垛等所占面积,门洞、空圈、暖气包槽、壁龛的开口部分不增加面积。 (2)立面防腐:扣除门、窗、洞口以及面积>0.3m²孔洞、梁所占面积,门、窗、洞口侧壁、垛突出部分按展开面积并入墙面积内	适用于建(构)筑物以及钢结构的防腐

①防止地面上各种有腐蚀性液体渗透到地面下的一种构造层称为隔离层。这种构造层一般多使用沥青胶泥卷材、沥青胶泥玻璃布、沥青胶泥等材料做成。

防腐涂料项目在编制工程量清单时,应对涂刷基层(混凝土、抹灰面)及涂料底漆层、中间漆层、面漆涂刷(或刮)遍数进行描述,需要刮腻子时应包括在综合单价内,不得另行列项计算。

防腐涂料项目用于钢结构的防腐时,可按钢结构构件的质量以"58m²/t"展开面积计算。例如:某工程折线型钢屋架为 21.66t,设计说明称"在吊装前应涂刷红丹防锈漆一道,灰色磁漆两道",故其防腐工程为:21.66t×58 m²/t=1256.28m²。

涂料类防腐工程施工应遵守以下规定:

(1)涂料施工环境温度宜为 10～30℃,相对湿度不宜大于 85％;在大风、雨、雾、雪天及强烈阳光照射下,不宜进行室外施工;当施工环境通风较差时,必须采取强制通风。

(2)钢结构涂装时,钢材表面温度必须高于露点温度 3℃方可施工。

(3)防腐蚀涂料和稀释剂在运输、贮存、施工及养护过程中,不得与酸、碱等化学介质接触。严禁明火,并应防尘、防曝晒。

(4)涂装结束,涂层应自然养护后方可使用。其中化学反应类涂料形成的涂层,养护时间不应少于 7d。

(5)施工中宜采用耐腐蚀树脂配制胶泥修补凹凸不平处;不得自行将涂料掺加粉料,配制胶泥,也不得在现场用树脂等自配涂料。

(6)当涂料中挥发性有机化合物含量大于 40％时,不得用作建筑防腐蚀涂料;涂料的施工,可采用刷涂、滚涂、喷涂或高压无气喷涂。但涂层厚度必须均匀,不得漏涂或误涂,同时,施工工具应保持干燥、清洁。

三、保温、隔热、防腐工程量计算及报价应注意事项

(1)保温隔热楼地面的垫层按《房建计算规范》附录"D.4 垫层"(参见本章第四节)以及附录"E.1 现浇混凝土基础"(参见本章第五节)相关项目编码列项;其找平层按《房建计算规范》附录L 中"平面砂浆找平层"(参见本章第十一节)项目编码列项。墙面保温找平层按《房建计算规范》附录 M 中"立面砂浆找平层"项目编码列项(参见本章第十一节)。保温隔热装饰面层按《房建计算规范》附录 L 楼地面装饰工程(参见本章第十一节),附录 M 墙、柱面装饰与隔断、幕墙工程(参见本章第十一节),附录 N 天棚工程(参见本章第十一节),附录 P 油漆、涂料、裱糊工程(参见本章第十一节),附录 Q 其他装饰工程(参见本章第十一节)相关项目编码列项。

(2)保温柱、梁项目只适用于不与墙、天棚相连的独立柱、梁,若与墙、天棚相连的柱、梁应分别并入墙、天棚项目中。

(3)柱帽保温隔热应并入天棚保温隔热工程量内。

(4)池槽保温隔热应按其他保温隔热项目编码列项。

(5)编制工程量清单时,保温隔热方式是指内保温、外保温、夹心保温,浸渍砖砌法是指平砌、立砌。

(6)防腐踢脚线应按《房建计算规范》附录 L 楼地面装饰工程"踢脚线"项目编码列项。

第十一节　装饰装修工程工程量计算

《房建计算规范》中装饰装修工程主要包括:楼地面装饰工程,墙、柱面装饰与隔断、幕墙工程,天棚工程,油漆、涂料、裱糊工程,其他装饰工程,拆除工程等,共 222 个项目。

一、楼地面装饰工程

《房建计算规范》中"楼地面装饰工程"共 43 个项目,包括:整体面层及找平层、块料面层、橡塑面层、其他材料面层、踢脚线、楼梯面层、台阶装饰、零星装饰项目等八节。

(一)工程量计算规则

1. 整体面层及找平层(编码:011101)

以建筑砂浆为主要材料,用现场浇筑法做成整片直接接受各种荷载、摩擦、冲击的表面层,称为整体面层。

《房建计算规范》中"整体面层及找平层"包括水泥砂浆楼地面、现浇水磨石楼地面、细石混凝土楼地面、菱苦土楼地面、自流坪楼地面、平面砂浆找平层六个项目。水泥砂浆楼地面、现浇水磨石楼地面、细石混凝土楼地面、菱苦土楼地面、自流坪楼地面工程量按设计图示尺寸以面积"m²"计算。扣除凸出地面构筑物、设备基础、室内铁道、地沟等所占面积,不扣除间壁墙及≤0.3m² 柱、垛、附墙烟囱及孔洞所占面积,门洞、空圈、暖气包槽、壁龛的开口部分不增加面积。平面砂浆找平层工程量按设计图示尺寸以面积计算。

【例 4-26】 某工程会议室施工图标示为白石子水磨石地面,其做法选用《建筑构造通用图集》88J1"工程做法"地 26。其图示尺寸中心线长度为 9.9m,中心线宽度为 4.50m;长度两端隔墙厚度各为 240mm,宽度两侧墙厚度分别为 370mm 和 240mm,室内无孔洞和凸出地面构件,试计算该会议室水磨石地面为多少平方米(m²)。

【解】 欲获得该题的结果,需经查阅通用图集 88J1"地 26"和上述尺寸运算两步工作方可达到目的。

第一步,查阅 88J1"地 26"得知该地面构造如下:

(1)10 厚 1∶2.5 水泥砂浆磨石地面面层。

(2)素水泥浆结合层一道。

(3)20 厚 1∶3 水泥砂浆找平层干后卧玻璃条分格。

(4)50 厚 C10 混凝土。

(5)100 厚 3∶7 灰土垫层。

(6)素土夯实。

该地面上述 6 项工程内容均应包括在"水磨石地面"综合单价中,不得另行列项计算。

第二步,依据已知条件进行计算,即:

$$F=(9.9-0.12\times2)\times(4.5-0.185-0.12)=9.66\times4.195=40.52m²$$

2. 块料面层(编码:011102)

以陶质材料制品及天然石材等为主要材料,用建筑砂浆或粘结剂作结合层嵌砌的直接接受各种荷载、摩擦、冲击的表面层,称为块料面层。

《房建计算规范》中"块料面层"包括石材楼地面、碎石材楼地面、块料楼地面三个项目。块料面层工程量均按设计图示尺寸以面积"m²"计算,门洞、空圈、暖气包槽、壁龛的开口部分并入相应的工程量内。块料面层的工作内容包括基层清理,抹找平层,面层铺设,磨边,嵌缝,刷防护材料,酸洗,打蜡,材料运输等。

3. 橡塑面层(编码:011103)

橡塑面层是橡胶制品和塑料制品面层的合称。

《房建计算规范》中"橡塑面层"包括橡胶板楼地面、橡胶板卷材楼地面、塑料板楼地面、塑料卷材楼地面四个项目。橡塑面层工程量均按设计图示尺寸以面积"m²"计算。门洞、空圈、暖气包槽、壁龛的开口部分并入相应的工程量内。橡塑面层的工作内容包括基层清理、面层铺贴、压缝条装钉、材料运输等。

4. 其他材料面层(编码:011104)

《房建计算规范》中"其他材料面层"包括地毯楼地面,竹、木(复合)地板,金属复合地板,防静电活动地板四个项目。其他材料面层工程量按设计图示尺寸以面积"m²"计算,门洞、空圈、暖气包槽、壁龛的开口部分并入相应的工程量内。

5. 踢脚线(编码:011105)

踢脚线又称踢脚板,用以遮盖楼地面与墙面的接缝和墙面不受污损及机械撞损。其高度由设计人员确定,施工图中常用高度为 80～120mm,其中高度为 100mm 的采用最多,也有少数高度为 150mm。

《房建计算规范》中"踢脚线"包括水泥砂浆踢脚线、石材踢脚线、块料踢脚线、塑料板踢脚线、木质踢脚线、金属踢脚线、防静电踢脚线七个项目。踢脚线工程量若以平方米计量,则按设计图示长度乘高度以面积计算;若以米计量,则按延长米计算。

【例 4-27】 设"【例 4-26】"中"防静电踢脚线"图示高度为 120mm,试计算其工程量为多少平方米(m²)。

【解】 依据"【例 4-26】"中已知条件,其工程量计算如下:

$$F_{脚}=[(9.9-0.12\times2)+(4.5-0.185-0.12)]\times2\times0.12$$
$$=3.33(m^2) \quad (项目编码:011105007001)$$

【例 4-28】 设某化工车间室内踢脚板设计图示净长度尺寸为 17.76m(4.5×4-0.12×2),该车间共有编号为 M-3 门三个,门洞宽度为 0.90m,墙的厚度为 0.24m,踢脚板高度为 0.20m,试计算防腐踢脚板工程量为多少平方米。

【解】 依据题意及上述计算公式其工程量计算如下:

$$F_{脚}=(17.76-0.90\times3+0.12\times2\times3)\times0.20$$
$$=15.78\times0.20$$
$$=3.16m^2$$

注:实际工作中,踢脚板的工程量一般说来都不大,但计算起来却很麻烦(主要表现在门洞等孔洞的扣除和侧壁的增加方面),所以在有些地区的清单工程量计算规则中改为以"延长米"为单位计算。

6. 楼梯面层(编码:011106)

楼梯是建筑物楼层间的垂直通道和人流设施。有些建筑,如医院、疗养院、幼儿园及某些大型超市等,由于特殊需要,也常设置坡道联系上下层,所以坡道是楼梯的一种特殊形式。楼梯按照不同方法可划分为以下几类:

(1)按用途分:有主要楼梯、辅助楼梯、安全楼梯(供火警或事故时疏散人员用)和室外消防检修梯(一般多为钢制梯)等。

(2)按平面布置方式分:有单跑式、双跑式及三跑式等多种形式。

(3)按结构材料分:有钢筋混凝土楼梯、木楼梯、钢楼梯等。

楼梯的组成一般包括楼梯段、楼梯平台、栏杆(或栏板)及扶手等部分。其中,楼梯段由楼梯段梁、楼梯段板及一组连续的踏步组成。楼梯平台一般是由平台梁和平台板组成。

《房建计算规范》中"楼梯面层"包括石材楼梯面层、块料楼梯面层、拼碎块料面层、水泥砂浆楼梯面层、现浇水磨石楼梯面层、地毯楼梯面层、木板楼梯面层、橡胶板楼梯面层、塑料板楼梯面层等九个项目。楼梯面层工程量均按设计图示尺寸以楼梯(包括踏步、休息平台及≤500mm的楼梯井)水平投影面积"m²"计算,楼梯与楼地面相连时,算至梯口梁内侧边沿;无梯口梁者,算至最上一层踏步边沿加300mm。

7. 台阶装饰(编码:011107)

建筑物的首层室内地坪总是高出室外地面的,因此在建筑物的出入口处需设置台阶,如图4-45所示。台阶是联系室内外地面的一段踏步,台阶的坡度平缓,在台阶与门之间一般都设置有平台,可作为缓冲地段。台阶的形式主要有单面踏步式,三面踏步式,单面踏步带垂带石、方形石、花池等形式。大型公共建筑还常将可通行汽车的坡道与踏步相结合,形成壮观的大台阶。台阶的形式如图4-46所示。

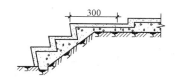

图 4-45　台阶计算宽度示意图

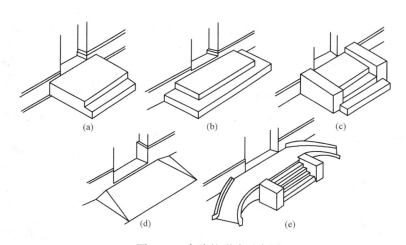

图 4-46　台阶的形式示意图
(a)单面踏步式;(b)三面踏步式;(c)单面踏步带方形石;(d)坡道;(e)坡道与踏步结合

《房建计算规范》中"台阶装饰"包括石材台阶面、块料台阶面、拼碎块料台阶面、水泥砂浆台阶面、现浇水磨石台阶面、剁假石台阶面六个项目。台阶装饰工程量均按设计图示尺寸以台阶(包括最上层踏步边沿加300mm)水平投影面积"m²"计算。

8. 零星装饰项目(编码:011108)

零星装饰项目是指适用于楼梯、台阶牵边和侧面镶贴块料面层,不大于0.5m²的少量分散的楼地面镶贴块料面层。《房建计算规范》中"零星装饰项目"包括石材零星项目、拼碎石材零星项目、块料零星项目、水泥砂浆零星项目等四个项目。零星装饰项目工程量均按设计图示尺寸以面积"m²"计算。编制工程量清单时,石材零星项目、拼碎石材零星项目、块料零星项目应描述的项目特征包括:工程部位,找平层厚度、砂浆配合比,贴结合层厚度、材料种类,面层材料品种、规格、颜色,勾缝材料种类,防护材料种类,酸洗、打蜡要求等;水泥砂浆零星项目应描述的项目特征包括:工程部位,找平层厚度、砂浆配合比,面层厚度、砂浆厚度等。

(二)有关问题说明

1. 项目特征说明

《房建计算规范》中第 4.2.3 条强制性指出:"工程量清单的项目名称应按附录的项目名称结合拟建工程的实际确定。"这就是说,在编制工程量清单时对清单项目名称进行设置时应考虑三个因素:一是附录中的项目名称;二是附录中的项目特征;三是拟建工程的实际情况。其中第一、第三因素容易确定;第二个因素确定难度较大,即何谓"项目特征"? 哪些内容属于项目特征? 对这个问题有必要给同行们作一说明。

楼地面项目特征是指构成的基层、垫层、填充层、隔离层、找平层、结合层和面层等,其含义如图 4-47 所示。

图 4-47 楼地面构造特征释义图

*面层中"**其他材料**"是指下列各种材料:

(1)防护材料:指耐酸、耐碱、耐嗅气、耐老化、防火、防油渗等材料。

(2)嵌条材料:指用于水磨石的分格、作图案等的嵌条,如玻璃嵌条、铜嵌条、铝合金嵌条、不锈钢嵌条等。

(3)压线条:是指地毯、橡胶板、橡胶卷材铺设用的压条,如:铝合金、不锈钢、铜压线条等。

(4)颜料:是指用于水磨石地面、踢脚线、楼梯、台阶和块料面层勾缝所需配制石子浆或砂浆内加添的颜料(耐碱的矿物颜料)。

(5)防滑条:是指用于楼梯、台阶踏步前沿的防滑设施,如:水泥玻璃屑、水泥钢屑、铜、铁防滑条等。

(6)地毯固定配件:用于固定地毯的压棍脚和压棍等。

(7)扶手固定配件:用于楼梯、台阶等处的栏杆柱、栏杆、栏板与扶手相连接的固定件;靠墙扶手与墙相连接的固定件,如托板、螺钉、钢筋等。

(8)酸洗、打蜡磨光、磨石、菱苦土、陶瓷块料等,均可用酸洗(草酸)清洗油渍、污渍,然后打蜡(蜡脂、松香水、鱼油、煤油等按设计要求配合)和磨光。

2. 工程量计算及报价应注意事项

(1)编制水泥砂浆楼地面项目清单时,面层处理是拉毛还是提浆压光应在面层做法要求中描述。

(2)整体面层及找平层中平面砂浆找平层只适用于仅做找平层的平面抹灰。

(3)间壁墙指墙厚≤120mm的墙。

(4)楼地面混凝土垫层另按《房建计算规范》附录 E.1 现浇混凝土基础中垫层项目编码列项(参见本章第五节),除混凝土外的其他材料垫层按《房建计算规范》附录表 D.4 垫层项目编码列项(参见本章第四节)。

(5)在描述碎石材项目的面层材料特征时可不用描述规格、颜色。

(6)石材、块料与粘结材料的结合面刷防渗材料的种类在防护层材料种类中描述。

(7)块料面层的工作内容中的磨边是指施工现场磨边。

(8)橡塑面层中项目如涉及找平层,另按《房建计算规范》附录表 L.1 找平层项目编码列项。

(9)台阶面层与平台面层是同一种材料时,平台计算面层后,台阶不再计算最上一层踏步面积;如台阶计算最上一层踏步(加 300mm),平台面层中必须扣除该面积。

二、墙、柱面装饰与隔断、幕墙工程

《房建计算规范》中"墙、柱面装饰与隔断、幕墙工程"共35个项目,包括:墙面抹灰、柱(梁)面抹灰、零星抹灰、墙面块料面层、柱(梁)面镶贴块料、镶贴零星块料、墙饰面、柱(梁)饰面、幕墙工程、隔断等 10 节。

(一)墙、柱面抹灰工程概述

1. 墙、柱面抹灰的概念及作用

抹灰,是指采用一定种类和一定比例的砂浆在建筑物的墙面、柱面及相关部位等表面进行涂装的过程,则简称为抹灰。墙、柱面抹灰的作用主要是:保护墙(柱)体、改善墙(柱)体的物理性能和使房屋美观及耐用。

2. 墙、柱面抹灰的分类

墙、柱面抹灰可分为一般抹灰和装饰抹灰两类。

一般抹灰:墙、柱面采用石灰砂浆、水泥砂浆、水泥混合砂浆、聚合物水泥砂浆和麻刀石灰、纸筋石灰、石膏灰进行涂装的过程,称为一般抹灰。一般抹灰工程又可分为普通抹灰和高级抹灰两种。普通抹灰是指两遍成活的抹灰,即:一遍底层、一遍面层;高级抹灰是指四遍成活的抹灰,即:一遍底层、一遍中层、二遍面层。

装饰抹灰:墙、柱面采用水刷石、干粘石、斩假石、拉条灰、甩毛灰等抹灰,称为装饰抹灰。

(二)工程量计算规则

1. 抹灰工程量计算规则

抹灰工程包括墙面抹灰(编号:011201)、柱(梁)面抹灰(编码:011202)和零星抹灰(编码:

011203)三个分项工程。

《房建计算规范》中"墙面抹灰"包括墙面一般抹灰、墙面装饰抹灰、墙面勾缝、立面砂浆找平层三个子目,其工程量计算规则见表4-32。

表 4-32 墙面抹灰(编号:011201)

项目编码	项目名称	项目特征	计量单位	工程量计算规则	工程内容
011201001	墙面一般抹灰	1. 墙体类型 2. 底层厚度、砂浆配合比 3. 面层厚度、砂浆配合比	m²	按设计图示尺寸以面积计算。扣除墙裙、门窗洞口及单个＞0.3m²的孔洞面积,不扣除踢脚线、挂镜线和墙与构件交接处的面积,门窗洞口和孔洞的侧壁及顶面不增加面积。附墙柱、梁、垛、烟囱侧壁并入相应的墙面面积内	1. 基层清理 2. 砂浆制作、运输 3. 底层抹灰 4. 抹面层 5. 抹装饰面 6. 勾分格缝
011201002	墙面装饰抹灰	4. 装饰面材料种类 5. 分格缝宽度、材料种类		(1)外墙抹灰面积按外墙垂直投影面积计算 (2)外墙裙抹灰面积按其长度乘以高度计算 (3)内墙抹灰面积按主墙间的净长乘以高度计算 1)无墙裙的,高度按室内楼地面至天棚底面计算	
011201003	墙面勾缝	1. 勾缝类型 2. 勾缝材料种类		2)有墙裙的,高度按墙裙顶至天棚底面计算 3)有吊顶天棚抹灰,高度算至天棚底	1. 基层清理 2. 砂浆制作、运输 3. 勾缝
011201004	立面砂浆找平层	1. 基层类型 2. 找平层砂浆厚度、配合比		(4)内墙裙抹灰面按内墙净长乘以高度计算	1. 基层清理 2. 砂浆制作、运输 3. 抹灰找平

【例4-29】 某单位职工宿舍楼沿墙中心线长度40.11m,山墙中心线长度12.08m,墙厚均为240mm,墙高23.10m。设计规定外墙面为水泥砂浆抹面,其具体做法是:砖墙面清扫灰适量洒水;12厚1:3水泥砂浆打底扫毛;8厚1:2.5水泥砂浆抹面,试计算其抹灰工程量。

【解】 按照抹灰的含义,该工程为普通抹灰(即"二遍成活"),按照题意及已知条件,其抹灰工程量计算如下:

$$F = [(40.11+0.12×2)+(12.08+0.12×2)]×2×23.10-128.33(门窗洞口面积)$$
$$= [40.35+12.32]×2×23.10-128.33 = 2433.35-128.33$$
$$= 2305.02m^2(项目编码:011201001001)$$

《房建计算规范》中"柱(梁)面抹灰"包括柱、梁面一般抹灰,柱、梁面装饰抹灰,柱、梁面砂浆找平,柱面勾缝等四个项目,其工程量计算规则见表4-33。

表 4-33　　　　　　　　　　　　　　柱(梁)面抹灰(编码:011202)

项目编码	项目名称	项目特征	计量单位	工程量计算规则	工程内容
011202001	柱、梁面一般抹灰	1. 柱(梁)体类型 2.底层厚度、砂浆配合比 3.面层厚度、砂浆配合比 4.装饰面材料种类 5.分格缝宽度、材料种类	m²	1. 柱面抹灰:按设计图示柱断面周长乘高度以面积计算 2. 梁面抹灰:按设计图示梁断面周长乘长度以面积计算	1.基层清理 2.砂浆制作、运输 3.底层抹灰 4.抹面层 5.勾分格缝
011202002	柱、梁面装饰抹灰				
011202003	柱、梁面砂浆找平	1. 柱(梁)体类型 2. 找平的砂浆厚度、配合比			1.基层清理 2.砂浆制作、运输 3.抹灰找平
011202004	柱面勾缝	1. 勾缝类型 2. 勾缝材料种类		按设计图示柱断面周长乘高度以面积计算	1.基层清理 2.砂浆制作、运输 3.勾缝

【例 4-30】　某医院住院楼台阶平台上设计图示圆形钢筋混凝雨篷柱四个,直径 $DN=820\text{mm}$,高度 $H=4.65\text{m}$,柱面装饰选用《建筑构造通用图集》88J1"工程做法"第 10 页编号"外墙24",试计算其抹灰工程量。

【解】　经查阅通用图集 88J1"外墙 24"得知,其柱面装饰为干粘石面层,具体施工做法是:①刷素水泥浆一道(内掺水重 3%～5% 的 701 胶);②6 厚 1:0.5:3 水泥石灰膏砂浆刮平划出纹道;③6 厚 1:3 水泥砂浆;④刮 1 厚 701 胶素水泥粘结层(重量比:水泥:701 胶=1:0.3～0.5)干粘石面层拍平压实。查工具书手册得知圆形柱体面积计算公式为:

$$F=\pi DH$$

故:按照题意及已知条件,该柱的装饰面层工程量计算如下:

$$F=\pi DH=3.1416\times(820+6+6+1)\times4.65\times4$$
$$=3.1416\times0.833\times4.65\times4=48.68\text{m}^2$$

干粘石面层为装饰抹灰,所以项目编码应为:011202002001

墙、柱(梁)面≤0.5m² 的少量分散的抹灰称零星抹灰。《房建计算规范》中"零星抹灰"包括零星项目一般抹灰、零星项目装饰抹灰、零星项目砂浆找平等三个项目,其工程量计算规则见表 4-34。

表 4-34　　　　　　　　　　　　　　零星抹灰(编码:011203)

项目编码	项目名称	项目特征	计量单位	工程量计算规则	工程内容
011203001	零星项目一般抹灰	1. 基层类型、部位 2. 底层厚度、砂浆配合比 3. 面层厚度、砂浆配合比 4. 装饰面材料种类 5. 分格缝宽度、材料种类	m²	按设计图示尺寸以面积计算	1.基层清理 2.砂浆制作、运输 3.底层抹灰 4.抹面层 5.抹装饰面 6.勾分格缝
011203002	零星项目装饰抹灰				
011203003	零星项目砂浆找平	1. 基层类型、部位 2. 找平的砂浆厚度、配合比			1.基层清理 2.砂浆制作、运输 3.抹灰找平

2. 镶贴工程量计算规则

镶贴面层包括墙面块料面层(编码:011204)、柱(梁)面镶贴块料(编码:011205)、镶贴零星块料(编码:011206)三个分项工程。其中,墙面块料面层包括石材墙面、碎拼石材墙面、块料墙面、干挂石材钢骨架四个子目;柱(梁)面镶贴块料包括石材柱面、块料柱面、拼碎块柱面、石材梁面、块料梁面五个子目;镶贴零星块料包括石材零星项目、块料零星项目、拼碎块零星项目三个子目。其工程量计算方法分述如下:

(1)墙面块料面层工程量计算规则(编码:011204)。石材墙面、碎拼石材墙面、块料墙面工程量按镶贴表面积以"m²"为计量单位计算;干挂石材钢骨架工程量按设计图示尺寸以质量"t"为计量单位计算。

(2)柱(梁)面镶贴块料工程量计算规则(编码:011205)。柱(梁)面镶贴块料工程量均按镶贴表面积以"m²"为计量单位计算。

石材墙、柱面装饰有挂贴、粘贴和干挂三种方式。石材贴面的构造是在墙内预埋铁件,固定住墙面的钢筋网,将加工成薄板的石材绑扎在钢筋网上,并在墙面与石材之间灌1:2.5的水泥砂浆。墙面与石材之间的距离一般为30~50mm。图4-48所示是大理石贴面的构造。

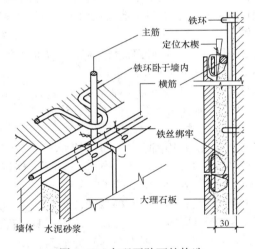

图4-48 大理石贴面的构造

(3)镶贴零星块料工程量计算规则(编码:011206)。镶贴零星块料工程量均按镶贴表面积以"m²"为计量单位计算。墙柱面≤0.5m²的少量分散的镶贴块料面层均按此项目执行。

3. 墙饰面、柱(梁)饰面、幕墙工程、隔断工程量计算规则

《房建计算规范》中"墙饰面"包括墙面装饰板、墙面装饰浮雕两个子项;"柱(梁)饰面"包括柱(梁)面装饰、成品装饰柱两个子项;"幕墙工程"包括带骨架幕墙、全玻(无框玻璃)幕墙两个子项;"隔断"包括木隔断、金属隔断、玻璃隔断、塑料隔断、成品隔断、其他隔断六个子项。

(1)墙饰面工程量计算规则(编码:011207)。墙面装饰板工程量按设计图示墙净长乘以净高以面积"m²"计算,扣除门窗洞口及单个>0.3m²的孔洞所占面积。墙面装饰浮雕工程量按设计图示尺寸以面积"m²"计算。

(2)柱(梁)饰面工程量计算规则(编码:011208)。柱(梁)面装饰工程量按设计图示饰面外围尺寸以面积"m²"计算,柱帽、柱墩并入相应柱饰面工程量内。成品装饰柱工程量若以根计量,则

按设计数量计算;若以米计量,按设计长度计算。

(3)幕墙工程工程量计算规则(编码:011209)。带骨架幕墙工程量按设计图示框外围尺寸以面积"m²"计算,与幕墙同种材质的窗所占面积不扣除。全玻(无框玻璃)幕墙工程量按设计图示尺寸以面积"m²"计算。带肋全玻幕墙按展开面积计算。

(4)隔断工程量计算规则(编码:011210)。木隔断、金属隔断工程量按设计图示框外围尺寸以面积"m²"计算,不扣除单个≤0.3m²的孔洞所占面积,浴厕门的材质与隔断相同时,门的面积并入隔断面积内。玻璃隔断、塑料隔断工程量按设计图示框外围尺寸以面积"m²"计算,不扣除单个≤0.3m²的孔洞所占面积。成品隔断工程量若以平方米计量,则按设计图示框外围尺寸以面积计算;若以间计量,则按设计间的数量计算。其他隔断工程量按设计图示框外围尺寸以面积"m²"计算,不扣除单个≤0.3m²的孔洞所占面积。

【例4-31】某高校学术报告厅平面图示长度中线尺寸为28.46m,跨度中心线宽度尺寸为9.00m,墙厚240mm,室内地面至顶棚下表面净高度尺寸为3.88m。设计图示内墙面装饰采用"陕02J01"中"内60"编号项目施工,试计算其工程量。

【解】查阅"陕02J01"图册编号"内60"得知,该工程为"加气混凝土砌块墙"铺贴铝塑板墙面,其用料及做法要求如下:

(1)板面拼缝处理。

(2)3～4厚平面铝塑板面层,专用建筑胶粘贴。

(3)15中密度板,背面满涂氟化钠防腐剂,自攻螺丝固定。

(4)30×30木龙骨正面刨光,满涂氟化钠防腐剂,双向中距500。

(5)1.2厚水泥聚合物涂膜防潮层。

(6)墙缝原浆抹平,聚合物水泥砂浆修补墙面。

(7)扩孔钻钻孔,用聚合物水泥砂浆卧木砖,挤紧卧牢,双向中距500。

在掌握上述项目特征之后,按已知条件再进行计算,方法如下:

$$F = L_净 H_净 - \sum f$$

式中　F——墙饰面面积(m²);

$L_净$——图示墙净长度(图示中心线长度—两端墙厚)(m);

$H_净$——图示墙的净高度(m);

$\sum f$——应扣除的门窗洞口及单个0.3m²以上的孔洞面积之和。

将已知条件代入上式后运算得:

$$F = [(28.46 - 0.12×2) + (9.00 - 0.12×2)]×2×3.88 - 21.46m²$$
$$= 264.81m²(项目编码:011207001001)$$

(三)有关问题说明

1.项目特征说明

(1)墙体类型:指砖墙、石墙、混凝土墙、砌块墙以及内墙、外墙等。

(2)底层、面层的厚度应根据设计规定确定。

(3)勾缝类型指清水砖墙、砖柱的加浆勾缝(平缝或凹缝),石墙、石柱的勾缝(如:平缝、平凹缝、平凸缝、半圆凹缝、半圆凸缝和三角凸缝等)。

(4)编制镶贴面层工程量清单时,可参照以下要求进行:

1)在描述碎块项目的面层材料特征时可不用描述规格、颜色。

2)石材、块料与粘结材料的结合面刷防渗材料的种类在防护层材料种类中描述。

3)安装方式可描述为砂浆或粘结剂粘贴、挂贴、干挂等,不论哪种安装方式,都要详细描述与组价相关的内容。

(5)块料饰面板是指石材饰面板、陶瓷面砖、玻璃面砖、金属饰面板、塑料饰面板、木质饰面板等。

(6)嵌缝材料指嵌缝砂浆、嵌缝油膏、密封胶封水材料等。

(7)防护材料指石材等防碱背涂处理剂和面层防酸涂剂等。

(8)基层材料指面层内的底板材料,如:木墙裙、木护墙、木隔墙等,在龙骨上粘贴或铺钉一层加强面层的底板等。

2. 工作内容说明

(1)"抹面层"是指一般抹灰的普通抹灰(一层底层、一层面层,或不分层一遍成活),中级抹灰(一层底层、一层中间层和一层面层或一层底层、一层面层),高级抹灰(一层底层、数层中间层和一层面层)的面层。

(2)"抹装饰面"是指装饰抹灰(抹底灰、涂刷 701 胶溶液、刮或刷水泥浆液、抹中层、抹装饰面层)的面层。

3. 工程量计算及报价应注意事项

(1)墙、柱面的抹灰项目,工作内容仍包括"底层抹灰";墙、柱(梁)的镶贴块料项目,工作内容仍包括"粘结层",墙面抹灰中列有"立面砂浆抹灰"(编码:011201004)、柱梁面抹灰中列有"柱、梁面砂浆找平"(编码:011202003)、零星抹灰中列有"零星砂浆找平"(编码:011203003)项目,只适用于仅做找平层的立面抹灰。

(2)墙面抹石灰砂浆、水泥砂浆、混合砂浆、聚合物水泥砂浆、麻刀石灰浆、石膏灰浆等按"墙面抹灰"(编码:011201)中墙面一般抹灰列项;墙面水刷石、斩假石、干粘石、假面砖等按"墙面抹灰"(编码:011201)中墙面装饰抹灰列项。

(3)墙面抹灰不扣除与构件交接处的面积,是指墙与梁的交接处所占面积,不包括墙与楼板的交接。

(4)飘窗凸出外墙面增加的抹灰并入外墙工程量内。

(5)有吊顶天棚的内墙面抹灰,抹至吊顶以上部分在综合单价中考虑。

(6)柱(梁)面抹石灰砂浆、水泥砂浆、混合砂浆、聚合物水泥砂浆、麻刀石灰浆、石膏灰浆等按"柱(梁)面抹灰"(编码:011202)中柱(梁)面一般抹灰编码列项;柱(梁)面水刷石、斩假石、干粘石、假面砖等按"柱(梁)面抹灰"(编码:011202)中柱(梁)面装饰抹灰编码列项。

(7)柱的一般抹灰和装饰抹灰及勾缝,以柱断面周长乘以高度计算,柱断面周长是指结构断面周长。如矩形柱结构断面尺寸为 600mm×500mm,其断面周长(L)=(0.60+0.50)×2=2.20m。若此柱高度为 3.0m,其一般抹灰、装饰抹灰、勾缝的工程量(F)=2.20×3.0=6.60m²。

(8)零星项目抹石灰砂浆、水泥砂浆、混合砂浆、聚合物水泥砂浆、麻刀石灰浆、石膏灰浆等按"零星抹灰"(编码:011203)中零星项目一般抹灰编码列项;水刷石、斩假石、干粘石、假面砖等按"零星抹灰"(编码:011203)中零星项目装饰抹灰编码列项。

(9)柱梁面干挂石材的钢骨架、零星项目干挂石材的钢骨架、幕墙钢骨架均按"墙面块料面层"(编码:011204)中相应项目编码列项。

(10)柱(梁)面装饰工程量按设计图示外围饰面尺寸以面积计算。外围饰面尺寸是指饰面的表面尺寸。

(11)带肋全玻璃幕墙是指玻璃幕墙带玻璃肋,玻璃肋的工程量应合并在玻璃幕墙工程量内计算。

三、天棚工程

天棚也称顶棚或吊顶。天棚的构造依据房间使用要求的不同分为直接抹灰天棚和吊顶天棚两类。

《房建计算规范》中"天棚工程"共 10 个项目,包括天棚抹灰、天棚吊顶、采光天棚、天棚其他装饰等四节。

(一)工程量计算规则

1. 天棚抹灰工程量计算规则(编码:011301)

天棚抹灰工程量按设计图示尺寸以水平投影面积"m²"计算。不扣除间壁墙、垛、柱、附墙烟囱、检查口和管道所占的面积,带梁天棚的梁两侧抹灰面积并入天棚面积内,板式楼梯底面抹灰按斜面积计算,锯齿形楼梯底板抹灰按展开面积计算。

2. 天棚吊顶工程量计算规则(编码:011302)

《房建计算规范》中"天棚吊顶"包括:吊顶天棚、格栅吊顶、吊筒吊顶、藤条造型悬挂吊顶、织物软雕吊顶、装饰网架吊顶六个子目。

格栅吊顶美观大方,属高档金属吊顶,是由铝格栅板及 U 型龙骨组成。采光效果好,具有质轻、便于组装、拆卸安装方便、通风等特点。格栅表面处理为喷塑,颜色任选。格栅规格有:50mm、65mm、90mm、110mm、150mm、183mm 等(详见图 4-49)。

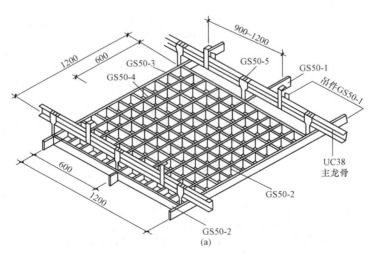

图 4-49　格栅顶棚安装及配件示意图(一)

(a)格栅吊顶安装示意图;(b)龙骨配件及格栅板示意图

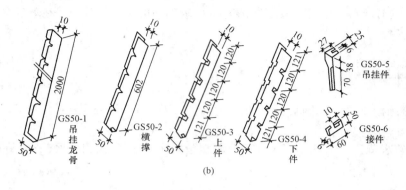

图 4-49 格栅顶棚安装及配件示意图(二)

(a)格栅吊顶安装示意图;(b)龙骨配件及格栅板示意图

吊筒吊顶新颖别致,艺术性好。具有螺栓连接、稳定性强、可以任意组合等特点。圆筒是以 A3 钢板加工而成,表面喷塑,有多种颜色。适用于购物中心、银行、大厦、宾馆、饭店、办公楼及各种大型建筑。其圆筒规格为:$D=150\sim200mm$,$H=60\sim100mm$,厚$=0.5mm$。此种天棚如图 4-50 所示。

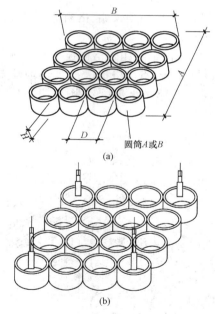

图 4-50 筒形顶棚示意图

(a)筒形吊顶示意图;(b)筒形吊顶安装示意图

注:图中筒形:A—直筒形;B—封闭形(筒壳穿孔内填吸音材料)。

天棚吊顶工程量计算方法如下:

(1)吊顶天棚工程量按设计图示尺寸以水平投影面积"m²"计算。天棚面中的灯槽及跌级、锯齿形、吊挂式、藻井式天棚面积不展开计算。不扣除间壁墙、检查口、附墙烟囱、柱垛和管道所占面积,扣除单个>0.3m²的孔洞、独立柱及与天棚相连的窗帘盒所占的面积。

(2)其他天棚吊顶工程量计算。其他天棚吊顶包括格栅吊顶、吊筒吊顶、藤条造型悬挂吊顶、织物软雕吊顶、装饰网架吊顶等,其工程量按设计图示尺寸以水平投影面积"m²"计算。

格栅吊顶适用于木格栅、金属格栅、塑料格栅等吊顶;吊筒吊顶适用于木(竹)质吊筒、金属吊筒、塑料吊筒以及圆形、矩形、扁钟形吊筒等

3. 采光天棚工程量计算规则(编码:011303)

采光天棚工程量按框外围展开面积以"m²"为计量单位计算。

4. 天棚其他装饰工程量计算规则(编码:011304)

《房建计算规范》中"天棚其他装饰"包括灯带(槽),送风口、回风口两个子目。

(1)灯带(槽)工程量按设计图示尺寸以框外围面积"m²"计算。

(2)送风口、回风口工程量按设计图示数量以"个"为计量单位计算。

【例 4-32】 某工程井字梁屋面板如图 4-51 所示,试计算其天棚抹灰工程量。

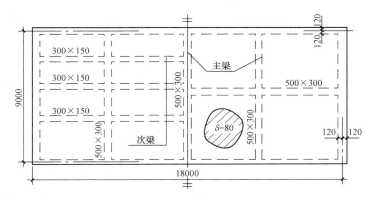

图 4-51　井字梁天棚抹灰面积计算图

【解】 已知:板厚 $\delta=80mm$,主、次梁断面尺寸分别为 $500mm \times 300mm$、$300mm \times 150mm$,其抹灰工程量为

$$F = (18.00-0.24) \times (9.00-0.24) + 0.42 \times (9.00-0.24) \times 2 \times 4 +$$
$$0.22 \times (9.00-0.195) \times 2 \times 3$$
$$= 17.76 \times 8.76 + 29.43 + 11.62$$
$$= 155.58 + 29.43 + 11.62$$
$$= 196.63 m^2$$

【例 4-33】 某工程天棚吊顶装饰施工图如图 4-52 所示。该工程装饰施工图标注天棚吊顶为"陕 02J01—棚 31",试计算该天棚吊顶的装饰工程量,并说明其项目名称、项目特征、项目编码等。

【解】 该分项工程项目清单的编制需按以下步骤进行:

(1)阅视图纸和通用图册"陕 02J01—棚 31"。

(2)列出项目名称、项目特征、项目编码等(表 4-34)。

(3)进行工程量计算(表 4-35)。

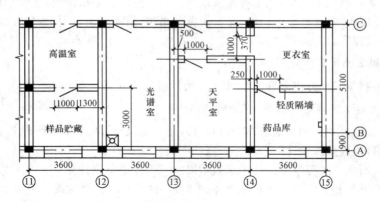

图 4-52 某工程天棚吊顶装饰施工图
注:凡未标注墙厚尺寸者墙厚均为 240mm。

表 4-35 天棚吊顶工程量计算表

项目编码	项目名称	项 目 特 征	工程量计算式
011302001001	吊顶天棚	(1)0.8～1.0 厚铝合金条板面层。 (2)条板轻钢龙骨 TG45×48,中距≤1200。 (3)U 形轻钢大龙骨[38×12×1.2],中距≤1200,与钢筋吊杆固定。 (4)φ8 钢筋吊杆,双向中距≤1200,与板底预留吊环固定。 (5)现浇板底预留 φ10 钢筋吊环,双向中距≤1200(预制板在板缝内预留)	$F=(6.00-0.24)\times$ $(3.6-0.24)\times4$ $=5.76\times3.36\times4$ $=77.41m^2$

(二)有关问题说明

1. 有关项目说明

(1)天棚的检查孔、天棚内的检修走道、灯槽等应包括在报价内。

(2)吊顶天棚的平面、跌级、锯齿形、阶梯形、吊挂式、藻井式以及矩形、弧型、拱形等应在清单项目中进行描述。

2. 项目特征说明

(1)天棚抹灰项目特征中"基层类型"是指混凝土现浇板、预制混凝土板、木板条等。

(2)吊顶天棚项目特征中"基层材料"是指底板或面层背后的加强材料,"龙骨中距"是指相邻龙骨中线之间的距离。

(3)天棚面层适用于:石膏板(包括装饰石膏板、纸面石膏板、吸声穿孔石膏板、嵌装式装饰石膏等)、埃特板、装饰吸声罩面板[包括矿棉装饰吸声板、贴塑矿(岩)棉吸声板、膨胀珍珠岩石装饰吸声制品、玻璃棉装饰吸声板等]、塑料装饰罩面板(钙塑泡沫装饰吸声板、聚苯乙烯泡沫塑料装饰吸声板、聚氯乙烯塑料天花板等)、纤维水泥加压板(包括穿孔吸声石棉水泥板、轻质硅酸钙吊顶板等)、金属装饰板(包括铝合金罩面板、金属微孔吸声板、铝合金单价构件等)、木质饰板(胶合板、薄板、板条、水泥木丝板、刨花板等)、玻璃饰面(包括镜面玻璃、镭射玻璃等)。

(4)灯带格栅有不锈钢格栅、铝合金格栅、玻璃类格栅等。

(5)送风口、回风口适用于金属、塑料、木质风口。

3．工程量计算说明

(1)天棚抹灰与吊顶天棚工程量计算规则有所不同:天棚抹灰不扣除柱垛所占面积;吊顶天棚不扣除柱垛所占面积,但应扣除独立柱所占面积。柱垛是指与墙体相连的柱而突出墙体部分。

(2)天棚吊顶应扣除与天棚吊顶相连的窗帘盒所占的面积。

4．其他有关说明

(1)采光天棚骨架不包括在采光天棚项目中,应单独按《房建计算规范》附录F金属结构工程中相关项目编码列项(参见本章第六节)。

(2)天棚装饰刷油漆、涂料以及裱糊,按《房建计算规范》附录P油漆、涂料、裱糊工程相关项目编码列项(参见本节第"四"项)。

四、油漆、涂料、裱糊工程

油漆、涂料、裱糊工程亦可称作涂装工程。涂装工程的功能主要是:①保护作用;②装饰作用;③特殊作用等。

《房建计算规范》中"油漆、涂料、裱糊工程"共36个项目,包括:门油漆,窗油漆,木扶手及其他板条、线条油漆,木材面油漆,金属面油漆,抹灰面油漆,刷喷涂料,裱糊等八节。

(一)工程量计算规则

1．门油漆工程量计算规则(编码:011401)

《房建计算规范》中"门油漆"包括木门油漆和金属门油漆两个子目。门油漆工程量若以樘计量,则按设计图示数量计算;若以平方米计量,则按设计图示洞口尺寸以面积计算。

2．窗油漆工程量计算规则(编码:011402)

《房建计算规范》中"窗油漆"包括木窗油漆和金属窗油漆两个子目。窗油漆工程量若以樘计量,则按设计图示数量计算;若以平方米计量,则按设计图示洞口尺寸以面积计算。

3．木扶手及其他板条、线条油漆工程量计算规则(编码:011403)

《房建计算规范》中"木扶手及其他板条、线条油漆"包括:木扶手油漆,窗帘盒油漆,封檐板、顺水板油漆,挂衣板、黑板框油漆,挂镜线、窗帘棍、单独木线油漆等五个项目。木扶手及其他板条、线条油漆工程量均按设计图示尺寸以长度"m"计算。

4．木材面油漆工程量计算规则(编码:011404)

《房建计算规范》中"木材面油漆"包括:木护墙、木墙裙油漆,窗台板、筒子板、盖板、门窗套、踢脚线油漆,清水板条天棚、檐口油漆,木方格吊顶天棚油漆,吸声板墙面、天棚面油漆,暖气罩油漆,其他木材面,木间壁、木隔断油漆,玻璃间壁露明墙筋油漆,木栅栏、木栏杆(带扶手)油漆,衣柜、壁柜油漆,梁柱饰面油漆,零星木装修油漆,木地板油漆,木地板烫硬蜡面等十五个子项。

木材面油漆项目中,木护墙、木墙裙油漆,窗台板、筒子板、盖板、门窗套、踢脚线油漆,清水板条天棚、檐口油漆,木方格吊顶天棚油漆,吸声板墙面、天棚面油漆,暖气罩油漆,其他木材面工程量按设计图示尺寸以面积"m^2"计算。木间壁、木隔断油漆,玻璃间壁露明墙筋油漆,木栅栏、木栏杆(带扶手)油漆工程量按设计图示尺寸以单面外围面积"m^2"计算。衣柜、壁柜油漆,梁柱饰面油漆,零星木装修油漆工程量按设计图示尺寸以油漆部分展开面积"m^2"计算。木地板油漆、木地板烫硬蜡面工程量按设计图示尺寸以面积"m²"计算,空洞、空圈、暖气包槽、壁龛的开口部分并入相应的工程量内。

5. 金属面油漆工程量计算规则(编码:011405)

金属面油漆工程量若以吨计量,按设计图示尺寸以质量计算;若以平方米计量,按设计展开面积计算。

6. 抹灰面油漆工程量计算规则(编码:011406)

《房建计算规范》中"抹灰面油漆"包括抹灰面油漆、抹灰线条油漆、满刮腻子三个子项。其中抹灰面油漆、满刮腻子工程量按设计图示尺寸以面积"m²"计算;抹灰线条油漆工程量按设计图示尺寸以长度"m"计算。

7. 刷喷涂料工程量计算规则(编码:011407)

《房建计算规范》中"刷喷涂料"包括墙面喷刷涂料,天棚喷刷涂料,空花格、栏杆刷涂料,线条刷涂料,金属构件刷防火涂料,木材构件喷刷防火涂料等六项。实际工作中常遇到的花饰主要包括有混凝土花格和金属花格两大类,而金属花格可分为黑金属花格和铝合金花格两种,如图 4-53 所示。

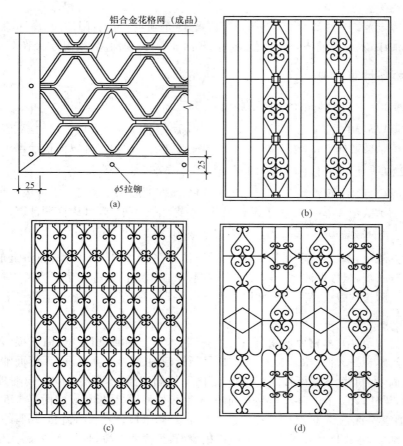

图 4-53 窗护栏金属花饰
(a)铝合金花饰;(b)、(c)、(d)黑金属花饰

刷喷涂料项目中,墙面喷刷涂料、天棚喷刷涂料工程量按设计图示尺寸以面积"m²"计算。空花格、栏杆刷涂料工程量按设计图示尺寸以单面外围面积"m²"计算。线条刷涂料工程量按设计图示尺寸以长度"m"计算。金属构件刷防火涂料工程量若以吨计量,则按设计图示尺寸以质量计算;若以平方米计量,则按设计展开面积计算。木材构件喷刷防火涂料工程量以平方米计量,按设计图示尺寸以面积计算。

8. 裱糊工程量计算规则(编码:011408)

《房建计算规范》中"裱糊"包括墙纸裱糊和织锦缎裱糊两个子项。裱糊工程量均按设计图示尺寸以面积"m²"计算。

(二)有关问题说明

1. 项目特征说明

(1)门类型应分镶板门、木板门、胶合板门、装饰实木门、木纱门、木质防火门、连窗门、平开门、推拉门、单扇门、双扇门、带纱门、全玻门(带木扇框)、半玻门、半百叶门、全百叶门以及带亮子、不带亮子、有门框、无门框和单独门框等油漆。

(2)窗类型应分平开窗、推拉窗、提拉窗、固定窗、空花窗、百叶窗以及单扇窗、双扇窗、多扇窗、单层窗、双层窗、带亮子、不带亮子等。

(3)腻子种类分石膏油腻子(熟桐油、石膏粉、适量水)、胶腻子(大白、色粉、羧甲基纤维素)、漆片腻子(漆片、酒精、石膏粉、适量色粉)、油腻子(矾石粉、桐油、脂肪酸、松香)等。

(4)刮腻子要求,分刮腻子遍数(道数)或满刮腻子或找补腻子等。

(5)喷刷墙面涂料部位要注明内墙或外墙。

2. 工程量计算说明

(1)楼梯木扶手工程量按中心线斜长计算,弯头长度应计算在扶手长度内。

(2)博风板工程量按中心线斜长计算,有大刀头的每个大刀头增加长度50cm。

(3)木板、纤维板、胶合板油漆,单面油漆按单面面积计算,双面油漆按双面面积计算。

(4)木护墙、木墙裙油漆按垂直投影面积计算。

(5)台板、筒子板、盖板、门窗套、踢脚线油漆按水平或垂直投影面积(门窗套的贴脸板和筒子板垂直投影面积合并)计算。

(6)清水板条天棚、檐口油漆、木方格吊顶天棚油漆以水平投影面积计算,不扣除孔洞面积。

(7)暖气罩油漆,垂直面按垂直投影面积计算,突出墙面的水平面按水平投影面积计算,不扣除孔洞面积。

(8)工程量以面积计算的油漆、涂料项目,线角、线条、压条等不展开。

3. 其他相关问题说明

(1)木门油漆应区分木大门、单层木门、双层(一玻一纱)木门、双层(单裁口)木门、全玻自由门、半玻自由门、装饰门及有框门或无框门等项目,分别编码列项;金属门油漆应区分平开门、推拉门、钢制防火门等项目,分别编码列项。

(2)木窗油漆应区分单层木窗、双层(一玻一纱)木窗、双层框扇(单裁口)木窗、双层框三层(二玻一纱)木窗、单层组合窗、双层组合窗、木百叶窗、木推拉窗等项目,分别编码列项;金属窗油漆应区分平开窗、推拉窗、固定窗、组合窗、金属隔栅窗等项目,分别编码列项。

(3)木门油漆、木窗油漆以平方米计量,项目特征可不必描述洞口尺寸。

(4)木扶手油漆应区分带托板与不带托板,分别编码列项,若是木栏杆带扶手,木扶手不应单独列项,应包含在木栏杆油漆中。

(5)抹灰面的油漆、涂料,应注意基层的类型,如:一般抹灰墙柱面与拉条灰、拉毛灰、甩毛灰等油漆、涂料的耗工量与材料消耗量的不同。

(6)空花格、栏杆刷涂料工程量按外框单面垂直投影面积计算,注意其展开面积工料消耗应包括在报价内。

(7)墙纸和织锦缎的裱糊,应注意要求对花还是不对花①。

① 墙纸一般都印有花纹,有的为单色花纹,有的为图案花纹。在裱贴图案花纹时,应先对图案进行拼幅,令其左右拼幅图案吻合,使图案具有完整性及连续性,这一操作称为对花。对于有单色花纹的不需要拼花者,称为不对花。

五、其他装饰工程

《房建计算规范》中"其他装饰工程"共62个项目,包括:柜类、货架,压条、装饰线,扶手、栏杆、栏板装饰,暖气罩,浴厕配件,雨篷、旗杆,招牌、灯箱,美术字等八节。

(一)工程量计算规则

1. 柜类、货架工程量计算规则(编码:011501)

《房建计算规范》中"柜类、货架"包括:柜台、酒柜、衣柜、存包柜、鞋柜、书柜、厨房壁柜、木壁柜、厨房低柜、厨房吊柜、矮柜、吧台背柜、酒吧吊柜、酒吧台、展台、收银台、试衣间、货架、书架、服务台等二十个子项。柜类、货架工程量若以个计量,则按设计图示数量计算;若以米计量,则按设计图示尺寸以延长米计算;若以立方米计量,则按设计图示尺寸以体积计算。

台柜项目以"个"计算,应按设计图纸或说明,包括台柜、台面材料(石材、皮草、金属、实木等)、内隔板材料、连接件、配件等,均应包括在报价内。

2. 压条、装饰线工程量计算规则(编码:011502)

《房建计算规范》中"压条、装饰线"包括金属装饰线、木质装饰线、石材装饰线、石膏装饰线、镜面玻璃线、铝塑装饰线、塑料装饰线、GRC装饰线条等八个子项。压条、装饰线工程量均按设计图示尺寸以长度"m"计算。

3. 扶手、栏杆、栏板装饰工程量计算规则(编码:011503)

扶手、栏杆或栏板是楼梯的安全围护构件,设置在楼梯或平台临空的一侧。栏杆(栏板)的上端为扶手,供人们行走时扶持和人多拥挤时倚靠。栏杆(栏板)和扶手组合后,能抵抗一定的水平推力。较宽的楼梯还应在楼段中间及靠墙一侧设置扶手。扶手、栏杆、栏板的不同形式、不同构造具有一定的装饰美化作用。

《房建计算规范》中"扶手、栏杆、栏板装饰"包括金属扶手、栏杆、栏板,硬木扶手、栏杆、栏板,塑料扶手、栏杆、栏板,GRC栏杆、扶手,金属靠墙扶手,硬木靠墙扶手,塑料靠墙扶手,玻璃栏板等八个子项。扶手、栏杆、栏板装饰工程量均按设计图示尺寸以扶手中心线长度(包括弯头长度)"m"计算。

4. 暖气罩工程量计算规则(编码:011504)

《房建计算规范》中"暖气罩"包括饰面板暖气罩、塑料板暖气罩、金属暖气罩三个子项。暖气罩工程量按设计图示尺寸以垂直投影面积(不展开)计算。

5. 浴厕配件工程量计算规则(编码:011505)

《房建计算规范》中"浴厕配件"包括洗漱台、晒衣架、帘子杆、浴缸拉手、卫生间扶手、毛巾杆(架)、毛巾环、卫生纸盒、肥皂盒、镜面玻璃、镜箱等十一个子项。

浴厕配件项目中,洗漱台工程量若以平方米计量,则按设计图示尺寸以台面外接矩形面积计算,不扣除孔洞、挖弯、削角所占面积,挡板、吊沿板面积并入台面面积内;若以个计量,则按设计图示数量计算。晒衣架、帘子杆、浴缸拉手、卫生间扶手、毛巾杆(架)、毛巾环、卫生纸盒、肥皂盒、镜箱工程量按设计图示数量以"个(套、副)"为计量单位计算。镜面玻璃工程量按设计图示尺寸以边框外围面积"m²"计算。

6. 雨篷、旗杆工程量计算规则(编码:011506)

《房建计算规范》中"雨篷、旗杆"包括雨篷吊挂饰面、金属旗杆、玻璃雨篷三个子项。其中,雨篷吊挂饰面工程量按设计图示尺寸以水平投影面积"m²"计算;金属旗杆工程量按设计图示数量以"根"为计量单位计算;玻璃雨篷工程量按设计图示尺寸以水平投影面积"m²"计算。

7. 招牌、灯箱工程量计算规则(编码:011507)

《房建计算规范》中"招牌、灯箱"包括平面、箱式招牌,竖式标箱,灯箱,信报箱四个子项。其中,平面、箱式招牌工程量按设计图示尺寸以正立面边框外围面积"m²"计算,复杂形的凸凹造型部分不增加面积;竖式标箱、灯箱、信报箱工程量按设计图示数量以"个"为计量单位计算。

8. 美术字工程量计算规则(编码:011508)

《房建计算规范》中"美术字"包括泡沫塑料字、有机玻璃字、木质字、金属字、吸塑字五个子项。其工程量均按设计图示数量以"个"为计量单位计算。

(二)有关问题说明

1. 有关项目说明

(1)厨房壁柜和厨房吊柜以嵌入墙内为壁柜,以支架固定在墙上的为吊柜。

(2)压条、装饰线项目已包括在门扇、墙柱面、天棚等项目内的,不再单独列项。

(3)洗漱台项目适用于石质(天然石材、人造石材等)、玻璃等。

(4)旗杆的砌砖或混凝土台座,台座的饰面可按相关项目另行编码列项,也可纳入旗杆报价内。

(5)美术字不分字体,按大小规格分类。

(6)柜类、货架、涂刷配件、雨篷、旗杆、招牌、灯箱、美术字等单件项目,工作内容中包括了"刷油漆",主要考虑整体性,不得单独将油漆分离,单列油漆清单项目;其他项目的工作内容中没有包括"刷油漆",可单独按《房建计算规范》附录P油漆、涂料、裱糊工程相关项目编码列项。

(7)凡栏杆、栏板含扶手的项目,不得单独将扶手进行编码列项。

2. 项目特征说明

(1)台柜的规格以能分离的成品单体长、宽、高来表示,如:一个组合书柜分上下两部分,下部为独立的矮柜,上部为敞开式的书柜,可以上、下两部分标注尺寸。

(2)镜面玻璃和灯箱等的基层材料是指玻璃背后的衬垫材料,如:胶合板、油毡等。

(3)装饰线和美术字的基层类型是指装饰线、美术字依托体的材料,如砖墙、木墙、石墙、混凝土墙、墙面抹灰、钢支架等。

(4)旗杆高度指旗杆台座上表面至杆顶的尺寸(包括球珠)。

(5)美术字的字体规格以字的外接矩形长、宽和字的厚度表示。固定方式指粘贴、焊接以及铁钉、螺栓、铆钉固定等方式。

3. 工程量计算说明

(1)柜台工程量以"个"计算,即能分离的同规格的单体个数计算,如:柜台有同规格为

1500mm×400mm×1200mm 的 5 个单体,另有一个柜台规格为 1500mm×400mm×1150mm,台底安装胶轮 4 个,以便柜台内营业员由此出入,这样 1500mm×400mm×1200mm 规格的柜台数为 5 个,1500mm×400mm×1150mm 柜台数为 1 个。

(2)洗漱台放置洗面盆的地方必须挖洞,根据洗漱台摆放的位置有些还需选形,产生挖弯、削角,为此洗漱台的工程量按外接矩形计算。挡板指镜面玻璃下边沿至洗漱台面和侧墙与台面接触部位的竖挡板(一般挡板与台面使用同种材料品种,不同材料品种应另行计算)。吊沿指台面外边沿下方的竖挡板。挡板和吊沿均以面积并入台面面积内计算。

六、拆除工程

《房建计算规范》中"拆除工程"共 37 个项目,包括:砖砌体拆除,混凝土及钢筋混凝土构件拆除,木构件拆除,抹灰层拆除,块料面层拆除,龙骨及饰面拆除,屋面拆除,铲除油漆涂料裱糊面,栏杆栏板、轻质隔断隔墙拆除,门窗拆除,金属构件拆除,管道及卫生洁具拆除,灯具、玻璃拆除,其他构件拆除,开孔(打洞)等十五节,适用于房屋工程的维修、加固、二次装修前的拆除,不适用于房屋的整体拆除。

(一)工程量计算规则

1. 砖砌体拆除工程量计算规则(编码:011601)

砖砌体拆除工程量若以立方米计量,则按拆除的体积计算;若以米计量,则按拆除的延长米计算。

2. 混凝土及钢筋混凝土构件拆除工程量计算规则(编码:011602)

《房建计算规范》中"混凝土及钢筋混凝土构件拆除"包括混凝土构件拆除和钢筋混凝土构件拆除两个子项。混凝土及钢筋混凝土构件拆除工程量若以立方米计量,则按拆除构件的混凝土体积计算;若以平方米计量,则按拆除部位的面积计算;若以米计量,则按拆除部位的延长米计算。

3. 木构件拆除工程量计算规则(编码:011603)

木构件拆除工程量若以立方米计量,则按拆除构件的体积计算;若以平方米计量,则按拆除面积计算;若以米计量,则按拆除延长米计算。

4. 抹灰层拆除工程量计算规则(编码:011604)

《房建计算规范》中"抹灰层拆除"包括平面抹灰层拆除、立面抹灰层拆除、天棚抹灰面拆除三个子项。抹灰层拆除工程量均按拆除部位的面积以"m²"为计量单位计算。

5. 块料面层拆除工程量计算规则(编码:011605)

《房建计算规范》中"块料面层拆除"包括平面块料拆除、立面块料拆除两个子项。块料面层拆除工程量均按拆除面积以"m²"为计量单位计算。

6. 龙骨及饰面拆除工程量计算规则(编码:011606)

《房建计算规范》中"龙骨及饰面拆除"包括楼地面龙骨及饰面拆除、墙柱面龙骨及饰面拆除、天棚面龙骨及饰面拆除三个子项。龙骨及饰面拆除工程量均按拆除面积以"m²"为计量单位计算。

7. 屋面拆除工程量计算规则(编码:011607)

《房建计算规范》中"铲除油漆涂料裱糊面"包括刚性层拆除、防水层拆除两个子项。屋面拆除工程量均按铲除部位的面积以"m²"为计量单位计算。

8. 铲除油漆涂料裱糊面工程量计算规则(编码:011608)

《房建计算规范》中"铲除油漆涂料裱糊面"包括铲除油漆面、铲除涂料面、铲除裱糊面三个子项。铲除油漆涂料裱糊面工程量若以平方米计量,则按铲除部位的面积计算;若以米计量,则按铲除部位的延长米计算。

9. 栏杆栏板、轻质隔断隔墙拆除工程量计算规则(编码:011609)

《房建计算规范》中"栏杆栏板、轻质隔断隔墙拆除"包括栏杆、栏板拆除和隔断隔墙拆除两个子项。其中栏杆、栏板拆除工程量若以平方米计量,则按拆除部位的面积计算;若以米计量,则按拆除的延长米计算。隔断隔墙拆除工程量按拆除部位的面积以"m²"为计量单位计算。

10. 门窗拆除工程量计算规则(编码:011610)

《房建计算规范》中"门窗拆除"包括木门窗拆除和金属门窗拆除两个项目。门窗拆除工程量若以平方米计量,则按拆除面积计算;若以樘计量,则按拆除樘数计算。

11. 金属构件拆除工程量计算规则(编码:011611)

《房建计算规范》中"金属构件拆除"包括钢梁拆除,钢柱拆除,钢网架拆除,钢支撑、钢墙架拆除,其他金属构件拆除五个子项。其中钢梁拆除,钢柱拆除,钢支撑、钢墙架拆除,其他金属构件拆除工程量若以吨计量,则按拆除构件的质量计算;若以米计量,则按拆除延长米计算。钢网架拆除工程量按拆除构件的质量以"t"为计量单位计算。

12. 管道及卫生洁具拆除工程量计算规则(编码:011612)

《房建计算规范》中"管道及卫生洁具拆除"包括管道拆除和卫生洁具拆除两个子项。其中管道拆除工程量按拆除管道的延长米以"m"为计量单位计算;卫生洁具拆除工程量按拆除的数量以"个(套)"为计量单位计算。

13. 灯具、玻璃拆除工程量计算规则(编码:011613)

《房建计算规范》中"灯具、玻璃拆除"包括灯具拆除和玻璃拆除两个子项。其中灯具拆除工程量按拆除的数量以"套"为计量单位计算;玻璃拆除工程量按拆除的面积以"m²"为计量单位计算。

14. 其他构件拆除工程量计算规则(编码:011614)

《房建计算规范》中"其他构件拆除"包括暖气罩拆除、柜体拆除、窗台板拆除、筒子板拆除、窗帘盒拆除、窗帘轨拆除六个子项。其中暖气罩拆除、柜体拆除工程量若以个为单位计量,则按拆除个数计算;若以米为单位计量,则按拆除延长米计算。窗台板拆除、筒子板拆除工程量若以块计量,则按拆除数量计算;若以米计量,则按拆除的延长米计算。

15. 开孔(打洞)工程量计算规则(编码:011615)

开孔(打洞)工程量按数量以"个"为计量单位计算。

(二)有关问题说明

1. 砖砌体拆除有关问题说明

(1)砌体名称指墙、柱、水池等。

(2)砌体表面的附着物种类指抹灰层、块料层、龙骨及装饰面层等。

(3)以米计量,如砖地沟、砖明沟等必须描述拆除部位的截面尺寸;以立方米计量,截面尺寸则不必描述。

2. 混凝土及钢筋混凝土构件拆除有关问题说明

(1)以立方米作为计量单位时,可不描述构件的规格尺寸;以平方米作为计量单位时,则应描述构件的厚度;以米作为计量单位时,则必须描述构件的规格尺寸。

(2)构件表面的附着物种类指抹灰层、块料层、龙骨及装饰面层等。

3. 木构件拆除有关问题说明

(1)拆除木构件应按木梁、木柱、木楼梯、木屋架、承重木楼板等分别在构件名称中描述。

(2)以立方米作为计量单位时,可不描述构件的规格尺寸,以平方米作为计量单位时,则应描述构件的厚度,以米作为计量单位时,则必须描述构件的规格尺寸。

(3)构件表面的附着物种类指抹灰层、块料层、龙骨及装饰面层等。

4. 抹灰层拆除有关问题说明

(1)单独拆除抹灰层应按本项中的项目编码列项。

(2)抹灰层种类可描述为一般抹灰或装饰抹灰。

5. 块料面层拆除有关问题说明

(1)如仅拆除块料层,拆的基层类型不用描述。

(2)拆除的基层类型的描述指砂浆层、防水层、干挂或挂贴所采用的钢骨架层等。

6. 龙骨及饰面拆除有关问题说明

(1)基层类型的描述指砂浆层、防水层等。

(2)如仅拆除龙骨及饰面,拆的基层类型不用描述。

(3)如只拆除饰面,不用描述龙骨材料种类。

7. 铲除油漆涂料裱糊面有关问题说明

(1)单独铲除油漆涂料裱糊面的工程按本项中的项目编码列项。

(2)铲除部位名称的描述指墙面、柱面、天棚、门窗等。

(3)按米计量,必须描述铲除部位的截面尺寸;以平方米计量时,则不用描述铲除部位的截面尺寸。

8. 栏杆栏板、轻质隔断隔墙拆除有关问题说明

以平方米计量,不用描述栏杆(板)的高度。

9. 门窗拆除有关问题说明

门窗拆除以平方米计量,不用描述门窗的洞口尺寸。室内高度指室内楼地面至门窗的上边框。

10. 灯具、玻璃拆除有关问题说明

拆除部位的描述指门窗玻璃、隔断玻璃、墙玻璃、家具玻璃等。

11. 其他构件拆除有关问题说明

双轨窗帘轨拆除按双轨长度分别计算工程量。

12. 开孔(打洞)有关问题说明

(1)部位可描述为墙面或楼板。

(2)打洞部位材质可描述为页岩砖或空心砖或钢筋混凝土等。

第十二节　措施项目工程量计算

一、脚手架工程(编码:011701)

脚手架是指为施工作业需要所搭设的架子。随着脚手架品种和多功能用途的发展,现已扩展为使用脚手架材料(杆件、配件和构件)所搭设的、用于施工要求的各种临时性构架。

1.脚手架的分类与构造

(1)脚手架主要有以下几种分类方法:

1)按用途分为操作(作业)脚手架、防护用脚手架、承重支撑用脚手架。

2)按构架方式分为杆件组合式脚手架、框架组合式脚手架、格构件组合式脚手架和台架。

3)按设置形式分为单排脚手架、双排脚手架、多排脚手架、满堂脚手架、满高脚手架、交圈(周边)脚手架和特形脚手架。

4)按脚手架的支固方式分为落地式脚手架、悬挑脚手架、附墙悬挂脚手架、悬吊脚手架、附着升降脚手架和水平移动脚手架。

5)按脚手架平、立杆的连接方式分为承插式脚手架、扣接式脚手架和销栓式脚手架。

6)按脚手架材料分为竹脚手架、木脚手架和钢管或金属脚手架。

(2)扣件式钢管外脚手架构造形式如图4-54所示。其相邻立杆接头位置应错开布置在不同的步距内,与相近大横杆的距离不宜大于步距的1/3,上下横杆的接长位置也应错开布置在不同的立杆纵距中,与相邻立杆的距离不大于纵距的1/3(图4-55)。

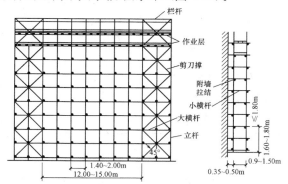

图4-54　扣件式钢管外脚手架

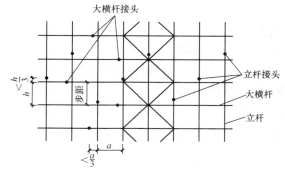

图4-55　立杆、大横杆的接头位置

2. 工程量计算规则

脚手架工程工程量计算规则见表 4-36。

表 4-36　　　　　　　　　　　脚手架工程(编码:011701)

项目编码	项目名称	项目特征	计量单位	工程量计算规则	工程内容
011701001	综合脚手架	1. 建筑结构形式 2. 檐口高度	m²	按建筑面积计算	1. 场内、场外材料搬运 2. 搭、拆脚手架、斜道、上料平台 3. 安全网的铺设 4. 选择附墙点与主体连接 5. 测试电动装置、安全锁等 6. 拆除脚手架后材料的堆放
011701002	外脚手架	1. 搭设方式 2. 搭设高度 3. 脚手架材质		按所服务对象的垂直投影面积计算	1. 场内、场外材料搬运 2. 搭、拆脚手架、斜道、上料平台 3. 安全网的铺设 4. 拆除脚手架后材料的堆放
011701003	里脚手架				
011701004	悬空脚手架	1. 搭设方式 2. 悬挑宽度 3. 脚手架材质		按搭设的水平投影面积计算	
011701005	挑脚手架		m	按搭设长度乘以搭设层数以延长米计算	
011701006	满堂脚手架	1. 搭设方式 2. 搭设高度 3. 脚手架材质		按搭设的水平投影面积计算	
011701007	整体提升架	1. 搭设方式及启动装置 2. 搭设高度	m²	按所服务对象的垂直投影面积计算	1. 场内、场外材料搬运 2. 选择附墙点与主体连接 3. 搭、拆脚手架、斜道、上料平台 4. 安全网的铺设 5. 测试电动装置、安全锁等 6. 拆除脚手架后材料的堆放
011701008	外装饰吊篮	1. 升降方式及启动装置 2. 搭设高度及吊篮型号			1. 场内、场外材料搬运 2. 吊篮的安装 3. 测试电动装置、安全锁、平衡控制器等 4. 吊篮的拆卸

3. 工程量计算及报价应注意事项

(1)使用综合脚手架时,不再使用外脚手架、里脚手架等单项脚手架;综合脚手架适用于能够按"建筑面积计算规则"计算建筑面积的建筑工程脚手架,不适用于房屋加层、构筑物及附属工程脚手架。

(2)同一建筑物有不同檐高时,按建筑物竖向切面分别按不同檐高编列清单项目。

(3)整体提升架已包括 2m 高的防护架体设施。

(4)脚手架材质可以不描述,但应注明由投标人根据工程实际情况按照国家现行标准《建筑施工扣件式钢管脚手架安全技术规范》(JGJ 130)、《建筑施工附着升降脚手架管理暂行规定》(建建[2000]230 号)等规范自行确定。

二、混凝土模板及支架(撑)(编码:011702)

1. 工程量计算规则

混凝土模板及支架(撑)工程量计算规则见表 4-37。

表 4-37　　　　　　　　混凝土模板及支架(撑)(编码:011702)

项目编码	项目名称	项目特征	计量单位	工程量计算规则	工程内容
011702001	基础	基础类型	m²	按模板与现浇混凝土构件的接触面积计算 1.现浇钢筋混凝土墙、板单孔面积≤0.3m²的孔洞不予扣除,洞侧壁模板亦不增加;单孔面积>0.3m²时应予扣除,洞侧壁模板面积并入墙、板工程量内计算 2.现浇框架分别按梁、板、柱有关规定计算;附墙柱、暗梁、暗柱并入墙内工程量内计算 3.柱、梁、墙、板相互连接的重叠部分,均不计算模板面积 4.构造柱按图示外露部分计算模板面积	1.模板制作 2.模板安装、拆除、整理堆放及场内外运输 3.清理模板粘结物及模内杂物、刷隔离剂等
011702002	矩形柱				
011702003	构造柱				
011702004	异形柱	柱截面形状			
011702005	基础梁	梁截面形状			
011702006	矩形梁	支撑高度			
011702007	异形梁	1.梁截面形状 2.支撑高度			
011702008	圈梁				
011702009	过梁				
011702010	弧形、拱形梁	1.梁截面形状 2.支撑高度			
011702011	直形墙				
011702012	弧形墙				
011702013	短肢剪力墙、电梯井壁				
011702014	有梁板	支撑高度			
011702015	无梁板				
011702016	平板				
011702017	拱板				
011702018	薄壳板				
011702019	空心板				
011702020	其他板				
011702021	栏板				
011702022	天沟、檐沟	构件类型		按模板与现浇混凝土构件的接触面积计算	
011702023	雨篷、悬挑板、阳台板	1.构件类型 2.板厚度		按图示外挑部分尺寸的水平投影面积计算,挑出墙外的悬臂梁及板边不另计算	
011702024	楼梯	类型		按楼梯(包括休息平台、平台梁、斜梁和楼层板的连接梁)的水平投影面积计算,不扣除宽度≤500mm的楼梯井所占面积,楼梯踏步、踏步板、平台梁等侧面模板不另计算,伸入墙内部分亦不增加	
011702025	其他现浇构件	构件类型		按模板与现浇混凝土构件的接触面积计算	
011702026	电缆沟、地沟	1.沟类型 2.沟截面		按模板与电缆沟、地沟接触的面积计算	
011702027	台阶	台阶踏步宽		按图示台阶水平投影面积计算,台阶端头两侧不另计算模板面积。架空式混凝土台阶,按现浇楼梯计算	
011702028	扶手	扶手断面尺寸		按模板与扶手的接触面积计算	
011702029	散水			按模板与散水的接触面积计算	
011702030	后浇带	后浇带部位		按模板与后浇带的接触面积计算	
011702031	化粪池	1.化粪池部位 2.化粪池规格		按模板与混凝土接触面积计算	
011702032	检查井	1.检查井部位 2.检查井规格			

2. 工程量计算及报价应注意事项

(1)原槽浇灌的混凝土基础,不计算模板。

(2)混凝土模板及支撑(架)项目,只适用于以平方米计量,按模板与混凝土构件的接触面积计算。以立方米计量的模板及支撑(支架),按混凝土及钢筋混凝土实体项目执行,其综合单价中应包含模板及支撑(支架)。

(3)采用清水模板时,应在特征中注明。

(4)若现浇混凝土梁、板支撑高度超过 3.6m 时,项目特征应描述支撑高度。

三、垂直运输(编码:011703)

1. 工程量计算规则

垂直运输工程量计算规则见表 4-38。

表 4-38　　　　　　　　　　垂直运输(编码:011703)

项目编码	项目名称	项目特征	计量单位	工程量计算规则	工程内容
011703001	垂直运输	1. 建筑物建筑类型及结构形式 2. 地下室建筑面积 3. 建筑物檐口高度、层数	1. m² 2. 天	1. 按建筑面积计算 2. 按施工工期日历天数计算	1. 垂直运输机械的固定装置、基础制作、安装 2. 行走式垂直运输机械轨道的铺设、拆除、摊销

2. 工程量计算及报价应注意事项

(1)建筑物的檐口高度是指设计室外地坪至檐口滴水的高度(平屋顶是指屋面板底高度),突出主体建筑物屋顶的电梯机房、楼梯出口间、水箱间、瞭望塔、排烟机房等不计入檐口高度。

(2)垂直运输指施工工程在合理工期内所需垂直运输机械。

(3)同一建筑物有不同檐高时,按建筑物的不同檐高做纵向分割,分别计算建筑面积,以不同檐高分别编码列项。

四、超高施工增加(编码:011704)

1. 工程量计算规则

超高施工增加工程量计算规则见表 4-39。

表 4-39　　　　　　　　　　超高施工增加(编码:011704)

项目编码	项目名称	项目特征	计量单位	工程量计算规则	工程内容
011704001	超高施工增加	1. 建筑物建筑类型及结构形式 2. 建筑物檐口高度、层数 3. 单层建筑物檐口高度超过 20m,多层建筑物超过 6 层部分的建筑面积	m²	按建筑物超高部分的建筑面积计算	1. 建筑物超高引起的人工工效降低以及由于人工工效降低引起的机械降效 2. 高层施工用水加压水泵的安装、拆除及工作台班 3. 通信联络设备的使用及摊销

2. 工程量计算及报价应注意事项

(1)单层建筑物檐口高度超过 20m,多层建筑物超过 6 层时,可按超高部分的建筑面积计算超高施工增加。计算层数时,地下室不计入层数。

(2)同一建筑物有不同檐高时,可按不同高度的建筑面积分别计算建筑面积,以不同檐高分别编码列项。

五、大型机械设备进出场及安拆(编码:011705)

大型机械设备进出场及安拆工程量计算规则见表 4-40。

表 4-40　　　　　大型机械设备进出场及安拆(编码:011705)

项目编码	项目名称	项目特征	计量单位	工程量计算规则	工程内容
011705001	大型机械设备进出场及安拆	1.机械设备名称 2.机械设备规格型号	台次	按使用机械设备的数量计算	1.安拆费包括施工机械、设备在现场进行安装拆卸所需人工、材料、机械和试运转费用以及机械辅助设施的折旧、搭设、拆除等费用 2.进出场费包括施工机械、设备整体或分体自停放地点运至施工现场或由一施工地点运至另一施工地点所发生的运输、装卸、辅助材料等费用

六、施工排水、降水(编码:011706)

1. 工程量计算规则

施工排水、降水工程量计算规则见表 4-41。

表 4-41　　　　　　　施工排水、降水(编码:011706)

项目编码	项目名称	项目特征	计量单位	工程量计算规则	工程内容
011706001	成井	1.成井方式 2.地层情况 3.成井直径 4.井(滤)管类型、直径	m	按设计图示尺寸以钻孔深度计算	1.准备钻孔机械、埋设护筒、钻机就位;泥浆制作、固壁;成孔、出渣、清孔等 2.对接上、下井管(滤管),焊接,安放,下滤料,洗井,连接试抽等
011706002	排水、降水	1.机械规格型号 2.降排水管规格	昼夜	按排、降水日历天数计算	1.管道安装、拆除,场内搬运等 2.抽水、值班、降水设备维修等

2. 工程量计算及报价应注意事项

(1)相应专项设计不具备时,可按暂估量计算。

(2)临时排水沟、排水设施安砌、维修、拆除,已包含在安全文明施工中,不包括在施工排水、降水措施项目中。

七、安全文明施工及其他措施项目(编码:011707)

安全文明施工及其他措施项目工作内容及包括范围见表 4-42。

表 4-42　　　　　　　　安全文明施工及其他措施项目(编码:011707)

项目编码	项目名称	工作内容及包含范围
011707001	安全文明施工	1. 环境保护:现场施工机械设备降低噪声、防扰民措施;水泥和其他易飞扬细颗粒建筑材料密闭存放或采取覆盖措施等;工程防扬尘洒水;土石方、建渣外运车辆防护措施等;现场污染源的控制、生活垃圾清理外运、场地排水排污措施;其他环境保护措施。 2. 文明施工:"五牌一图";现场围挡的墙面美化(包括内外粉刷、刷白、标语等)、压顶装饰;现场厕所便槽刷白、贴面砖,水泥砂浆地面或地砖,建筑物内临时便溺设施;其他施工现场临时设施的装饰装修、美化措施;现场生活卫生设施;符合卫生要求的饮水设备、淋浴、消毒等设施;生活用洁净燃料;防煤气中毒、防蚊虫叮咬等措施;施工现场操作场地的硬化;现场绿化、治安综合治理;现场配备医药保健器材、物品和急救人员培训;现场工人的防暑降温、电风扇、空调等设备及用电;其他文明施工措施。 3. 安全施工:安全资料、特殊作业专项方案的编制,安全施工标志的购置及安全宣传、"三宝"(安全帽、安全带、安全网)、"四口"(楼梯口、电梯井口、通道口、预留洞口)、"五临边"(阳台围边、楼板围边、屋面围边、槽坑围边、卸料平台两侧),水平防护架、垂直防护架、外架封闭等防护;施工安全用电,包括配电箱三级配电、两级保护装置要求、外电防护措施;起重机、塔吊等起重设备(含井架、门架)及外用电梯的安全防护措施(含警示标志)及卸料平台的临边防护、层间安全门、防护棚等设施;建筑工地起重机械的检验检测;施工机具防护棚及其围栏的安全保护设施;施工安全防护通道;工人的安全防护用品、用具购置;消防设施与消防器材的配置;电气保护、安全照明设施;其他安全防护措施。 4. 临时设施:施工现场采用彩色、定型钢板,砖、混凝土砌块等围挡的安砌、维修、拆除;施工现场临时建筑物、构筑物的搭设、维修、拆除,如临时宿舍、办公室、食堂、厨房、厕所、诊疗所、临时文化福利用房、临时仓库、加工厂、搅拌台、临时简易水塔、水池等;施工现场临时设施的搭设、维修、拆除,如临时供水管道、临时供电管线、小型临时设施等;施工现场规定范围内临时简易道路铺设,临时排水沟、排水设施安砌、维修、拆除;其他临时设施搭设、维修、拆除
011707002	夜间施工	1. 夜间固定照明灯具和临时可移动照明灯具的设置、拆除。 2. 夜间施工时,施工现场交通标志、安全标牌、警示灯等的设置、移动、拆除。 3. 包括夜间照明设备及照明用电、施工人员夜班补助、夜间施工劳动效率降低等
011707003	非夜间施工照明	为保证工程施工正常进行,在地下室等特殊施工部位施工时所采用的照明设备的安拆、维护及照明用电等
011707004	二次搬运	由于施工场地条件限制而发生的材料、成品、半成品等一次运输不能到达堆放地点,必须进行的二次或多次搬运
011707005	冬雨季施工	1. 冬雨(风)季施工时增加的临时设施(防寒保温、防雨、防风设施)的搭设、拆除。 2. 冬雨(风)季施工时,对砌体、混凝土等采用的特殊加温、保温和养护措施。 3. 冬雨(风)季施工时,施工现场的防滑处理、对影响施工的雨雪的清除。 4. 包括冬雨(风)季施工时增加的临时设施、施工人员的劳动保护用品、冬雨(风)季施工劳动效率降低等
011707006	地上、地下设施、建筑物的临时保护设施	在工程施工过程中,对已建成的地上、地下设施和建筑物进行的遮盖、封闭、隔离等必要的保护措施
011707007	已完工程及设备保护	对已完工程及设备采取的覆盖、包裹、封闭、隔离等必要的保护措施

第十三节　建筑工程建筑面积计算

为了使建筑面积的计算更加科学合理,完善和统一建筑面积的计算范围和计算方法,国家工程建设行政主管部门结合我国建筑市场发展的需要,对1995年发布的《建筑面积计算规则》进行了修订,并于2005年4月15日以原建设部公告第326号予以发布,批准《建筑工程建筑面积计算规范》为国家标准,编号为GB/T 50353—2005,自2005年7月1日起实施。

一、计算建筑面积的意义

建筑面积是指建筑物各层水平面积的总和。建筑面积包括使用面积、辅助面积和结构面积。

使用面积是指建筑物各层平面布置中可直接为生产或生活使用的净面积总和。

辅助面积是指建筑物各层中不直接为生产或生活使用的室内空间净面积,以住宅建筑为例,它主要包括过道、厨房、卫生间、厕所、起居室、贮藏室等。

结构面积是指建筑物各层平面布置中的墙体、柱体等结构构件所占面积的总和。

建筑面积－结构面积＝净面积。

使用面积＋辅助面积＝有效面积。

因此,正确地计算建筑工程建筑面积,具有以下重要意义:

(1)是国家衡量国民经济建设规模的重要指标之一。

(2)是衡量人民物质生活条件、水平的重要依据之一。

(3)是工程造价人员编制初步设计概算选用概算指标的依据。

(4)是工程造价人员编制工程量清单、计算有关分部分项工程量的重要基数,如平整场地、综合脚手架费用计算、楼地面、屋面等分项工程量计算,都与建筑面积这一基数有关。当采用统筹法"三线一面"计算工程量时,更为显著。

(5)是计算房屋建筑单位造价指标、衡量施工图预算造价高低的依据。

(6)是计算建设场地利用系数和衡量场地建设密度的基础。

通过上述内容可见,正确计算房屋建筑面积,不仅便于计算有关分项工程的工程数量,正确编制概算、预算书,而且对于在工程建设计划、设计、统计、会计、施工等工作中贯彻执行党的方针、政策,对于控制建设项目投资,合理使用建设资金等方面,都有重要的作用。

二、计算建筑面积的方法

2005年4月15日原建设部公告第326号发布的《建筑工程建筑面积计算规范》(GB/T 50353—2005)共有三节,其中第三节"计算建筑面积的规定"共计24条。在这里仅将这24条中比较难以理解的条目,辅以示意图予以介绍。

(1)单层建筑物高度在2.2m及以上者应全部计算建筑面积。其建筑面积按建筑物外墙勒脚以上结构的外围水平面积计算,如图4-56所示。单层房屋建筑面积计算方法可用计算式表示为:

$$F = Lb$$

式中　F——建筑面积(m^2);

　　　L——房屋两端山墙勒脚以上外表面间的水平距离(m);

　　　b——房屋两侧沿墙勒脚以上外表面间的水平距离(m)。

【例4-34】　试计算图4-56单层建筑的建筑面积。

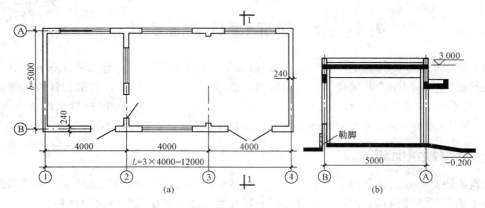

图 4-56　单层房屋建筑面积计算图

(a)平面图；(b)1—1 剖面图

【解】《建筑工程建筑面积计算规范》(GB/T 50353—2005)第 3.0.1 条规定："单层建筑物的建筑面积,应按其外墙勒脚以上结构外围水平面积计算,并应符合下列规定:'单层建筑物高度在 2.20m 及以上者应计算全面积；高度不足 2.2m 者应计算 1/2 面积'"。如图 4-55(b)所示,建筑物外墙与室外地面或散水坡接触部位墙面一定高度的抹灰或镶贴部分称为勒脚,同时从图 4-55(b)得知该建筑物高度为 3m,大于 2.2m,故应计算全面积,即

$$F = (12.0 + 2 \times 0.12) \times (5.0 + 2 \times 0.12)$$
$$= 12.24 \times 5.24$$
$$= 64.14 \text{m}^2$$

单层建筑物内设有局部楼层者,局部楼层的二层及以上楼层,有围护结构的应按其围护结构外围水平面积计算(图 4-57),无围护结构的应按其结构底板水平面积计算。层高在 2.2m 及以上者应计算全面积；层高不足 2.20m 者应计算 1/2 面积。

高低联跨的建筑物(图 4-58),需分别计算建筑面积时,应以高跨结构外边线为界分别计算建筑面积；其高低跨内部连通时,其变形缝应计算在低跨面积内。

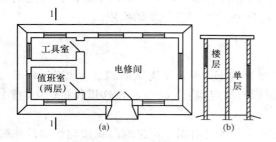

图 4-57　单层建筑内设有局部楼层示意图

(a)平面图；(b)1—1 剖面图

注:图示"楼层"部分应计算建筑面积。也就是说
"值班室"的第二层应另计算建筑面积。

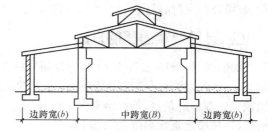

图 4-58　单层高低联跨厂房剖面图

【例 4-35】　设图 4-58 中柱断面尺寸为 450mm×450mm,中柱中心线跨度为 12m,两端山墙间中心线水平距离为 24m,墙厚为 240mm,试计算中跨的建筑面积。

【解】　按照《建筑工程建筑面积计算规范》3.0.20规定,图4-57中跨建筑面积计算如下:
$$F=(24.00+2\times0.12)\times(12.00+2\times0.225)$$
$$=24.24\times12.45=301.79m^2$$

(2)地下室、半地下室(车间、商店、车站、车库、仓库等),包括相应的有永久性顶盖的出入口建筑面积,按其外墙上口(不包括采光井、外墙防潮层及其保护墙)外边线所围水平面积计算(图4-59)。层高在2.2m及以上者应计算全面积;层高不足2.2m者应计算1/2面积。

注:1.地下室指房间地面低于室外地平面的高度超过该房间净高的1/2者。

2.半地下室指房间地面低于室外地面的高度超过该房间净高的1/3,且不超过1/2者。

地下室、半地下室建筑面积的计算方法,可用公式表示如下:
$$F=ab$$

式中　a、b——上口外墙外围长度与宽度尺寸(m)。

【例4-36】　设图4-59外墙中心线长度为15.67m,宽度为4.58m,外墙厚度均490mm,试计算其建筑面积。

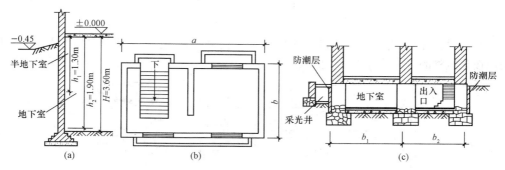

图4-59　地下室建筑面积计算图
(a)地下室、半地下室概念图;(b)平面图;(c)剖面图

【解】　已知该例层高为3.2m,地下室墙厚为490mm,故应按全面积计算如下:
$$F=(15.67+2\times0.245)\times(4.58+2\times0.245)$$
$$=16.16\times5.07=81.93m^2$$

(3)坡地的建筑物吊脚架空层[图4-60(a)]、深基础架空层[图4-60(b)],设计加以利用并有围护结构的,层高在2.20m及以上的部位应计算全面积;层高不足2.20m的部位应计算1/2面积。设计加以利用、无围护结构的建筑吊脚架空层,应按其利用部位水平面积的1/2计算;设计不利用的深基础架空层、坡地吊脚架空层、多层建筑坡层顶内、场馆看台下的空间不应计算面积。

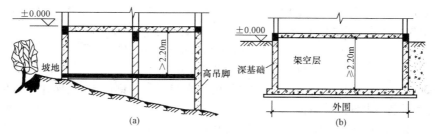

图4-60　坡地建筑吊脚架空层和深基础架空层
(a)用吊脚做架空层;(b)用深基础做架空层

(4)建筑物的门厅、大厅按一层计算建筑面积。门厅、大厅内设有回廊时(图 4-61),应按其结构底板水平面积计算。层高在 2.20m 及以上者应计算全面积;层高不足 2.20m 者应计算 1/2 面积。

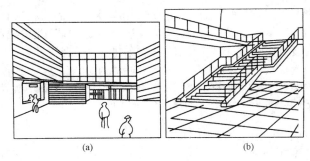

图 4-61　门厅、回廊示意图
(a)大厅透视图;(b)楼梯与回廊透视图

(5)建筑物内的室内楼梯、电梯井、观光电梯井、提物井、管道井、通风排气竖井、垃圾道、附墙烟囱应按建筑物的自然层计算建筑面积(图 4-62)。

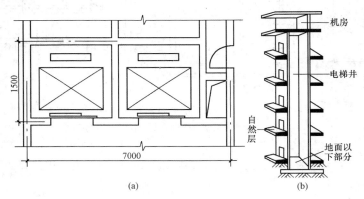

图 4-62　电梯井示意图
(a)电梯井平面图;(b)电梯井透视图

【例 4-37】　嘉陵江凤县水位监测站在该江北岸利用山坡地建设一座工作人员办公室,其施工图示长度尺寸为 8400mm,宽度尺寸为 5500mm,层高 3.2m,试计算该工作站建筑面积。

【解】　该工作站设计图示高吊脚为圆形钢筋混凝土柱,室内底层为现浇 120mm 钢筋混凝土,混凝土强度等级为 C30,围护结构为 C30 钢筋混凝土,厚度为 250mm,围护墙上安装有两个密闭玻璃窗,上层为卧室,下层为工作室,其建筑面积计算如下:
$$F = (8.4 + 2 \times 0.125) \times (5.5 + 2 \times 0.125) \times 2$$
$$= 8.65 \times 5.75 \times 2 = 99.475 m^2$$

【例 4-38】　某市城中村迁建居民楼 33 层,设计规定安装三部电梯,电梯井图示尺寸如图 4-61 所示,试计算该楼电梯井建筑面积。

【解】　依据已知条件,该楼电梯井建筑面积为:
$$F = 7.00 \times 1.50 \times 33 = 346.50 m^2$$

(6)立体书库、立体仓库、立体车库,无结构层的按一层计算,有结构层的应按其结构层面积分别计算。层高在 2.2m 及以上者应计算全面积;层高不足 2.2m 者应计算 1/2 面积。立体书库、立体仓库如图 4-63 所示。

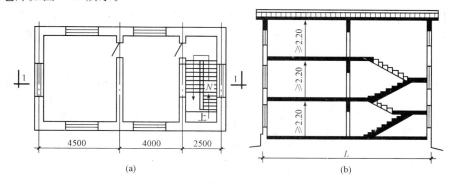

图 4-63　立体书库、立体仓库示意图

(a)立体书库、仓库平面图;(b)立体书库、仓库剖面图

注:立体车库与立体书库、仓库不同之处主要是采用由螺旋式坡道或自动坡道为通道。

(7)有永久性顶盖无围护结构的车棚、货棚、站台、加油站、收费站[图 4-64(a)、(b)、(c)],应按其顶盖水平投影面积的 1/2 计算。

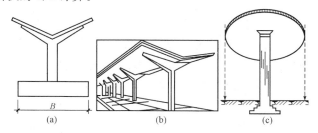

图 4-64　无围护结构站台、加油站示意图

(a)单排柱站台;(b)单排柱站台;(c)加油站独立柱雨篷

【例 4-39】　设图 4-64(c)加油站无围护结构顶盖直径 $D=6.0$m,试计算其水平投影建筑面积。

【解】　依据题意及计算规则,其投影面积应按 1/2 计算如下:

$$F=\pi D^2/4\times\frac{1}{2}=3.1416\times6.0^2/4\times\frac{1}{2}$$
$$=14.14m^2$$

(8)建筑物间有围护结构的架空走廊[图 4-65(a)],应按其围护结构外围水平面积计算。层高在 2.20m 及以上者应计算全面积;层高不足 2.20m 者应计算 1/2 面积。有永久性顶盖无围护结构的按其结构底板水平面积的 1/2 计算[图 4-65(b)]。

(9)建筑物外有围护结构的落地橱窗(落地橱窗是指突出外墙面根基落地的橱窗)、门斗、挑廊、走廊、檐廊,应按其围护结构外围水平面积计算。层高在 2.20m 及以上者应计算全面积;层高不足 2.20m 者应计算 1/2 面积。有永久性顶盖无围护结构的应按其结构底板水平面积的 1/2 计算。上述构件及部件如图 4-66 所示。

(10)雨篷结构的外边线至外墙结构外边线的宽度超过 2.10m 者,应按雨篷结构板的水平投影面积的 1/2 计算。建筑物外墙悬挑雨篷与有柱雨篷如图 4-67 所示。

(11)建筑物的阳台(图 4-68)均应按其水平投影面积的 1/2 计算。

(12)有永久性顶盖的室外楼梯(图 4-69),应按建筑物自然层的水平投影面积的 1/2 计算。

(13)设有围护结构不垂直于水平面而超出底板外沿的建筑物(图 4-70),应按其底板面的外围水平面积计算。层高在 2.20m 及以上者应计算全面积;层高不足 2.20m 者应计算 1/2 面积。

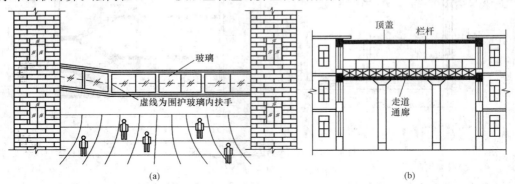

图 4-65　有围护结构与无围护结构架空走廊示意图
(a)有围护结构架空走廊;(b)有永久性顶盖无围护结构架空走廊

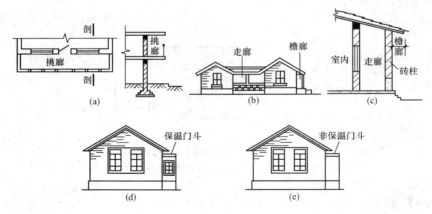

图 4-66　挑廊、走廊、檐廊示意图
(a)挑廊;(b)檐廊;(c)走廊;(d)保温门斗;(e)非保温门斗

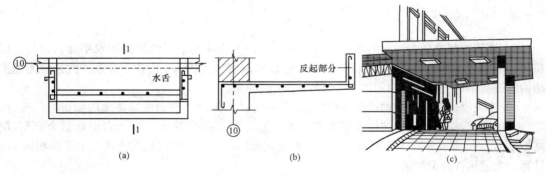

图 4-67　雨篷示意图
(a)悬挑雨篷平面图;(b)1—1 剖面图;(c)有柱雨篷透视图

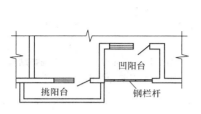

图4-68　凸凹阳台示意图

图4-69　室外楼梯
（无顶盖）示意图

图4-70　设有围护结构不垂直
于水平面建筑物概念图

三、建筑面积计算规范的特点

2005年4月15日中华人民共和国原建设部公告第326号发布的GB/T 50353—2005《建筑工程建筑面积计算规范》与1995年建设部发布《全国统一建筑工程预算工程量计算规则》（土建工程）GJD_{GZ}—101—95中所含"建筑面积计算规则"相比较，具有以下三个方面的特点：

（1）充分反映出新的建筑结构和新技术等对建筑面积计算的影响。

（2）考虑了建筑面积计算的习惯和国际上通用的做法。

（3）与国家标准《住宅设计规范》（GB 50096—2011）和《房产测量规范》（GB/T 17986—2000）的有关内容相协调。

四、新旧建筑面积计算规则对照

2005年4月15日原建设部公告第326号发布的《建筑工程建筑面积计算规范》（下称"新规则"）与1995年12月15日以"建标（1995）736号"通知发布的《建筑面积计算规则》（下称"旧规则"）不同点的对照见表4-43。

表4-43　　　　　　　　　　　新旧建筑面积计算规范（规则）对照

新规则 （原建设部公告第326号发布）	旧规则 （原建设部建标（1995）736号通知发布）
（1）单层建筑物高度在2.20m及以上者应计算全面积；高度不足2.20m者应计算1/2面积	（1）单层建筑不论其高度如何，均按一层计算
（2）单层建筑物内设有局部楼层者，局部楼层的二层及以上楼层，有围护结构的应按其围护结构外围水平面积计算，无围护结构的应按其结构底板水平面积计算。层高在2.20m及以上者应计算全面积；层高不足2.20m者应计算1/2面积	（2）单层建筑物内设有部分楼层者，首层建筑面积已包括在单层建筑物内，二层及二层以上应计算建筑面积
（3）多层建筑物……层高在2.20m及以上者应计算全面积；层高不足2.20m者应计算1/2面积	（3）多层建筑物建筑面积，按各层建筑面积之和计算
（4）地下室、半地下室（车间、商店、车站、车库、仓库等），包括相应的有永久性顶盖的出入口，应按其外墙上口（不包括采光井、外墙防潮层及其保护墙）外边线所围水平面积计算。层高在2.20m及以上者应计算全面积；层高不足2.20m者应计算1/2面积	（4）地下室、半地下室、地下车间、仓库、商店、车站、地下指挥部等及相应的出入口建筑面积，按其上口外墙（不包括采光井、防潮层及其保护墙）外围水平面积计算

新规则 (原建设部公告第326号发布)	旧规则 (原建设部建标(1995)736号通知发布)
(5)有围护结构的舞台灯光控制室,应按其围护结构外围水平面积计算。层高在2.20m及以上者应计算全面积;层高不足2.20m者应计算1/2面积	(5)有围护结构的舞台灯光控制室,按其围护结构外围水平面积乘以层数计算建筑面积
(6)有永久性顶盖无围护结构的场馆看台应按其顶盖水平投影面积的1/2计算	(6)无规定
(7)建筑物顶部有围护结构的楼梯间、水箱间、电梯机房等,层高在2.20m及以上者应计算全面积;层高不足2.20m者应计算1/2面积	(7)屋面上部有围护结构的楼梯间、水箱间、电梯机房等,按围护结构外围水平面积计算建筑面积
(8)建筑物外有围护结构的落地橱窗、门斗、挑廊、走廊、檐廊,应按其围护结构外围水平面积计算。层高在2.20m及以上者应计算全面积;层高不足2.20m者应计算1/2面积。有永久性顶盖无围护结构的应按其结构底板水平面积的1/2计算	(8)建筑物外有围护结构的门斗、眺望间、观光电梯间、阳台、橱窗、挑廊、走廊等,按其围护结构外围水平面积计算建筑面积
(9)建筑物间有围护结构的架空走廊,应按其围护结构外围水平面积计算。层高在2.20m及以上者计算全面积;层高不足2.20m者应计算1/2面积。有永久性顶盖无围护结构的应按其结构底板水平面积的1/2计算	(9)建筑物外有柱和顶盖走廊、檐廊,按柱外围水平面积计算建筑面积;有盖无柱走廊、檐廊挑出墙外宽度在1.50m以上时,按其顶盖投影面积一半计算建筑面积。建筑物间有顶盖的架空走廊,按其顶盖水平投影面积计算建筑面积
(10)有永久性顶盖无围护结构的车棚、货棚、站台、加油站、收费站等,应按其顶盖水平投影面积的1/2计算	(10)有柱的雨篷、车棚、货棚、站台等,按柱外围水平面积计算建筑面积,独立柱的雨篷、单排柱的车棚、货棚、站台等,按其顶盖水平投影面积的一半计算建筑面积
(11)高低联跨的建筑物,应以高跨结构外边线为界分别计算建筑面积;其高跨内部连通时,其变形缝应计算在低跨面积内	(11)高低联跨的单层建筑物,需分别计算建筑面积时,应以结构外边线为界分别计算
(12)有永久性顶盖的室外楼梯,应按建筑物自然层的水平投影面积的1/2计算	(12)室外楼梯,按自然层投影面积之和计算建筑面积
(13)以幕墙作为围护结构的建筑物,应以幕墙外边线计算建筑面积	(13)无规定
(14)建筑物外墙外侧有保温隔热层的,应以保温隔热层外边线计算建筑面积	(14)无规定
(15)建筑物内的变形缝,应按其自然层合并在建筑物面积内计算	(15)建筑物内变形缝、沉降缝等,凡宽度在300mm以内者,均依其缝宽按自然层计算建筑面积,并入建筑物建筑面积之内计算

（续二）

新规则 （原建设部公告第 326 号发布）	旧规则 （原建设部建标(1995)736 号通知发布）
（16）下列项目不应计算面积： 1）建筑物通道(骑楼、过街楼的底层)，如下图所示。 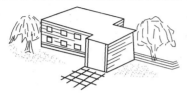 2）建筑物内的设备管道夹层。 3）建筑物内分隔的单层房间，舞台及后台悬挂幕布、布景的天桥、挑台等。 4）屋顶水箱、花架、凉棚、露台、露天游泳池。 5）建筑物内的操作平台、上料平台、安装箱和罐体的平台。 6）勒脚、附墙柱、垛、台阶、墙面抹灰、装饰面、镶贴块料面层、装饰性幕墙、空调室外机搁板(箱)、飘窗、构件、配件、宽度在2.10m 及以内的雨篷以及与建筑物内不相连通的装饰性阳台、挑廊。 7）无永久性顶盖的架空走廊、室外楼梯和用于检修、消防等的室外钢楼梯、爬梯。 8）自动扶梯、自动人行道。 9）独立烟囱、烟道、地沟、油(水)罐、气柜、水塔、贮油(水)池、贮仓、栈桥、地下人防通道、地铁隧道	（16）不计算建筑面积的范围。 1）突出外墙的构件、配件、附墙柱、垛、勒脚、台阶、悬挑雨篷、墙面抹灰、镶贴块材、装饰面等。 2）用于检修、消防等室外爬梯。 3）层高 2.20m 以内设备管道层、贮藏室，设计不利用的深基础架空层及吊脚架空层。 4）建筑物内操作平台、上料平台、安装箱或罐体平台；没有围护结构的屋顶水箱、花架、凉棚等。 5）独立烟囱、烟道、地沟、油(水)罐、气柜、水塔、贮油(水)池、贮仓、栈桥、地下人防通道等构筑物。 6）单层建筑物内分隔单层房间，舞台及台后悬挂的幕布、布景天桥、挑台。 7）建筑物内宽度大于 300mm 的变形缝、沉降缝

五、计算建筑面积的规定

2005 年 4 月 15 日原建设部公告第 326 号发布的《建筑工程建筑面积计算规范》(GB/T 50353—2005)中的"计算建筑面积的规定"编录如下：

（1）单层建筑物的建筑面积，应按其外墙勒脚以上结构外围水平面积计算，并应符合下列规定：

1）单层建筑物高度在 2.20m 及以上者应计算全面积；层高不足 2.20m 者应计算 1/2 面积。

2）利用坡屋顶内空间时净高超过 2.10m 的部位应计算全面积；净高在 1.20m 至 2.10m 的部位应计算 1/2 面积；净高不足 1.20m 的部位不应计算面积。

（2）单层建筑物内设有局部楼层者，局部楼层的二层及以上楼层，有围护结构的应按其围护结构外围水平面积计算，无围护结构的应按其结构底板水平面积计算。层高在 2.20m 及以上者应计算全面积；层高不足 2.20m 者应计算 1/2 面积。

（3）多层建筑物首层应按其外墙勒脚以上结构外围水平面积计算。二层及以上楼层应按其外墙结构外围水平面积计算。层高在 2.20m 及以上者应计算全面积；层高不足 2.20m 者应计算 1/2 面积。

（4）多层建筑坡屋顶内和场馆看台下，当设计加以利用时净高超过 2.10m 的部位应计算全面积；净高在 1.20m 至 2.10m 的部位应计算 1/2 面积；当设计不利用或室内净高不足 1.20m 时不应计算面积。

（5）地下室、半地下室(车间、商店、车站、车库、仓库等)，包括相应的有永久性顶盖的出入口，应按其外墙上口(不包括采光井、外墙防潮层及其保护墙)外边线所围水平面积计算。高层在 2.20m 及以上者应计算全面积;层高不足 2.20m 者应计算 1/2 面积。

(6)坡地的建筑物吊脚架空层、深基础架空层,设计加以利用并有围护结构的,层高在 2.20m 及以上的部位应计算全面积;层高不足 2.20m 的部位应计算 1/2 面积。设计加以利用、无围护结构的建筑吊脚架空层,应按其利用部位水平面积的 1/2 计算;设计不利用的深基础架空层、坡地吊脚架空层、多层建筑坡屋顶内、场馆看台下的空间不应计算面积。

(7)建筑物的门厅、大厅按一层计算建筑面积。门厅、大厅内设有回廊时,应按其结构底板水平面积计算。层高在 2.20m 及以上者应计算全面积;层高不足 2.20m 者应计算 1/2 面积。

(8)建筑物间有围护结构的架空走廊,应按其围护结构外围水平面积计算。层高在 2.20m 及以上者应计算全面积;层高不足 2.20m 者应计算 1/2 面积。有永久性顶盖无围护结构的应按其结构底板水平面积的 1/2 计算。

(9)立体书库、立体仓库、立体车库,无结构层的应按一层计算,有结构层的应按其结构层面积分别计算。层高在 2.20m 及以上者应计算全面积;层高不足 2.20m 者应计算 1/2 面积。

(10)有围护结构的舞台灯光控制室,应按其围护结构外围水平面积计算。层高在 2.20m 及以上者应计算全面积;层高不足 2.20m 者应计算 1/2 面积。

(11)建筑物外有围护结构的落地橱窗、门斗、挑廊、走廊、檐廊,应按其围护结构外围水平面积计算。层高在 2.20m 及以上者应计算全面积;层高不足 2.20m 者应计算 1/2 面积。有永久性顶盖无围护结构的应按其结构底板水平面积的 1/2 计算。

(12)有永久性顶盖无围护结构的场馆看台应按其顶盖水平投影面积的 1/2 计算。

(13)建筑物顶部有围护结构的楼梯间、水箱间、电梯机房等,层高在 2.20m 及以上者应计算全面积;层高不足 2.20m 者应计算 1/2 面积。

(14)设有围护结构不垂直于水平面而超出底板外沿的建筑物,应按其底板面的外围水平面积计算。层高在 2.20m 及以上者应计算全面积;层高不足 2.20m 者应计算 1/2 面积。

(15)建筑物内的室内楼梯间、电梯井、观光电梯井、提物井、管道井、通风排气竖井、垃圾道、附墙烟囱应按建筑物的自然层计算。

(16)雨篷结构的外边线至外墙结构外边线的宽度超过 2.10m 者,应按雨篷结构板的水平投影面积的 1/2 计算。

(17)有永久性顶盖的室外楼梯,应按建筑物自然层的水平投影面积的 1/2 计算。

(18)建筑物的阳台均应按其水平投影面积的 1/2 计算。

(19)有永久性顶盖无围护结构的车棚、货棚、站台、加油站、收费站等,应按其顶盖水平投影面积的 1/2 计算。

(20)高低联跨的建筑物,应以高跨结构外边线为界分别计算建筑面积;其高低跨内部连通时,其变形缝应计算在低跨面积内。

(21)以幕墙作为围护结构的建筑物,应按幕墙外边线计算建筑面积。

(22)建筑物外墙外侧有保温隔热层的,应按保温隔热层外边线计算建筑面积。

(23)建筑物内的变形缝,应按其自然层合并在建筑物面积内计算。

(24)下列项目不应计算面积:

1)建筑物通道(骑楼、过街楼的底层)。

2)建筑物内的设备管道夹层。

3)建筑物内分隔的单层房间,舞台及后台悬挂幕布、布景的天桥、挑台等。

4)屋顶水箱、花架、凉棚、露台、露天游泳池。

5)建筑物内的操作平台、上料平台、安装箱和罐体的平台。

6)勒脚、附墙柱、垛、台阶、墙面抹灰、装饰面、镶贴块料面层、装饰性幕墙、空调室外机搁板(箱)、飘窗、构件、配件、宽度在 2.10m 及以内的雨篷以及与建筑物内不相连通的装饰性阳台、挑廊。

7)无永久性顶盖的架空走廊、室外楼梯和用于检修、消防等的室外钢楼梯、爬梯。

8)自动扶梯、自动人行道。

9)独立烟囱、烟道、地沟、油(水)罐、气柜、水塔、贮油(水)池、贮仓、栈桥、地下人防通道、地铁隧道。

六、建筑工程建筑面积术语释义

(1)层高　story height:上下两层楼面或楼面与地面之间的垂直距离。

(2)自然层　floor:按楼板、地板结构分层的楼层。

(3)架空层　empty space:建筑物深基础或坡地建筑吊脚架空部位不回填土石方形成的建筑空间。

(4)走廊　corridor galley:建筑物的水平交通空间。

(5)挑廊　overhanging corridor:挑出建筑物外墙的水平交通空间。

(6)檐廊　eaves gallery:设置在建筑物底层出檐下的水平交通空间。

(7)回廊　cloister:在建筑物门厅、大门内设置在二层或二层以上的回形走廊。

(8)门斗　foyer:在建筑物出入口设置的起分隔、挡风、御寒等作用的建筑过渡空间。

(9)建筑物通道　passage:为道路穿过建筑物而设置的建筑空间。

(10)架空走廊　bridge way:建筑物与建筑物之间,在二层或二层以上专门为水平交通设置的走廊。

(11)勒脚　plinth:建筑物的外墙与室外地面或散水接触部位墙体的加厚部分。

(12)围护结构　envelop enclosure:围合建筑空间四周的墙体、门、窗等。

(13)围护性幕墙　enclosing curtain wall:直接作为外墙起围护作用的幕墙。

(14)装饰性幕墙　decorative faced curtain wall:设置在建筑物墙体外起装饰作用的幕墙。

(15)落地橱窗　french window:突出外墙面根基落地的橱窗。

(16)阳台　balcony:供使用者进行活动和晾晒衣物的建筑空间。

(17)眺望间　view room:设置在建筑物顶层或挑出房间的供人们远眺或观察周围情况的建筑空间。

(18)雨篷　canopy:设置在建筑物进出口上部的遮雨、遮阳篷。

(19)地下室　basement:房间地平面低于室外地平面的高度超过该房间净高的 1/2 者为地下室。

(20)半地下室　semi basement:房间地平面低于室外地平面的高度超过该房间净高的 1/3,且不超过 1/2 者为半地下室。

(21)变形缝　deformation joint:伸缩缝(温度缝)、沉降缝和抗震缝的总称。

(22)永久性顶盖　permanent cap:经规划批准设计的永久使用的顶盖。

(23)飘窗　bay window:为房间采光和美化造型而设置的突出外墙的窗。

(24)骑楼　overhang:楼层部分跨在人行道上的临街楼房。

(25)过街楼　arcade:有道路穿过建筑空间的楼房。

七、住宅建筑设计术语释义

(1)住宅　residemtial buildings:供家庭居住使用的建筑。

(2)居住空间　habitable space:是指卧室、起居室(厅)的使用空间。

(3)卧室　bed room:供居住者睡眠、休息的空间。

(4)起居室(厅)　living room:供居住者会客、娱乐、团聚等活动的空间。

(5)厨房　kitchen:供居住者进行炊事活动的空间。

(6)卫生间　bathroom:供居住者进行便溺、洗浴、盥洗等活动的空间。

(7)使用面积　usable area:房间实际能使用的面积,不包括墙、柱等结构构造和保温层的面积。

(8)标准层　typical floor:平面布置相同的楼层。

(9)室内净高　interior net storey heighe:楼面或地面至上部楼板底面或吊顶底面之间的垂直距离。

(10)平台　terrace:供居住者进行室外活动的上人屋面或由住宅底层地面伸出室外的部分。

(11)过道　passage:住宅套内使用的水平交通空间。

(12)壁柜　cabinet:住宅套内与墙壁结合而成的落地贮藏空间。

(13)吊柜　wall—hung capboard:住宅套内上部凸出墙面悬挑的贮藏空间。

(14)跃层住宅　duplex apartment:套内空间跨跃两楼层及以上的住宅。

(15)塔式高层住宅　apartment of tower buiding:以共用楼梯、电梯为核心布置多套住房的高层住宅。

(16)通廊式高层住宅　gallery tall building of apartment:由共用楼梯、电梯通过内、外廊进入各套住房的高层住宅。

第十四节　清单项目分项工程量计算实例

1. 工程名称:××建筑工程学院。

2. 项目名称:浴室。

3. 工程结构:框架结构。

4. 工程量计算依据:本工程全套施工图纸(图 2-21)及《计价规范》。

5. 工程量计算(表 4-44)。

表 4-44　　　　　　　　　　　　预(概)算工程量计算表

工程编号 _____　　　　　　　　　　　　　　　　　　　2008 年 01 月 20 日

工程名称　某浴室　　　　　　　　　　　第 _____ 页　共 _____ 页

部　位	项目名称	计　算　式	单位	工程量
①～⑦Ⓐ～Ⓒ	平整场地	$(2.1+4.5\times2+3.3+4.2\times2+0.1+1.25+1.235)\times$ $(7.8+2.1+0.35+1.825)=25.385\times12.075=306.52$	m²	306.52
Ⓐ轴①～③	挖基础土方	$V=(4.2-1.675+4.5-1.325-1.25)\times0.7\times1.2$ $=(2.525+1.925)\times0.7\times1.2$ $=4.45\times0.7\times1.2=3.74$		
Ⓐ轴③～⑦	挖基础土方	$V=(4.5+3.3+4.2\times2)\times(0.35+0.35)\times1.2$ $=16.2\times0.7\times1.2=13.61$		
Ⓒ轴①～⑦	挖基础土方	$V=22.8\times(0.35+0.35)\times1.2=19.15$		
①Ⓐ轴①～④	挖基础土方	$V=(2.1+4.5\times2-0.35\times2)\times0.7\times1.2=8.74$		
①Ⓐ～Ⓒ	挖基础土方	$V=(3.6+2.1)\times0.7\times1.2=4.79$		

（续一）

部　位	项目名称	计　算　式	单位	工程量
⑥、⑦轴上	挖基础土方	$V=(4.2+3.6+1.5\times2(J-2坑)\times0.7\times1.2\times2$ $=4.8\times0.7\times1.2\times2=8.06$		
		基槽挖土小计　$3.74+13.61+19.15+4.79+8.06$	m³	49.35
	挖地坑土方(J—1) 共8个	$V=(1.25\times2+0.1\times2)\times(1.75\times2+0.1\times2)\times2.75\times8$ $=2.7\times3.7\times2.75\times8=219.78$		
	挖地坑土方(J—2) 共4个	$V=(1.5\times2+0.1\times2)\times(1.75\times2+0.1\times2)\times2.75\times4$ $=3.2\times3.7\times2.75\times4=130.24$		
		地坑挖土小计　$219.78+130.24$	m³	350.02
	MU10砖基础 M5水泥砂浆砌筑	$V=(13.79+16.20+22.8+5.7+4.8\times2)\times0.24\times$ $\quad(0.75+0.066)$ $=68.09\times0.24\times0.816=13.33$	m³	13.33
	3∶7灰土垫层	$V=(13.79+16.20+22.80+5.70+4.80\times2)\times0.45\times$ $\quad0.70=21.45$	m³	21.45
J—1×8	C20混凝土现浇基础	$V=[(1.25\times2)\times(1.75\times2)\times0.3+(0.75\times2)$ $\times\quad(1.1\times2)\times0.45]\times8$ $=[2.5\times3.5\times0.3+1.5\times2.2\times0.45]\times8$ $=[2.625+1.485]\times8=4.11\times8=32.88$		
J—2×4	C20混凝土现浇基础	$V=[(1.5\times2)\times(1.75\times2)\times0.3+(0.9\times2)\times(1.1\times2)\times$ $0.3+(0.6\times2)\times(0.7\times2)\times0.25]\times4$ $=[3\times3.5\times0.3+1.8\times2.2\times0.3+1.2\times1.4\times0.25]\times4$ $=[3.15+1.188+0.42]\times4=19.03$		
		C20混凝土柱基础小计　$32.88+19.03$	m³	51.91
	C10钢筋混 凝土基础垫层	$V=[(1.35\times2)\times(1.85\times2)\times8+(1.6\times2)\times(1.85\times2)\times$ $4)]\times0.1=12.73$	m³	12.73
JL—1×2	C20混凝土基础梁	$V=(7.8-0.2\times2)\times0.3\times0.7\times2=1.776\approx1.78$	m³	1.78
	J—1基础配筋	①号筋 $\phi12@150$　$G=[(2.5-0.035\times2)+12.5\times12]\times$ $\quad(2.5\div0.15+1)\times0.888kg/m\times8$ $=[2.43+0.15]\times18\times0.888kg/m\times8$ $=329.91kg$ ②号筋 $\phi10@200$　$G=[(3.5-0.035\times2)+12.5\times10]\times$ $\quad(3.5\div0.2+1)\times0.617kg/m\times8$ $=[3.43+0.125]\times19\times0.617kg/m\times8$ $=333.40kg$ 立筋 $8\phi20$　$G=1.6\times2.467kg/m\times8$根$\times8$个$=63.16kg$ 箍筋 $\phi6$　$G=[(0.4-0.025\times2)+(0.4-0.025\times2)]\times$ $\quad2\times0.222kg/m\times2$个$\times8$根 $=[0.35+0.35]\times2\times0.222kg/m\times2$个$\times8$根 $=4.79kg$ 注：箍筋图中未明确标注规格及间距，笔者按 $\phi6$ 两个箍计算，同时也 未计算弯钩长度		

部　位	项目名称	计　算　式	单位	工程量
J—2 基础配筋		①号筋 $\phi12@150$　$G=[(3.0-0.035\times2)+12.5\times12]\times$ 　　　$(3.0\div0.15+1)\times0.888kg/m\times4$ 　　　$=[2.93+0.15]\times21\times0.888kg/m\times4$ 　　　$=229.74kg$ ②号筋 $\phi10@150$　$G=[(3.5-0.035\times2)\times12.5\times10]\times$ 　　　$(3.5\div0.15+1)\times0.617kg/m\times4$ 　　　$=[3.43+0.15]\times24\times0.617kg/m\times4$ 　　　$=212.05kg$ 立筋 $8\phi20$　$G=1.7\times2.467kg/m\times8$ 根 $\times4$ 个 $=134.20kg$ 箍筋 $\phi6$　$G=(0.35+0.35)\times2\times0.222kg/m\times2\times4$ 　　　$=1.4\times0.222kg/m\times2\times4=2.49(kg)$		
JL—1 梁配筋		①号筋 $2\phi22$　$G=(7.8+0.2\times2-0.025\times2)\times2$ 根 $\times$ 　　　$2.98kg/m\times2$ 　　　$=8.15\times2$ 根 $\times2.98kg/m\times2=71.45kg$ ②号筋 $2\phi22$　 　　　$G=(0.4\times2+0.425\times2+0.919\times2+5.829)\times2.98kg\times$ 　　　2 根 $\times2$ 　　　$=(0.8+0.85+1.838+5.829)\times2.98kg/m\times2$ 根 $\times2$ 　　　$=9.317\times2.98kg/m\times2$ 根 $\times2=111.06kg$ ③号筋 $\phi8@200$　$G=[(7.8-0.025\times2)\div0.2+1]\times$ 　　　$[(0.3-0.025\times2+0.7-0.025\times2)\times$ 　　　$2+12.5\times8]\times0.395kg/m\times2$ 　　　$=[7.75\div0.2+1]\times[(0.25+0.65)\times$ 　　　$2+0.10]\times0.395kg/m\times2$ 　　　$=40\times1.9\times0.395kg/m\times2$ 　　　$=60.04kg$ ④号筋 $2\phi14$　$G=(7.8+0.2\times2-0.025\times2)\times$ 　　　$1.21kg/m\times2$ 根 $\times2$ 根 　　　$=7.35\times1.21kg/m\times2$ 根 $\times2=35.57kg$		
钢筋汇总		HPB235 级钢筋:$\phi6$　$4.79+2.49=7.28kg$	kg	7.28
		$\phi8$　$60.04kg$	kg	60.04
		$\phi10$　$333.04+212.05=545.09kg$	kg	545.09
		$\phi12$　$329.91+229.74=559.65kg$	kg	559.65
		HRB335 级钢筋　$\Phi14$　$35.57kg$	kg	35.57
		$\Phi20$　$63.16+134.20=197.36kg$	kg	197.36
		$\Phi22$　$71.45+111.06=182.51kg$	kg	182.51
		钢 筋 小 计	kg	1587.50

②号筋 $2\phi22$ 尺寸标注:400　425　919　5829　919　425　400

本 章 思 考 重 点

1. 工程量清单项目平整场地工程量按建筑物外墙外边线每边各加 2.0m，以 m² 为计量单位计算对吗？为什么？

2. 工程量清单项目挖沟槽土方、挖基坑土方深度超过 1.2m 时的放坡挖土量应如何处理？

3. 什么叫桩和桩基础？桩基础有哪些类型？

4. 什么是地基强夯？地基强夯的特点是什么？

5. 什么是锚杆支护和土钉支护？

6. 砖基础、砖外墙和砖内墙的中长线、净长线如何确定？请用计算式表达出来。

7. 坡屋面无檐口天棚的外墙高度怎样确定？坡屋面有屋架且室内外均有天棚时其外墙高度怎样确定？无天棚时怎样确定？

8. 现浇混凝土基础梁、圈梁、过梁和单梁有何区别？

9. 有梁板、无梁板和平板有何区别？有梁板的工程量是否将板和梁分别列项？

10. 什么是天沟、檐沟、雨篷、散水和坡道？它们的工程量怎样计算？

11. 现浇钢筋混凝土构件的钢筋弯钩有哪几种形式？直弯钩、半圆弯钩、斜弯钩的展开长度怎样计算？请你计算""的长度是多少？

12. 何谓"屋面卷材防水"和"屋面刚性防水"？某工程屋面如图""所示，请计算其工程量为多少？

第五章　建筑工程工程量清单编制与计价

按照工程量清单的编制步骤和程序,当一个单位工程的分部分项工程量计算完毕并经审核和汇总后,下一步工作就是着手编制工程量清单。编制工程量清单的一般规定有以下几点:

(1)招标工程量清单应由具有编制能力的招标人或受其委托,具有相应资质的工程造价咨询人编制。

(2)招标工程量清单必须作为招标文件的组成部分,其准确性和完整性由招标人负责。此项为强制性规定(见"13计价规范"4.1.2条)。

(3)招标工程量清单是工程量清单计价的基础,应作为编制招标控制价、投标报价、计算或调整工程量、索赔等的依据之一。

(4)招标工程量清单应以单位(项)工程为单位编制,应由分部分项工程项目清单、措施项目清单、其他项目清单、规费和税金项目清单组成。

据此,本章的主要内容是对工程量清单的编制方法和工程量清单计价的方法予以系统介绍。

第一节　建筑工程工程量清单编制

一、填写招标工程量清单封面

封面是工程量清单的外表装饰,如同一本书一样,《计价规范》规定的招标工程量清单封面格式应填写招标工程项目的具体名称,招标人应盖单位公章,如委托工程造价咨询人编制,还应加盖工程造价咨询人所在单位公章。其具体填写方法见表5-1。

表5-1　　　　　　　　　　　招标工程量清单封面

××20万 t/a 粘胶短纤　工程

招标工程量清单

招　标　人：<u>粘胶短纤项目指挥部</u>
　　　　　　　　　(单位盖章)
造价咨询人：<u>华秦工程造价事务所</u>
　　　　　　　　　(单位盖章)

××年××月××日

二、填写招标工程量清单扉页

招标工程量清单扉页由招标人或招标人委托的工程造价咨询人编制招标工程量清单时填写。

招标人自行编制工程量清单的,编制人员必须是在招标人单位注册的造价人员,由招标人盖单位公章,法定代表人或其授权人签字或盖章;当编制人是注册造价工程师时,由其签字盖执业专用章;当编制人是造价员时,由其在编制人栏签字盖专用章,并应由注册造价工程师复核,在复核人栏签字盖执业专用章。

招标人委托工程造价咨询人编制工程量清单的,编制人员必须是在工程造价咨询人单位注册的造价人员。由工程造价咨询人盖单位资质专用章,法定代表人或其授权人签字或盖章;当编制人是注册造价工程师时,由其签字盖执业专用章;当编制人是造价员时,由其在编制人栏签字盖专用章,并应由注册造价工程师复核,在复核人栏签字盖执业专用章。

招标工程量清单扉页填写方法见表 5-2。

表 5-2　　　　　　　　　　　　　招标工程量清单扉页

____××20 万 t/a 粘胶短纤____ 工程

招标工程量清单

招　标　人：____粘胶短纤项目指挥部____　　　造价咨询人：____华秦工程造价事务所____
　　　　　　　　（单位盖章）　　　　　　　　　　　　　　（单位资质专用章）

法定代表人
或其授权人：_____张为民_____　　　法定代表人
或其授权人：_____王永安_____
　　　　　（签字或盖章）　　　　　　　　　　　（签字或盖章）

编　制　人：_____袁一民_____　　　复　核　人：_____秦安利_____
　　　（造价人员签字盖专用章）　　　　　　（造价工程师签字盖专用章）

编制时间：××年××月××日　　　复核时间：××年××月××日

扉—1

三、工程量清单总说明

工程量清单总说明是用于说明招标项目的工程概况(如建设地址、建设规模、工程特征、交通状况、环保要求等),工程招标和专业工程发包范围,工程质量、材料、施工等的特殊要求,工程量清单的编制依据,以及招标人应说明的其他有关事项。一般来说,"总说明"中应填写的内容没有统一规定,应根据工程实际情况而定。××20 万 t/a 粘胶短纤工程项目中的中央检验化验办公楼工程量清单的"总说明"见表 5-3。

表 5-3　　　　　　　　　　　　总　说　明

工程名称:中央检验化验办公楼建筑工程　　　　　　　　　　　　　　　　第　页　共　页

---

　　(1)工程概况:该办公楼位于本建设项目界区内行政办公楼北侧,南距行政办公楼45m。西北方向距原料仓库150m,东北方向距成品仓库110m,建筑面积7000m²,框架结构七层。该工程项目界区外东侧为职工医院,南侧跨过公路为本厂职工福利区,两侧约650m之外为职工子弟中学,施工期间严禁超过规定标准的噪声产生和灰尘飞扬。

　　(2)招标范围:该办公楼全部建筑工程和附属安装工程(水、暖、通风、空调、电气及通讯网络工程),但不包地处理工程和室外15m以外的总体工程。

　　(3)编制依据:GB 50500—2013《建设工程工程量清单计价规范》、GB 50854—2013《房屋建筑与装饰工程工程量计算规范》、该办公楼全套施工图纸、该工程所在地的建筑安装工程消耗量定额以及配套使用的建筑安装工程费用定额。

　　(4)施工工期:总施工工期为395天(自开工报告批准日算起)。

　　(5)施工安全:该工程地处××省××湖口金砂湾工业园,周围建设单位较多,运输车辆多;同时,本工程为会战工程,参建单位多达六家,参建人员日平均近500人,而且有半数人员系农民工,安全意识淡薄,所以承建单位要加强安全防范意识,严格执行《安全生产法》等有关法律法规规定,消除一切不安全因素,预防一切不安全事故。

　　(6)工程质量:各项工程质量应严格执行GB 50300—2001《建筑工程施工质量验收统一标准》、GB/T 50375—2006《建筑工程施工质量评价标准》、GB 50210—2001《建筑装饰装修工程质量验收规范》、GB 50204—2002《混凝土结构工程施工质量验收规范(2010年版)》、GB 50325—2010《民用建筑工程室内环境污染控制规范》、JGJ/T 29—2003《建筑涂饰工程施工及验收规程》、JGJ 126—2000《外墙饰面砖工程施工及验收规程》等。工程质量力争达到优良标准。

　　(7)现场环境保护:施工企业必须按照JGJ 146—2004《建筑施工现场环境与卫生标准》的各项规定执行,并应按××市环保局的有关规定做到以下各项规定:

　　1)施工工地必须实行封闭,禁止敞开式作业。

　　2)施工工地出入口必须净化,运输车辆必须密闭、整洁、不得撒漏。

　　3)风力达到4级(含4级)以上时,禁止施工。

　　4)严禁从建筑物上向外抛洒废弃物。

　　5)易产生扬尘的物料必须覆盖,严禁露天堆放。

　　6)拆除建筑物时必须采取喷水、洒水湿法作业。

　　7)垃圾、渣土必须及时清运干净

　　　　　　　　　　　　　　　　　　　　　　　　　　　　　　　　　　表-01

四、编制分部分项工程项目清单

　　分部分项工程项目清单是计算拟建工程项目工程数量的表格,它包括的内容应满足两个方面的要求,其一,要满足规范管理、方便管理的要求;其二,要满足计价的要求。为了达到上述两点要求,分部分项工程和措施项目清单的编制必须按照规定的"四个统一"进行,即:项目编码统一、项目名称统一、计量单位统一、工程量计算规则统一。对于这"四个统一",招标人必须按规定编写,不得因具体情况不同而随意变动,这是"13计价规范"4.2.2条的强制规定,必须严格执行。

　　"13计价规范"4.2.1条强制规定,分部分项工程项目清单必须载明项目编码、项目名称、项目特征、计量单位和工程量。其具体含义与要求分述如下:

　　1.项目编码

　　分部分项工程项目清单项目编码应根据相关国家工程量计算规范项目编码栏内规定的9位数字另加3位顺序码共12位阿拉伯数字填写。各位数字的含义为:一、二位为专业工程代码,房屋建筑与装饰工程为01,仿古建筑为02,通用安装工程为03,市政工程为04,园林绿化工程为

05,矿山工程为06,构筑物工程为07,城市轨道交通工程为08,爆破工程为09;三、四位为专业工程附录分类顺序码;五、六位为分部工程顺序码;七、八、九位为分项工程项目名称顺序码;十至十二位为清单项目名称顺序码,由清单编制人结合实际情况编制。

在编制工程量清单时,应注意对项目编码的设置不得有重码,特别是当同一标段(或合同段)的一份工程量清单中含有多个单项或单位工程且工程量清单是以单项或单位工程为编制对象时,应注意项目编码中的十至十二位的设置不得重码。例如一个标段(或合同段)的工程量清单中含有三个单项或单位工程,每一单项或单位工程中都有项目特征相同的现浇混凝土矩形梁,在工程量清单中又需反映三个不同单项或单位工程的现浇混凝土矩形梁工程量时,此时工程量清单应以单项或单位工程为编制对象,第一个单项或单位工程的现浇混凝土矩形梁的项目编码为010503002001,第二个单项或单位工程的现浇混凝土矩形梁的项目编码为010503002002,第三个单项或单位工程的现浇混凝土矩形梁的项目编码为010503002003,并分别列出各单项或单位工程现浇混凝土矩形梁的工程量。

2. 项目名称

项目名称应按相关工程国家工程量计算规范的规定,根据拟建工程实际填写。在实际填写过程中,"项目名称"有两种填写方法:一是完全保持相关工程国家工程量计算规范的项目名称不变;二是根据工程实际在工程量计算规范项目名称下另行确定详细名称,就是根据拟建工程施工图纸,要做到:"因图制宜"。这样,就会使工程量清单项目名称具体化、细化,更能够反映出影响工程造价的主要因素。

随着科学技术的发展,新材料、新技术、新的施工工艺不断涌现和应用,所以,凡工程量计算规范附录中的缺项,在编制清单时,编制人应做补充,并报省级或行业工程造价管理机构备案,省级或行业工程造价管理机构应汇总报住房和城乡建设部标准定额研究所。补充项目的编码由专业工程代码与B和三位阿拉伯数字组成,并应从×B001起顺序编制,如01B001、01B001、03B001等,同一招标工程的项目不得重码。

补充的工程量清单需附有补充项目的名称、项目特征、计量单位、工程量计算规则、工作内容。不能计量的措施项目,需附有补充项目的名称、工作内容及包含范围。

3. 计量单位

应按《房建计算规范》规定的计量单位填写。有些项目工程量计算规范中有两个或两个以上计量单位,应根据拟建工程项目的实际,选择最适宜表现该项目特征并方便计量的单位。如泥浆护壁成孔灌注桩项目,工程量计算规范以 m^3、m 和根三个计量单位表示,此时就应根据工程项目的特点,选择其中一个即可。

4. 工程量计算规则

工程量计算规则是指建筑安装工程各个分部分项工程实物数量计算过程中应遵守的方法和原则,例如清单项目的平整场地工程量,按设计图示尺寸以建筑物首层建筑面积计算。这些规定在实际工作中都是必须遵守的原则。清单项目计价的房屋建筑与装饰工程分部分项工程量计算规则,均应按《房建计算规范》中的规定执行。

5. 工程量清单编制

工程量清单编制,就是将已经计算完毕并经校审和汇总好的分部分项工程量填写到清单计价规范中规定的"分部分项工程量清单"标准表格中的全过程。某浴室的分项工程量清单编制见表5-4。

表 5-4 　　　　　　　　　　　分部分项工程和单价措施项目清单与计价表

工程名称:某浴室一般土建工程 　　　　　　　　　　　　　　　　　　　　　　　　　第　页　共　页

序号	项目编码	项目名称	项目特征描述	计量单位	工程量	金额(元)		
						综合单价	合价	其中:暂估价
1	010101001001	平整场地	土壤类别:三类土,弃土运距:就地挖填	m³	306.52			
2	010101003001	挖沟槽土方	土壤类别:三类土,带形基础,3:7灰土垫层底宽700mm,底面积=64.35×0.7,挖土深度0.7m,弃土运距50m	m³	49.35			
3	010101004001	挖基坑土方	土壤类别:三类土,C10混凝土垫层100mm厚,C20钢筋混凝土独立柱基础	m³	350.02			
4	010401001001	砖基础	MU10标准砖,带形基础,基础深度0.75m,M5.0水泥砂浆砌筑	m³	13.33			
5	010404001001	砖基础垫层	3:7灰土垫层0.45m厚	m³	21.45			
6	010501003001	混凝土独立柱基础	台阶式C20钢筋混凝土独立基础	m³	51.91			
7	010501001001	独立柱基础垫层	C10混凝土垫层厚度100mm	m³	12.73			
8	010503001001	混凝土基础梁	梁底标高0.76m,截面尺寸=700mm×300mm,混凝土强度C20	m³	1.78			
9	010515001001	现浇构件钢筋	HPB300级钢筋 $\phi6$:　7.28kg $\phi8$:　60.04kg $\phi10$:　545.09kg $\phi12$:　559.65kg HRB335级钢筋 $\Phi14$:　35.57kg $\Phi20$:　197.36kg $\Phi22$:　182.51kg	t	1.588			

五、编制措施项目清单

措施项目是指为完成拟建工程项目施工,发生于工程施工准备和施工过程中不构成工程实体的有关措施项目费用,如建筑工程施工过程中的垂直运输机械费、脚手架搭拆费、环境保护费、安全施工费、施工排水降水费等。在编制此项费用清单时,应结合工程的水文、气象、环境、安全等具体情况和施工企业实际情况,按相关国家工程量计算规范规定的措施项目编列。对于国家工程量计算规范中列出了项目编码、项目名称、项目特征、计量单位和工程量计算规则的单价措施项目,编制工程量清单时,应按编制分部分项工程项目清单的有关规定执行,并与分部分项工程项目清单使用同一种表格样式,见表5-4。对于国家工程量计算规范中仅列出项目编码、项目名称,未列出项目特征、计量单位和工程量计算规则的总价措施项目,编制工程量清单时,应按相关国家工程量计算规范列出的措施项目附录确定项目编码和项目名称,其计价表格样式见表5-5。

表5-5   总价措施项目清单与计价表

工程名称: 标段: 第　页　共　页

序号	项目编码	项目名称	计算基础	费率 (%)	金额 (元)	调整费率 (%)	调整后金额 (元)	备注
		安全文明施工费						
		夜间施工增加费						
		二次搬运费						
		冬雨季施工增加费						
		已完工程及设备保护费						
	合计							

编制人(造价人员):   复核人(造价工程师):

注:1.“计算基础”中安全文明施工费可为“定额基价”、“定额人工费”或“定额人工费＋定额机械费”,其他项目可为“定额人工费”或“定额人工费＋定额机械费”;

　　2.按施工方案计算的措施费,若无“计算基础”和“费率”的数值,也可只填“金额”数值,但应在备注栏说明施工方案出处或计算方法。

表-11

六、编制其他项目清单

此项清单是指“分部分项工程项目清单”和“措施项目清单”以外,该工程项目施工中可能发生的有关费用。由于具体工程项目结构繁简程度、内容组成、建筑标准等的不同,将直接影响到“其他项目清单”中具体内容的多与少。“13计价规范”第4.4.1条仅列出了“暂列金额”、“暂估价”(包括材料暂估单价、工程设备暂估单价、专业工程暂估价)、“计日工”、“总承包服务费”四项内容。实际工作中出现第4.4.1条未列的项目,可根据实际情况补充。暂列金额应根据工程特点按有关计价规定估算。暂估价中的材料、工程设备暂估单价应根据工程造价信息或参考市场价格估算,列出明细表;专业工程暂估价应分不同专业,按有关计价规定估算,列出明细表。

其他项目清单与计价汇总表格式见表5-6及表5-7~表5-11。

表5-6   其他项目清单与计价汇总表

工程名称: 标段: 第　页　共　页

序号	项目名称	金额(元)	结算金额(元)	备　　注
1	暂列金额			明细详见表5-7
2	暂估价			
2.1	材料(工程设备)暂估价/结算价		—	明细详见表5-8

(续表)

序号	项目名称	金额(元)	结算金额(元)	备　注
2.2	专业工程暂估价/结算价			明细详见表5-9
3	计日工			明细详见表5-10
4	总承包服务费			明细详见表5-11
	合　计		—	

注:材料(工程设备)暂估单价计入清单项目综合单价,此处不汇总。

表-12

表 5-7　　　　　　　　　　　　　　　**暂列金额明细表**

工程名称:　　　　　　　　　　　　标段:　　　　　　　　　　　　第　页共　页

序号	项目名称	计量单位	暂定金额(元)	备　注
1				
2				
3				
4				
5				
6				
	合　计		—	

注:此表由招标人填写,如不能详列,也可只列暂定金额总额,投标人应将上述暂列金额计入投标总价中。

表-12-1

表 5-8　　　　　　　　　　　　**材料(工程设备)暂估单价及调整表**

工程名称:　　　　　　　　　　　　标段:　　　　　　　　　　　　第　页共　页

序号	材料(工程设备)名称、规格、型号	计量单位	数量		暂估(元)		确认(元)		差额±(元)		备注
			暂估	确认	单价	合价	单价	合价	单价	合价	
	合　计										

注:此表由招标人填写"暂估单价",并在备注栏说明暂估单价的材料、工程设备拟用在哪些清单项目上,投标人应将上述材料、工程设备暂估单价计入工程量清单综合单价报价中。

表-12-2

表5-9　　　　　　　　　　　　　　专业工程暂估价及结算价表

工程名称：　　　　　　　　　　　标段：　　　　　　　　　　　第　页共　页

序号	工程名称	工程内容	暂估金额(元)	结算金额(元)	差额±(元)	备注
	合　计					

注：此表"暂估金额"由招标人填写，招标人应将"暂估金额"计入投标总价中。结算时按合同约定结算金额填写。

表-12-3

表5-10　　　　　　　　　　　　　　计　日　工　表

工程名称：　　　　　　　　　　　标段：　　　　　　　　　　　第　页共　页

编号	项目名称	单位	暂定数量	实际数量	综合单价(元)	合价(元)	
						暂定	实际
一	人工						
1							
2							
3							
4							
	人工小计						
二	材料						
1							
2							
3							
4							
5							
	材料小计						
三	施工机械						
1							
2							
3							
4							
	施工机械小计						
四、企业管理费和利润							
	总　计						

注：此表项目名称、暂定数量由招标人填写，编制招标控制价时，单价由招标人按有关规定确定；投标时，单价由投标人自主确定，按暂定数量计算合价计入投标总价中；结算时，按发承包双方确定的实际数量计算合价。

表-12-4

表 5-11   总承包服务费计价表

工程名称: 标段: 第　页共　页

序号	项目名称	项目价值(元)	服务内容	计算基础	费率(%)	金额(元)
1	发包人发包专业工程					
2	发包人提供材料					
合　计		—	—		—	

注:此表项目名称、服务内容由招标人填写,编制招标控制价时,费率及金额由招标人按有关计价规定确定;投标时,费率及金额由投标人自主报价,计入投标总价中。

表-12-5

七、编制规费、税金项目清单

规费与税金两项费用均属不可竞争性费用。

1. 规费项目清单

规费项目清单应包括下列内容:

(1)社会保险费:包括养老保险费、失业保险费、医疗保险费、工伤保险费、生育保险费。

(2)住房公积金。

(3)工程排污费。

实际工作中出现上述未列的项目,应根据省级政府或省级有关部门的规定列项。

2. 税金项目清单

税金项目清单应包括下列内容:

(1)营业税。

(2)城市维护建设税。

(3)教育费附加。

(4)地方教育附加。

实际工作中出现上述未列的项目,应根据税务部门的规定列项。

规费、税金项目清单与计价表的格式,见表 5-12。

表 5-12   规费、税金项目计价表

工程名称: 标段: 第　页共　页

序号	项目名称	计算基础	计算基数	计算费率(%)	金额(元)
1	规费	定额人工费			
1.1	社会保险费	定额人工费			
(1)	养老保险费	定额人工费			
(2)	失业保险费	定额人工费			

序号	项目名称	计算基础	计算基数	计算费率（%）	金额（元）
（3）	医疗保险费	定额人工费			
（4）	工伤保险费	定额人工费			
（5）	生育保险费	定额人工费			
1.2	住房公积金	定额人工费			
1.3	工程排污费	按工程所在地环境保护部门收取标准，按实计入			
2	税金	分部分项工程费＋措施项目费＋其他项目费＋规费—按规定不计税的工程设备金额			
合　计					

编制人（造价人员）：　　　　　　　　　复核人（造价工程师）：

表-13

八、填写主要材料、工程设备一览表

1. 发包人提供材料和工程设备

（1）发包人提供的材料和工程设备（以下简称甲供材料）应在招标文件中按照规定填写《发包人提供材料和工程设备一览表》，写明甲供材料的名称、规格、数量、单价、交货方式、交货地点等。承包人投标时，甲供材料价格应计入相应项目的综合单价中。签约后，发包人应按合同约定扣除甲供材料款，不予支付。

（2）承包人应根据合同工程进度计划的安排，向发包人提交甲供材料交货的日期计划。发包人应按计划提供。

（3）发包人提供的甲供材料如规格、数量或质量不符合合同要求，或由于发包人原因发生交货日期延误、交货地点及交货方式变更等情况的，发包人应承担由此增加的费用和（或）工期延误，并应向承包人支付合理利润。

（4）发承包双方对甲供材料的数量发生争议不能达成一致的，应按照相关工程的计价定额同类项目规定的材料消耗量计算。

（5）若发包人要求承包人采购已在招标文件中确定为甲供材料的，材料价格应由发承包双方根据市场调查确定，并应另行签订补充协议。

2. 承包人提供材料和工程设备

（1）除合同约定的发包人提供的甲供材料外，合同工程所需的材料和工程设备应由承包人提供，承包人提供的材料和工程设备均应由承包人负责采购、运输和保管。

（2）承包人应按合同约定将采购材料和工程设备的供货人及品种、规格、数量和供货时间等提交发包人确认，并负责提供材料和工程设备的质量证明文件，满足合同约定的质量标准。

（3）对承包人提供的材料和工程设备经检测不符合合同约定的质量标准的，发包人应立即要求承包人更换,由此增加的费用和(或)工期延误应由承包人承担。对发包人要求检测承包人已具有合格证明的材料、工程设备,但经检测证明该项材料、工程设备符合合同约定的质量标准,发包人应承担由此增加的费用和(或)工期延误,并向承包人支付合理利润。

主要材料、工程设备一览表的格式见表 5-13~表 5-15。

表 5-13   **发包人提供材料和工程设备一览表**

工程名称: 标段: 第 页共 页

序号	材料(工程设备)名称、规格、型号	单位	数量	单价(元)	交货方式	送达地点	备注

注:此表由招标人填写,供投标人在投标报价、确定总承包服务费时参考。

表-20

表 5-14   **承包人提供主要材料和工程设备一览表**

(适用于造价信息差额调整法)

工程名称: 标段: 第 页共 页

序号	名称、规格、型号	单位	数量	风险系数(%)	基准单价(元)	投标单价(元)	发承包人确认单价(元)	备注

注:1. 此表由招标人填写除"投标单价"栏的内容,投标人在投标时自主确定投标单价。

    2. 招标人应优先采用工程造价管理机构发布的单价作为基准单价,未发布的,通过市场调查确定其基准单价。

表-21

表 5-15   **承包人提供主要材料和工程设备一览表**

(适用于价格指数调整法)

工程名称: 标段: 第 页共 页

序号	名称、规格、型号	变值权重 B	基本价格指数 F_0	现行价格指数 F_t	备注

（续表）

序号	名称、规格、型号	变值权重 B	基本价格指数 F_0	现行价格指数 F_t	备注
	定值权重 A		—	—	
	合　计	1	—	—	

注：1. "名称、规格、型号"、"基本价格指数"栏由招标人填写，基本价格指数应首先采用工程造价管理机构发布的价格指数，没有时，可采用发布的价格代替。如人工、机械费也采用本法调整，由招标人在"名称"栏填写。

2. "变值权重"栏由投标人根据该项人工、机械费和材料、工程设备价值在投标总报价中所占比例填写，1减去其比例为定值权重。

3. "现行价格指数"按约定付款证书相关周期最后一天的前42天的各项价格指数填写，该指数应首先采用工程造价管理机构发布的价格指数，没有时，可采用发布的价格代替。

表-22

第二节　建筑工程工程量清单计（报）价

一、建筑工程计价概述

建筑工程计价是指计算建筑工程生产价格的全过程。建筑工程生产价格的构成要素与其他工业产品价格一样，也是由成本、利润和税金等构成，但二者生产价格的核算方法却不相同。一般工业产品的价格是批量价格，如32CS31康佳32″液晶平板电视机价格4680元/台，则成千上万台这种规格型号的电视机，在一定时期内的价格均是4680元/台，甚至全国一个价。而建筑工程的价格则不能这样，每一项建筑物都必须采用特定的方法进行单独计价，这是由建筑工程本身所具有的诸多特点决定的。

建筑工程建设地点的固定性、类型的多样性、形体的庞大性、结构的复杂性、施工的流动性、产品的单独性、施工周期的长期性以及涉及部门的广泛性等特点，导致了每一项建筑工程必须通过单独设计和单独施工建造才能形成，即使使用同一套图纸，也会因建造地点和时间的不同，工程地质、水文地质、地理、地貌等自然条件和民族风俗习惯社会条件的不同，各地物价水平的不同等因素影响，最终导致建筑产品价格的不同。所以，建筑工程价格的制定，就不能像一般工业产品那样进行成批量定价，而必须按照国家规定的定价程序进行单个定价，然后通过竞争，由市场竞争形成它的市场价格。

二、工程量清单计价的一般规定

（1）建设工程发承包及实施阶段的工程造价应由分部分项工程费、措施项目费、其他项目费、规费和税金组成。

（2）工程量清单应采用综合单价计价。

（3）招标工程量清单标明的工程量是投标人投标报价的共同基础，竣工结算的工程量按发承包双方在合同中约定应予计量且实际完成的工程量确定。

（4）措施项目清单计价应根据拟建工程的施工组织设计，可以计算工程量的措施项目，应按分部分项工程量清单的方式采用综合单价计价；其余的措施项目可以"项"为单位的方式计价，应包括除规费、税金外的全部费用。

(5)措施项目中的安全文明施工费必须按国家或省级、行业建设主管部门的规定计价,不得作为竞争性费用。

(6)其他项目清单应根据工程特点和"13 计价规范"第 5.2.5、6.2.5、11.2.4 条的规定计价。

(7)发包人在招标工程量清单中给定暂估价的材料、工程设备属于依法必须招标的,应由发承包双方以招标的方式选择供应商,确定价格,并应以此为依据取代暂估价,调整合同价款。发包人在招标工程量清单中给定暂估价的材料、工程设备不属于依法必须招标的,应由承包人按照合同约定采购,经发包人确认单价后取代暂估价,调整合同价款。暂估材料或工程设备的单价确定后,在综合单价中只应取代暂估单价,不应再在综合单价中涉及企业管理费或利润等其他费用的变动。

(8)发包人在工程量清单中给定暂估价的专业工程不属于依法必须招标的,应按照相关规定确定专业工程价款,并应以此为依据取代专业工程暂估价,调整合同价款。发包人在招标工程量清单中给定暂估价的专业工程,依法必须招标的,应当由发承包双方依法组织招标选择专业分包人,并接受有管辖权的建设工程招标投标管理机构的监督,还应符合下列要求:

1)除合同另有约定外,承包人不参加投标的专业工程发包招标,应由承包人作为招标人,但拟定的招标文件、评标工作、评标结果应报送发包人批准。与组织招标工作有关的费用应当被认为已经包括在承包人的签约合同价(投标总报价)中。

2)承包人参加投标的专业工程发包招标,应由发包人作为招标人,与组织招标工作有关的费用由发包人承担。同等条件下,应优先选择承包人中标。

3)应以专业工程发包中标价为依据取代专业工程暂估价,调整合同价款。

(9)规费和税金必须按国家或省级、行业建设主管部门的规定计算,不得作为竞争性费用。

(10)建设工程发承包,必须在招标文件、合同中明确计价中的风险内容及其范围,不得采用无限风险、所有风险或类似语句规定计价中的风险内容及范围。

三、建筑工程工程量清单计(报)价方法的特点

实行工程量清单计价的建设项目,其计价方法分为"招标控制价"和"投标报价"计价两种。使用国有资金投资的建设工程发承包必须采用工程量清单计价,并必须编制招标控制价。除"13 计价规范"强制性规定外,投标报价由投标人自主确定,但不得低于工程成本。

与招投标过程中采用工程定额计价方法相比,采用工程量清单计价的方法具有以下特点:

1. 满足竞争的需要

招标投标过程本身就是一个竞争的过程,招标人给出招标工程量清单,投标人填报单价(此单价一般是指包括成本、利润和风险因素的综合价),不同的投标人其单价是不同的,单价的高低取决于投标人及其企业的技术和管理水平等因素,从而形成了企业整体实力的相互竞争。

2. 提供了一个平等的竞争条件

采用原来的施工图预算来投标报价,由于诸多原因,不同投标企业的预算编制人员业务素质的差异,计算出的工程量就不同,报价相差甚远,容易造成招标投标过程中的不合理。而工程量清单报价就为投标者提供了一个平等竞争的条件,相同的工程量,由企业根据自身的实力来填报不同的综合单价,符合商品交换的一般性原则。

3. 有利于实现风险的合理分担

采用工程量清单计价方式后,投标单位只对自己所报的成本、单价等负责,而对工程量的变

更或计算错误等不负责任;相应的,对于这一部分风险则应由招标人承担,因此,这一格局符合风险合理分担与责、权、利关系对等的一般原则。

4. 有利于业主对投资的控制

采用现行的施工图预算形式,业主对因设计变更、工程量的增减所引起的工程造价变化不敏感,不会引起足够重视,往往到竣工结算时,才知道它对工程造价影响的大小,但此时通常是为时已晚,而采用工程量清单计价的方法在出现设计变更或工程量增减时,能及时知道它对工程造价影响的大小,这样,业主就能根据投资情况来决定是否变更或进行方案比较,以决定最恰当的处理方法。因此,采用这种方法才能有效地进行造价控制。

四、建筑工程工程量清单计(报)价方法的作用

1. 能真正实现市场竞争决定工程造价

工程量清单计价真实地反映了工程实际,为把工程价格的决定权交给市场的参与方提供了可能。工程造价形成的主要阶段是在招投标阶段,在工程招标投标过程中,投标企业在投标报价时必须考虑工程本身的技术特点和招标文件的有关规定及要求,考虑企业自身施工能力、管理水平和市场竞争能力,同时还必须考虑其他方面的许多因素,诸如工程结构、施工环境、地质构造、工程进度、建设规模、资源安排计划等因素。在综合分析这些因素影响程度的基础上,对投标报价作出灵活机动的调整,使报价能够比较准确地与工程实际及市场条件相吻合。只有这样才能把投标定价的自主权真正交给招标和投标单位,投标单位才会对自己的报价承担相应的风险与责任,从而建立起真正的风险制约和竞争机制,并最终通过市场来配置资源,决定工程造价。真正实现通过市场机制决定工程造价。

2. 有利于业主获得最合理的工程造价

工程量清单计价方法本身要求投标企业在工程招标过程中竞争报价,对于综合实力强、管理水平高、社会信誉好的施工企业将具有较强的竞争力和中标机会,这样,招标单位将获得最合理的工程造价和较理想的施工单位,更能体现招标投标宗旨。同时,也可为业主的工程造价控制提供准确、可靠的依据。

3. 有利于促进施工企业改进经营管理,提高技术水平,增强综合实力

社会主义市场经济体现的是优胜劣汰。推行工程量清单计价方法,可以促进施工企业改进经营管理,提高技术水平,增强综合实力,在建设市场竞争中处于不败之地。通过对单位工程成本、利润进行分析,统筹考虑、精心选择施工方案,并根据企业定额合理确定人工、材料、施工机械要素的投入与配置,降低现场费用和施工技术措施费用,提高控制与管理工程造价的能力。工程质量、工程造价、施工工期三者之间存在着一定的必然联系,推行工程量清单招标,有利于将工程的"质"与"量"紧密结合起来。因为投标商在报价当中必须充分考虑工期和质量因素,这是客观规律的反映和要求。推行工程量清单招标有利于投标商通过报价的调整来反映质量、工期、成本三者之间的科学关系。总之,推行工程量清单计价方法,最终将全面提高我国建筑安装施工企业的整体水平。

4. 有利于参与国际市场的竞争

在当今全球市场经济一体化的趋势下,我国的建设市场将进一步对外开放,采用工程量清单计价方法是创造一个与国际惯例接轨的市场竞争环境。同时,有利于提高国内建设各方主体参与国际化竞争的能力,从而提高工程建设的整体管理水平。

五、建筑工程工程量清单计(报)价的原理

符合实行招标投标承建的土木建筑工程,在招标投标过程中,以招标人提供的招标工程量清单为平台,投标人结合施工现场的实际情况以及自身的技术、财务、管理能力进行投标报价,招标人根据具体评标细则进行优选低价中标①的一种计价方式,这种计价方式是市场定价体系的具体表现形式。工程量清单计价的基本原理可以描述为:在统一的工程量清单项目设置的基础上,制定工程量清单项目计量规则,根据拟建项目的施工图纸计算出各个清单项目的工程量,再按照企业定额或参照工程所在地建设行政主管部门发布执行的消耗量定额、参考价目表、参考费率、市场价格或相关价格信息和经验数据计算得到工程造价的过程。这一基本的计算过程可用图5-1表示。

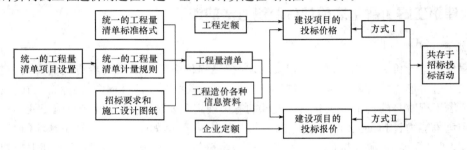

图 5-1　工程量清单计价原理框图

注:方式Ⅰ适用于工料单价计价法;方式Ⅱ适用于综合价计价法。

①低价中标的"低价",是指经过评标委员会(或小组)评定的合理低价,并非低于成本的恶意低价。对于恶意低价中标造成不能正常履约的,法律上以履约保证金来制约。

六、建筑工程工程量清单计(报)价文件的编制方法

(一)工程量清单计价的适用范围

建筑工程工程量清单计价的适用范围,根据"13计价规范"第1.0.2、3.1.1、3.1.2、3.1.3条的规定,主要适用于以下四个方面:

第一,"13计价规范"第1.0.2条规定"本规范适用于建设工程发承包及实施阶段的计价活动"。这里所指的建设工程发承包及实施阶段的计价活动包括:招标工程量清单、招标控制价、投标报价的编制,工程合同价款的约定,竣工结算的办理以及施工过程中的工程计量、合同价款支付、施工索赔与现场签证、合同价款调整和合同价款争议的解决等活动。

第二,"13计价规范"第3.1.1条规定"使用国有资金投资的建设工程发承包,必须采用工程量清单计价"。本条所指国有投资的资金包括国家融资资金、国有资金为主的投资资金。

(1)国有资金投资的工程建设项目包括:

1)使用各级财政预算资金的项目。

2)使用纳入财政管理的各种政府性专项建设资金的项目。

3)使用国有企事业单位自有资金,并且国有资产投资者实际拥有控制权的项目。

(2)国家融资资金投资的工程建设项目包括:

1)使用国家发行债券所筹资金的项目。

2)使用国家对外借款或者担保所筹资金的项目。

3)使用国家政策性贷款的项目。

4)国家授权投资主体融资的项目。

5)国家特许的融资项目。

(3)国有资金为主的工程建设项目是指国有资金占投资总额50％以上,或虽不足50％但国有投资者实质上拥有控股权的工程建设项目。

第三,"13计价规范"第3.1.2条规定"非国有资金投资的建设工程,宜采用工程量清单计价"。从此条可以看出,非国有资金投资的建设工程,"13计价规范"鼓励采用工程量清单计价方式,但是否采用,由项目业主自主确定。

第四,"13计价规范"第3.1.3条规定"不采用工程量清单计价的建设工程,应执行本规范除工程量清单等专门性规定外的其他规定"。本条进一步明确了对于不采用工程量清单计价方式的非国有投资工程建设项目,除工程量清单等专门性规定外,应执行"13计价规范"其他条文。

(二)建设工程项目应进行招投标承建的范围

按照国家规定,下列建设工程项目(包括:项目的勘察、设计、施工、监理以及工程建设有关的重要设备、材料等的采购)必须进行招标:

(1)大型基础设施、公用事业等关系社会公共利益、公众安全的项目。

(2)全部或部分使用国有资金投资或国家融资的项目。

(3)使用国际组织或外国政府贷款、援助资金的项目。

(4)法律或国务院对必须进行招标的其他项目的范围有规定的,依照其规定。

原国家计委2000年5月1日发布的《工程建设项目招标范围和规模标准规定》进一步明确了上述必须招标的具体项目和规模,其规定如下:

1. 关系社会公共利益、公众安全的基础项目的范围

(1)煤炭、石油、天然气、电力、新能源等能源项目。

(2)铁路、公路、水运、航空以及其他交通运输业等交通运输项目。

(3)邮政、电信枢纽、通信、信息网络等邮电通信项目。

(4)防洪、灌溉、排涝、引(供)水、滩涂治理、水土保持、水利枢纽等水利项目。

(5)道路、桥梁、地铁和轻轨交通、污水排放及处理、垃圾处理、地下管道、公共停车场等城市设施项目。

(6)生态环境保护项目。

(7)其他基础设施项目。

2. 关系社会公共利益、公众安全的公用事业项目的范围

(1)供水、供电、供气、供热等市政工程项目。

(2)科学、教育、文化等项目。

(3)体育、旅游等项目。

(4)卫生、社会福利等项目。

(5)商品住宅、包括经济适用房。

(6)其他公共事业项目。

3. 使用国有资金投资项目的范围

(1)使用各级财政预算资金的项目。

(2)使用纳入财政管理的各种政府性专项建设资金的项目。

(3)使用国有企业事业单位自有资金,并且国有资金投资者实际拥有控制权的项目。

4. 国家融资项目的范围

(1)使用国家发行债券所筹资金的项目。

(2)使用国家对外借款或者担保所筹资金的项目。

(3)使用国家政策性贷款的项目。

(4)国家授权投资主体融资的项目。

(5)国家特许的融资项目。

5. 使用国际组织或者外国政府资金的项目的范围

(1)使用世界银行、亚洲开发银行等国际组织贷款资金的项目。

(2)使用外国政府及其机构贷款资金的项目。

(3)使用国际组织或者外国政府援助资金的项目。

上述规定范围内的各类工程建设项目,包括项目的勘察、设计、施工、监理以及与工程建设有关的重要设备、材料等的采购,达到下列标准之一的,必须进行招标:

(1)施工单项合同估算价在 200 万元人民币以上的。

(2)重要设备、材料等货物的采购,单项合同估算价在 100 万元人民币以上的。

(3)勘察、设计、监理等服务的采购,单项合同估算价在 50 万元人民币以上的。

(4)单项合同估价低于第(1)、(2)、(3)项规定的标准,但项目总投资额在 3000 万元人民币以上的。

建设项目的勘察、设计,采用特定专利或专有技术的,或其建筑艺术造型有特殊要求的,经项目主管部门批准,可以不进行招标。

依法必须进行招标的项目,全部使用国有资金投资或国有资金投资占控股或者主导地位的,应当公开招标。

招标投标活动不受地区、部门的限制,不得对潜在投标人实行歧视待遇;招标投标活动应当遵循公开、公平、公正和诚信的原则。

(三)工程量清单计(报)价的方法

"13 计价规范"关于工程量清单计(报)价的方法有"招标控制价"和"投标报价"之分,但二者的计价方法是一致的,它仅是按照资金来源不同而作了上述划分。这里以"投标报价"方法为主作如下介绍:

工程量清单计价,按照"13 计价规范"规定,应采用综合单价计价,综合单价是指完成一个规定清单项目所需的人工费、材料和工程设备费、施工机具使用费和企业管理费、利润以及一定范围内的风险费用,其具体内容如图 5-2 所示。

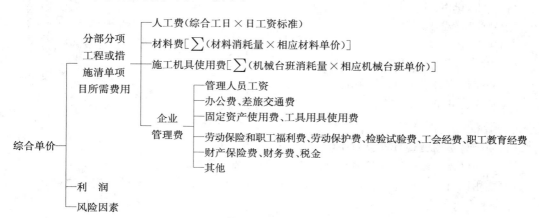

图 5-2 　工程量清单计价综合单价构成内容

工程量清单实行综合单价计价的优点主要是:有利于简化计价程序;有利于与国际惯例接轨的实现;有利于促进竞争。因为上述各项费用均为竞争性费用。据此,工程量清单计(报)价的方法,可用计算式表达为:

单位工程造价＝[∑(分项工程量×综合单价)＋措施项目费＋其他项目费＋规费]×
　　　　　　　(1十税金率)

单项工程造价＝∑单位工程造价＋工程建设其他费用(当不编制建设项目总造价时)

建设项目总造价＝∑单项工程造价＋工程建设其他费用

(四)工程量清单计价文件的编制方法

1. 计(报)价文件组成

工程量清单计价文件,是指投标人按照招标人提供的各项工程量清单文件,逐项计(报)价的各种表格,其具体内容包括:

(1)封面(表5-16)。

(2)扉页(表5-17)。

(3)总说明(表5-3)。

(4)建设项目投标报价汇总表(表5-18)。

(5)单项工程投标报价汇总表(表5-19)。

(6)单位工程投标报价汇总表(表5-20)。

(7)分部分项工程和单价措施项目清单与计价表(表5-4)。

(8)综合单价分析表(表5-21)。

(9)总价措施项目清单与计价表(表5-5)。

(10)其他项目清单与计价汇总表(表5-6)。

(11)暂列金额明细表(表5-7)。

(12)材料(工程设备)暂估单价及调整表(表5-8)。

(13)专业工程暂估价及结算价表(表5-9)。

(14)计日工表(表5-10)。

(15)总承包服务费计价表(表5-11)。

(16)规费、税金项目清单与计价表(表5-12)。

(17)发包人提供材料和工程设备一览表(表5-13)

(18)承包人提供主要材料和工程设备一览表(适用于造价信息差额调整法)(表5-14)或承包人提供主要材料和工程设备一览表(适用于价格指数差额调整法)(表5-15)。

2. 计(报)价表格填写方法

工程量清单计(报)价的各种表格由投标人填写,填写后的表格就称为计(报)价表。各种表格填写完毕后,将其按先后次序装订成册,这个"册"就称为计价文件或投标报价书。其各种表格的填写方法分述如下:

(1)封面。投标总价封面应填写投标工程项目的具体名称,投标人应盖单位公章。其格式见表5-16。

(2)扉页。投标报价扉页由投标人编制投标报价时填写。投标人编制投标报价时,编制人员必须是在投标人单位注册的造价人员。由投标人盖单位公章,法定代表人或其授权签字或盖章;编制的造价人员(造价工程师或造价员)签字盖执业专用章。其格式见表5-17。

(3)总说明。投标报总说明的内容一般来说应包括:①采用的计价依据;②采用的施工组织设计;③综合单价中包含的风险因素,风险范围(幅度);④措施项目的依据;⑤其他有关内容的说明等。其格式见表 5-3。

(4)建设项目投标报价汇总表。它是各单项工程投标报价汇总表中数值的"集合"表,表中的"单项工程名称"应按《单项工程投标报价汇总表》(表 5-16)的工程名称填写,如 1 号车间、2 号车间等,表中的金额应按《单项工程投标报价汇总表》(表 5-16)的合计数填写。建设项目投标报价总价表的格式见表 5-18。

(5)单项工程投标报价汇总表。它是各单位工程投标报价汇总表中数值的"集合"表,表中的"单位工程名称"应按《单位工程投标报价汇总表》(表 5-17)的工程名称填写,如建筑工程、建筑装饰装修工程、建筑物附属安装工程等,表中的金额按《单位工程投标报价汇总表》(表 5-17)的合计金额填写。单项工程投标报价汇总表的表式见表 5-19。

(6)单位工程投标报价汇总表。此表是一个单位工程费用的"集合"表,内容应包括该单位工程的分部分项工程费,措施项目费,其他项目费、规费、税金等。表中上述各项"数值"应按表 5-4~表 5-12 的合计金额和按有关规定计算的规费、税金填写。单位工程投标报价汇总表的表式见表 5-20。

(7)分部分项工程和单价措施项目清单与计价表。"13 计价规范"将 2008 版清单计价规范的"分部分项工程量清单与计价表"和"措施项目清单与计价表(二)"合并设置,以单价项目形式表现的措施项目与分部分项工程项目采用同一种表。此表是建设工程工程量清单计(报)价文件组成中最基本的计价表格之一,投标人按综合单价计价,并将各相应分项或子项工程的合价(工程量×综合单价)填入合价栏内。"分部分项工程和单价措施项目清单与计价表"中的项目编码、项目名称、项目特征、计量单位、工程数量均不作改动。对其中的"暂估价"栏,投标人应将招标文件中提供了暂估材料单价的暂估价进入综合单价,并应计算出暂估单价的材料在"综合单价"及其"合价"中的具体数额。分部分项工程和单价措施项目清单与计价表的格式见表 5-4。

(8)总价措施项目清单与计价表。此表是投标人根据拟建工程施工场地勘踏而掌握的第一手资料以及施工组织设计或施工方案等为依据,对拟建工程施工应采取,但不能计量的措施项目的费用计算表。投标报价时,除"安全文明施工费"必须按"13 计价规范"的强制性规定,按省级、行业建设主管部门的规定计取外,其他措施项目均可根据投标施工组织设计自主报价。总价措施项目清单与计价表的表式见表 5-5。

(9)其他项目清单与计价汇总表。此表中的数值来源于"暂列金额明细表"、"材料(工程设备)暂估单价及调整表"、"专业工程暂估价及结算价表"、"计日工表"、"总承包服务费计价表"五个表格。编制投标报价文件时,应按招标文件工程量清单提供的"暂列金额"和"专业工程暂估价"填写金额,不得变动。"计日工"、"总承包服务费"自主确定报价。

"暂估金额"在实际履约过程中可能发生,也可能不发生,所以它尽管包含在投标总价中(所以也将包含在中标人的合同总价中),但并不属于承包人所有和支配,是否属于承包人所有受合同约定的开支程序的制约。

(10)综合单价分析表。综合单价分析表是评标委员会评审和判别综合单价组成和价格完整性、合理性的主要基础,对因工程变更调整综合单价也是必不可少的基础价格数据来源。采用经评审的最低投标价法评标时,该分析表的重要性更加突出。

该分析表集中反映了构成每一个清单项目综合单价的各个价格要素的价格及主要的"工、料、机"消耗量。投标人在投标报价时,需要对每一个清单项目进行组价,为了使组价工作具有可追溯性(回复评标质疑时尤其需要),需要表明每一个数据的来源。该分析表实际上是投标人投标组价工作的一个阶段性成果文件,借助计算机辅助报价系统,可以由电脑自动生成,并不需要投标人付出太多额外劳动。

该分析表一般随投标文件一同提交,作为竞标价的工程量清单的组成部分。以便中标后,作为合同文件的附属文件。投标人须知中需要就该分析表提交的方式作出规定,该规定需要考虑是否有必要对该分析表的合同地位给予定义。一般而言,该分析表所载明的价格数据对投标人是有约束力的,但是投标人能否以此作为错报和漏报等的依据而寻求招标人的补偿是实践中值得注意的问题。比较恰当的做法似乎是,通过评标过程中的清标、质疑、澄清、说明和补正机制,不但解决清单综合单价的合理性问题,而且将合理化的清单综合单价反馈到综合单价分析表中,形成相互衔接、相互呼应的最终成果,在这种情况下,即使是将综合单价分析表定义为有合同约束力的文件,上述顾虑也就没有必要了。工程量清单综合单价分析表编制方法是:①编制综合单价分析表时,对辅助性材料不必列,可归并到其他材料费中以金额表示;②编制招标控制价,使用本表应填写使用的省级或行业建设主管部门发布的计价定额名称;③编制投标报价,使用本表可填写使用的企业定额名称,也可填写省级或行业建设主管部门发布的计价定额,如不使用则不填写;④编制工程结算时,应在已标价工程量清单中的综合单价分析表中将确定的调整过后人工单价、材料单价等进行置换,形成调整后的综合单价。综合单价分析表的格式见表5-21。

(11)规费、税金项目清单与计价表。本表按住房和城乡建设部、财政部印发的《建筑安装工程费用项目组成》(建标〔2013〕44号)列举的规费项目列项,在施工实践中,有的规费项目,如工程排污费,并非每个工程所在地都要征收,实践中可作为按实计算的费用处理。规费、税金项目清单与计价表的格式见表5-12。

3. 工程量清单计价表的标准格式

(1)封面(表5-16)。

表 5-16　　　　　　　　　　　　投标报价文件封面

> _____工程
>
> # 投 标 总 价
>
> 投 标 人:_____
> 　　　　　　　　(单位盖章)
>
> 年　　　月　　　日

(2)扉页(表 5-17)。

表 5-17 投标文件扉页

投 标 总 价

招 标 人：_____

工 程 名 称：_____

投标总价(小写)：_____

（大写）：_____

投 标 人：_____

（单位盖章）

法定代表人
或其授权人：_____

（签字或盖章）

编 制 人：_____

（造价人员签字盖专用章）

时 间： 年 月 日

扉—3

(3)建设项目投标报价汇总表(表 5-18)。

表 5-18 建设项目投标报价汇总表

工程名称： 第 页共 页

序 号	单项工程名称	金额(元)	其中:(元)		
			暂估价	安全文明施工费	规 费
合 计					

注:本表适用于建设项目投标报价的汇总。

表-02

（4）单项工程投标报价汇总表（表 5-19）。

表 5-19　　　　　　　　　　　　　单项工程投标报价汇总表

工程名称：　　　　　　　　　　　　　　　　　　　　　　　　　　第　页共　页

序　号	单项工程名称	金额（元）	其中：（元）		
			暂估价	安全文明施工费	规　费
	合　计				

注：本表适用于单项工程投标报价的汇总，暂估价包括分部分项工程中的暂估价和专业工程暂估价。

表-03

（5）单位工程投标报价汇总表（表 5-20）。

表 5-20　　　　　　　　　　　　　单位工程投标报价汇总表

工程名称：　　　　　　　　　　标段：　　　　　　　　　　　　　第　页共　页

序号	汇　总　内　容	金　额（元）	其中：暂估价（元）
1	分部分项工程		
1.1			
1.2			
1.3			
1.4			
1.5			
2	措施项目		—
2.1	其中：安全文明施工费		—
3	其他项目		—
3.1	其中：暂列金额		—
3.2	其中：专业工程暂估价		—
3.3	其中：计日工		—
3.4	其中：总承包服务费		—
4	规费		—
5	税金		—
招标控制价合计＝1+2+3+4+5			

注：本表适用于单位工程投标报价的汇总，如无单位工程划分，单项工程也使用本表汇总。

表-04

(6)综合单价分析表(表 5-21)。

表 5-21 综合单价分析表

工程名称:　　　　　　　　　　　标段:　　　　　　　　　　　第　页共　页

项目编码		项目名称		计量单位		工程量	

清单综合单价组成明细

定额编号	定额项目名称	定额单位	数 量	单 价				合 价			
				人工费	材料费	机械费	管理费和利润	人工费	材料费	机械费	管理费和利润
人工单价			小 计								
元/工日			未计价材料费								
清单项目综合单价											

	主要材料名称、规格、型号	单 位	数 量	单价(元)	合价(元)	暂估单价(元)	暂估合价(元)
材料费明细							
	其他材料费			—		—	
	材料费小计			—		—	

注:1. 如不使用省级或行业建设主管部门发布的计价依据,可不填定额项目、编号等。

　　2. 招标文件提供了暂估单价的材料,按暂估的单价填入表内"暂估单价"栏及"暂估合价"栏。

表-09

由于投标报价文件的编制总说明、分部分项工程和单价措施项目清单与计价表、总价措施项目清单与计价表、其他项目清单与计价汇总表、暂列金额明细表、材料(工程设备)暂估单价及调整表、专业工程暂估价及结算价表、计日工表、总承包服务费计价表、规费、税金项目计价表、发包人提供材料和工程设备一览表、承包人提供主要材料和工程设备一览表(适用于造价信息差额调整法)或承包人提供主要材料和工程设备一览表(适用于价格指数差额调整法),均与工程量清单文件表格的组成相同,故在此处不再重复编列。上述各种表格见表 5-3~表 5-12。

第三节　建筑工程工程量清单编制实例

工程量清单编制并不难,只要严格按照工程量计算规则计算出各个部分项工程的工程量,并按照前述方法分门别类的汇总后,即可按照"13 计价规范"规定的原则和方法进行编制。但工程量清单编制工作中比较难的有两点:一是"项目编码"填写;二是"项目特征"填写。实际工作中,有些项目编码,可按相关专业工程量计算规范的规定恰如其分的填写,但有些分项工程由于设计用料等是可变的,项目内容也是随着设计变化的,所以有些项目编码就不能按照相关专业工程量计算规范恰如其分的填写,这时就要结合项目特征编制补充编码。"项目特征"填写的难点表现在填写什么和如何填写两个方面。这两个问题的存在笔者认为主要是有些造价员识图能力较差而产生的,因此提高识图能力是解决这一问题的根本途径。这里笔者选择了××省人民政府函件收发中心办公室工程量清单的全套文件作为示例以供同行们学习参考。

表 5-22   招标工程量清单封面

_____××省人民政府函件收发中心_____ 工程

招标工程量清单

招　标　人:_____××省人民政府基建局_____
（单位盖章）

造价咨询人:_____××造价事务所_____
（单位盖章）

××年××月××日

封—1

表 5-23   招标工程量清单扉页

_____××省人民政府函件收发中心_____ 工程

招标工程量清单

招　标　人:_____××省人民政基建局_____
（单位盖章）

法定代表人
或其授权人:_____××× _____
（签字或盖章）

编　制　人:_____×××_____
（造价人员签字盖专用章）

编制时间:××年××月××日

造价咨询人:_____××造价事务所_____
（单位资质专用章）

法定代表人
或其授权人:_____×××_____
（签字或盖章）

复　核　人:_____×××_____
（造价工程师签字盖专用章）

复核时间:××年××月××日

扉—1

表 5-24   总 说 明

工程名称:××省人民政府函件收发中心工程

(一)工程概况

本收发中心建筑工程为单层框架结构,层高 3.6m 建筑面积 95.96m²,设计室内外高差 30cm。防火等级为二级。本工程位于××市北郊高新一路 285 号。建设单位提供 15%的备料款,材料全部由承包人采购,但所采购产品必须全部为合格产品,并应符合设计要求和国家及地方政府的有关规范和质量标准的规定。

(二)结构部分

(1)土方开挖为地坑和地槽,土质为一、二类土,地下水位为-2.5m,土方按现场堆放计算。

(2)±0.000 以下采用机制(240×115×53mm)黏土实心砖,M5 水泥砂浆砌筑,±0.000 以上采用承重多孔砖、M5 混合砂浆砌筑,施工图中未注明的墙厚均为 240mm,砌体加固钢筋按国标 G329-1~8 及相应设计规范设置(总重量为 108kg),120 厚(半砖)墙无基础。

(3)混凝土:柱为 C30 砾石混凝土(42.5 水泥)其余均为 C20 砾石混凝土(42.5 水泥),现浇钢筋混凝土构件钢筋按设计要求配置(其中 ϕ10 内圆钢 3.21t、ϕ10 外 0.96t、ϕ10 外螺纹钢 5.5t)。

(4)门窗过梁(现场预制):KGL2409 3 根 KGL2401 1 根

(三)建筑部分

(1)工程做法。

依据《××省 02 系列建筑标准设计图集》(×02J01),做法如下:

项 目	适用范围	类 别	做法编号	附 注
墙身砌体	全 部	墙身砌体		
散 水	全 部	散 水	散 3	厚度 210
台 阶	全 部	水泥台阶	台 2	厚度 380
外墙饰面	全 部	面砖墙面	外 21、外 22	白色 60×240×5 缝宽≥2mm
内墙饰面	全 部	水泥砂浆墙面	内 3、外 4	涂料改为白色乳胶漆
地 面	全 部	水泥砂浆地面	地 4	
顶 棚	全 部	乳胶漆顶棚	棚 6	白色
踢脚板	全 部	水泥踢脚	踢 2	
油 漆	全 部	普通调和漆	油 5	乳白色
屋 面	全 部	卷材防水	屋 4Ⅲ(A200)	SBS 卷材(热粘法)

(2)门窗工程。

门窗类型及构造采用《××省 02 系列建筑标准设计图集》(×02J06-1、×02J06-4),内容如下:

名 称	洞口尺寸	类 别	数 量
M—1	900×2100	无亮全板门、无纱	2
M—2	1000×2400	有亮全夹板门、无纱	2
LC—1	1800×1800	塑钢窗、带纱	2
LC—2	1500×1800	塑钢窗、无纱	2

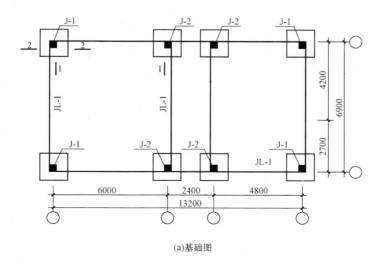

(a)基础图

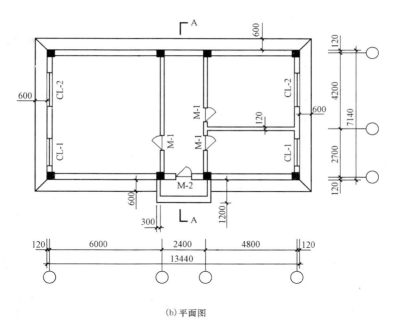

(b)平面图

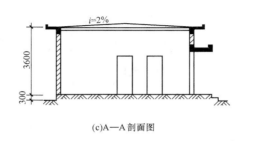

(c)A—A剖面图

图 5-3　××省人民政府函件收发中心工程施工图(一)

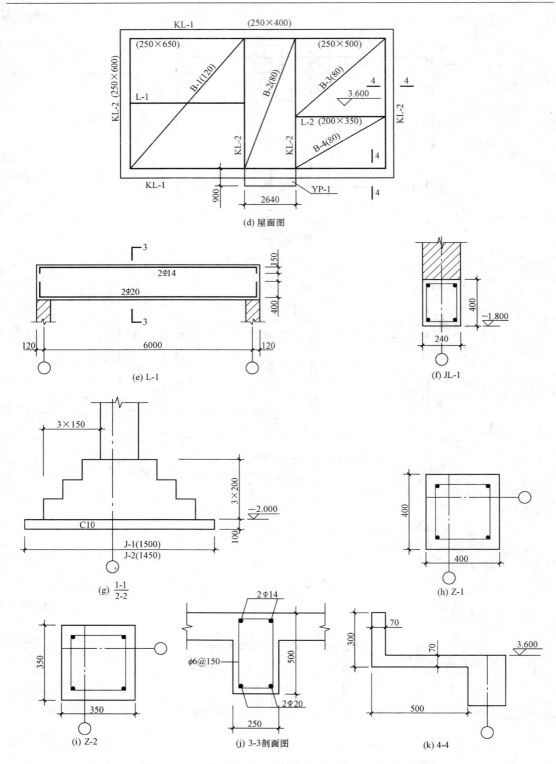

图 5-3 ××省人民政府函件收发中心工程施工图(二)

表 5-25　　　　　　　　　分部分项工程和单价措施项目清单

工程名称:××省人民政府函件收发中心工程　　　　　　　　　　　　　　第　页　第　页

序　号	项目编码	项 目 名 称	计量单位	工程数量
		0101 土石方工程		
1	010101001001	平整场地(包括钻探及回填孔)	m²	95.96
2	010101004001	J—1 基础　挖基坑土方 【项目特征】 (1)土壤类别:一、二类土。 (2)挖土深度:—1.8m。 (3)弃土运距:200m	m³	16.20
3	010101004002	J—2 基础　挖基坑土方 【项目特征】 (1)土壤类别:一、二类土。 (2)挖土深度:—1.8m。 (3)弃土运距:200m	m³	15.14
4	010101003001	JL—1 梁　挖沟槽土方 【项目特征】 (1)土壤类别:一、二类土。 (2)挖土深度:—1.5m。 (3)弃土运距:200m	m³	10.57
		0104 砌筑工程		
5	010401001001	砖基础 【项目特征】 (1)实心砖、强度等级:MU10。 (2)水泥砂浆:M5 砌砖基础	m³	16.61
6	010402001001	120mm 厚砌块墙 【项目特征】 (1)墙体类型:内墙。 (2)KP1 空心砖:MU10。 (3)混合砂浆强度等级:M5	m³	1.78
7	010402001002	240mm 厚砌块墙 【项目特征】 (1)墙体类型:外墙。 (2)KP1 空心砖:MU10。 (3)混合砂浆强度等级:M5	m³	23.18
8	010402001003	240mm 厚砌块墙 【项目特征】 (1)墙体类型:内墙。 (2)KP1 空心砖:MU10。 (3)混合砂浆强度等级:M5	m³	7.91

(续一)

序　号	项目编码	项　目　名　称	计量单位	工程数量
		0105 混凝土及钢筋混凝土工程		
9	010501003001	独立基础 【项目特征】 (1)混凝土种类:预拌混凝土。 (2)混凝土强度等级:C20	m³	4.85
10	010502001001	Z—1 矩形柱 【项目特征】 (1)柱高度:3.6m。 (2)柱截面尺寸:0.4m×0.4m。 (3)混凝土种类:预拌混凝土。 (4)混凝土强度等级:C30	m³	3.20
11	010502001002	Z—2 矩形柱 【项目特征】 (1)柱高度:3.6m。 (2)柱截面尺寸:0.35m×0.35m。 (3)混凝土种类:预拌混凝土。 (4)混凝土强度等级:C30	m³	2.45
12	010503001001	基础梁 【项目特征】 (1)梁底标高:—1.80m。 (2)梁截面尺寸:0.24m×0.4m。 (3)混凝土种类:预拌混凝土。 (4)混凝土强度等级:C20	m³	4.31
13	010503002001	KL—1 矩形梁 【项目特征】 (1)梁截面:0.25×0.65　0.5　0.4m。 (2)混凝土种类:预拌混凝土。 (3)混凝土强度等级:C20	m³	3.29
14	010503002002	KL—2 矩形梁 【项目特征】 (1)梁截面尺寸:0.25m×0.6m。 (2)混凝土种类:预拌混凝土。 (3)混凝土强度等级:C20	m³	3.83
15	010505001001	B—1 有梁板 【项目特征】 (1)板厚度:0.12m。 (2)混凝土种类:预拌混凝土。 (3)混凝土强度等级:C20	m³	5.12

（续二）

序　号	项目编码	项　目　名　称	计量单位	工程数量
16	010505001002	B—3　4有梁板 【项目特征】 (1)板厚度:0.08m。 (2)混凝土种类:预拌混凝土。 (3)混凝土强度等级:C20	m³	2.66
17	010505003001	B—2平板 【项目特征】 (1)板厚度:0.08m。 (2)混凝土种类:预拌混凝土。 (3)混凝土强度等级:C20	m³	0.99
18	010505007001	挑檐板 【项目特征】 (1)混凝土种类:预拌混凝土。 (2)混凝土强度等级:C20	m³	2.26
19	010505008001	雨篷 【项目特征】 (1)混凝土种类:预拌混凝土。 (2)混凝土强度等级:C20	m³	0.30
20	010507001001	散水 【项目特征】 60mm厚C15混凝土撒1:1水泥砂子压实赶光,150mm厚3:7灰土垫层,宽出面层300mm	m²	26.14
21	010510003001	过梁 【项目特征】 (1)单件体积:0.03m³ (2)安装高度:2.7m (3)混凝土强度等级:C20	m³	0.12
22	010515001001	现浇构件钢筋 【项目特征】 钢筋种类、规格:A10以上圆钢	t	0.96
23	010515001002	现浇构件钢筋 【项目特征】 钢筋种类、规格:A10以内圆钢	t	3.21
24	010515001003	现浇构件钢筋 【项目特征】 钢筋种类、规格:A10以上螺纹钢	t	5.50
25	010515001004	钢筋种类、规格:加固筋	t	0.11

(续三)

序　号	项目编码	项　目　名　称	计量单位	工程数量
26	010515002001	预制构件钢筋 【项目特征】 钢筋种类、规格:A10 以内。	t	0.003
		0109 屋面及防水工程		
27	010902001001	屋面卷材防水,3mm 厚 SBS 改性沥青卷材热熔法; 25mm 厚 1:3 水泥砂浆找平层;2mm 厚纸筋灰隔离层	m²	137.14
		0110 保温、隔热、防腐工程		
28	011001001001	憎水膨胀珍珠岩板保温层厚 250mm	m²	95.96
29	011001001002	1:6 水泥焦渣找坡　最薄处 30mm	m²	118.90
		0108 门窗工程		
30	010801001001	M—1 无亮镶板木门制安 【项目特征】 门洞口尺寸:900mm×2100mm	樘	3
31	010801001002	M—2 有亮胶合板门制安 【项目特征】 门洞口尺寸:1000mm×2400mm	樘	1
32	010801005001	M—1 无亮镶板木门门框制作安装 【项目特征】 (1)洞口尺寸:900mm×2100mm (2)木门框(无亮)制作。 (3)木门框(无亮)安装	樘	3
33	010801005002	M—2 有亮胶合板门门框制作安装 【项目特征】 (1)洞口尺寸:1000mm×2400mm (2)木门框(有亮)制作。 (3)木门框(有亮)安装	樘	1
34	010802001001	LC—1 塑钢窗安装 【项目特征】 (1)洞口尺寸:1800mm×1800mm (2)门窗工程,塑钢门窗安装,塑钢窗。 (3)门窗工程,纱窗附在彩板塑料塑钢,推拉窗上门窗 工程,塑钢门窗安装,塑钢窗	樘	2
35	010802001002	LC—2 塑钢窗安装 【项目特征】 洞口尺寸:1800mm×1800mm		

（续四）

序　号	项目编码	项　目　名　称	计量单位	工程数量
		0111 楼地面装饰工程		
36	011101001001	20mm 厚 1∶2 水泥砂浆楼地面；水泥浆一道；60mm 厚 C15 混凝土找平层	m²	84.19
37	011105003001	块料踢脚线 【项目特征】 (1)踢脚线高度：0.15m。 (2)底层厚度：10 厚 1∶3 水泥砂浆打底。 (3)面层材料品种、规格、颜色：8mm 厚 1∶2.5 水泥砂浆压实赶光	m²	11.07
38	011107004001	水泥砂浆台阶面　陕 02J01 台 2 工程做法 【项目特征】 (1)整体面层，水泥砂浆台阶。 (2)C20 砾石混凝土（普通）	m²	2.52
		0112 墙、柱面装饰与隔断、幕墙工程		
39	011201001001	内墙面一般抹灰 【项目特征】 (1)底层厚度、砂浆配合比：10mm 厚 1∶3 水泥砂浆。 (2)面层厚度、砂浆配合比：6mm 厚 1∶2.5 水泥砂浆	m²	153.80
40	011201001002	内墙面　梁柱面抹灰 【项目特征】 (1)底层厚度、砂浆配合比：12mm 厚 1∶3 水泥砂浆。 (2)面层厚度、砂浆配合比：8mm 厚 1∶2.5 水泥砂浆	m²	29.92
41	011203001001	零星项目一般抹灰 【项目特征】 (1)底层厚度、砂浆配合比：10mm 厚 1∶3 水泥砂浆。 (2)面层厚度、砂浆配合比：6mm 厚 1∶2.5 水泥砂浆	m²	10.44
42	011204003001	外墙面贴 60mm×240mm 面砖　做法：陕 02J01　外 21　外 22	m²	142.55
43	011206002001	门窗套贴面砖 60mm×240mm	m²	3.34
44	011206002002	挑檐贴面砖 0mm×240mm	m²	13.55
		0113 天棚工程		
45	011301001001	天棚抹灰　做法：陕 02J01　棚 6（不包括刷乳胶漆部分）	m²	111.17
		0114 油漆、涂料、裱糊工程		
46	011401001001	无亮镶板木门油漆　油漆做法：陕 02J01 油 5 【项目特征】 门洞口尺寸 900mm×2100mm，底油一遍、刮腻子、调合漆二遍单层木门。	樘	3

(续五)

序　号	项目编码	项　目　名　称	计量单位	工程数量
47	011401001002	有亮胶合板门油漆　油漆做法:陕02J01油5 【项目特征】 洞口尺寸1000mm×2400mm,底油一遍、刮腻子、调合漆二遍单层木门。	樘	1
48	011406001001	内墙面、天棚面刷乳胶漆三遍	m²	273.30
		0117 措施项目		
49	011701002001	外脚手架,钢管架,15m以内	m²	172.90
50	011701003001	里脚手架,钢管架,基本层3.6m	m²	96.00
51	011702001001	现浇构件模板,混凝土基础垫层	m²	1.741
52	011702001002	现浇构件模板,独立基础钢筋混凝土	m²	4.854
53	011702002001	现浇构件模板,矩形柱断面周长1.8m以内	m²	5.65
54	011702005001	现浇构件模板,基础梁	m²	4.314
55	011702006001	现浇构件模板,梁及框架梁矩形	m²	7.123
56	011702009001	预制构件模板,过梁	m²	0.09
57	011702014001	现浇构件模板,有梁板板厚10cm以外	m²	5.119
58	011702014002	现浇构件模板,有梁板板厚10cm以内	m²	2.657
59	011702016001	现浇构件模板,平板板厚10cm以内	m²	0.992
60	011702022001	现浇构件模板,天沟、挑沿悬挑构件	m²	2.26
61	011702023001	现浇构件模板,雨篷	m²	0.292
62	011702027001	现浇构件模板,台阶	m²	0.252

表 5-26　　　　　　　　　　　　　　　总价措施项目清单与计价表

工程名称:××省人民政府函件收发中心工程　　　　　　　标段:　　　　　　　　　　　　第　页　共　页

序号	项目编码	项目名称	计算基础	费率(%)	金额(元)	调整费率(%)	调整后金额(元)	备注
1	011707001001	安全文明施工费						
2	011707002001	夜间施工增加费						
3	011707004001	二次搬运费						
4	011707005001	冬雨季施工增加费						
5	011707007001	已完工程及设备保护费						
		合计						

编制人(造价人员):　　　　　　　　　　复核人(造价工程师):

注:1. "计算基础"中安全文明施工费可为"定额基价"、"定额人工费"或"定额人工费+定额机械费",其他项目可为"定额人工费"或"定额人工费+定额机械费"

　　2. 按施工方案计算的措施费,若无"计算基础"和"费率"的数值,也可只填"金额"数值,但应在备注栏说明施工方案出处或计算方法。

表 5-27　　　　　　　　　　　　其他项目清单与计价汇总表

工程名称:××省人民政府函件收发中心工程　　　　标段:　　　　　　　　　　第　页 共　页

序　号	项目名称	金额(元)	结算金额(元)	备　注
1	暂列金额	3000.00		明细详见表 5-27
2	暂估价	4800.00		
2.1	材料(工程设备)暂估价	—		—
2.2	专业工程暂估价	4800.00		明细详见表 5-28
3	计日工			明细详见表 5-29
4	总承包服务费			明细详见表 5-30
5				
	合　计			

注:材料(工程设备)暂估单价计入清单项目综合单价,此处不汇总。

表 5-28　　　　　　　　　　　　暂列金额明细表

工程名称:××省人民政府函件收发中心工程　　　　标段:　　　　　　　　　　第　页 共　页

序号	项　目　名　称	计量单位	暂定金额(元)	备　注
1	图纸中已经标明可能位置,但未最终确定是否需要的入口处的钢结构招牌的安装工作	项	2000.00	此部分的设计图纸有待进一步完善
2	其他	项	1000.00	
3				
	合计		3000.00	—

注:此表由招标人填写,如不能详列,也可只列暂定金额总额,投标人应将上述金额列入投标总价中。

表 5-29　　　　　　　　　　　　专业工程暂估价及结算价表

工程名称:××省人民政府函件收发中心工程　　　　标段:　　　　　　　　　　第　页 共　页

序号	工程名称	工程内容	暂估金额(元)	结算金额(元)	差额±(元)	备注
1	消防工程	合同图纸中标明的以及工程规范和技术说明中规定的各系统,包括但不限于消火栓系统、消防游泳池供水系统、水喷淋系统、火灾自动报警系统及消防联动系统中的设备、管道、阀门、线缆等的供应、安装和调试工作	4800.00			
	合　计		4800.00			

注:此表"暂估金额"由招标人填写,招标人应将"暂估金额"计入投标总价中。结算时按合同约定结算金额填写。

表 5-30　　　　　　　　　　　　　计 日 工 表

工程名称：　　　　　　　　　　　标段：　　　　　　　　第　页 共　页

编号	项目名称	单位	暂定数量	实际数量	综合单价（元）	合价（元）	
						暂定	实际
一	人工						
1	普工	工日	5				
2	油漆工	工日	2				
3							
	人工小计						
二	材料						
1	32.5级水泥	t	2				
2	普通烧结砖	千块	0.5				
3							
	材料小计						
三	施工机械						
1	砂浆拌和机	台班	1				
2							
	施工机械小计						
四、企业管理费和利润							
	总　　计						

注：此表项目名称、暂定数量由招标人填写，编制招标控制价时，单价由招标人按有关规定确定；投标时，单价由投标人自主确定，按暂定数量计算合价计入投标总价中；结算时，按发承包双方确定的实际数量计算合价。

表 5-31　　　　　　　　　　　　总承包服务费计价表

工程名称：××省人民政府函件收发中心工程　　标段：　　　　　　　第　页 共　页

序号	项目名称	项目价值（元）	服务内容	计算基础	费率（%）	金额（元）
1	发包人发包专业工程	4800.00	1. 按专业工程承包人的要求提供施工作业面并对施工现场进行统一管理，对竣工资料进行统一汇总整理。 2. 为专业工程承包人提供垂直运输机械和焊接电源接入点，并承担垂直运输费的电费。			
2						
	合　计	—	—			—

注：此表项目名称、服务内容由招标人填写，编制招标控制价时，费率及金额由招标人按有关计价规定确定；投标时，费率及金额由投标人自主报价，计入投标总价中。

表 5-32　　　　　　　　　　　　规费、税金项目计价表

工程名称：　　　　　　　　　　　　　标段：　　　　　　　　　　　第　页共　页

序号	项目名称	计算基础	计算基数	计算费率(%)	金额(元)
1	规费	定额人工费			
1.1	社会保险费	定额人工费			
(1)	养老保险费	定额人工费			
(2)	失业保险费	定额人工费			
(3)	医疗保险费	定额人工费			
(4)	工伤保险费	定额人工费			
(5)	生育保险费	定额人工费			
1.2	住房公积金	定额人工费			
1.3	工程排污费	按工程所在地环境保护部门收取标准,按实计入			
2	税金	分部分项工程费＋措施项目费＋其他项目费＋规费—按规定不计税的工程设备金额			
合　计					

编制人(造价人员)：　　　　　　　　复核人(造价工程师)：

第四节　建筑工程工程量清单计价实例

工程量清单计价内容包括：投标总价、工程项目总价……分部分项工程费、措施项目费、其他项目费和规费、税金等。工程量清单计价与工程量清单编制相比较,除投标总价、工程项目总价等费用外,而分部分项工程费、措施项目费等费用的确定,其难度较大。难度较大的突出表现是综合单价的确定。大家知道,某一分项工程的合价＝分项工程量×相应分项工程综合单价。从上式可以看出,在分项工程量既定情况下,这一分项工程合价的高低,主要取决于综合单价。因此,综合单价确定偏高或偏低,将会给投标人在投标报价竞争中带来不利——偏高竞争失败,偏低造成企业利润的降低或亏损。

综合单价的确定,应根据清单计价规范的相关规定,以下列程序组价。投标人报价时,人工费、材料费、机械台班使用费均按捕捉到的市场价格计算。编制施工图预算和招标标底价格时,应采用工程所在地工程造价主管部门颁布的"建设工程参考价格"中的相应价格,差价部分及不构成工程实体的富余量等相关内容,都应列入综合单价内的风险因素费用中。但上述"富余量"内容是按实有量价值列入,还是按一定的比率列入,这是投标人最为"头痛"的实际问题。按实有量价值(富余实有工程量×单价)列入,其工作量太大(即一个项目一个项目的另行计算出它的富余量),时间难以保证;按照一定比率列入,其比率的测算也很费时间,同时,对比率数值的取定"火候"也是令人"头痛"的问题。例如,一栋建筑物底层外边线图示长度尺寸为 44m,宽度尺寸为12m,其平整场地富余量为 45.46%,而另一栋建筑物底层外边线图示长度尺寸为 30m,宽度尺寸为 9m,其平整场地富余量为 63.7%。这就是说,分项工程规模不同,其工作富余量的比率也就不相同,所以这个"火候"不好掌握。工程量清单计价的"综合单价"有的地区或部门有现成的(如河南省及化工行业等);有的地区或部门规定有计算程序(如陕西省及公路交通行业等)。下面以前述××省人民政府函件收发中心工程为例,简述其计价文件编制见以下各表：

表 5-33 　　　　　　　　　　　投标报价文件封面

　　　　　　　　__××省人民政府函件收发中心__　工程

投　标　总　价

　　　　投　标　人：__××市第五建筑工程公司第三项目部__
　　　　　　　　　　　　　　　　　　（单位盖章）

　　　　　　　　　　　　××年××月××日

表 5-34 投标文件扉页

投 标 总 价

招 标 人：＿＿＿＿＿＿＿＿×× 省人民政府基建局＿＿＿＿＿＿＿＿

工 程 名 称：＿＿＿＿＿＿×× 省人民政府函件收发中心工程＿＿＿＿＿＿

投标总价（小写）：＿＿＿＿＿＿＿＿＿137420.83＿＿＿＿＿＿＿＿＿

（大写）：＿＿＿＿壹拾叁万柒仟肆佰贰拾元捌角叁分整＿＿＿＿

投 标 人：＿＿＿＿＿×× 市第五建筑工程公司第三项目部＿＿＿＿＿

（单位盖章）

法定代表人
或其授权人：＿＿＿＿＿＿＿＿＿＿×××＿＿＿＿＿＿＿＿＿＿

（签字或盖章）

编 制 人：＿＿＿＿＿＿＿＿＿＿×××＿＿＿＿＿＿＿＿＿＿

（造价人员签字盖专用章）

时 间：×× 年 ×× 月 ×× 日

表 5-35　　　　　　　　　　　　　　　**总　说　明**

工程名称:××省人民政府函件收发中心工程　　　　　　　　　　　　　　　第　页　共　页

　　(1)工程概况:本工程位于××省人民政府市大门内 200m 处的东侧,坐东向西,北邻机关事务局,南邻警卫宿舍及值班室。该中心建筑为单层框架结构,层高 3.60m,建筑面积 159.69m²,设室内外高差 0.30m。防火等级:Ⅱ级。建设单位提供 15%的备料款,材料全部由承包人采购,但产品必须符合国家或地方政府的有关标准、规范等要求。

　　(2)投标报价范围:本报价为该中心工程招标文件(2012)第 045 号中的"函件收发中心"的施工图范围内的土建工程、水、暖、电、通风、空调等全部工程和朝向西侧(即门前)约 200m²的室外混凝土地面铺设工程。

　　(3)投标报价编制依据:本报价编制主要采用本工程及该省下列资料:

　　1)招标文件及其所提供的工程量清单和有关报价要求,招标文件的补充通知和答疑纪要。

　　2)GB 50500—2013《建设工程工程量清单计价规范》、GB 50854—2013《房屋建筑与装饰工程工程量计算规范》、《××省建筑、装饰工程价目表》(2006 年版)、《××省安装工程价目表》(2006 年版)、《××省工程造价管理信息》(2013.7 期)材料价格等。

　　3)××省建设厅关于《调整房屋建筑和市政基础设施工程工程量清单计价安全文明施工措施费及综合人工单价的通知》[×建价发(2007)22 号文]。

　　4)××省建设厅关于《调整房屋建筑和市政基础设施工程工程量清单计价安全文明施工措施费及综合人工单价的通知》[×建发(2007)232 号文]。

　　5)××省人民政府令第 133 号发布的《××省建设工程造价管理办法》。

　　(4)有问题说明:……。

表 5-36　　　　　　　　　　　　**建设项目投标报价汇总表**

工程名称:××省人民政府函件收发中心工程　　　　　　　　　　　　　　　第　页　共　页

序　号	单项工程名称	金额(元)	其中:(元)		
			暂估价	安全文明施工费	规　费
1	函件收发中心	137420.83		4845.88	5524.30
	合　计	137420.83		4845.88	5524.30

注:本表适用于建设项目投标报价的汇总。

表 5-37　　　　　　　　　　　　**单项工程投标报价汇总表**

工程名称:××省人民政府函件收发中心工程　　　　　　　　　　　　　　　第　页　共　页

序　号	单项工程名称	金额(元)	其中:(元)		
			暂估价	安全文明施工费	规　费
	函件收发中心	137420.83		4845.88	5524.30
	合　计	137420.83		4845.88	5524.30

注:本表适用于单项工程投标报价的汇总,暂估价包括分部分项工程中的暂估价和专业工程暂估价。

表 5-38　　　　　　　　　　　　　　单位工程投标报价汇总表

工程名称：××省人民政府函件收发中心工程　　　　标段：　　　　　　　　　　　　第　页共　页

序号	汇总内容	金额（元）	其中：暂估价（元）
1	分部分项工程	100435.10	
0101	土石方工程	3221.60	
0104	砌筑工程	7979.21	
0105	混凝土及钢筋混凝土工程	56483.84	
0109	屋面及防水工程	4007.22	
0110	保温、隔热、防腐工程	7031.16	
0108	门窗工程	4104.89	
0111	楼地面装饰工程	2957.43	
0112	墙、柱面装饰与隔断、幕墙工程	11398.06	
0113	天棚工程	873.80	
0114	油漆、涂料、裱糊工程	2377.90	
2	措施项目	16590.70	
2.1	其中：安全文明施工费	4845.88	
3	其他项目	10339.20	
3.1	其中：暂列金额	3000.00	
3.2	其中：专业工程暂估价	4800.00	
3.3	其中：计日工	2155.20	
3.4	其中：总承包服务费	384.00	
4	规费	5524.30	
5	税金	4531.53	
	投标报价合计＝1＋2＋3＋4＋5	137420.83	

注：本表适用于单位工程投标报价的汇总，如无单位工程划分，单项工程也使用本表汇总。

表 5-39　　　　　　　　　　　　分部分项工程和单价措施项目清单

工程名称：××省人民政府函件收发中心工程　　　　　　　　　　　　　　　第　页　第　页

序号	项目编码	项目名称	计量单位	工程数量	金额（元）	
					综合单价	合价
		0101 土石方工程				
1	010101001001	平整场地（包括钻探及回填孔）	m²	95.96	14.92	1431.75
2	010101004001	J—1 基础 挖基坑土方 【项目特征】 (1)土壤类别：一、二类土。 (2)挖土深度：—1.8m。 (3)弃土运距：200m	m³	16.20	41.28	668.74

(续一)

序　号	项目编码	项　目　名　称	计量单位	工程数量	金额(元)	
					综合单价	合　价
3	010101004002	J—2基础 挖基坑土方 【项目特征】 (1)土壤类别:一、二类土。 (2)挖土深度:—1.8m。 (3)弃土运距:200m	m³	15.14	42.45	642.61
4	010101003001	JL—1梁　挖沟槽土方 【项目特征】 (1)土壤类别:一、二类土。 (2)挖土深度:—1.5m。 (3)弃土运距:200m	m³	10.57	45.27	478.50
		小　计				3221.60
		0104 砌筑工程				
5	010401001001	砖基础 【项目特征】 (1)实心砖、强度等级:MU10。 (2)水泥砂浆:M5砌砖基础	m³	16.61	134.86	2240.29
6	010402001001	120mm厚砌块墙 【项目特征】 (1)墙体类型:内墙。 (2)KP1空心砖:MU10。 (3)混合砂浆强度等级:M5	m³	1.78	180.60	321.11
7	010402001002	240mm厚砌块墙 【项目特征】 (1)墙体类型:外墙。 (2)KP1空心砖:MU10。 (3)混合砂浆强度等级:M5	m³	23.18	174.26	4039.00
8	010402001003	240mm厚砌块墙 【项目特征】 (1)墙体类型:内墙。 (2)KP1空心砖:MU10。 (3)混合砂浆强度等级:M5	m³	7.91	174.25	1378.81
		小　计				7979.21
		0105 混凝土及钢筋混凝土工程				
9	010501003001	独立基础 【项目特征】 (1)混凝土种类:预拌混凝土。 (2)混凝土强度等级:C20	m³	4.85	294.83	1431.10

（续二）

序 号	项目编码	项 目 名 称	计量单位	工程数量	金额（元）	
					综合单价	合 价
10	010502001001	Z—1 矩形柱 【项目特征】 (1)柱高度:3.6m。 (2)柱截面尺寸:0.4m×0.4m。 (3)混凝土种类:预拌混凝土。 (4)混凝土强度等级:C30	m³	3.20	246.06	602.85
11	010502001002	Z—2 矩形柱 【项目特征】 (1)柱高度:3.6m。 (2)柱截面尺寸:0.35m×0.35m。 (3)混凝土种类:预拌混凝土。 (4)混凝土强度等级:C30	m³	2.45	246.06	602.85
12	010503001001	基础梁 【项目特征】 (1)梁底标高:—1.80m。 (2)梁截面尺寸:0.24m×0.4m。 (3)混凝土种类:预拌混凝土。 (4)混凝土强度等级:C20	m³	4.31	222.33	959.14
13	010503002001	KL—1 矩形梁 【项目特征】 (1)梁截面:0.25×0.65 0.5 0.4m。 (2)混凝土种类:预拌混凝土。 (3)混凝土强度等级:C20	m³	3.29	222.33	731.24
14	010503002002	KL—2 矩形梁 【项目特征】 (1)梁截面尺寸:0.25m×0.6m。 (2)混凝土种类:预拌混凝土。 (3)混凝土强度等级:C20	m³	3.83	222.33	852.41
15	010505001001	B—1 有梁板 【项目特征】 (1)板厚度:0.12m。 (2)混凝土种类:预拌混凝土。 (3)混凝土强度等级:C20	m³	5.12	222.33	1138.11
16	010505001002	B—3 4 有梁板 【项目特征】 (1)板厚度:0.08m。 (2)混凝土种类:预拌混凝土。 (3)混凝土强度等级:C20	m³	2.66	222.33	590.73

（续三）

序 号	项目编码	项 目 名 称	计量单位	工程数量	金额（元）	
					综合单价	合 价
17	010505003001	B—2平板 【项目特征】 (1)板厚度:0.08m。 (2)混凝土种类:预拌混凝土。 (3)混凝土强度等级:C20	m³	0.99	222.33	220.55
18	010505007001	挑檐板 【项目特征】 (1)混凝土种类:预拌混凝土。 (2)混凝土强度等级:C20	m³	2.26	222.33	502.47
19	010505008001	雨篷 【项目特征】 (1)混凝土种类:预拌混凝土。 (2)混凝土强度等级:C20	m³	0.30	222.33	67.59
20	010507001001	散水 【项目特征】 60mm厚C15混凝土撒1:1水泥砂子压实赶光,150mm厚3:7灰土垫层,宽出面层300mm	m²	26.14	30.72	802.90
21	010510003001	过梁 【项目特征】 (1)单件体积:0.03m³ (2)安装高度:2.7m (3)混凝土强度等级:C20	m³	0.12	407.95	49.77
22	010515001001	现浇构件钢筋 【项目特征】 钢筋种类、规格:ϕ10以上圆钢	t	0.96	4883.06	4698.74
23	010515001002	现浇构件钢筋 【项目特征】 钢筋种类、规格:ϕ10以内圆钢	t	3.21	4943.76	15869.47
24	010515001003	现浇构件钢筋 【项目特征】 钢筋种类、规格:ϕ10以上螺纹钢	t	5.50	4986.73	27427.02
25	010515001004	钢筋种类、规格:加固筋	t	0.11	5105.83	551.43
26	010515002001	预制构件钢筋 【项目特征】 钢筋种类、规格:ϕ10以内	t	0.003	4943.33	14.83
		小 计				56483.84

（续四）

序号	项目编码	项 目 名 称	计量单位	工程数量	金额（元）	
					综合单价	合　价
0109 屋面及防水工程						
27	010902001001	屋面卷材防水,3mm 厚 SBS 改性沥青卷材热熔法;25mm 厚 1∶3 水泥砂浆找平层;2mm 厚纸筋灰隔离层	m²	137.14	29.22	4007.22
		小 计				4007.22
0110 保温、隔热、防腐工程						
28	011001001001	憎水膨胀珍珠岩板保温层厚 250mm	m²	95.96	61.71	5921.82
29	011001001002	1∶6 水泥焦渣找坡　最薄处 30mm	m²	118.90	9.33	1109.34
		小 计				7031.16
0108 门窗工程						
30	010801001001	M—1 无亮镶板木门制安 【项目特征】 门洞口尺寸:900mm×2100mm	樘	3	152.60	457.80
31	010801001002	M—2 有亮胶合板门制安 【项目特征】 门洞口尺寸:1000mm×2400mm	樘	1	182.07	182.07
32	010801005001	M—1 无亮镶板木门门框制作安装 【项目特征】 (1)洞口尺寸:900mm×2100mm (2)木门框(无亮)制作。 (3)木门框(无亮)安装	樘	3	105.87	317.61
33	010801005002	M—2 有亮胶合板门门框制作安装 【项目特征】 (1)洞口尺寸:1000mm×2400mm (2)木门框(有亮)制作。 (3)木门框(有亮)安装	樘	1	137.57	137.57
34	010802001001	LC—1 塑钢窗安装 【项目特征】 (1)洞口尺寸:1800mm×1800mm (2)门窗工程,塑钢门窗安装,塑钢窗。 (3)门窗工程,纱窗附在彩板塑料塑钢,推拉窗上门窗工程,塑钢门窗安装,塑钢窗	樘	2	848.52	1697.04

（续五）

序　号	项目编码	项　目　名　称	计量单位	工程数量	金额（元）	
					综合单价	合　价
35	010802001002	LC—2 塑钢窗安装 【项目特征】 洞口尺寸:1800mm×1800mm	樘	2	656.40	1312.80
		小　计				4104.89
		0111 楼地面装饰工程				
36	011101001001	20mm 厚 1：2 水泥砂浆楼地面；水泥浆一道；60mm 厚 C15 混凝土找平层	m²	84.19	27.26	2295.02
37	011105003001	块料踢脚线 【项目特征】 (1)踢脚线高度:0.15m。 (2)底层厚度:10 厚 1：3 水泥砂浆打底。 (3)面层材料品种、规格、颜色:8mm 厚 1：2.5 水泥砂浆压实赶光	m²	11.07	49.13	543.87
38	011107004001	水泥砂浆台阶面　陕 02J01 台 2 工程做法 【项目特征】 (1)整体面层,水泥砂浆台阶。 (2)C20 砾石混凝土(普通)	m²	2.52	47.04	118.54
		小　计				2957.43
		0112 墙、柱面装饰与隔断、幕墙工程				
39	011201001001	内墙面一般抹灰 【项目特征】 (1)底层厚度、砂浆配合比:10mm 厚 1：3 水泥砂浆。 (2)面层厚度、砂浆配合比:6mm 厚 1：2.5 水泥砂浆	m²	153.80	7.05	1084.29
40	011201001002	内墙面　梁柱面抹灰 【项目特征】 (1)底层厚度、砂浆配合比:12mm 厚 1：3 水泥砂浆。 (2)面层厚度、砂浆配合比:8mm 厚 1：2.5 水泥砂浆	m²	29.92	11.53	344.98

（续六）

序　号	项目编码	项　目　名　称	计量单位	工程数量	金额（元）	
					综合单价	合　价
41	011203001001	零星项目一般抹灰 【项目特征】 （1）底层厚度、砂浆配合比：10mm厚1：3水泥砂浆。 （2）面层厚度、砂浆配合比：6mm厚1：2.5水泥砂浆	m²	10.44	25.03	261.31
42	011204003001	外墙面贴 60mm×240mm 面砖 做法：陕 02J01　外 21　外 22	m²	142.55	60.01	8554.43
43	011206002001	门窗套贴面砖 60mm×240mm	m²	3.34	67.61	225.82
44	011206002002	挑檐贴面砖 0mm×240mm	m²	13.55	68.43	927.23
		小　计				11398.06
		0113 天棚工程				
45	011301001001	天棚抹灰　做法：陕 02J01　棚 6 （不包括刷乳胶漆部分）	m²	111.17	7.86	873.80
		小　计				873.80
		0114 油漆、涂料、裱糊工程				
46	011401001001	无亮镶板木门油漆　油漆做法：陕 02J01 油 5 【项目特征】 门洞口尺寸 900mm×2100mm，底油一遍、刮腻子、调和漆二遍单层木门。	樘	3	21.84	65.52
47	011401001002	有亮胶合板门油漆　油漆做法：陕 02J01 油 5 【项目特征】 洞口尺寸 1000mm×2400mm，底油一遍、刮腻子、调和漆二遍单层木门。	樘	1	27.59	27.59
48	011406001001	内墙面、天棚面刷乳胶漆三遍	m²	273.30	8.36	2284.79
		小　计				2377.90

(续七)

序号	项目编码	项目名称	计量单位	工程数量	金额(元)	
					综合单价	合价
0117 措施项目						
49	011701002001	外脚手架,钢管架,15m 以内	m²	172.90	7.33	1267.36
50	011701003001	里脚手架,钢管架,基本层 3.6m	m²	96.00	4.00	384.00
51	011702001001	现浇构件模板,混凝土基础垫层	m²	1.741	32.19	56.04
52	011702001002	现浇构件模板,独立基础钢筋混凝土	m²	4.854	64.23	311.77
53	011702002001	现浇构件模板,矩形柱断面周长 1.8m 以内	m²	5.65	279.04	1576.58
54	011702005001	现浇构件模板,基础梁	m²	4.314	186.61	805.04
55	011702006001	现浇构件模板,梁及框架梁矩形	m²	7.123	277.11	1973.85
56	011702009001	预制构件模板,过梁	m²	0.09	232.39	20.92
57	011702014001	现浇构件模板,有梁板板厚 10cm 以外	m²	5.119	241.54	1236.44
58	011702014002	现浇构件模板,有梁板板厚 10cm 以内	m²	2.657	272.69	724.54
59	011702016001	现浇构件模板,平板板厚 10cm 以内	m²	0.992	288.20	285.89
60	011702022001	现浇构件模板,天沟、挑沿悬挑构件	m²	2.26	516.28	1166.79
61	011702023001	现浇构件模板,雨篷	m²	2.92	43.97	128.39
62	011702027001	现浇构件模板,台阶	m²	0.252	175.34	44.19
小 计						9981.80

表 5-40

综合单价分析表

工程名称：××省人民政府函件收发中心工程　　标段：　　　

序号	项目编码	项目名称	计量单位	工程量计算式	工程量	人工费	材料费	机械费	管理费	利润	风险	综合单价
1	010101001001	平整场地（包括钻探及回填孔）	m²	7.14×13.44	95.962	11.33	2.45		0.63	0.51		14.92元/m²
	1-20	钻探及回填孔	100m²	19.44×13.14	2.554	301.04	91.9		16.86	13.55		
	1-19	平整场地	100m²	17.4×11.14	1.943	163.9			9.18	7.38		
2	010101004001	J-1基础　挖基坑土方	m³	1.5×1.5×(2.1-0.3)×4	16.2	37.49			2.1	1.69		41.28元/m³
	1-9	人工挖地坑，挖深（2m）以内	100m³	1.9×1.9+3.09×3.09+1.9×3.09)/3×1.8×4	0.457	1193.87			66.86	53.72		
	1-33	单（双）轮车运土每增50m	100m³	45.7×2	0.914	67.93			3.8	3.06		
3	010101004002	J-2基础　挖基坑土方	m³	1.45×1.45×(2.1-0.3)×4	15.138	38.56			2.16	1.73		42.45元/m³
	1-9	人工挖地坑，挖深（2m）以内	100m³	(1.85×1.85+3.04×3.04+3.04×1.85)/3×1.8×4	0.439	1193.87			66.86	53.72		
	1-33	单（双）轮车运土每增50m	100m³	43.90×2	0.878	67.93			3.8	3.06		
4	010101003001	JL-1梁　挖沟槽土方	m³	0.24×1.5×(5.44×2+9.24×2)	10.57	41.12			2.3	1.85		45.27元/m³
	1-5	人工挖沟槽，挖深（2m）以内	100m³	29.36×0.84×1.5	0.37	1038.98		15.81	58.18	46.75		
	1-33	单（双）轮车运土每增50m	100m³	37.0×2	0.74	67.93			3.8	3.06		
5	010401001001	砖基础	m³	0.24×1.4×(11.94×2+6.34×2+6.44×2)	16.612	30.33	89.16	1.58	8.35	5.44		134.86元/m³
	3-1换	砖基础//换：水泥砂浆 M5 水泥 32.5	10m³		1.661	303.36	891.72	15.81	83.55	54.37		
6	010402001001	120厚空心砖墙、砌块墙	m³	4.56×3.25×0.12	1.778	38.23	123.02	0.89	11.19	7.28		180.6元/m³
	3-42	砌砖、多孔砖墙1/2砖	10m³		0.178	381.83	1228.77	8.93	111.75	72.71		
7	010402001002	240厚空心砖墙、砌块墙	m³	23.178	23.178	32.14	123.32		10.79	7.02		174.25元/m³
	3-43	砌砖、多孔砖墙一砖	10m³		2.318	321.37	1233.16		107.94	70.23		

（续一）

序号	项目编码	项目名称	计量单位	工程量计算式	工程量	综合单价组成						综合单价
						人工费	材料费	机械费	管理费	利润	风险	
8	010402001003	240厚空心砖墙、砌块墙	m³	(6.44×3×2-0.9×2.1×3)×0.24	7.913	32.12	123.27	0.98	10.79	7.02		174.18 元/m³
	3-43	多孔砖墙—砖	10m³		0.791	321.37	1233.16	9.77	107.94	70.23		
9	010510003001	独立基础	m³	(1.3×1.3×0.2+1×1×0.2+0.7×0.7×0.2)×4+(1.25×1.25×0.2+0.95×0.95×0.2+0.65×0.65×0.2)	4.854	63.62	185.27	15.79	18.26	11.88		294.83 元/m³
	4-1换	普通混凝土(坍落度10~90mm)C20,砾石2~4cm 水泥32.5	m³		4.854	46.83	141.14	11.62	13.77	8.96		
	4-1换	普通混凝土(坍落度10~90mm)C10,砾石2~4cm 水泥32.5	m³	1.5×1.5×0.1×4+1.45×1.45×0.1×4	1.741	46.83	123.02	11.62	12.52	8.15		
10	010502001001	Z-1矩形柱	m³	0.4×0.4×5×4	3.2	46.83	162.45	11.62	15.24	9.92		246.06 元/m³
	4-1换	普通混凝土(坍落度10~90mm)C30,砾石2~4cm 水泥32.5	m³		3.2	46.83	162.45	11.62	15.24	9.92		
11	010502001002	Z-2矩形柱	m³	0.35×0.35×5×4	2.45	46.83	162.45	11.62	15.24	9.92		246.06 元/m³
	4-1换	普通混凝土(坍落度10~90mm)C30,砾石2~4cm 水泥32.5	m³		2.45	46.83	162.45	11.62	15.24	9.92		
12	010503001001	基础梁	m³	(6.9×4+13.2×2-0.505×8-0.8×4-0.455×4)×0.24×0.4	4.314	46.83	141.13	11.62	13.77	8.96		222.32 元/m³
	4-1换	普通混凝土(坍落度10~90mm)C20,砾石2~4cm 水泥32.5	m³		4.314	46.83	141.14	11.62	13.77	8.96		
13	010503002001	KL-1矩形梁	m³	0.25×0.65×5.49×2+0.25×0.4×2.16×2+0.25×0.5×4.29×2	3.289	46.83	141.14	11.62	13.77	8.96		222.33 元/m³
	4-1换	普通混凝土(坍落度10~90mm)C20,砾石2~4cm 水泥32.5	m³		3.289	46.83	141.14	11.62	13.77	8.96		
14	010503002002	KL-2矩形梁	m³	0.25×0.6×6.34×2+0.25×0.6×6.44×2	3.834	46.83	141.14	11.62	13.77	8.96		222.33 元/m³
	4-1换	普通混凝土(坍落度10~90mm)C20,砾石2~4cm 水泥32.5	m³		3.834	46.83	141.14	11.62	13.77	8.96		
15	010505001001	B-1有梁板	m³	5.74×6.64×0.12+5.74×0.25×0.38	5.119	46.83	141.14	11.62	13.77	8.96		222.33 元/m³
	4-1换	普通混凝土(坍落度10~90mm)C20,砾石2~4cm 水泥32.5	m³		5.119	46.83	141.14	11.62	13.77	8.96		

（续二）

序号	项目编码	项目名称	计量单位	工程量计算式	工程量	人工费	材料费	机械费	管理费	利润	风险	综合单价
16	01050500 1002	B-34有梁板	m³		2.657	46.83	141.14	11.62	13.77	8.96		222.33 元/m³
	4-1换	普通混凝土(坍落度10~90mm)C20,砾石2~4cm 水泥32.5	m³	4.54×6.64×0.08+4.54×4.54×0.2×0.27	2.657	46.83	141.14	11.62	13.77	8.96		
17	01050500 3001	B-2平板	m³		0.992	46.83	141.14	11.62	13.77	8.96		222.33 元/m³
	4-1换	普通混凝土(坍落度10~90mm)C20,砾石2~4cm 水泥32.5	m³	2.16×5.74×0.08	0.992	46.83	141.14	11.62	13.77	8.96		
18	01050500 7001	挑檐板	m³		2.26	46.83	141.14	11.62	13.77	8.96		222.33 元/m³
	4-1换	普通混凝土(坍落度10~90mm)C20,砾石2~4cm 水泥32.5	m³	45.68×0.07×0.23+43.56×0.5×0.07	2.26	46.83	141.14	11.62	13.77	8.96		
19	01050500 8001	雨蓬	m³		0.304	46.83	141.14	11.62	13.77	8.96		222.34 元/m³
	4-1换	普通混凝土(坍落度10~90mm)C20,砾石2~4cm 水泥32.5	m³	0.9×2.64×0.1281	0.304	46.83	141.14	11.62	13.77	8.96		
20	01050700 1001	散水 60厚C15混凝土撒1:1水泥砂子压实赶光,150厚3:7灰土垫层,宽出面层300	100m²		0.06	11.35	16.19	0.71	1.48	1		30.72 元/m²
	1-28	土石方人工土方,回填夯实3:7灰土	100m³	(13.44+0.9×2+7.14)×2×0.9×0.15	26.136	1807.28	2531.05	83.62	101.21	81.33		
	8-27换	混凝土散水面层一饮抹光换:普通混凝土(坍落度10~90mm)C15,砾石2~4cm	100m²	(13.44+7.14+0.6×2)×2×0.6	0.261	717.87	1035.2	51.62	124.52	81.03		
21	01051000 3001	过梁	m³		0.122	97.42	179.25	89.53	25.27	16.44		407.95 元/m²
	4-164	预制构件座浆落缝,过梁	10m³	0.03×3+0.032×1	0.012	68.18	111.63	4.02	12.68	8.25		
	6-64	预制过梁安装 0.4m³/根	10m³		0.012	430.72	114.03	773.32	90.95	59.18		
	4-1换	普通混凝土(坍落度10~90mm)C20,砾石2~4cm 水泥42.5	m³	(0.03×3+0.032×1)×1.015	0.124	46.83	154.37	11.62	14.68	9.56		

(续三)

序号	项目编码	项目名称	计量单位	工程量计算式	工程量	综合单价组成						综合单价
						人工费	材料费	机械费	管理费	利润	风险	
22	010515001001	现浇构件钢筋	t		0.96	259.36	2657.09	60.09	205.38	133.64	1567.5	4883.06 元/t
	4—7	圆钢 φ10以上	t	0.96	0.96	259.36	2657.09	60.09	205.38	133.64	1567.5	
23	010515001002	现浇构件钢筋	t		3.21	446.16	2590.59	27.95	211.46	137.6	1530	4943.76 元/t
	4—6	圆钢 φ10以内	t	3.21	3.21	446.16	2590.59	27.95	211.46	137.6	1530	
24	010515001003	现浇构件钢筋	t		5.5	201.72	2793.58	74.3	211.8	137.82	1567.5	4986.73 元/t
	4—8	螺纹钢 φ10以上(含φ10)	t	5.50	5.5	201.72	2793.58	74.3	211.8	137.82	1567.5	
25	010515001004	钢筋种类、规格：加固筋	t		0.108	580.98	2578.15	37.58	220.57	143.53	1545	5105.83 元/t
	3—34	砌砖内加固筋	t	0.108	0.108	580.98	2578.15	37.58	220.57	143.53	1545	
26	010515002001	预制构件钢筋	t		0.003	446.16	2590.59	27.95	211.46	137.6	1530	4943.33 元/t
	4—6	圆钢 φ10以内	t	(0.81×3+0.88×1)×0.001	0.003	446.16	2590.59	27.95	211.46	137.6	1530	
27	010902001001	屋面防水层 3MM厚 SBS改性沥青卷材 热熔法；25厚1:3 水泥砂浆找平层；2层纸筋灰隔离层	m²	14.64×8.34×1.0+65.40×0.23	137.14	1.17	25.06		1.81	1.18		29.22 元/m²
	9—27	卷材屋面防水层，改性沥青卷材热熔法	100m²	13.44×7.14	1.371	117.33	2506.14		181.02	117.79		
28	010101001001	增水膨胀珍珠岩板保温层250MM	m²		95.962	3.4	52		3.82	2.49		61.71 元/m²
	9—48	屋面保温层、隔热层、增水膨胀珍珠岩板	10m³	95.962×0.25	2.399	135.85	2080		152.89	99.49		
29	010103001002	1:6 水泥焦渣找坡最薄处30MM	m²		118.9	1.31	7.06		0.58	0.38		9.33 元/m²
	9—56换	屋面保温层、隔热层、水泥炉渣找坡层(1:6)换:水泥炉(矿)渣1:6	10m³	118.90×(0.03+4.1×0.02/2)	0.844	185	994.64		81.4	52.96		
30	010801001001	M—1无亮镶板木门窗制安	樘		3	4.76	132.25		9.45	6.15		152.60 元/樘
	B—1换	采购木门窗 900mm×2100mm	樘	3	3		120.00		8.28	5.39		
	10—1331	抹灰面油漆·乳胶漆抹灰面二遍	100m²	0.9×2.1×3	0.057	250.61	644.88		61.79	40.21		

（续四）

序号	项目编码	项目名称	计量单位	工程量计算式	工程量	人工费	材料费	机械费	管理费	利润	风险	综合单价
31	01080101001002	M-2有亮胶合板门制安	樘		1	4.76	165.48		11.83	7.70		182.07 元/樘
	B-2换	采购木门窗1000mm×2400mm	樘	1	1	6.01	150.00		10.35	6.73		
	7-27	普通平开门,木门窗安装	100m²	1.0×2.4	0.024	250.61	644.88		61.79	40.21		
	01080101005001	M-1无亮镶板木门门框制作安装	樘	3	3	10.83	80.73	0.89	6.38	4.15	2.89	105.87 元/樘
32	7-25	木门框(无亮)制作	100m²	0.9×2.1×3	0.057	244.18	4,189.02	47.07	309.14	201.16	149.40	
	7-26	木门框(无亮)安装	100m²		0.057	326.00	59.98		26.63	17.33	2.86	
	01080101005002	M-2有亮胶合板门门框制作安装	樘	1	1	14.38	105.07	1.31	8.33	5.42	3.06	137.57 元/樘
33	7-23	木门框(有亮)制作	100m²	1.0×2.4	0.024	279.43	4323.95	54.39	321.39	209.12	124.50	
	7-24	木门框(有亮)安装	100m²		0.024	318.79	54.05		25.73	16.74	2.86	
	01080202001001	LC-1塑钢窗安装	樘	2	2	25.45	743.54	0.65	41.56	37.32		848.52 元/樘
34	10-965	门窗工程 塑钢门窗安装 塑钢窗	100m²	1.8×1.8×2	0.065	712.00	21319.20	20.00	1190.76	1069.13		
	10-968	门窗工程 塑钢门窗安装 纱窗附在彩板塑料塑钢 推拉窗	100m²		0.065	71.20	1558.88		88.02	79.03		
35	01080202001002	LC-2塑钢窗安装	樘	2	2	19.22	575.62	0.54	32.15	28.87		656.40 元/樘
	10-965	门窗工程 塑钢门窗安装 塑钢窗	100m²	1.5×1.8×2	0.054	712.00	21319.20	20.00	1190.76	1069.13		
36	01110101001001	20厚1:2水泥砂浆冰浆楼地面;水泥浆一道;60厚C15混凝土垫层;150厚3:7灰土	m²	12.48×6.66+0.6×1.8	84.197	8.6	15.43	0.96	1.3	0.97		27.26 元/m²
	10-1	整体面层·水泥砂浆楼地面	100m²		0.842	305.88	422.94	13.67	40.09	36		
	4-1换	普通混凝土(坍落度10~90mm)C10,砾石2~4cm 水泥32.5	m³	84.197×0.06	5.052	46.83	123.02	11.62	12.52	8.15		
	1-28	土石方,人工土方,回填夯实3:7灰土	100m³	84.70×0.15	0.127	1807.28	2531.05	83.62	101.21	81.33		

(续五)

序号	项目编码	项目名称	计量单位	工程量计算式	工程量	综合单价组成						综合单价
						人工费	材料费	机械费	管理费	利润	风险	
37	01110500 3001	块料踢脚线	m²	(6.66×60.12×2+4.56×2+12.48×2)×0.15	11.07	12.22	31.72	0.62	2.41	2.16		49.13 元/m²
	10-73	块料面层:踢脚线	100m²		0.111	1218.94	3163.74	91.94	240.01	215.49		
38	01110700 4001	水泥砂浆台阶面 工程做法陕02J101 台合	m²	3×1.2-0.6×1.8	2.52	17.97	24.02	1.35	2.09	1.6		47.04 元/m²
	10-2换	整体面层,水泥砂浆台阶:20mm厚水泥砂浆(掺建筑胶)1:2.5	100m²		0.025	839.31	566.62	20.11	77.01	69.14		
	4-1换	普通混凝土(明洛度10~90mm)C15,碎石2~4cm 水泥32.5	m³	2.52×0.15×0.5	0.189	46.83	131.49	11.62	13.11	8.53		
	1-28	土石方,人工土方,回填夯实3:7灰土	100m³	2.52×0.3×1.118	0.008	1807.28	2531.085	83.62	101.21	81.33		
39	01120100 1001	内墙面一般抹灰	m²	6.34×3×6+5.44×2+2.95×2+2.16×3.2+4.24×3.1×2-0.9×2.1×3×2-1.0×2.4-1.8×1.8×2-1.5×1.8×2	153.796	3.32	2.89	0.12	0.34	0.31	0.07	7.05 元/m²
	10-247	墙柱面普通抹灰,水泥砂浆,内砖墙面 16mm厚	100m²		1.538	332.08	289.18	12.47	34.22	30.73	6.5	
40	01120100 1002	内墙面梁柱面抹灰	m²	5.44×2×0.66+6.34×0.61×2+0.16×3.48×2+2.16×0.41×2+4.24×0.51×2	29.92	6.12	4.13	0.15	0.56	0.5	0.06	11.53 元/m²
	10-252	墙柱面普通抹灰,水泥砂浆,混凝土面 矩形柱	100m²		0.299	612.89	413.24	14.88	56.21	50.47	6.5	
41	01120300 1001	零星项目一般抹灰	m²	14.5×0.23×2+8.2×0.23×2	10.442	18.61	3.95	0.15	1.23	1.1		25.03 元/m²
	10-256换	墙柱面普通抹灰,水泥砂浆,零星项目 1:3	100m²		0.104	1868.86	396.2	14.88	123.12	110.54		
42	01120400 3001	外墙面贴60×240面砖做法:陕02J101 外21外22	m²	41.16×3.83-2.7×0.3-1.8×1.8×2-1.5×1.8×2-1×2.4	142.553	14.59	39.18	0.66	2.94	2.64		60.01 元/m²
	10-419	墙柱面,镶贴块料面层(有基层),釉面砖(水泥砂浆粘贴)砖墙面,灰缝周长800mm以内	100m²		1.426	1458.12	3916.64	66.42	293.82	263.81		

（续六）

序号	项目编码	项目名称	计量单位	工程量计算式	工程量	综合单价组成						综合单价
						人工费	材料费	机械费	管理费	利润	风险	
43	011206002001	门窗套贴面砖 60×240	100m²	6.6×2×0.1+7.2×0.1×2+5.80×0.1	3.34	20.39	40.21	0.73	3.31	2.97		67.61 元/m²
	10—440	墙柱面,镶贴块料面层(有基层)、釉面砖(水泥砂浆粘贴)零星项目,灰	100m²		0.033	2063.49	4069.73	73.74	335.18	300.94		
44	011206002001	挑檐贴面砖 60×240	m²	(14.44+8.14)×2×0.3	13.548	20.63	40.7	0.74	3.35	3.01		68.43 元/m²
	10—440	墙柱面,镶贴块料面层(有基层)、釉面砖(水泥砂浆粘贴)零星项目,灰缝周长800mm以内	100m²		0.135	2063.49	4069.73	73.74	335.18	300.94		
45	011301001001	天棚抹灰做法:陕 02J01 棚6(不包括刷乳胶漆部分)	m²	5.76×6.66×1+5.76×0.38×2+2.16×6.66+4.56×6.66+0.23×4.56×2+0.5×(13.44+7.14+0.5×2)×2	111.172	3.96	2.89	0.08	0.37	0.34	0.21	7.86 元/m²
	10—663	天棚工程 水泥石灰砂浆,现浇混凝土 天棚面抹灰	100m²		1.112	396.16	289.18	8.45	37.46	33.64	20.8	
46	011401001001	无亮镶板木门油漆	樘	3	3	11.01	8.80		1.07	0.96		21.84 元/樘
	10—1063	底油一遍,刮腻子,调合漆二遍单层木门	100m²	0.9×2.1×3	0.057	579.57	463.33		56.32	50.56		
47	011401001002	有亮胶合板门油漆	樘	1	1	13.91	11.12		1.35	1.21		27.59 元/樘
	10—1063	底油一遍,刮腻子,调合漆二遍单层木门	100m²	1.0×2.4	0.024	579.57	463.33		56.32	50.56		
48	011406001001	内墙面,天棚面刷乳胶漆三遍	m²	153.796+29.92+89.592	273.308	3.47	4.1		0.41	0.37		8.36 元/m²
	10—1331	抹灰面油漆·乳胶漆抹灰面二遍	100m²		2.733	318.98	290.58		32.92	29.55		
	10—1332	抹灰面油漆·乳胶漆抹灰面每增一遍	100m²		2.733	28.48	119.9		8.01	7.19		

(续七)

序号	项目编码	项目名称	计量单位	工程量计算式	工程量	综合单价组成						综合单价
						人工费	材料费	机械费	管理费	利润	风险	
49	11701002001	外脚手架·钢管架·15m以内	m²		172.9	1.85	4.30	0.43	0.45	0.30		7.33 元/m²
50	11701003001	里脚手架·钢管架·基本层3.6m	m²		96	2.63	0.81	0.15	0.25	0.16		4.00 元/m²
51	11702001001	现浇构件模板·混凝土基础垫层	m²		1.741	4.37	24.23	0.30	1.99	1.30		32.19 元/m²
52	11702001002	现浇构件模板·独立基础钢筋混凝土	m²		4.854	13.89	41.63	2.13	3.98	2.59		64.23 元/m²
53	11702002001	现浇构件模板·矩形柱断面周长1.8m以内	m²		5.65	109.87	127.43	13.21	17.28	11.25		279.04 元/m²
54	11702005001	现浇构件模板·基础梁	m²		4.314	69.73	90.59	7.21	11.56	7.52		186.61 元/m²
55	11702006001	现浇构件模板·梁及框架梁矩形	m²		7.123	116.56	119.25	12.97	17.17	11.17		277.11 元/m²
56	11702009001	预制构件模板·过梁	m²		0.09	56.61	83.22	68.80	14.40	9.37		232.39 元/m²
57	11702014001	现浇构件模板·有梁板板厚10cm以外	m²		5.119	101.38	100.46	15.01	14.96	9.74		241.54 元/m²
58	11702014002	现浇构件模板·有梁板板厚10cm以内	m²		2.657	108.07	118.27	18.48	16.89	10.99		272.69 元/m²
59	11702016001	现浇构件模板·平板板厚10cm以内	m²		0.992	114.50	126.14	18.09	17.85	11.62		288.20 元/m²
60	11702022001	现浇构件模板·天沟·挑沿悬挑构件	m²		2.26	198.64	243.71	21.15	31.98	20.81		516.28 元/m²
61	11702023001	现浇构件模板·雨篷	m²		2.92	18.37	18.45	2.66	2.72	1.77		43.97 元/m²
62	11702027001	现浇构件模板·台阶	m²		0.252	66.38	87.58	3.44	10.86	7.07		175.34 元/m²

表 5-41　　　　　　　　　　　　　　**总价措施项目清单与计价表**

工程名称：××省人民政府函件收发中心工程　　　　　标段：　　　　　　　　第　页　共　页

序号	项目编码	项目名称	计算基础	费率（%）	金额（元）	调整费率（%）	调整后金额（元）	备注
1	011707001001	安全文明施工费	定额人工费	25	4845.88			
2	011707002001	夜间施工增加费	定额人工费	3	581.51			
3	011707004001	二次搬运费	定额人工费	2	387.67			
4	011707005001	冬雨季施工增加费	定额人工费	1	193.84			
5	011707007001	已完工程及设备保护费			600.00			
		合　　　计			6608.90			

编制人(造价人员)：　　　　　　　　　复核人(造价工程师)：

注：1.“计算基础”中安全文明施工费可为“定额基价”、“定额人工费”或“定额人工费＋定额机械费”，其他项目可为“定额人工费”或“定额人工费＋定额机械费”

　　2.按施工方案计算的措施费，若无“计算基础”和“费率”的数值，也可只填“金额”数值，但应在备注栏说明施工方案出处或计算方法。

表 5-42　　　　　　　　　　　　　　**其他项目清单与计价汇总表**

工程名称：××省人民政府函件收发中心工程　　　　　标段：　　　　　　　　第　页　共　页

序　号	项目名称	金额（元）	结算金额（元）	备　注
1	暂列金额	3000.00		明细详见表 5-42
2	暂估价	4800.00		
2.1	材料(工程设备)暂估价	—		—
2.2	专业工程暂估价	4800.00		明细详见表 5-43
3	计日工	2155.20		明细详见表 5-44
4	总承包服务费	384.00		明细详见表 5-45
5				
	合　　　计		10339.20	

注：材料(工程设备)暂估单价计入清单项目综合单价，此处不汇总。

表 5-43　　　　　　　　　　　　　　**暂列金额明细表**

工程名称：××省人民政府函件收发中心工程　　　　　标段：　　　　　　　　第　页　共　页

序号	项　目　名　称	计量单位	暂定金额（元）	备　注
1	图纸中已经标明可能位置，但未最终确定是否需要的入口处的钢结构招牌的安装工作	项	2000.00	此部分的设计图纸有待进一步完善
2	其他	项	1000.00	
3				
	合　　计		3000.00	—

注：此表由招标人填写，如不能详列，也可只列暂定金额总额，投标人应将上述金额列入投标总价中。

表 5-44 专业工程暂估价及结算价表

工程名称:××省人民政府函件收发中心工程　　　　标段:　　　　　　　　　　第　页共　页

序号	工程名称	工程内容	暂估金额(元)	结算金额(元)	差额± (元)	备注
1	消防工程	合同图纸中标明的以及工程规范和技术说明中规定的各系统,包括但不限于消火栓系统、消防游泳池供水系统、水喷淋系统、火灾自动报警系统及消防联动系统中的设备、管道、阀门、线缆等的供应、安装和调试工作	4800.00			
	合 计		4800.00			

注:此表"暂估金额"由招标人填写,招标人应将"暂估金额"计入投标总价中。结算时按合同约定结算金额填写。

表 5-45 计 日 工 表

工程名称:××省人民政府函件收发中心工程　　　　标段:　　　　　　　　　　第　页共　页

编号	项目名称	单位	暂定数量	实际数量	综合单价(元)	合价(元)	
						暂定	实际
一	人工						
1	普工	工日	5		80.00	400.00	
2	油漆工	工日	2		120.00	240.00	
3							
	人工小计					640.00	
二	材料						
1	32.5级水泥	t	2		600.00	1200.00	
2	普通烧结砖	千块	0.5		300.00	150.00	
3							
	材料小计					1350.00	
三	施工机械						
1	砂浆拌和机	台班	1		50.00	50.00	
2							
3							
	施工机械小计					50.00	
四、企业管理费和利润　按人工费18%计						115.20	
	总 计					2155.20	

注:此表项目名称、暂定数量由招标人填写,编制招标控制价时,单价由招标人按有关规定确定;投标时,单价由投标人自主确定,按暂定数量计算合价计入投标总价中;结算时,按发承包双方确定的实际数量计算合价。

表 5-46　　　　　　　　　　　　总承包服务费计价表

工程名称:××省人民政府函件收发中心工程　　　　　　标段:　　　　　　　　　　第　页共　页

序号	项目名称	项目价值(元)	服务内容	计算基础	费率(%)	金额(元)
1	发包人发包专业工程	4800.00	1. 按专业工程承包人的要求提供施工作业面并对施工现场进行统一管理,对竣工资料进行统一汇总整理。 2. 为专业工程承包人提供垂直运输机械和焊接电源接入点,并承担垂直运输费的电费。	项目价值	8	384.00
2						
	合　计	—	—			—

注:此表项目名称、服务内容由招标人填写,编制招标控制价时,费率及金额由招标人按有关计价规定确定;投标时,费率及金额由投标人自主报价,计入投标总价中。

表 5-47　　　　　　　　　　　　规费、税金项目计价表

工程名称:　　　　　　　　　　　标段:　　　　　　　　　　第　页共　页

序号	项目名称	计算基础	计算基数	计算费率(%)	金额(元)
1	规费	定额人工费			5524.30
1.1	社会保险费	定额人工费			4361.29
(1)	养老保险费	定额人工费		14	2713.69
(2)	失业保险费	定额人工费		2	387.67
(3)	医疗保险费	定额人工费		6	1163.01
(4)	工伤保险费	定额人工费		0.25	48.46
(5)	生育保险费	定额人工费		0.25	48.46
1.2	住房公积金	定额人工费		6	1163.01
1.3	工程排污费	按工程所在地环境保护部门收取标准,按实计入			
2	税金	分部分项工程费+措施项目费+其他项目费+规费—按规定不计税的工程设备金额		3.41	4531.53
	合　计				10055.83

编制人(造价人员):　　　　　　　　　　复核人(造价工程师):

表 5-48　　　　　　　　　　　　主要材料价格表

工程名称:××省人民政府函件收发中心建筑工程　　建筑装饰专业　　　　第1页　共1页

序号	材料编码	材料名称	规格、型号	单位	单价(元)	指定价(元)
1		生石灰		t	102	
2		标准砖	240×115×53mm	千块	127	
3		水泥	32.5	kg	0.26	
4		中砂		m³	38	
5		镀锌铁皮	0.55mm	m²	21	
6		净砂		m³	38	

(续表)

序号	材料编码	材料名称	规格、型号	单位	单价(元)	指定价(元)
7		规格料(模板用)		m³	1200	
8		非承重黏土多孔砖	240×180×115	千块	576	
9		石灰膏		kg	0.3	
10		炉渣		m³	25	
11		憎水膨胀珍珠岩板		m³	200	
12		砾石	2~4cm	m³	44	
13		改性沥青卷材		m²	18.5	
14		氯丁胶乳沥青		kg	2	
15		面砖	周长 800mm 以内	m²	37.5	
16		白水泥		kg	0.48	
17		陶瓷地面砖	周长 1200mm 以内	m²	28	
18		松厚板		m³	2300	2300
19		规格料		m³	2300	2300
20		水泥(综合)		kg	0.32	0.32
21		调合漆		kg	6.65	
22		石膏粉		kg	0.57	
23		塑钢窗		m²	200	
24		圆钢筋(综合)		t	4000	4000
25		螺纹钢筋(综合)		t	4100	4100
26		塑料窗纱		m²	3	
27	TC0200001-1	采购木门扇	1m×2.1m	樘	120	
28		钢管	φ48×3.5	kg	2.7	
29		防腐漆		kg	10	
30		防锈漆		kg	5.56	
31	TC0200003	采购木门扇	1m×2.4m	樘	150	
32		卡具插销		kg	4.5	

本 章 思 考 重 点

1. 工程量清单及其计价须知的内容是什么?

2. 工程量清单"总说明"一般来说应包括哪几个方面的主要内容?

3. 分部分项工程项目清单"项目编码"组成的含义是什么?

4. 工程量清单计价方法的特点是什么?

5. 何谓"综合单价"? 它由哪几项费用构成?

6. 从资金来源方面说,工程量清单计价适用于哪些建设项目?

7. 单位工程工程量清单造价怎样计算(列出计算式则可)?

8. 工程量清单计价文件由哪几种表格组成?

第六章　建筑工程定额及定额计价

随着《建设工程工程量清单计价规范》的颁布实施,使我国工程造价从传统的以预算定额为主的计价方式逐步向国际上通行的工程量清单计价模式转变,是我国工程造价管理政策的一项重大措施,在工程建设领域受到了广泛的关注与积极的响应。但应当指出,在我国建设市场逐步放开的改革中,虽然已经制定并推广了工程量清单计价,但由于各地实际情况的差异,目前的工程造价计价方式不可避免地存在着双轨并行的局面———定额计价模式和工程量清单计价模式。而且,目前我国的建设工程定额还是工程造价管理的重要手段。因此,在学习建筑工程造价确定方法时,除对《建设工程工程量清单计价规范》进行深入、细致地学习外,还必须对工程定额和定额计价有一个基本认识。为此,本章以建筑工程定额和定额计价为主线分节予以介绍。

第一节　建筑工程定额概述

一、建筑工程定额的概念

建筑工程是指为满足生产与生活需要而建造的各种建筑物———房屋建筑和构筑物建筑。建筑工程定额是指在正常的施工条件下,完成一定计量单位的合格建筑产品所必须消耗的人工、材料和施工机械台班的数量标准。例如,砌筑每 $10m^3$ 砖基础,需用人工 12.18 工日,M5 水泥砂浆 $2.36m^3$,普通黏土砖 5.236 千块,200L 灰浆搅拌机 0.39 台班等。正常的施工条件,是指在产品施工生产过程中按照施工工艺和施工验收规范操作,施工环境正常,施工条件完善,劳动组织合理,劳动强度合法,材料供应质量符合国家相应标准和设计要求,施工机械运转正常等。

建筑工程定额反映一定社会生产力水平条件下的建筑产品(工程)生产和生产耗费之间的数量关系,同时,也反映着建筑产品生产和生产耗费之间的质量关系。因此,一定时期的定额,反映一定时期的建筑产品(工程)生产机械化程度和施工工艺、材料、质量等建筑技术的发展水平和质量验收标准水平。随着我国建筑生产事业的不断发展和科学发展观的深入贯彻,各种资源的消耗量,必然会有所降低,产品质量及劳动生产率会有所提高。因此,定额并不是一成不变的;但在一定时期内,又必须是相对稳定的。我国自从开始制定定额以来,已经进行了多次的修订或新编。为适应中国特色社会主义市场经济发展的需要,以及向国际惯例靠拢,我国已经开始实施《全国统一建筑工程基础定额》和《全国统一安装工程基础定额》以及《全国统一建筑装饰装修工程消耗量定额》等,这些举措标志着我国建筑生产事业在不断地向前发展,标志着我国工程建设管理制度的进步和科学化,同时,也标志着为促进国民经济建设又好又快的发展、实现全面建设小康社会奋斗目标而正在不断地努力。

二、建筑工程定额的分类

建筑工程定额是工程建设各类定额中的一种,但这一种定额按照不同的原则和方法可以划分为如图 6-1 所示几类。

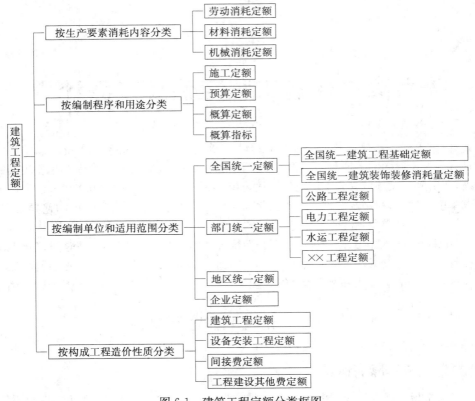

图 6-1   建筑工程定额分类框图

三、建筑工程定额的特点

1. 科学性

工程建设定额的科学性,首先表现在用科学的态度制定定额,尊重客观实际,力求定额水平合理;其次表现在制定定额的技术方法上,利用现代科学管理的成就,形成一套系统的、完整的、在实践中行之有效的方法;再次表现在定额制定和贯彻的一体化。制定是为了提供贯彻的依据,贯彻是为了实现管理的目标,也是对定额的信息反馈。

工程建设定额科学性的约束条件主要是生产资料的公有制和社会主义市场经济。前者使定额超脱出资本主义条件下资本家赚取最大利润的局限;后者则使定额受到宏观和微观经济的双重检验。只有科学的定额才能使宏观经济调控得以顺利实现,才能适应市场运行机制的需要。

2. 统一性

工程建设定额的统一性,主要是由国家对经济发展的有计划的宏观调控职能决定的。为了使国民经济按照既定的目标发展,就需要借助于某些标准、定额、参数等,对工程建设进行规划、组织、调节、控制。而这些标准、定额、参数必须在一定的范围内是一种统一的尺度,才能实现上述职能,才能利用它对项目的决策、设计方案、投标报价、成本控制进行比选和评价。

工程建设定额的统一性按照其影响力和执行范围来看,有全国统一定额,地区统一定额和行业统一定额等;按照定额的制定、颁布和贯彻使用来看,有统一的程序、统一的原则、统一的要求和统一的用途。

在生产资料私有制的条件下,定额的统一性是很难想象的,充其量也只是工程量计算规则的统一和信息提供。我国工程建设定额的统一性和工程建设本身的巨大投入和巨大产出有关。它对国民经济的影响不仅表现在投资的总规模和全部建设项目的投资效益等方面,而且往往还表现在具体建设项目的投资数额及其投资效益方面。因而,需要借助统一的工程建设定额进行社会监督。这一点和工业生产、农业生产中的工时定额、原材料定额也是不同的。

3. 系统性

工程建设定额是相对独立的系统。它是由多种定额结合而成的有机的整体。它的结构复杂,有鲜明的层次,有明确的目标。

工程建设定额的系统性是由工程建设的特点决定的。按照系统论的观点,工程建设就是庞大的实体系统。工程建设定额是为这个实体系统服务的。因而工程建设本身的多种类、多层次就决定了以它为服务对象的工程建设定额的多种类、多层次。从整个国民经济来看,进行固定资产生产和再生产的工程建设,是一个有多项工程集合体的整体。其中包括农林水利、轻纺、机械、煤炭、电力、石油、冶金、化工、建材工业、交通运输、邮电工程,以及商业物资、科学教育文化、卫生体育、社会福利和住宅工程等等。这些工程的建设都有严格的项目划分,如建设项目、单项工程、单位工程、分部分项工程;在计划和实施过程中有严密的逻辑阶段,如规划、可行性研究、设计、施工、竣工交付使用,以及投入使用后的维修。与此相适应必然形成工程建设定额的多种类、多层次。

4. 权威性

工程建设定额具有很大的权威性,这种权威性在一些情况下具有经济法规性质。权威性反映统一的意志和统一的要求,也反映信誉和信赖程度以及反映定额的严肃性。

工程建设定额的权威性的客观基础是定额的科学性。只有科学的定额才具有权威,但是在社会主义市场经济条件下,它必然涉及各有关方面的经济关系和利益关系。赋予工程建设定额以一定的权威性,就意味着在规定的范围内,对于定额的使用者和执行者来说,不论主观上愿意不愿意,都必须按定额的规定执行。在当前市场不规范的情况下,赋予工程建设定额以权威性是十分重要的。但是在竞争机制引入工程建设的情况下,定额的水平必然会受市场供求状况的影响,从而在执行中可能产生定额水平的浮动。

应该指出的是,在社会主义市场经济条件下,对定额的权威性不应该绝对化。定额毕竟是主观对客观的反映,定额的科学性会受到人们认识的局限。与此相关,定额的权威性也就会受到削弱核心的挑战。更为重要的是,随着投资体制的改革和投资主体多元化格局的形成,随着企业经营机制的转换,它们都可以根据市场的变化和自身的情况,自主的调整自己的决策行为。因此在这里,一些与经营决策有关的工程建设定额的权威性特征就弱化了。

5. 稳定性与时效性

工程建设定额中的任何一种都是一定时期技术发展和管理水平的反映,因而在一段时间内都表现出稳定的状态。稳定的时间有长有短,一般在5～10年之间。保持定额的稳定性是维护定额的权威性所必需的,更是有效的贯彻定额所必要的。如果某种定额处于经常修改变动之中,那么必然造成执行中的困难和混乱,使人们感到没有必要去认真对待它,很容易导致定额权威性的丧失。工程建设定额的不稳定也会给定额的编制工作带来极大的困难。

但是工程建设定额的稳定性是相对的。当生产力向前发展了,定额就会与已经发展了的生产力不相适应。这样,它原有的作用就会逐步减弱以至消失,需要重新编制或修订。

第二节　建筑工程预算定额的性质和运用方法

一、建筑工程预算定额的性质

建筑工程预算定额，是指在合理的施工组织设计、正常的施工条件下，生产一定计量单位合格分项工程或构件所需耗费人工、材料和施工机械台班数量的标准。这个标准就称作建筑工程预算定额（以下简称"预算定额"）。预算定额是工程建设管理工作中的一项重要技术经济法规，是进行设计方案比较、编制建筑工程施工图预算、确定工程造价的重要依据。

预算定额反映社会一定时期内的生产力水平。为了使全国或地区的建设工程有一个统一的造价核算尺度，用以比较、考核各地区、各部门基本建设经济效果与施工管理水平，国家工程建设主管部门或其授权机关，对完成各分项或子项工程的单位产品所消耗的人工、材料和施工机械台班，按社会平均必要耗用量的原则，确定了生产各个分项或子项工程的人工、材料和施工机械台班消耗量的标准，用以确定人工费、材料费和施工机械费，并以法令形式颁发执行，所以预算定额具有法令性。

由于预算定额是由国家或其授权机关统一组织制定和颁发的一种法令性指标，各地区与各基本建设部门都必须严格按照预算定额的规定编制施工图预算，用以确定工程造价，进行竣工工程结算。

为了使预算定额符合和接近施工实际情况，定额对一些设计和施工中变化多、影响工程造价大的因素，作了变通的规定。如砖石工程的砌筑砂浆、木作工程的木门、窗框扇料断面积，以及某些分项或子项工程的人工、材料差异等，在预算定额说明中规定可以根据设计和施工实际情况，进行换算或调整，这样，预算定额就具有一定的灵活性，使之更加切合实际，便于统一执行。

二、建筑工程预算定额的内容

目前，我国尚无全国统一建筑工程预算定额，仅有建设部于 1995 年 12 月以建标[1995]736 号通知发布的《全国统一建筑工程基础定额》，该定额从其功能作用方面来说，它实质上就是预算定额，因此，这里以该定额为例对建筑工程预算定额的内容予以说明。

原建设部 1995 年 12 月 15 日以"建标[1995]736 号"通知颁发《全国统一建筑工程基础定额》（土建工程）GJD—101—95 的内容，主要由以下几部分组成：

1. 颁发文件

原建设部以"建标[1995]736 号"文件向各省、自治区、直辖市建委（建设厅）、有关计委、国务院各有关部门通知称：自 1995 年 12 月 15 日起《全国统一建筑工程基础定额》（土建工程）GJD—101—95 和《全国统一建筑工程预算工程量计算规则》GJD$_{GZ}$—101—95 开始施行，原建设部 1992 年印发的《全国统一建筑装饰工程预算定额》停止执行。《全国统一建筑工程基础定额》（土建工程）和《全国统一建筑工程预算工程量计算规则》由建设部负责解释和管理，由中国计划出版社出版、发行。

2. 目录

《全国统一建筑工程基础定额》目录共分为十五章，即：

第一章　土石方工程。

第二章　桩基础工程。

第三章 脚手架工程。

第四章 砌筑工程。

第五章 混凝土及钢筋混凝土工程。

第六章 构件运输及安装工程

第七章 门窗及木结构工程。

第八章 楼地面工程。

第九章 屋面及防水工程。

第十章 防腐、保温、隔热工程。

第十一章 装饰工程。

第十二章 金属结构制作工程。

第十三章 建筑工程垂直运输定额。

第十四章 建筑物超高增加人工、机械定额。

第十五章 附录。

3. 总说明

"总说明"主要阐述了《全国统一建筑工程基础定额》(土建工程)的含义、功能作用、适用范围、编制依据、定额消耗量(人工、材料、机械)的确定方法等。

4. 分部工程

分部工程是指定额中的各章工程。各分部工程主要包括有该分部工程"说明"和"定额表"两大部分,有的分部工程还包括有"附录"等内容。各分部工程中的每一分项工程,均由分项工程名称、工作内容和定额表组成。分项工程工作内容扼要说明了该分项工程主要工序的施工操作过程和先后次序;定额表内有各子目名称、计量单位、人工、材料、机械台班的消耗数量和各个子目的定额编号等,有的定额表下还有附注。

5. 附录

附录的用途主要是为编制建筑工程地区单位估价表提供方便,《全国统一建筑工程基础定额》(土建工程)GJD—101—95 中的附录主要有以下几个:

(1)混凝土配合比表。

(2)耐酸、防腐及特种砂浆、混凝土配合比表。

(3)抹灰砂浆配合比表。

(4)砌筑砂浆配合比表。

6. 工程量计算规则

工程量计算规则内容主要是统一了各分部分项工程实物数量的计算方法和计量单位等。

三、建筑工程预算定额的作用

预算定额在我国基本建设管理工作中,具有很重要的地位。它的作用有以下几点:

1. 预算定额是编制建筑工程施工图预算的重要依据

建筑工程施工图预算中每一计量单位的分项或子项工程与结构构件的费用,都是按施工图纸的工程量乘相应的预算单价计算的。而预算单价则是根据预算定额规定的人工、材料和施工机械台班的消耗数量乘以当地人工工资、材料预算价格、施工机械台班预算价格编制的。因此,预算定额是编制建筑工程施工图预算的依据。

2. 预算定额是国家对基本建设进行计划管理和贯彻厉行节约方针的重要手段

由于预算定额是编制施工图预算、确定工程造价的依据,国家可以通过预算定额,将全国的基本建设投资和资源的消耗量,控制在一个合理的水平上,以其对基本建设实行计划管理。同时,预算定额也是设计部门对设计方案进行技术经济分析的工具,特别是选择新结构、新材料时,应对照预算定额规定的人工、材料、机械消耗指标和综合基价(即单价)进行比较,选择技术先进、经济合理的设计方案。这一切都有利于国家对基本建设进行计划管理和贯彻厉行节约的方针,防止人、财、物的浪费。

3. 预算定额是工程竣工结算的依据

预算定额规定了完成各种分项、子项工程和结构构件的全部工序,任何已完工程都必须符合预算定额规定的工程内容。竣工工程的价款也应按已完成的工程量和预算定额单价进行计算,以保证国家建设资金的合理使用。

4. 预算定额是编制概算定额与概算指标的基础

概算定额或概算指标,是设计单位在初步设计阶段确定建(构)筑物粗略价值的依据。概算定额是在预算定额的基础上,以主体结构分项工程为主,进一步综合、扩大、合并与其相关的分项或子项工程编制的,每一扩大分项工程都包括了数项相应预算定额的内容。例如概算定额的砖基础分项工程,综合了人工挖地槽、砌砖基础、素土回填夯实、运土、基础防潮层敷设五个预算定额项目。因此,使用概算定额编制初步设计概算,既节省时间,又能较为准确地确定工程造价。

概算指标比概算定额更加综合,它简明、齐全,使用方便,是及时、准确编制初步设计概算的重要价格依据。

四、建筑工程预算定额的使用方法

1. 定额的编号

为了方便套用定额项目和便于检查定额项目单价选套得是否正确,编制建筑工程预算书时,在预算表的"估价号"栏内必须填写子项或细项工程的定额编号。《全国统一建筑工程基础定额》(土建工程)GJD—101—95 的定额为两符号编号法,即×—×××。在《全国统一建筑工程基础定额》(土建工程)颁发以前,建筑工程预算定额由各省、自治区、直辖市主管部门制订,因此,各省、自治区、直辖市所编建筑工程预算定额的项目编号各不相同。为了学习的系统化,现仍将在《全国统一建筑工程基础定额》(土建工程)GJD—101—95 颁发以前,各地区所编建筑工程预算定额项目编号的几种常见方法说明如下:

(1)三符号编号法。三符号定额编号法,就是用分部工程——分项工程——子目(细项),或用分部工程——项目所在定额页数——子目(细项)等三个号码进行定额编号。其表示形式如下:

例如:某省 1991 年颁发的建筑工程预算定额"带形毛石混凝土基础"项目,属于第五章(混凝土及钢筋混凝土分部工程),其部位在定额 5—101 页第 1 分项(基础)第 1 子目(毛石混凝土带形基础)。其定额编号如右图所示:

(2)两符号编号法。两符号定额编号方法,就是采用分部工程——子目两个符号来表示子目(工程项目)的定额编号。即:

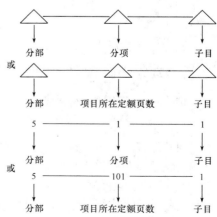

例如:某省预算定额第三章(分部)"砖石工程"的"砖基础"定额编号为(此种编号去掉了中间的符号——即分项工程或项目所在定额页数):

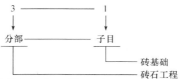

《全国统一建筑工程基础定额》(土建工程)GJD—101—95,以及《全国统一安装工程预算定额》GYD—201～213—2000(2003),就是采用两符号编号法。

2. 选用定额单价的方法

选用预算定额单价,首先应查阅定额目录,找出相应的分部工程(一般多用第一章、第二章、第三章……表示)后,再找出所需要套用的分项工程(用阿拉伯数字1、2、3……表示)和该分项工程所在页数,即可查到所要套用的分项或子项工程预算单价。

在查找定额时,应首先确定要套用的分项或子项工程属于哪个分部工程,然后从目录上找到这个分项或子项工程所在页数,经核对工程名称、内容,如果全部吻合,就可以确定使用这个定额预算单价。现以《陕西省建筑工程综合预算定额》为依据,设某办公楼门厅地面,设计规定为加色白水泥彩色石子嵌铜条水磨石面层,如何查找其定额预算单价? 水磨石面层属于"楼地面工程",故可查定额第八章"楼地面工程",找到这个分部工程后,可见"3. 整体面层、台阶、散水……(247)页"分项工程目录,将定额册翻到第247页后,首先看到的是"3. 整体面层、台阶、散水",再逐页翻到第254页时,即可看到"水磨石面层—白水泥彩色石子—嵌铜条"子目,即定额编号"8—58",经与设计图纸相核对,"8—58"定额单价完全符合设计规定,则可套用它。

3. 套用定额单价的方法

按上述查阅预算定额的方法,找到该分项工程所在页数,经核对分项工程的项目与施工图规定内容相同时,则可以直接套用,但如果不相同时该怎么办呢? 这时,在定额规定允许换算的情况下,应先进行换算后再套用,并在定额编号的右下角标注"换"字样,如"8—×换"。例如,《陕西省建筑工程综合预算定额》第三章"砖石工程"说明第四条称"砖、石墙定额中的砌体砂浆,以 M5 混合浆列入,砖石基础以 M5 水泥砂浆列入,如设计与此不同时,应按附表一换算"(表 6-1)。

表 6-1　　　　　　　　　　**砌筑砂浆单价和水泥用量换算表**　　　　　　　　　　m³

项　目	单　位	混　合　砂　浆								
		砂浆强度等级								
		M2.5		M5		M7.5		M10		M15
基　价	元	82.82	86.82	83.90	86.82	96.98	87.58	105.10	99.68	114.16
水泥 32.5	kg	200		206		266		325		
水泥 42.5	kg		200		200		203		249	340
净　砂	m³	1.02	1.02	1.02	1.02	1.01	1.03	0.98	1.02	0.98
石灰膏	kg	100	100	96	100	84	97	25	101	10
水	m³	0.26	0.26	0.26	0.26	0.27	0.26	0.28	0.28	0.29

(续表)

项 目	单 位	水 泥 砂 浆										
		砂浆强度等级										
		M2.5		M5		M7.5		M10		M15		M20
基 价	元	73.82	77.83	73.82	77.83	73.82	77.83	82.93	77.83	127.86	107.55	139.84
水泥 32.5	kg	200		200		200		242		430		
水泥 42.5	kg		200		200		200		200		318	443
净 砂	m³	1.02	1.02	1.02	1.02	1.02	1.02	0.98	1.02	0.97	0.98	0.97
水	m³	0.26	0.27	0.26	0.27	0.26	0.27	0.28	0.27	0.33	0.33	0.33

对于定额中规定不允许换算的分项工程,绝不能随意换算,但可参照相类似的分项工程单价套用,如果没有相类似的分项工程单价可参照时,应编制补充预算单价。

五、预算定额单价的换算方法

预算定额单价换算,简称定额换算,是指将预算定额中规定的内容和施工图纸要求的内容不相一致的部分进行调整更换,取得一致的过程。例如,前述定额规定砖基础以 M5 水泥砂浆砌筑,而某工程施工图纸说明称"±0.00 以下砖基础用 MU10 号砖 M7.5 水泥砂浆砌筑"。这时,在套用砖基础预算单价时,应对砖基础基价(即单价)进行换算后,再套用换算的基价。在实际工作中换算最多的内容是混凝土等级与砂浆等级。这两种材料基价的换算公式如下:

$$\text{换算后的预算基价} = \text{定额基价} - \left(\text{应换出半成品数量} \times \text{应换出半成品单价}\right) + \left(\text{应换入半成品单价} \times \text{应换入半成品单价}\right)$$

或

$$\text{换算后的预算基价} = \text{定额基价} \pm \text{应换算半成品数量} \times \left(\text{应换入单价} - \text{应换出单价}\right)$$

注:上式中"±"是指由低强度等级换高强度等级时用"+",反之用"−"。

【例 6-1】 设某工程一砖厚外砖墙 100m²,设计图纸要求采用 M7.5 级混合砂浆砌筑。试计算换算后的一砖厚外砖墙的预算基价。

【解】 ××省 99 定额砖墙分项工程定额计量单位为 100m²,采用 M5 混合砂浆砌筑,每 100m² 一砖厚外墙需要 M5 混合砂浆 5.4m³。经查表 6-1 得知:M5 混合砂浆每 m³ 为 86.82 元(水泥 42.5 级),M7.5 混合砂浆每 m³ 为 87.58 元(水泥 42.5)。依据已知条件及上述公式换算如下:

$$\text{换算后的定额价} = 3331.85 + 5.4 \times (87.58 - 86.82)$$
$$= 3331.85 + 4.104$$
$$= 3335.95 \ \text{元/m²}$$

【例 6-2】 设某工程现浇混凝土基础梁 10m³,设计图纸标示采用 C15 碎石混凝土,而定额编列混凝土为 C20。试计算现浇 C15 碎石混凝土基础梁换算后的定额单价。

【解】 该工程所在地 2003 年版预算定额显示,C20 混凝土及 C15 混凝土单价分别为 158.96 元/m³ 和 144.24 元/m³,碎石最大粒径为 40mm;混凝土定额消耗量为 C20 混凝土 10.15m³。依据已知条件及上述公式换算单价如下:

$$\text{换算后的定额单价} = 1993.74 - 10.15 \times (158.96 - 144.24)$$
$$= 1993.74 - 149.41 = 1844.33 \ \text{元/10m³}$$

六、运用建筑工程综合预算定额编制预算注意事项

目前,我国各地区定额参差不齐——有的地区为预算定额,有的地区为综合预算定额,还有

的地区运用的是消耗量定额等。

使用综合预算定额编制工程概预算,能够减少工程量计算项目,简化编制工作,加快编制进度,及时满足现场的需要。

建筑工程综合预算定额是在预算定额的基础上,以主体结构分项为主,进一步综合、扩大、合并与其相关部分,使该结构比预算定额的范围更为扩大。由于建筑工程综合预算定额(以下简称综合预算定额)有较大的综合性,使用综合预算定额编制概预算时,应注意以下事项。

(1)注意认真学习定额的总说明。对说明中指出的编制原则、适用范围和作用,以及考虑或未考虑的因素,要很好地理解和熟记。综合预算定额总说明一般都指出:本定额适用于我省范围内的一般工业与民用建筑的新建、扩建工程;不适用于修缮、改建、抗震加固、拆除及专业性较强的特殊工程。本定额是编制初步设计阶段概算、施工图设计阶段预算的依据;招标投标工程编制标底的依据;办理工程竣工结算的依据。对于这些都必须熟记。

(2)注意认真地学习各分部工程说明,一定要熟悉各分项工程中所综合的内容,否则就会发生漏算或重复计算工程量。例如:1999年陕西省综合预算定额中的"砖基础"分项工程,综合了地槽的挖土、填土、运土(包括灰土垫层的挖、运土)和防潮层的工程量,但不包括设计要求基础下的加深回填内容;整体楼地面各分项工程中均综合了与其构造材料相同的踢脚线,而块料面层各子目中则不包括踢脚线;卷材屋面中综合了水泥砂浆找平层、刷冷底子油、油毡铺设等,但不包括找坡层和保温层。而××省综合预算定额中的"砖基础"分项工程未包括地槽的挖、填、运土工作内容,仅按不同强度等级砂浆列出了砖基础的预算基价,而基槽的挖、填、运土综合为"基础槽、坑土方"综合项目,以"砖基础体积"为计量单位另行计算;整体楼地面层(除楼梯外),块料面层,均不包括踢脚线;卷材屋面各子目中综合了水泥砂浆找平层两道(即结构层上一道,保温层上一道),热沥青隔汽层一道、保温层8cm厚、油毡铺设。从上述介绍可以看出,同是综合预算定额,同一分项工程,但两地定额综合的内容和方法是各不相同的。因此,使用定额前,一定要认真、细致地阅读分部工程说明,吃透定额的综合内容,只有这样,才能避免漏算或重复计算工程项目。

(3)对常用的分项定额所包括的工作内容、计量单位等,要注意通过日常工作实践,逐步加深印象和记忆。各分项工程的工作内容,一般都扼要说明了主要工序的施工操作过程,次要工序虽未逐一说明,但定额中一般也已做了考虑。如某省综合预算定额"现浇带形基础"的工作内容包括:钢模板安装、拆除、清理、刷润滑剂、场外运输;木模板制作安装拆除;钢筋制作绑扎安装;混凝土搅拌浇捣、养护等全部操作过程。当熟记了这些内容后,在计算工程量时就不会发生另计混凝土养护费(如采用蒸气养护时应另计此项费用)。

大家知道,在预算定额中砌筑工程的砖墙分项多数地区将其划分为内墙和外墙(也有少数地区不作区分),并以体积为计量单位;但在综合预算定额中多数地区将砖墙分项区分为内墙、外墙,并按不同厚度以面积(m^2)为计量单位,同样也有少数地区虽区分了不同厚度,却不分内墙、外墙,而以体积为计量单位。例如,某省综合预算定额"墙体工程"分部说明指出:本定额砖墙不分内墙、外墙、框架墙填充墙,均按不同厚度以"m^3"计算。所有这些,每一个造价人员在使用某一地区的综合预算定额时,都要认真了解和熟悉,以免计算工程量时用错单位而造成返工。

(4)注意掌握综合预算定额中哪些项目允许换算,哪些项目不允许换算。凡规定不允许换算的项目,均不得因具体工程的施工组织设计、施工方案、施工条件不同而任意换算。如某省综合预算定额指出:定额中的混凝土强度等级、砌筑砂浆强度等级是根据一般设计综合取定的(指未显示强度等级部分),如设计与定额不符时,除各章节另有规定者外均不予换算。定额中已注明了强度等级的,可按设计图纸强度等级进行换算。

(5)注意定额与定额间的关系。例如1999年陕西省综合预算定额"装饰工程"分部说明指出：本章子目为国家装饰定额子目的移植，水平及做法和国家定额保持一致。该章子目均为独立存在，不和前面各章有什么牵制。为了和专业化施工装饰工程区别开来，又将本章中一些较为高级的做法取出去，放入全国装饰定额陕西省价目表中，如大理石装饰面等。

（6）注意有关问题说明及定额术语，如定额中注有"×××以内或以下"者，除注明者外，均包括×××本身。"×××以外"或以上者，除注明者外，则均不包括其本身。

综上所述，使用综合预算定额（或预算定额）编制工程概预算书，是一项复杂的工作过程，尽管各省、市、自治区的建筑工程定额大体相同，但又各有差异，如果一时疏忽就会出现差错。如计算地槽挖土应增加工作面问题，多数地区定额规定从垫层两边各加若干 cm。笔者曾在计算挖槽土方时，未仔细阅读所使用的某省定额，而想当然地按垫层每边各若干 cm 计算土方量，后经校核人指出是垫层之上、砖基础的每边各增加若干 cm，结果挖土量全错了，全部进行了返工。因此，只有在注意和熟记上述内容的基础上，才能依据设计图纸、综合预算（或预算）定额，迅速准确地确定工程量项目，正确计算工程量，准确地选用定额单价，以便及时的编制工程预算；同时，也才能运用综合预算定额做好其他有关各项工作。

第三节　建筑工程单位估价表

一、单位估价表和单位估价汇总表的概念

如第一节所述，预算定额是规定建筑安装企业在正常条件下，完成一定计量单位合格分项或子项工程的人工、材料和机械台班消耗数量的标准。将预算定额中的三种"量"（人工、材料、机械）与三种"价"（工资单价、材料预算单价、机械台班单价）相结合，计算出一个以货币形式表达完成一定计量单位合格分项或子项工程的价值指标（单价）的许多表格，并将其按照一定的分类（如土石方工程、桩基工程、砖石工程……）汇总在一起，则称为单位估价表。

单位估价表，在一个地区来说，可以说它是国家统一预算定额在这个地区的翻版（不排除对国家统一预算定额不足的补充），它仅是将国家统一预算定额中的三种价全部更换为本地区的三种价，所以地区单位估价表在一个地区来说，除"基价"与原定额不相同外，其余内容与国家统一预算定额是完全相同的（不排除补充部分）。因此，一个地区的单位估价表与原定额篇幅一样很大，为了使用的方便和缩小篇幅，而将单位估价表中的相应内容略去而仅将其中的"基价"按照一定的方法汇集起来就称作"单位估价汇总表"或"价目表"。某地区"单位估价表"及某地区"价目表"见表 6-2 及表 6-3。

表 6-2　　　　　　　　　某地区单位估价表（2003 版）

一、台式及仪表机床

计量单位：台

定　额　编　号		1—1	1—2	1—3
项　　　目		设备重量（t 以内）		
		0.3	0.7	1.5
基　价（元）		90.97	229.94	353.40
其中	人工费（元）	44.98	116.84	190.68
	材料费（元）	9.25	72.65	103.90
	机械费（元）	36.74	40.45	58.82

（续表）

	名 称	单位	单价(元)	消 耗 量		
人工	综合工日	工日	26.00	1.730	4.494	7.334
材料	钩头成对斜垫铁 0#~3# 钢 1#	kg	11.50	—	2.201	3.301
	平垫铁 0#~3# 钢 1#	kg	3.86	—	1.778	2.489
	普通钢板 0#~3# δ1.6~1.9	kg	3.15	0.140	0.140	0.315
	镀锌铁丝 8#~12#	kg	4.62	—	0.392	0.392
	电焊条结 422φ3.2	kg	3.35	—	0.147	0.147
	黄铜皮 δ0.08~0.3	kg	21.55	0.070	0.070	0.175
	木板	m³	1139.00	0.001	0.006	0.010
	煤油	kg	3.09	0.882	1.323	1.838
	机油	kg	3.60	0.071	0.106	0.177
	黄油 钙基酯	kg	7.16	0.071	0.106	0.177
	香蕉水	kg	9.79	0.070	0.070	0.070
	聚酯乙烯泡沫塑料	kg	21.66	—	0.039	0.039
	水泥 32.5 级	kg	0.271	—	43.645	53.795
	砂子	m³	49.40	—	0.081	0.102
	碎石	m³	32.90	—	0.075	0.094
	棉纱头	kg	9.23	0.077	0.077	0.077
	白布	m	8.55	0.071	0.071	0.107
	破布	kg	5.39	0.074	0.111	0.184
	其他材料费	元	1.00	0.266	2.422	3.430
机械	叉式装载机 5t	台班	262.44	0.140	0.140	0.210
	交流弧焊机 21kV·A	台班	53.03	—	0.070	0.070

表 6-3   某地区价目表(2003 版)
一、台式及仪表机床

计量单位:台

定 额 编 号		1—1	1—2	1—3
项 目 名 称		设备重量(t 以内)		
		0.3	0.7	1.5
基 价(元)		90.97	229.94	353.40
其中	人工费(元)	44.98	116.84	190.68
	材料费(元)	9.25	72.65	103.90
	机械费(元)	36.74	40.45	58.82

注:上述两本资料一般均为 32 开本印刷,但后一种资料的篇幅较前一种资料的篇幅约少 1/3。

二、单位估价表与预算定额的关系

单位估价表是预算定额中三种量的货币形式的价值表现,定额是编制单位估价表的依据。

从目前来看,我国大多数地区的建筑工程预算定额,都已按照编制单位估价表的方法,编制成带有货币数量即"基价"的预算定额。因此,它与单位估价表一样,可以直接做为编制工程预算的计价依据。但是,这种基价,一般都是以省会所在地的三种价计算的,而对省会所在地以外的另一个地区(专署级)来说,是不相适应的(特别是基价中的材料费),因此,省会所在地以外各地区,为编制结合本地区(专署级)特点的预算单价,还要以本省现行的预算定额为依据编制出本地区(专署级)的单位估价表,但有些地区规定,预算定额中的"基价"在全省通用,省会所在地以外各地(市、区)不另编制单位估价表,编制预算时采用规定的系数进行"基价"调整。

三、单位估价表的编制方法

1. 编制依据

(1)《全国统一建筑工程基础定额》(土建工程)GJD—101—95 或地区建筑工程预算定额。

(2)建筑工人工资等级标准及工资级差系数。

(3)建筑安装材料预算价格。

(4)施工机械台班预算价格。

(5)有关编制单位估价表的规定等。

2. 编制步骤

(1)准备编制依据资料。

(2)制订编制表格。

(3)填写表格并运算。

(4)编写说明、装订、报批。

3. 编制方法

编制单位估价表,简单地说就是将预算定额中规定的三种量,通过一定的表格形式转变为三种价的过程。其编制方法可以用公式表示为:

人工费=分项工程定额工日×相应等级工资单价

材料费=∑(分项工程材料消耗量×相应材料预算单价)

机械费=∑(分项工程施工机械台班消耗量×相应施工机械台班预算单价)

分项工程预算单价=人工费+材料费+机械费

上述计算式中三种量通过预算定额可以获得,但三种价是怎样计算出来的呢? 在此有必要说明如下:

(1)工人工资。工人工资又称劳动工资,它是指建筑安装工人为社会创造财富而按照"各尽所能、按劳分配"的原则所获得的合理报酬,其内容包括基本工资以及国家政策规定的各项工资性质的津贴等。

我国现行工人劳动报酬计取的基本形式有计件工资制和计时工资制两种。执行按预算定额计取工资的制度称为计件工资制。所谓计件工资就是完成合格分项或子项工程单位产品所支付的规定平均等级的定额工资额。按日计取工资的制度称为计时工资制。所谓计时工资就是指做完八小时的劳动时间按实际等级所支付的劳动报酬,八小时为一个工日,又称为日工资。

无论是计时工资还是计件工资都是按照工资等级来支付工资的。但在现行预算定额里不分工资等级一律以综合工日计算,而仅给每个等级定一个合理的工资参考标准(表 6-5),这个标准就叫作等级工资。我国建筑安装工人工资的构成内容见表 6-4。

表 6-4 　　　　　　　　　　　建筑安装工人工资构成内容

工资类别	工 资 名 称	工资类别	工 资 名 称
基本工资	岗位工资 技能工资 年功工资	职工福利费	按规定标准支付的职工福利费,如书报费、取暖费、洗理费等
工资性补贴	物价补贴,煤、燃气补贴,交通补贴、住房补贴,流动施工津贴	劳动保护费	劳动保护用品购置及修理费 徒工服装补贴 防暑降温费及保健费用
辅助工资	非作业日支付给工人应得工资和工资性补贴		

表 6-4 中建筑安装工程生产工人工资单价构成内容,在各部门、各地区并不完全相同,但最根本的一点都是执行岗位技能工资制定,以便更好地体现按劳取酬和适应中国特色社会主义市场经济的需要,基本工资中的岗位工资和技能工资,是根据国家主管部门制定的"全民所有制大中型建筑安装企业岗位技能工资试行方案",工人岗位工资标准设 8 个岗次,见表 6-5。技能工资分初级技术工、中级技术工、高级技术工、技师和高级技师五类工资标准 26 档,见表 6-6。

表 6-5 　　　　　全民所有制大中型建筑安装企业工人岗位工资参考标准
（六类地区）

岗　次		1	2	3	4	5	6	7	8
1	标准一	119	102	86	71	58	48	39	32
2	标准二	125	107	90	75	62	51	42	34
3	标准三	131	113	96	80	66	55	45	36
4	标准四	144	124	105	88	72	59	48	38
5	适用岗位								

表 6-6 　　　　　全民所有制大中型建筑安装企业技能工资参考标准
（六类地区）

档次	1	2	3	4	5	6	7	8	9	10	11	12	13	14	15	16	17	18	19	20	21	22	23	24	25	26
标准一	50	56	62	68	75	82	89	96	103	110	117	124	132	140	148	156	164	172	180	188	196	204	212	220	229	238
标准二	52	58	65	72	79	86	93	100	108	116	124	132	140	148	156	164	172	180	189	198	207	216	225	234	243	252
标准三	54	61	68	75	82	89	97	105	113	121	129	137	145	153	162	171	180	189	198	207	216	225	235	245	255	265
标准四	57	64	72	80	88	96	105	114	123	132	141	150	159	168	177	186	195	204	214	224	234	244	254	264	274	284

工
人

初级技术工人　　　　　中级技术工人　　　　　高级技术工人
非技术工人　　　　　　　　　　　　　技　师
高级技师

建筑安装工人基本工资决定于工资等级级别、工资标准、岗位和技术素质等。但是,GJD—101—95《全国统一建筑工程基础定额》(土建工程)对人工的规定"不分工种、技术等级,一律以综合工日表示。内容包括基本用工、超运距用工、人工幅度差、辅助用工"。因此,建筑工程单位估价表中"人工费"的确定方法可用计算式表示如下:

$$人工费 = 定额综合工日数量 \times 日工资标准$$

式中　日工资标准 = 月工资标准 ÷ 月平均法定工作日

根据国家主管部门规定,月平均法定工作日为 20.83 天。

【例 6-3】 某省建筑安装工人日工资标准为 36 元,试计算《全国统一建筑工程基础定额》人工挖地槽土方(定额编号"1—8")人工费。

【解】 定额"1—8"为人工挖沟槽三类土深度 2m 以内,计量单位 100m³,综合工日指标为 53.73 工日,故其定额人工费为:

$$53.73 \times 36 = 1934.28 \text{ 元/100m}^3$$

(2)材料费。材料费是指分项工程施工过程中耗费的构成工程实体的原材料、辅助材料、构配件、零件、半成品的费用。建筑工程单位估价表中的材料费按定额中各种材料消耗指标乘以相应材料预算价格求得,其计算方法可用计算公式表示为:

$$材料费 = \sum(定额材料消耗指标 \times 相应材料预算价格)$$

材料预算价格是指材料由其来源地(或交货地点)到达工地仓库(指施工工地内存放材料的地方)后所发生的全部费用的总和,即材料原价(或供应价)、材料运杂费、材料运输损耗费、材料采购及保管费和材料检验试验费等。材料预算价格的计算方法可用计算式表达如下:

$$p = A + B + C + D + E$$

式中　p——材料预算价格;

　　　A——材料供应价格(包括材料原价、供销部门经营费和包装材料费);

　　　B——材料运输费(包括运输费、装卸费、中转费、运输损耗及其他附加费);

　　　C——材料运输损耗费$[(A+B) \times 损耗费费率(\%)]$;

　　　D——材料采购及保管费$[(A+B+C) \times 材料采购及保管费费率(\%)]$;

　　　E——检验试验费(某种材料检验试验数量 × 相应单位材料检验试验费)。

注:检验试验费发生时计算,不发生时不计算(并非每种材料都必须发生此项费用)。

建筑安装工程材料预算价格各项费用在市场经济条件下可按下述方法确定:

1)材料原价。指材料的出厂价格或国有商业的批发价格。

①国家、部门统一管理的材料,按国家、部门统一规定的价格计算。

②地方统一管理的材料,按地方物价部门批准的价格计算。

③凡由专业公司供应的材料,按专业公司的批发、零售价综合计算。

④市场采购材料,按出厂(场)价、市场价等综合取定计算。

⑤凡同一种材料,由于产地、生产厂家的不同而有几种价格时,应根据不同来源地及厂家的供货数量比例,按加权平均综合价计算。其计算公式如下:

$$p_m = k_1 p_1 + k_2 p_2 + k_3 p_3 \cdots\cdots + k_n p_n$$

【例 6-4】 某地 2008 年基本建设所用 42.5(R)普通硅酸盐水泥分别由甲、乙、丙、丁四个水泥厂供应,其每吨单价分别为 319 元、320 元、309 元、318 元,供应比例分别为 25%、30%、25%、20%,试计算其加权平均原价。

【解】 依据已知条件及上述公式,其加权平均原价为:

$$p_m = 25\% \times 319 + 30\% \times 320 + 25\% \times 309 + 20\% \times 318$$
$$= 79.75 + 96.00 + 77.25 + 63.60 = 316.60 \text{ 元/t}$$

2)供销机构手续费。指按照我国现行建设物资供应体制,对某些材料不能直接从生产厂家订货采购,而必须通过当地物资机构才能获得而支出的费用,就称为供销机构或供销部门手续费。不经物资供应机构的材料,不计算此项费用。供销机构手续费按下式计算:

$$供销机构手续费 = 材料原价 \times 供销机构手续费率(\%)$$

供销机构手续费费率国家没有统一规定,由各地供销机构自行确定,例如东北某省对基本建设材料供应公司经营费用计取比率的规定是:金属材料为2.5%,建材及轻工产品为3%,化工产品为2%,机电产品为1.8%等。

【例6-5】 某地编制"十一五"材料预算价格时,根据基建材料供应体制的规定,石油沥青卷材、石油沥青等材料应由建筑材料供应总公司供给。石油沥青30#每吨3096元,试计算石油沥青30#手续费。

【解】 该种材料手续费为:3096×3%＝92.88元/t

3)包装材料费。指为了便于材料的运输或保护材料不受机械损伤而进行包装所发生的费用,包括袋装、箱装、裸装,以及水运、陆运中的支撑、篷布等所耗用的材料和工作费用。凡由生产厂家包装的材料,其包装费已计入材料原价内,不再另行计算,但包装物有回收价值者,应扣除包装物回收值。材料原价中未包括包装物的包装费计算公式如下:

$$包装材料费＝包装材料原值－包装材料回收价值$$

其中

$$包装材料回收价值＝\frac{包装材料原值×回收比率×回收价值率}{包装器材标准容量}$$

4)材料运输费。建筑安装材料运输费又称运杂费。它是指材料由来源地或交货地点起,运到工地仓库或施工现场堆放地点止,全部运输过程所发生的运输、调车、出入库、堆码、装卸和合理的运输损耗等费用。在编制材料预算价格时,对同一种材料有多个来源地时,应采用加权平均的方法确定其平均运输距离或平均运输费用。其计算公式如下:

①加权平均运输距离计算公式:

$$S_m=\frac{S_1P_1+S_2P_2+S_3P_3+\cdots S_nP_n}{P_1+P_2+P_3+\cdots P_n}$$

式中 S_m——加权平均运距;

S_1、S_2、$S_3\cdots S_n$——自各交货地点至卸货中心地点的运距;

P_1、P_2、$P_3\cdots P_n$——各交货地点启运的材料占该种材料总量的比重。

②加权平均运输费计算公式:

$$Y_m=\frac{Y_1Q_1+Y_2Q_2+Y_3Q_3+\cdots Y_nQ_n}{Q_1+Q_2+Q_3+\cdots Q_n}$$

式中 Y_m——加权平均运费;

Y_1、Y_2、$Y_3\cdots Y_n$——自交货地点至卸货中心地点的运费;

Q_1、Q_2、$Q_3\cdots Q_n$——各交货地点启运的同一种材料数量。

上述两个计算公式,第一个比较简单。因为按不同地点一一编制运费计算表很麻烦,用第一个公式只需根据加权平均运距计算一次运输费即可。

【例6-6】 某地区"十一五"基本建设所用水泥已和表6-7所示企业签订了供货合同,试计算其平均运距。

表6-7　　　　　　　　　　　某地"十一五"水泥来源数据表

水泥供应企业名称	供应水泥总量比重(%)	运输里程(km)	水泥供应企业名称	供应水泥总量比重(%)	运输里程(km)
韩城水泥厂	12	320	潼关水泥厂	8	85
蒲城水泥厂	15	115	勉县水泥厂	14	132
铜川水泥厂	20	223	耀县水泥厂	21	117
泾阳水泥厂	10	90			

【解】 依据上述平均运距计算公式及表6-7已知条件,其平均运距计算如下:

$S_平 = 320×12\% + 115×15\% + 223×20\% + 90×10\% + 85×8\% + 132×14 + 117×21\%$

$= 38.4 + 17.25 + 44.6 + 9 + 6.8 + 18.48 + 24.57 = 159.07km$

5)材料采购及保管费。指材料供应部门组织材料采购、供应和保管过程中所需支出的各项费用之和。内容包括采购费、仓储费、工地保管费和仓储损耗(费)。材料采购及保管费计算方法如下:

$$材料采购及保管费 = 材料运至中心仓库价格 × 采购及保管费费率(\%)$$

或

$$材料采购及保管费 = \left(材料原价 + 供销部门手续费 + 包装费 + 运输费 + 运输损耗\right) × 材料采购及保管费率$$

材料采购及保管费率,当前各省、自治区、直辖市在计算该项费用时,一般都按2%~2.5%,也有一些地区按3%计算。

6)材料预算价格。材料预算价格编制的全过程应采用"材料预算价格计算表"(表6-8)进行。其计算方法可用计算式表达如下:

$$材料预算价格 = \left[\left(材料原价 + 供销部门手续费 + 包装费 + 运输费 + 运输损耗\right) + 市内运费\right] × \left(1 + 采购保管费率\right) - 包装品回收价值$$

$$= \left[材料供应价格 + 市内运费\right] × \left(1 + 采购保管费率\right) - 包装品回收价值$$

其中　　　　材料供应价格 = 材料原价 + 供销部门手续费 + 包装费 + 长途运费

表 6-8 材料预算价格计算表(格式)

序号	材料名称及规格	单位	发货地点	发货地点及条件	原价依据	单位毛重	运输费用计算表号	每吨运费	供销部门手续费率(%)	材料预算价格							
										材料原价	供销部门手续费	包装费	运输费	运到中心仓库价格	采购及保管费	回收金额	合计
1	2	3	4	5	6	7	8	9	10	11	12	13	14	15	16	17	18
	一、硅酸盐水泥																
	普通硅酸盐水泥 32.5级 袋装	t	韩城厂	中心仓库	省物价局(2006)045	50±01	001	61.25	3	85.00	2.55	60.00	61.25	208.80	5.45	48.00	166.25
	普通硅酸盐水泥 42.5级 袋装	t	潼关厂	中心仓库	…	…	002	63.08	3	92.00	2.76	60.00	63.08	217.89	5.46	48.00	175.35
	⋮																
	二、钢材类																
	⋮																

7)材料预算价格汇总表。为了使用的方便,在"材料预算价格计算表"的基础上,还应编制材料预算价格汇总表,并装订成册。材料预算价格汇总表的格式没有统一规定,应结合本地区的实际自行制定。材料预算价格汇总表的编制方法,是按照所制定的表格内容,以"材料预算价格计

算表"为依据,分门别类地将计算表中的主要资料——材料名称、规格型号、计量单位和预算价格(即表6-8中的合计数)等,抄写到"汇总"表相应的栏目内。

(3)施工机械台班预算价格。反映施工机械在一个台班运转中所支出和分摊的各种费用之和,就称作施工机械台班预算价格,也称为预算单价。施工机械以"台班"为使用计量单位。一台机械工作八小时为一台班。施工机械台班预算价格组成内容,可以用图式表示(图6-2)。

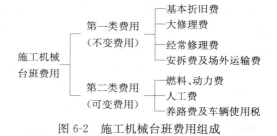

图 6-2　施工机械台班费用组成

施工机械台班价格中第一类费用的特点是不管机械运转的情况如何,都需要支出,是一种比较固定的经常性费用,按全年所需分摊到每一台班中去。因此,在施工机械台班定额中,该类费用诸因素及合计数是直接以货币形式表示的,这种货币指标适用于任何地区,所以,在编制施工机械台班使用费计算表、确定台班预算单价时,不能任意改动也不必重新计算,从施工机械台班定额中直接转抄所列的价值即可。

施工机械台班价格中第二类费用的特点是只有在机械运转作业时才会发生,所以也称作一次性费用。该类费用在施工机械台班定额中以台班实物消耗量指标表示,其中,人工以"工日"表示;电力以"kW/h"表示;汽油、柴油、煤等以"kg"表示。因此,在编制机械台班单价时,第二类费用必须按定额规定的各种实物量指标分别乘以地区人工日工资标准、燃料等动力资源的预算价格。其计算方法为:

第二类费用＝定额实物量指标×地区相应实物价格

车辆使用税应根据地区有关部门的规定进行计算,列入机械台班价格中。

编制单位估价表的三种价,各省、自治区、直辖市都有现成资料。这三种价中,除材料预算价格在当地(省级)以外的其他地区(专署级)各有差异外,剩余的两种价——人工工资单价、机械台班单价,在一个地区(省级)的范围内基本上都是相同的。所以在编制某一个地区(专署级)的单位估价表时,一般都不必重新计算,按地区(省级)的规定计列即可。

四、单位估价表的使用方法

单位估价表是按照预算或综合预算定额分部分项工程的排列次序编制的,其内容及分项工程编号与预算定额或综合预算定额相同,它的使用方法也与预算或综合预算定额的使用方法基本一样。但由于单位估价表是地区(指一个城市或一个专署)性的,所以它具有地区的特点;又由于单位估价表仅为了编制工程预算造价而制定,它的应用范围与包括内容又不如预算或综合预算定额广泛。因此,使用时首先要查阅所使用的单位估价表是通用的还是专业的;其次要查阅总说明,了解它的适用范围和适用对象,查阅分部(章)工程说明,了解它包括和未包括的内容;最后,要核对分项工程的工作内容是否与施工图设计要求相符合,若有不同,是否允许换算等。

第四节　建筑工程消耗量定额和企业定额

一、概述

我国工程造价的确定,长期以来一直实行的是"量"、"价"合一的定额模式。这种计价模式是一种相对固定的静态模式,适用于工、料、机价格比较稳定的计划经济时期,同时,也为我国国民经济建设投资额的确定与控制发挥了巨大的积极作用。随着我国对内搞活、对外开放政策的实施,以及社会主义市场经济制的建立和发展,工程建设招标投标承建制的实施,建筑市场竞争的存在,采用固定不变的"量"、"价"合一的定额计价模式不能随机地反映市场价格变化,显得滞后,特别是在公开、公平、公正竞争方面,缺乏合理完善的机制,甚至出现了一些漏洞。

为了适应我国建筑市场改革深化的要求,针对工程预算定额编制和使用中存在的问题,1992年,国家主管部门提出了"控制量、指导价、竞争费"的改革措施,从而使工程造价管理由静态模式逐步转变为动态管理模式。这一改革模式的核心,主要是将工程预算定额中的人工、材料、机械的消耗量和相应的单价分离,这一改革措施在我国实行社会主义市场经济的初期起到了积极的作用,但这一措施仍难以改变预算定额中国家指令性状态,难以满足招标和评标的要求。因为,控制的量实质仍然是社会平均水平,不能准确地反映各施工企业的实际消耗量,不利于施工企业管理水平和劳动生产率的提高,也不能充分地体现市场公平竞争。据此,2003 年,国家工程造价主管部门提出实行工程量清单计价,并于同年 2 月,以原建设部公告第 119 号发布了国家标准《建设工程工程量清单计价规范》(GB 50500—2003),并于 7 月 1 日起实施。这样,就使我国工程造价的确定模式从静态的定额计价逐步的转变为动态的计价(控制量、指导价、竞争费)和市场竞争形成价格(工程量清单计价)的模式,从而也适应了我国加入世界贸易组织,融入世界大市场的需要。

二、建筑工程消耗量定额

(一)消耗量定额的概念和种类

建筑工程消耗量定额是指在正常的施工生产条件下,为完成一定计量单位合格的建筑产品(工程),而必须消耗的人工、材料、机械台班的数量标准。例如:2004 年某地区颁发的《建筑、装饰工程消耗量定额》规定,砌筑每 $10m^3$ 砖基础,需消耗人工 11.79 工日,M10 水泥砂浆 $2.36m^3$,标准砖 5.236 千块,水 $2.50m^3$,200L 灰浆搅拌机 0.393 台班。在这里,砌筑好的 $10m^3$ 砖基础则为经验收的合格产品,11.79 工日、$2.36m^3$ M10 水泥砂浆、5.236 千块标准砖、$2.50m^3$ 的水及0.393 台班的 200L 灰浆搅拌机则为生产每 $10m^3$ 砖基础产品而必须消耗的人工、材料和施工机械台班的数量标准。这个标准,就称为消耗量定额。同时也可以说,消耗量定额就是仅有"量"而无"价"的一种定额。工程消耗量定额,按照反映的生产要素消耗内容的不同,可划分为劳动消耗定额、材料消耗定额和机械消耗定额三种。

1. 劳动消耗定额

劳动消耗定额,简称劳动定额,也称为人工定额或工时定额。它是指在合理的劳动组合条件下,规定生产单位合格产品(工程实体或劳务)所必须消耗的劳动时间数量标准,或在一定的劳动时间内所生产的产品数量标准。

劳动定额按其表现形式有时间定额和产量定额两种。它们可分别用计算式表示如下:

$$单位产品时间定额 = \frac{1}{每工产量}$$

即表明单位产品必需的劳动(1 工日=8h)。

$$每工产量 = \frac{1}{单位产品时间定额(工日)}$$

即表明单位时间(工日)内生产的合格产品数量(m^3、m^2、m、kg、台、组、件等)。

为了便于核算,实际工作中,劳动定额一般都采用工作时间消耗量来计算劳动消耗的数量。

时间定额和产量定额互为倒数,只要确定了时间定额就能直接求得产量定额,即

$$时间定额 \times 产量定额 = 1$$

或
$$时间定额 = \frac{1}{产量定额};产量定额 = \frac{1}{时间定额}$$

例如挖 $1m^3$ 的二类土,需要 0.13 工日(时间定额),则:

$$每工产量 = \frac{1}{0.13} = 7.69 \approx 7.7m^3$$

2. 材料消耗定额

材料消耗定额简称材料定额。指在合理的施工条件下,生产一定质量合格的单位产品所必须消耗的一定品种规格的材料、辅助材料和其他材料的数量标准。

建筑工程材料消耗量由材料净耗量和损耗量组成,以单位产品的材料含量(消耗量)的单位来表示,即:

$$材料消耗量 = 材料净耗量 + 材料损耗量$$

材料消耗量是为了完成单位质量合格产品所必需的材料使用量,即:既包括构成产品实体净用量的材料数量,又包括场内运输、加工和生产操作过程中所损耗的材料数量。

材料消耗定额损耗率是材料损耗量定额与材料消耗量定额之比:

$$材料消耗定额损耗率 = \frac{材料损耗量定额}{材料消耗量定额} \times 100\%$$

$$材料消耗量定额 = \frac{材料消耗净用量定额}{1 - 材料定额损耗率}$$

$$总消耗量 = \frac{净用量}{1 - 损耗率}$$

为了简化计算工作,也可采用以下计算方法确定材料的消耗量:

$$材料总消耗量 = 材料净用量 \times (1 + 损耗率)$$

材料损耗率是材料损耗量与材料净用量之比:

$$材料损耗率 = \frac{材料损耗量}{材料净用量} \times 100\%$$

在建筑工程造价中,材料费约占 80% 以上,因此,正确地确定材料消耗量定额对于工程施工中合理使用材料,加强企业管理、降低工程成本、提高工程质量,具有重要的作用。

3. 机械台班定额

机械台班定额简称机械定额。指在合理的人机组合条件下,由熟悉机械性能、有熟练技术的操作工人或工人小组利用某种机械在单位时间内的生产效率或产品数量。

机械台班定额按其表现形式,可分为单位产品时间定额和台班产量定额两种。单位时间定额就是生产一定计量单位的质量合格产品所必要消耗的时间。台班产量定额就是每台班时间内生产质量合格的单位产品数量。机械时间定额和机械产量定额的关系,也是互为倒数,并成反比。

劳动定额、材料消耗定额和机械消耗定额的制定原则,应能最大限度地反映社会平均必要消耗的水平,它是制订各种实用性定额的基础,所以也称为基础定额。

(二)消耗量定额制订的原则

制订工程消耗量定额实际是一项立法工作。定额必须符合客观实际规律,适应市场经济的需要,有利于进行竞争。因此,工程消耗量订额制定应遵循以下原则:

(1)应体现正常施工作业条件下的平均水平的原则。

(2)应体现简明、适用、准确的原则。

(3)应体现出在"政府宏观调控下,由市场竞争形成价格"的原则。

(三)消耗量定额制订的依据

(1)劳动定额、材料消耗量定额和施工机械台班使用定额。

(2)国家现行有关的产品标准、设计规范、施工及验收规范、技术操作规范、质量评定标准和安全操作规程等。

(3)通用标准设计图集以及有代表性的工程设计资料。

(4)新技术、新结构、新材料、新工艺和先进施工经验的技术资料。

(5)有关科学实验、技术测定、统计资料。

(6)近几年有关的建筑安装工程历史资料及定额测定资料。

(7)原有全国统一建筑工程预算定额及地方或部门定额。

(四)消耗量定额指标制订的方法

建筑工程消耗量定额指标包括人工消耗量指标、材料消耗量指标和施工机械台班消耗量指标三种。

1. 人工定额消耗量指标的确定方法

人工消耗量指标的确定方法如图6-3所示。其中,人工工时消耗量的确定方法主要是计时观察法。计时观察法的种类如图6-4所示。

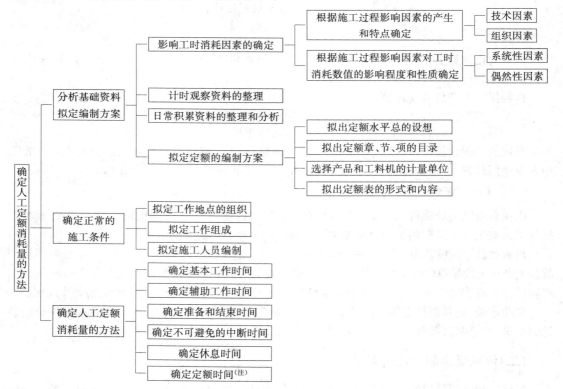

图 6-3 确定人工定额消耗量的基本方法

注:定额时间=基本工作时间+辅助工作时间+准备与结束时间+不可避免中断时间+休息时间

2. 材料定额消耗量指标确定的方法

建筑安装产品施工生产活动中的材料消耗,分为必须的材料消耗和损失的材料两类性质。前已述及,必须消耗的材料是指在合理用料的条件下,生产质量合格产品所需要消耗的材料。包括直接用于建筑安装工程的材料、不可避免的施工废料和不可避免的材料损耗(包括场内运输损耗、加工损耗、操作损耗、次品返工损耗等)。

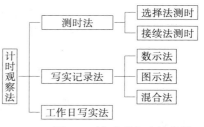

图 6-4　计时观察法的分类

材料消耗量定额指标和材料损耗定额的确定方法主要有:技术测定法、实验室试验法、现场统计法和理论计算法等。实际工作一般是采用理论计算与实际测定相结合、图纸计算与施工现场测算相结合等方法确定的。理论计算是指运用一定的数学公式计算材料的消耗用量,其计算方法见前所述。

对于消耗量定额中反复使用的周转性材料确定方法,可用计算公式表示如下:

$$一次使用量＝材料净用量×(1＋材料损耗量)$$

$$材料摊销量＝一次使用量×摊销系数$$

$$摊销系数＝[周转使用系数－(1－损耗率)×回收价值率]÷周转次数×100\%$$

$$周转使用系数＝\frac{(周转次数－1)×(1－损耗率)}{周转次数}$$

$$回收价值率＝[一次使用量×(1－损耗率)]÷周转次数×100\%$$

3. 机械台班定额消耗量指标确定的方法

确定施工机械台班使用量定额,主要包括以下内容:

(1)确定正常的施工条件。施工条件是影响劳动生产率的重要因素,所以正确地确定施工条件,对提高劳动生产率、降低原材料消耗量和产品成本具有重要的意义。

确定机械工作正常的施工条件,主要是确定工作地点的合理组织和合理的工人编制。工作地点的合理组织,就是对施工地点机械和材料的作业位置、堆放地点、工人从事操作的场所,做出科学合理的平面布置和空间安排,使施工机械和操纵机械的工人尽可能在最小范围内移动,而最大限度地发挥机械的效能,减少工人的手工操作。

制订合理的工人编制,就是根据施工机械的性能,工人的专业分工和劳动功效,合理地确定操纵机械的工人和直接参加机械化施工过程的工人编制人数。

(2)确定机械 1h 的纯工作正常生产率。确定机械正常生产率时,必须首先确定出机械 1h 纯工作的正常生产率。机械纯工作时间,就是指机械的必须消耗时间(包括有效工作时间、不可避免的无负荷工作时间和不可避免的中断时间)。机械 1h 纯工作正常生产率,就是在正常施工组织条件下,由具备一定技术知识和技能的技术工人操纵施工机械纯工作 1h 的生产率。以一般情况来说施工机械纯工作 1h 的生产率可用公式表达如下:

$$J_t＝Ny$$

式中　J_t——施工机械纯工作 1h 的生产率;

　　　N——施工机械 1h 的正常循环次数;

　　　y——施工机械一次循环所生产的产品数量。

根据施工机械工作特点的不同,施工机械 1h 纯工作正常生产率的确定方法,也有所不同。对于循环动作机械,确定机械 1h 纯工作正常生产率的计算公式如下:

$$\text{施工机械 1h 纯工作} \atop \text{正常循环次数}(N) = \frac{60\times60(s)}{\text{一次循环的正常延续时间}}$$

$$\text{机械一次循环的} \atop \text{正常延续时间} = \Sigma\left(\text{循环各组成部分} \atop \text{正常延续时间}\right) - \text{交叠时间}$$

$$\text{机械 1h 纯工作} \atop \text{正常生产率} = \text{机械 1h 纯工作} \atop \text{正常循环次数} \times \text{一次循环生产} \atop \text{的产品数量}$$

对于连续动作机械,确定机械 1h 纯工作正常生产率要根据机械的类型和结构特征,以及工作过程的特点来进行。其计算公式如下:

$$\text{连续动作机械 1h 纯} \atop \text{工作正常生产率} = \frac{\text{工作时间内生产的产品数量}}{\text{工作时间}(h)}$$

从上述计算公式可以看出,工作时间内的产品数量和工作时间的消耗,要通过多次现场观察和机械使用说明书才能取得其数据。

(3)确定施工机械的正常利用系数 k_i。机械的正常利用系数是指机械在工作班内对工作时间的利用率。即机械纯工作时间与机械一个工作班延续时间的比率。机械正常利用系数与工作班内的工作状况有着密切的关系。所以,要确定机械的正常利用系数,保证工时的合理利用,首先必须拟定机械在工作班内正常的工作状况。

拟定工作班的正常状况,最重要的是如何保证合理利用工时。因此,要注意以下几点:

1)尽量利用不可避免的中断时间和工作开始前与结束后的时间,进行机械的维护和保养等工作所必须消耗的时间。

2)根据机械工作的性能和特点,在担负不同工作时,对于不同的施工机械规定不同的开始与约束时间。

3)合理组织施工现场,排除由于施工管理不善等原因造成的机械停歇。

确定机械正常利用系数,首先,要计算工作班在正常状况下准备与结束工作,机械启动、机械维护等工作所必须消耗的时间,以及机械有效工作的开始与结束时间;然后,再计算机械工作班的纯工作时间;最后在此基础上确定机械正常利用系数。机械正常利用系数计算方法如下:

$$\text{机械正常利用系数 } k_i = \frac{\text{工作班内机械纯工作时间}}{\text{机械工作班延续时间}}$$

(4)计算施工机械台班消耗量定额。计算机械台班消耗量定额是编制机械台班定额工作的最后一步。在确定了机械工作正常条件、机械 1h 纯工作时间正常生产率和机械利用系数后,就可以采用下述计算公式确定机械台班的消耗量定额指标了。

$$\text{施工机械台班产量定额} = \text{机械 1h 纯工作正常生产率} \times \text{工作班延续时间} \times$$
$$\text{机械正常利用系数}$$

或　　施工机械台班产量定额=机械 1h 纯工作正常生产率×机械工作班纯工作时间

$$\text{施工机械时间定额} = \frac{1}{\text{机械台班产量定额指标}}$$

三、企业定额[①]

(一)企业定额的概念及用途

企业定额在不同的历史时期有着不同的概念。在计划经济时期,"企业定额"被称作"临时定

---

①　这部分内容主要依据全国造价工程师执业资格考试培训教材《工程造价计价与控制》(中国计划出版社,2003 年 4 月第三版)编写。其中有些内容并予以直接引用。

额"，是国家统一定额或地方定额中缺项定额的补充，它仅限于企业内部临时使用，而不是一级管理层次，在社会主义市场经济条件下，"企业定额"有着新的概念，它是参与市场竞争，自主报价的依据。《建筑工程施工发包与承包计价管理办法》(中华人民共和国建设部令第107号)第七条第二款规定："投标报价应当依据企业定额和市场价格信息，并按照国务院和省、自治区、直辖市人民政府建设行政主管部门发布的工程造价计价办法进行编制"。

企业定额是指建筑安装企业根据本企业的技术水平和管理水平，并结合有关工程造价资料编制完成单位合格产品所必需的人工、材料和施工机械台班的消耗量，以及其他生产经营要素消耗的数量标准。企业定额反映企业的施工生产和生产消费之间的数量关系，是施工企业生产力水平的体现，每个企业均应拥有反映自己企业能力的企业定额。企业的技术和管理水平不同，企业定额的定额水平也就不同。因此，企业定额是施工企业进行施工管理和投标报价的基础和依据，从一定意义上讲，企业定额是企业的商业秘密，是企业参与市场竞争的核心竞争能力的具体表现。

目前大部分施工企业是以国家或行业制定的预算定额作为进行施工管理、工料分析和计算施工成本的依据。随着市场化改革的不断深入和发展，施工企业可以预算定额和基础定额为参照，逐步建立起反映企业自身施工管理水平和技术装备程度的企业定额。

企业定额按其功能作用的不同，一般来说主要有劳动消耗量定额、材料消耗量定额和施工机械台班使用定额和这几种定额的单位估价表等。

(二)企业定额的作用

劳动定额、材料消耗定额和施工机械台班消耗定额，统称施工定额。施工定额是建筑安装企业内部管理的定额，属于企业定额的性质，是建筑安装企业管理工作的基础，也是工程建设定额体系中的基础。

施工定额在企业管理工作中的基础作用主要表现在以下几个方面：

1. 施工定额是企业计划管理的依据

施工定额在企业计划管理方面的作用，表现在它既是企业编制施工组织设计的依据，也是企业编制施工作业计划的依据。

施工组织设计是指导拟建工程进行施工准备和施工生产的技术经济文件，其基本任务是根据招标文件及合同协议的规定，确定出经济合理的施工方案，在人力和物力、时间和空间、技术和组织上对拟建工程作出最佳的安排。施工作业计划则是根据企业的施工计划、拟建工程的施工组织设计和现场实际情况编制的。这些计划的编制必须依据施工定额。因为施工组织设计包括三部分内容：即资源需用量、使用这些资源的最佳时间安排和平面规划。施工中实物工作量和资源需要量的计算均要以施工定额的分项和计量单位为依据。施工作业计划是施工单位计划管理的中心环节，编制时也要用施工定额进行劳动力、施工机械和运输力量的平衡；计算材料、构件等分期需用量和供应时间；计算实物工程量和安排施工形象进度。

2. 施工定额是组织和指挥施工生产的有效工具

企业组织和指挥施工班组进行施工，是按照作业计划通过下达施工任务单和限额领料单来实现的。

施工任务单，既是下达施工任务的技术文件，也是班、组经济核算的原始凭证。它列出了应完成的施工任务，也记录着班组实际完成任务的情况，并且进行班组工人的工资结算。施工任务单上的工程计量单位、产量定额和计件单位，均需取自施工的劳动定额，工资结算也要根据劳动定额的完成情况计算。

限额领料单是施工队随任务单同时签发的领取材料的凭证。这一凭证是根据施工任务和施工的材料定额填写的。其中领料的数量,是班组为完成规定的工程任务消耗材料的最高限额。这一限额也是评价班组完成任务情况的一项重要指标。

3. 施工定额是计算工人劳动报酬的依据

施工定额是衡量工人劳动数量和质量,提供出成果和效益较好的标准。所以,施工定额应是计算工人工资的基础依据。这样才能做到完成定额好,工资报酬就多,达不到定额,工资报酬就会减少。真正实现多劳多得,少劳少得的社会主义分配原则。这对于打破企业内部分配方面的大锅饭是很有现实意义的。

4. 施工定额是企业激励工人的条件

激励在实现企业管理目标中占有重要位置。所谓激励,就是采取某些措施激发和鼓励员工在工作中的积极性和创造性。行为科学者研究表明,如果职工受到充分的激励,其能力可发挥 $80\% \sim 90\%$,如果缺少激励,仅仅能够发挥出 $20\% \sim 30\%$ 的能力。但激励只有在满足人们各种需要的情形下才能起到作用。完成和超额完成定额,不仅能获取更多的工资报酬以满足生活需要,而且也能满足自尊和获取他人(社会)认同的需要,并且进一步满足尽可能发挥个人潜力以实现自我价值的需要。如果没有施工定额的这种标准尺度,实现以上几个方面的激励就缺少必要的手段。

5. 施工定额有利于推广先进技术

施工定额水平中包含着某些已成熟的先进的施工技术和经验,工人要达到和超过定额,就必须掌握和运用这些先进技术,如果工人要想大幅度超过定额,他就必须进行创造性的劳动。第一,在自己的工作中,注意改进工具和改进技术操作方法,注意原材料的节约,避免原材料和能源的浪费。第二,施工定额中往往明确要求采用某些较先进的施工工具和施工方法,所以贯彻施工定额也就意味着推广先进技术。第三,企业为了推行施工定额,往往要组织技术培训,以帮助工人能达到和超过定额。技术培训和技术表演等方式也都可以大大普及先进技术和先进操作方法。

6. 施工定额是编制施工预算,加强企业成本管理的基础

施工预算是施工单位用以确定单位工程上人工、机械、材料和资金需要量的计划文件。施工预算以施工定额为编制基础,既要反映设计图纸的要求,也要考虑在现有条件下可能采取的节约人工、材料和降低成本的各项具体措施。这就能够有效地控制施工中人力、物力消耗,节约成本开支。

施工中人工、机械和材料的费用,是构成工程成本中直接工程费用的主要内容,对间接费用的开支也有着很大的影响。严格执行施工定额不仅可以起到控制成本、降低费用开支的作用,同时为企业加强班组核算和增加盈利,创造了良好的条件。

7. 施工定额是施工企业进行工程投标、编制工程投标报价的基础和主要依据

工程量清单计价规范"宣贯辅导教材"指出:"工程造价应在政府宏观调控下,由市场竞争形成。在这一原则指导下,投标人的报价应在满足招标文件要求的前提下实行人工、材料、机械消耗量自定,价格费用自选、全面竞争、自主报价的方式"。因此,施工定额作为企业定额,它反映本企业施工生产的技术水平和管理水平,在确定工程投标报价时,首先是依据企业定额计算出施工企业拟完成投标工程需要发生的计划成本。在掌握工程成本的基础上,再根据所处的环境和条

件,确定在该工程上拟获得的利润、预计的工程风险费用和其他应考虑的因素,从而确定投标报价。因此,企业定额是施工企业编制计算投标报价的根基。

(三)企业定额的性质和特点

顾名思义,企业定额就是仅供一个建筑安装企业内部经营管理使用的定额。企业定额影响范围涉及企业内部管理的诸多方面,包括企业生产经营管理活动的人力、物力、财力计划安排、组织协调和调控指挥等各个环节。企业定额是根据本企业的现有条件和可能挖掘的潜力、建筑市场的需求和竞争环境,根据国家有关法律、法规和规范、政策,自行编制适用于本企业实际情况的定额。因此,可以说企业定额是适应社会主义市场经济竞争和市场竞争形成建筑产品价格,并具有突出个性特点的定额。企业定额个性特点主要表现在以下几个方面:

(1)其各项平均消耗水平比社会平均水平低,与同类企业和同一地区的企业之间存在着突出的先进性。

(2)在某些方面突出表现了企业的装备优势、技术优势和经营管理优势。

(3)所有匹配的单价都是动态的,具有突出的市场性。

(4)与施工方案能全面接轨。

(四)企业定额编制的原则

1. 平均先进性原则

平均先进是就定额的水平而言。定额水平,是指规定消耗在单位产品上的劳动、材料和机械数量的多少。也可以说,它是按照一定施工程序和工艺条件下规定的施工生产中活劳动和物化劳动的消耗水平。所谓平均先进水平,就是在正常的施工条件下,大多数施工队组和大多数生产者经过努力能够达到和超过的水平。

企业定额应以企业平均先进水平为基准,制定企业定额。使多数单位和员工经过努力,能够达到或超过企业平均先进水平,以保持定额的先进性和可行性。

2. 简明适用性原则

简明适用就企业定额的内容和形式而言,要方便于定额的贯彻和执行。制定企业定额的目的就在于适用于企业内部管理,具有可操作性。

定额的简明性和适用性,是既有联系,又有区别的两个方面。编制施工定额时应全面加以贯彻。当二者发生矛盾时,定额的简明性应服从适用性的要求。

贯彻定额的简明适用性原则,关键是做到定额项目设置完全,项目划分粗细适当。还应正确选择产品和材料计量单位,适当利用系数,并辅以必要的说明和附注。总之,贯彻简明适用性原则,要努力使施工定额达到项目齐全、粗细恰当、步距合理的效果。

3. 独立自主原则

企业独立自主地制定定额,主要是自主地确定定额水平,自主地划分定额项目,自主地根据需要增加新的定额项目。但是,企业定额毕竟是一定时期企业生产力水平的反映,它不可也不应该割断历史。因此,企业定额应是对原有国家、部门和地区性施工定额的继承和发展。

4. 保密原则

企业定额的指标体系及标准要严格保密。建筑市场强手林立,竞争激烈。就企业现行的定额水平,工程项目在投标中如被竞争对手获取,会使本企业陷入十分被动的境地,给企业带来不可估量的损失。所以,企业要有自我保护意识和相应的加密措施。

(五)企业定额的编制方法

编制企业定额最关键的工作是确定人工、材料和机械台班的消费量,计算分项工程单价或综合单价。

(1)人工消耗量的确定。人工消耗量的确定,首先是根据本企业环境,拟定正常的施工作业条件,分别计算测定基本用工和其他用工的工日数,进而拟定施工作业的定额时间。

(2)材料消耗量的确定。材料消耗量的确定是通过企业历史数据的统计分析、理论计算、实验试验、实地考察等方法计算确定材料包括周转材料的净用量和损耗量,从而拟定材料消耗的定额指标。

(3)机械台班消耗量确定。机械台班消耗量的确定,同样需要按照企业的环境,拟定机械工作的正常施工条件,确定机械工作效率和利用系数,据此拟定施工机械作业的定额台班与机械作业相关的工人小组的定额时间。

第五节 建筑工程定额计价工程量计算的依据和原则

建筑工程定额项目直接工程费是由两个因素决定的:一个是预算定额或单位估价表中各个分项(或子项)工程的预算单价,另一个是该分项(或子项)工程的工程数量(简称"工程量")。因此,工程量的计算是建筑工程预算编制工作的基础和重要环节。

一、定额计价工程量计算的依据

(1)建筑工程施工图纸及本工程采用的通用图册。
(2)《全国统一建筑工程基础定额》(土建工程)GJD—101—95。
(3)《全国统一建筑工程预算工程量计算规则》(土建工程)GJD$_{GZ}$—101—95。
(4)建筑安装工程材料换算手册等工具资料。

二、定额计价工程量计算的意义

工程量是指以物理量单位或自然量单位所表示的各个具体工程子目的数量。

中华人民共和国原建设部 1995 年 12 月以建标(1995)736 号通知发布的 GJD$_{GZ}$—101—95《全国统一建筑工程预算工程量计算规则》(土建工程)指出:"除另有规定外,工程量的计算单位应按下列规定计算:

(1)以体积计算的为立方米(m^3)。
(2)以面积计算的为平方米(m^2)。
(3)以长度计算的为米(m)。
(4)以重量计算的为吨或千克(t 或 kg)。
(5)以件(个或组)计算的为件(个或组)。

汇总工程量时,其准确度取值:立方米、平方米、米以下取两位;吨以下取三位;千克、件取整数。"

建筑预算工程量计算是以设计图纸表示的尺寸或设计图纸能读出的尺寸为准计算出来的。工程量计算,是确定各个分项工程直接工程费用和编制单位工程预算书的重要环节。工程量计算得正确与否,直接影响施工图预算的质量。每一位欲学会建筑工程预算编制工作的同志,应在熟悉预算定额、施工图纸和工程量计算规则的基础上,按照一定的顺序准确地计算出各分部分项工程的数量。

计算工程量,不仅是确定工程直接费用和提高施工图预算质量的需要,而且,正确地计算工程量,对于工程建设有关的其他工作也有着重要的意义。例如:工程量计算的质量直接影响基本建设计划与统计工作,工程量指标对于建筑企业编制施工计划,合理安排施工进度,组织劳动力和材料采购都是不可缺少的基础资料;工程量也是进行基建财务管理与会计核算的重要依据指标,如进行已完工程价款的结算和拨付、成本计划执行情况的分析等都离不开工程量指标。

三、定额计价工程量计算的原则

在预算单价既定条件下,工程量计算得准确与否将直接影响到预算的准确性。因此,工程量的计算必须认真仔细,并遵循一定的原则,才能保证预算编制质量。建筑预算工程量计算应遵循的原则有以下几点:

(一)工程量计算的项目必须与《全国统一建筑工程基础定额》项目相一致

计算工程量的目的是为了计算工程项目直接工程费用,所以,只有依据施工图纸所列出的分项(或子项)工程项目与《全国统一建筑工程基础定额》分项(或子项)工程项目完全相一致时,才能迅速而准确地套用地区单位估价表单价。尤其当定额子目中综合了其他分项工程时,要特别注意所列分项工程内容是否与《全国统一建筑工程基础定额》分项工程子目所综合的内容一致。

例如:《全国统一建筑工程基础定额》中的整体水泥砂浆楼地面分项工程子目和混凝土墙面、柱面的抹灰分项工程子目,都包括了刷素水泥浆的工作内容,当设计图纸标明为刷素水泥浆一道时,就不得另列项计算其工程量;但当图纸标明刷两道时,则应另列项计算刷素水泥浆的工程量,否则就漏项了。又例如:在《全国统一建筑工程基础定额》颁发前,由各省、自治区、直辖市制订的建筑工程预算(或综合预算)定额,有的地区包括了与楼地面构造材料相同的踢脚板(块料楼地面除外);有的未包括与楼地面构造材料相同的踢脚板;有的对踢脚板以延长米为单位计算;有的以"m²"为单位计算;还有的按占楼地面工程量的百分比计算,等。而《全国统一建筑工程基础定额》统一规定踢脚板不包括在楼地面分项子目内,应另列项目以 m² 为单位计算。本书在多处都强调编制工程预算之前,要熟悉施工图纸和预算定额,其道理也就在于此,否则,不是重复计算工程量,就是漏计工程量。

(二)工程量计算的计量单位必须与《全国统一建筑工程基础定额》计量单位相一致

前已述及,工程量是指以物理计量单位或自然计量单位表示的各个具体工程子目或构件的数量。因为《全国统一建筑工程基础定额》中各分项工程的计量单位,并非是单一的。有的是立方米(m³),有的是平方米(m²),有的是延长米(m),还有的是吨(t)或千克(kg)和台、组、件等。所以,在计算建筑预算工程量时,所采用的计量单位必须与工程定额中相应分项工程子目的计量单位相一致,才能套用地区估价表中的预算单价,反之,在编制预算时就套不上定额单价。

(三)工程量计算规则必须与《全国统一建筑工程预算工程量计算规则》相一致

建筑预算工程量,只有严格按照工程量计算规则计算,才能保证工程量计算的准确性,提高施工图预算的编制质量。例如,计算墙体工程量时,应按照计算规则规定扣除门窗洞口、过人洞、空圈、嵌入墙身的钢筋混凝土柱、梁等的体积,但不扣除梁头、外墙板头、檩头、垫木等的体积。

(四)工程量计算必须严格按施工图进行

施工图纸不仅是建筑工人进行施工的依据,而且也是编制预算计算工程量的依据。因此,计算建筑预算工程量时,必须严格按照图纸规定内容进行计算,做到不重算、不漏算,确保数字准确、项目齐全、与图纸内容相符,使所计算项目没有"编外项目"。

四、定额计价工程量计算的顺序

为了便于计算和审核工程量,在计算工程量时,应根据《全国统一建筑工程基础定额》编号的先后顺序列出分项工程子目(这对于初学者尤为重要),然后按照施工图的具体情况,遵循着一定的顺序,依次进行计算。这样,既可以节省前后不断翻阅看图的时间,加快计算速度,又可以避免重算或漏算项目的现象发生。为此,建筑预算工程量计算应采用下述几种不同顺序进行。

(一)按顺时针方向先左后右、先横后竖、先上后下计算

按顺时针方向是指先从平面图左上角开始向右行进,绕一周后再回到左上方止,如图6-5(a)所示。

先横后竖,先上后下,是指在同一部位的分项工程,应按先上后下,先左后右,先外后内的顺序依次计算,如图6-5(b)所示。图中内墙,先计算横线。从上而下为①、②、③三线,在同一部位的(如墙②和墙③,墙④和墙⑤)就从左到右,先计算第②线再计算第③线,先计算第④线再计算第⑤线。横线计算完后再计算竖线,从左到右,在同一部位的(如墙⑥和墙⑦)就先上后下,计算第⑥线后再计算⑦⑧⑨⑩。这样依次从墙①计算到墙⑩为止。

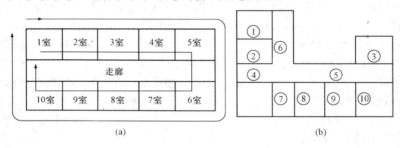

图 6-5 工程量计算顺序示意图

(a)顺时计算法;(b)横竖计算法

(二)按图纸轴线先外后内进行计算

设计复杂的建设项目,仅按上述顺序很可能发生重复和遗漏现象,为了方便计算,避免重复和遗漏,工程量计算还可按设计图纸的轴线先外后内进行,并将其部位标记在工程量计算表(表4-1及表4-44)内的"部位"栏。

图 6-6 中,外墙坐落部位的轴线编号为ⓒ、⑤、Ⓐ、①,其计算长度的线段,ⓒ轴为①~⑤,⑤轴为Ⓐ~ⓒ,Ⓐ轴为①~⑤,①轴为Ⓐ~ⓒ。为了校核查找的方便,在工程量计算表的"部位提要"栏内应分别标注出:ⓒ线上①~⑤轴,⑤线上Ⓐ~ⓒ轴,Ⓐ线上①~⑤轴,①线上Ⓐ~ⓒ轴。

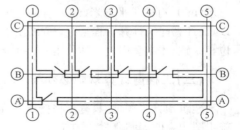

图 6-6 轴线法计算工程量示意图

图 6-6 中,内墙坐落的轴线,横墙为Ⓑ轴,计算长度为①~⑤轴线;直(竖)墙坐落在②、③、④轴上,计算长度为ⓒ~Ⓑ。因此工程量计算表的计算式前应标注"ⓒ~Ⓑ×3"。

(三)按建筑物层次及图纸结构构件编号顺序进行计算

随着我国高层建筑的日益增多,为了计算的方便和避免前后反复查阅图纸,可按建筑物的层次(如底层、二层、三层等)及结构构件编号(如 1L—1、2、3······,2L—1、2、3······,3L—1、2、3······梁,$\overset{\nabla}{2.98m}$、$\overset{\nabla}{5.96m}$、$\overset{\nabla}{8.94m}$······板,1Z—1、2、3······,2Z—1、2、3······,3Z—1、2、3······柱)进行计算。这种计算顺序的优点是可以节省时间,提高工作效率,但其缺点是不同的结构构件工程量混于同一页(或数页)计算表中,给汇总工程量造成了较大的不方便。

上述三种计算顺序,在实际工作运用中并非截然分开,有时同时穿插使用。

第六节　定额计价的工程量计算规则

一、土石方工程和桩基工程

(一)人工土石方工程量计算规则

1. 土壤及岩石的分类

土建预算编制选套预算单价与土壤及岩石的类别有着密切关系。按名称、开挖方法及工具,《全国统一建筑工程基础定额》将土壤分为四类,即:一、二类为普通土;三类为坚土;四类为砂砾坚土。土壤的分类见表6-9。

表 6-9　　　　　　　　　　　土壤(普氏)分类表

土石分类	普氏分类	土壤名称	天然湿度下平均容量(kg/m³)	极限压碎强度(kg/cm²)	用轻钻孔机钻进 1m 耗时(min)	开挖方法及工具	紧固系数 f
一、二类土壤	I	砂	1500			用尖锹开挖	0.5~0.6
		砂壤土	1600				
		腐殖土	1200				
		泥炭	600				
	II	轻壤和黄土类土	1600			用锹开挖并少数用镐开挖	0.6~0.8
		潮湿而松散的黄土,软的盐渍土和碱土	1600				
		平均 15mm 以内的松散而软的砾石	1700				
		含有草根的密实腐殖土	1400				
		含有直径在 30mm 以内根类的泥炭和腐殖土	1100				
		掺有卵石、碎石和石屑的砂和腐殖土	1650				
		含有卵石或碎石杂质的胶结成块的填土	1750				
		含有卵石、碎石和建筑料杂质的砂壤土	1900				

(续表)

土石分类	普氏分类	土壤名称	天然湿度下平均容量(kg/m³)	极限压碎强度(kg/cm²)	用轻钻孔机钻进1m耗时(min)	开挖方法及工具	紧固系数 f
三类土壤	Ⅲ	肥黏土,其中包括石炭纪、侏罗纪的黏土和冰黏土	1800			用尖锹并同时用镐开挖(30%)	0.8~1.0
		重壤土、粗砾石,粒径为15~40mm的碎石和卵石	1750				
		干黄土和掺有碎石或卵石的自然含水量黄土	1790				
		含有直径大于30mm根类的腐殖土或泥炭	1400				
		掺有碎石或卵石和建筑碎料的土壤	1900				
四类土壤	Ⅳ	土含碎石重黏土,其中包括侏罗纪和石英纪的硬黏土	1950			用尖锹并同时用镐和撬棍开挖(30%)	1.0~1.5
		含有碎石、卵石、建筑碎料和重达25kg的顽石(总体积10%以内)等杂质的肥黏土和重壤土	1950				
		冰渍黏土,含有重量在50kg以内的巨砾,其含量为总体积10%以内	2000				
		泥板岩	2000				
		不含或含有重量达10kg的顽石	1950				

按名称、轻钻孔机钻进每1m耗时(min)、开挖方法及工具,《全国统一建筑工程基础定额》将岩石分为松石、次坚石、普坚石、特坚石四类。岩石分类见表6-10。

表6-10　　　　　　　　　岩石(普氏)分类表

土石分类	普氏分类	岩石名称	天然湿度下平均容量(kg/m³)	极限压碎强度(kg/cm²)	用轻钻孔机钻进1m耗时(min)	开挖方法及工具	紧固系数 f
松石	Ⅴ	含有重量在50kg以内的巨砾(占体积10%以上)的冰渍石	2100	小于200	小于3.5	部分用手凿工具,部分用爆破来开挖	1.5~2.0
		矽藻岩和软白垩岩	1800				
		胶结力弱的砾岩	1900				
		各种不坚实的片岩	2600				
		石膏	2200				

（续一）

土石分类	普氏分类	岩石名称	天然湿度下平均容量（kg/m³）	极限压碎强度（kg/cm²）	用轻钻孔机钻进1m耗时（min）	开挖方法及工具	紧固系数 f
次坚石	VI	凝灰岩和浮石	1100	200～400	3.5	用风镐和爆破法来开挖	2～4
		松软多孔和裂隙严重的石灰岩和介质石灰岩	1200				
		中等硬变的片岩	2700				
		中等硬变的泥灰岩	2300				
	VII	石灰石胶结的带有卵石和沉积岩的砾石	2200	400～600	6.0	用爆破方法开挖	4～6
		风化的和有大裂缝的黏土质砂岩	2000				
		坚实的泥板岩	2800				
		坚实的泥灰岩	2500				
	VIII	砾质花岗岩	2300	600～800	8.5	用爆破方法开挖	6～8
		泥灰质石灰岩	2300				
		黏土质砂岩	2200				
		砂质云母片岩	2300				
		硬石膏	2900				
普坚石	IX	严重风化的软弱的花岗岩、片麻岩和正长岩	2500	800～1000	11.5	用爆破方法开挖	8～10
		滑石化的蛇纹岩	2400				
		致密的石灰岩	2500				
		含有卵石、沉积岩的渣质胶结的砾岩	2500				
		砂岩	2500				
		砂质石灰质片岩	2500				
		菱镁矿	3000				
	X	白云石	2700	1000～1200	15.0	用爆破方法开挖	10～12
		坚固的石灰岩	2700				
		大理石	2700				
		石灰胶结的致密砾石	2600				
		坚固砂质片岩	2600				
特坚石	XI	粗花岗岩	2800	1200～1400	18.5	用爆破方法开挖	12～14
		非常坚硬的白云岩	2900				
		蛇纹岩	2600				
		石灰质胶结的含有火成岩之卵石的砾石	2800				
		石英胶结的坚固砂岩	2700				
		粗粒正长岩	2700				

(续二)

土石分类	普氏分类	岩石名称	天然湿度下平均容量(kg/m³)	极限压碎强度(kg/cm²)	用轻钻孔机钻进1m耗时(min)	开挖方法及工具	紧固系数 f
特坚石	XII	具有风化痕迹的安山岩和玄武岩	2700	1400~1600	22.0	用爆破方法开挖	14~16
		片麻岩	2600				
		非常坚固的石灰岩	2900				
		硅质胶结的含有火成岩之卵石的砾岩	2900				
		粗石岩	2600				
	XIII	中粒花岗岩	3100	1600~1800	27.5	用爆破方法开挖	16~18
		坚固的片麻岩	2800				
		辉绿岩	2700				
		玢岩	2500				
		坚固的粗面岩	2800				
		中粒正长岩	2800				
	XIV	非常坚硬的细粒花岗岩	3300	1800~2000	32.5	用爆破方法开挖	18~20
		花岗岩、麻岩	2900				
		闪长岩	2900				
		高硬度的石灰岩	3100				
		坚固的玢岩	2700				
	XV	安山岩、玄武岩、坚固的角页岩	3100	2000~2500	46.0	用爆破方法开挖	20~25
		高硬度的辉绿岩和闪长岩	2900				
		坚固的辉长岩和石英岩	2800				
	XVI	拉长玄武岩和橄榄玄武岩	3300	>2500	>60	用爆破方法开挖	>25
		特别坚固的辉长辉绿岩、石英石和玢岩	3300				

2. 人工土方分项工程量计算

(1)平整场地及碾压。建筑物场地挖、填土方厚度在±30cm以内及找平,按建筑物图示外墙外边线每边各加2m(图6-7),以"m²"为单位计算。其计算公式如下:

$$F=(a+4)\times(b+4)=ab+4\times(a+b)+16$$

式中　F——场地平整工程量(m²);

　　　a——建筑物外墙外边线长度(m);

　　　b——建筑物外墙外边线宽度(m);

　　　4——建筑物外墙外边线各加长度(2m)。

建筑物场地挖、填土方厚度超过±30cm以外时,按场地土

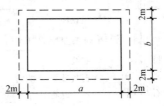

图6-7　场地平整工程量
计算范围示意图

方平衡竖向布置图另行计算。

　　建筑物场地原土碾压以面积"m²"为单位计算,填土碾压按图示填土厚度以体积"m³"计算。

　　【例6-7】　某农业大学兽医学院教学楼设计图示中心线长度为91.42m,跨度中心线宽度为22.96m,外墙厚度为240mm,试计算该建筑物平整场地工程量。

　　【解】　依据上述计算公式,已知 $a=91.42+2\times0.12=91.66$(m),$b=22.96+2\times0.12=23.20$(m),将 a、b 数值代入计算公式运算得:

$$F=91.66\times23.20+4\times(91.66+23.20)+16$$
$$=2126.512+4\times114.86+16=2601.95m^2$$

　　上述计算式中的"$4\times114.86+16$"为设计图示尺寸之外建筑物外墙外边线每边各加2m的计算数值475.44m²。与清单项目计价工程量计算方法相比较,这"475.44m²"不计入分项工程实物量内,而应包括在投标人的报价内。就该建设项目平整场地分项工程来说,定额计价工程量比清单项目计价工程量多22.36%(475.44/2126.512×100)。按某地现行单价计算,这部分价值为779.25元(475.44/100×163.9),也就是说,这779.25元投标人应考虑在报价内。

　　(2)土方体积。《全国统一建筑工程预算工程量计算规则》中的"土方体积"计算与《全国统一建筑工程基础定额》(土建工程)中"人工土石方"分项工程相比较,是指除"人工挖沟槽、基坑"和"人工挖孔桩"以外的各种挖土方体积的计算。土方体积的计算方法一律以设计室外地坪标高为准,按挖掘前的天然密实体积计算。如遇有必须以天然密实体积折算时,可按前述表4-3所列数值换算。例如:某工程外购黄土200m³(虚方)折算成天然密实体积时为200m³×0.77=154m³。若这200m³是夯实土时,折算成天然密实体积为200m³×1.15=230m³。

　　(3)地槽(沟)挖土方。凡图示地槽地沟底宽在3m以内,且沟槽长大于槽宽3倍以上的为地槽(沟)。地槽(沟)挖土工程量应区分以下几种情况进行计算。

　　1)地槽(沟)不放坡、不加工作面[图6-8(a)]时:

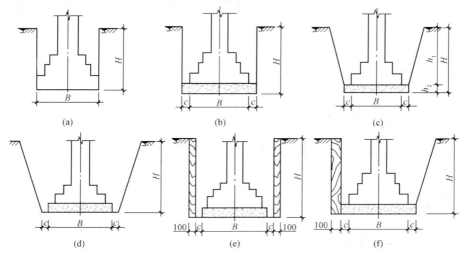

(a)　　　　　　(b)　　　　　　(c)

(d)　　　　　　(e)　　　　　　(f)

图6-8　地槽(沟)挖土断面示意图

$$V=LBH$$

式中　V——挖土体积(m³);

　　　L——地槽(沟)长度(m);

　　　B——地槽(沟)宽度(m);

　　　H——地槽(沟)深度(m)。

2)地槽(沟)不放坡增加工作面[图 6-8(b)]时:

$$V=L(B+2c)H$$

式中　c——工作面宽度(m)。

基础施工所需工作面宽度,按表 4-5 规定计算。

3)由基础垫层上表面放坡[图 6-8(c)]时:

$$V=L[(B+2c)h_2+(B+2c+Kh_1)h_1]$$

式中　K——放坡系数。

地槽地沟放坡系数按表 6-11 规定计算。

表 6-11　　　　　　　　　　　　　　放坡系数表

土壤类别	放坡起点(m)	人工挖土	机 械 挖 土	
			在坑内作业	在坑上作业
一、二类土	1.20	1:0.5	1:0.33	1:0.75
三类土	1.50	1:0.33	1:0.25	1:0.67
四类土	2.00	1:0.25	1:0.10	1:0.33

注:1. 沟槽、基坑中土壤类别不同时,分别按其放坡起点、放坡系数,依不同土壤厚度加权平均计算。其计算公式如下:

$$K=\frac{K_1H_1+K_2H_2+\cdots+K_nH_n}{H_{总}}=\frac{\sum_{j=1}^{n}K_jH_j}{H_{总}}$$

式中　K——综合放坡系数;

K_j——某种类别土层(j)放坡系数;

H_j——某种类别土层(j)厚度(m);$1\leqslant j\leqslant n$;

$H_{总}$——槽(沟)、坑挖土总深度(m)。

2. 计算放坡时,在交接处的重复工程量不予扣除,原槽、坑作基础垫层时,放坡自垫层上表面开始计算。

4)由基础垫层下表面放坡[图 6-8(d)]时:

$$V=L(B+2c+KH)H$$

5)不放坡两边支挡土板[图 6-8(e)]时:

$$V=L(B+2c+0.1\times2)H$$

式中　0.1——挡土板一边厚度(m);

2——两边支挡土板。

6)一侧放坡一侧支挡土板[图 6-8(f)]时:

$$V=L\left(B+2c+0.1+\frac{1}{2}KH\right)H$$

挖地槽长度,外墙按图示中心线长度计算;内墙按图示基础底面之间净长度计算(图 4-12);内外突出部分(垛、附墙烟囱等)体积并入地槽土方工程量内计算。

人工挖土方深度超过 1.5m 时,按表 6-12 规定增加工日。

表 6-12　　　　　　　　　　　人工挖土方超深增加工日表　　　　　　　　　　100m³

挖土超深	深 2m 以内	深 4m 以内	深 6m 以内
增加工日(工日)	5.55	17.60	26.16

人工挖管道沟槽的长度按图示中心线长度计算,沟底宽度按设计图示尺寸计算,如设计无规定时,可按表 6-13 计算。

表 6-13 　　　　　　　　　　　管道地沟沟底宽度计算表　　　　　　　　　　　　　m

管径(mm)	铸铁管、钢管、石棉水泥管	混凝土管、钢筋混凝土管、预应力混凝土管	陶土管
50～75	0.60	0.80	0.70
100～200	0.70	0.90	0.80
250～350	0.80	1.00	0.90
400～450	1.00	1.30	1.10
500～600	1.30	1.50	1.40
700～800	1.60	1.80	—
900～1000	1.80	2.00	—
1100～1200	2.00	2.30	—
1300～1400	2.20	2.60	—

注:1. 铺设铸铁给排水管道时其接口等处土方增加量,可按铸铁给排水管道地沟土方总量的 2.5% 计算。

　　2. 按上表计算管道地沟土方工程量时,各种井类及管道(不含铸铁给排水管)接口等处需加宽增加的土方量不另计算,底面积大于 20m² 的井类,其增加工程量并入管沟土方内计算。

地槽(沟)挖土深度,按图示槽(沟)底面至室外地坪深度计算。

(4)地坑挖土。凡坑底面积在 20m² 以内(不包括加宽工作面)者按挖地坑计算;凡图示坑底面积在 20cm² 以上者按挖土方计算。地坑挖土工程量计算方法,可以用计算公式表示如下:

1)不放坡方形或长方形地坑:

$$V=(a+2c)\times(b+2c)H$$

式中　　$(a+2c)$——地坑一边长(m);

　　　　$(b+2c)$——地坑另一边长(m);

其他字母含义同前。

2)放坡方形或长方形地坑(图 6-9):

$$V=(a+2c+KH)(b+2c+KH)H+\frac{1}{3}K^2H^3$$

式中　$\frac{1}{3}K^2H^3$——地坑四角的锥角体积(m³)。

其他字母含义同前。

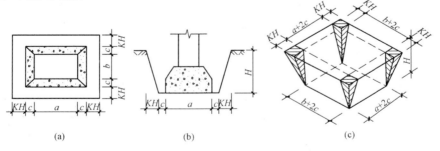

图 6-9　方形或矩形地坑示意图

(a)平面;(b)剖面;(c)锥角透视

3)不放坡圆形地坑:

$$V=\frac{1}{4}\pi d^2H=0.7854d^2H$$

或

$$V=\pi r^2H$$

式中　$\dfrac{1}{4}$——系数(常数);

　　π——圆周率;

　　d——坑底直径(m);

　　r——坑底半径(m);

　　H——地坑深度(m)。

4)放坡圆形地坑(图 6-10):

$$V=\frac{1}{3}\pi H(R_1^2+R_2^2+R_1R_2)$$

式中　R_1——坑底半径(m);

　　R_2——坑口半径($R_2=R_1+KH$)(m)。

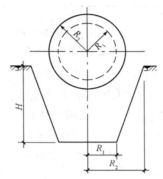

图 6-10　放坡圆形地坑示意图

【例 6-8】　某工程锅炉房独立柱杯形基础(图 6-11)共 8 个,试计算其地坑挖土工程量。

【解】　挖土工程量按已知图示尺寸及上述公式运算如下:

$$V=\left[(2.2+0.6+1.6\times0.5)\times(2.6+0.6+1.6\times0.5)\times1.6+\frac{1}{3}K^2H^3\right]\times8$$

$$=[3.6\times4.0\times1.6+0.34]\times8=187.04\text{m}^3$$

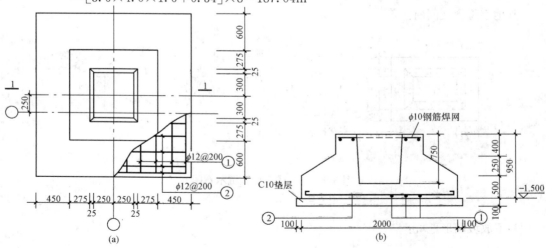

图 6-11　柱杯形基础

(a)平面图;(b)1—1 剖面图

为了简化地坑放坡四锥角土方工程量计算，可按表 6-14 规定值计算。

表 6-14 　　　　　　　　　　地坑放坡时四角的角锥体体积表　　　　　　　　m³

放坡系数 K 坑深(m)	0.10	0.25	0.30	0.33	0.50	0.67	0.75	1.00
1.20	0.01	0.04	0.05	0.06	0.14	0.26	0.32	1.58
1.30	0.01	0.05	0.07	0.08	0.18	0.33	0.41	0.73
1.40	0.01	0.06	0.08	0.10	0.23	0.41	0.51	0.91
1.50	0.01	0.07	0.10	0.12	0.28	0.51	0.63	1.13
1.60	0.01	0.09	0.12	0.15	0.34	0.61	0.77	1.37
1.70	0.02	0.10	0.15	0.18	0.41	0.74	0.92	1.64
1.80	0.02	0.12	0.17	0.21	0.49	0.87	1.09	1.94
1.90	0.02	0.14	0.21	0.25	0.57	1.03	1.29	2.29
2.00	0.03	0.17	0.24	0.29	0.67	1.20	1.50	2.67
2.10	0.03	0.19	0.28	0.34	0.77	1.39	1.74	3.09
2.20	0.04	0.22	0.32	0.39	0.89	1.59	2.00	3.55
2.30	0.04	0.25	0.37	0.44	1.01	1.82	2.28	4.06
2.40	0.05	0.29	0.41	0.50	1.15	2.07	2.59	4.61
2.50	0.05	0.33	0.47	0.57	1.30	2.34	2.93	5.21
2.60	0.06	0.37	0.53	0.64	1.46	2.63	3.30	5.86
2.70	0.07	0.41	0.59	0.71	1.64	2.95	3.69	6.56
2.80	0.07	0.46	0.66	0.80	1.83	3.28	4.12	7.31
2.90	0.08	0.51	0.73	0.89	2.03	3.65	4.57	8.13
3.00	0.09	0.56	0.81	0.98	2.25	4.04	5.06	9.00
3.10	0.10	0.62	0.90	1.08	2.48	4.46	5.59	9.93
3.20	0.11	0.68	0.98	1.19	2.70	4.90	6.14	10.92
3.30	0.12	0.75	1.08	1.30	2.99	5.38	6.74	11.98
3.40	0.13	0.82	1.18	1.43	3.28	5.88	7.37	13.10
3.50	0.14	0.90	1.29	1.56	3.57	6.42	8.04	14.29
3.60	0.16	0.97	1.40	1.69	3.89	6.98	8.75	15.55
3.70	0.17	1.06	1.52	1.84	4.22	7.58	9.50	16.88
3.80	0.18	1.14	1.65	1.99	4.57	8.21	10.29	18.20
3.90	0.20	1.24	1.78	2.15	4.94	8.88	11.12	19.77
4.00	0.21	1.33	1.92	2.32	5.33	9.58	12.00	21.33
4.10	0.23	1.44	2.07	2.50	5.74	10.31	12.92	22.97
4.20	0.25	1.54	2.22	2.69	6.17	11.09	13.89	24.69
4.30	0.27	1.66	2.39	2.89	6.63	11.90	14.91	26.50
4.40	0.28	1.78	2.56	3.09	7.10	12.75	15.97	28.39
4.50	0.30	1.90	2.73	3.31	7.59	13.64	17.09	30.38
4.60	0.32	2.03	2.92	3.53	8.11	14.56	18.25	32.45
4.70	0.35	2.16	3.11	3.77	8.65	15.54	19.47	34.61
4.80	0.37	2.30	3.32	4.01	9.22	16.55	20.74	36.86
4.90	0.39	2.45	3.53	4.27	9.80	17.60	22.06	39.21
5.00	0.42	2.60	3.75	4.54	10.42	18.70	23.44	41.67

（5）人工挖孔桩土方。人工挖孔桩土方工程量按图示挖孔桩断面面积乘以设计桩孔中心线深度计算。工程设计中挖孔桩一般多为圆状，因此其计算方法可用公式表达为：$\pi r^2 h$。人工挖孔桩的定额规定工作内容包括：挖土方、凿枕石、积岩地基处理，修整边、底、壁，运土(石)100m 以内以及孔内照明、安全架子搭拆等。

3. 回填土分项工程量计算

回填土项目区分为普通回填夯实和回填有密度夯实两个子项，并按压实后的实际体积"m³"计算。

（1）室内回填土：按主墙(承重墙或厚度在 15cm 以上的墙)间净面积乘以回填土平均厚度计算，不扣除墙垛、柱、附墙烟囱、垃圾道等所占的体积。

（2）地槽、地坑回填土：按挖土总量减去设计室外地坪以下埋设的砌筑物、浇筑物体积量(包括墙基、柱基、垫层等)计算，其计算式为：

$$V_{填} = V_{挖} - V_{基}$$

式中 $V_{填}$——回填土体积(m^3)；

　　　$V_{挖}$——挖土体积(m^3)；

　　　$V_{基}$——基础、垫层体积(m^3)。

（3）管沟回填土：以挖土体积减去管道基础体积和直径在 500mm 以上的管道体积计算。直径 500mm 以上各种不同规格管道每 1m 应减体积可参考表 6-15 计算。

表 6-15　　　　　　　管道扣除土方体积表　　　　　　　　　　m^3/m

管 道 名 称	管 道 直 径 (mm)					
	501～600	601～800	801～1000	1001～1200	1201～1400	1401～1600
钢　管	0.21	0.44	0.71	—	—	—
铸 铁 管	0.24	0.49	0.77	—	—	—
混凝土管	0.33	0.60	0.92	1.15	1.35	1.55

（4）土方运输：人工土方运输工程量按天然密实体积计算，如无法按自然方计算时，可按压实方量乘以 1.22 系数计算。回填土按压实后的实际体积计算工程量。

土方运输工程量计算公式：

余土外运体积＝挖土体积－回填土体积

取土回运体积＝回填土体积－挖土体积

运输距离按单位工程的重心点至弃土或取土场的重心点计算。

人工运淤泥套用《全国统一建筑工程基础定额》"1－51"、"1－52"号项目。

因场地狭小，无堆土地点时，挖出的土方是否需要运出，应根据施工组织设计规定的数量和运距计算(机械土方同此规定)。

4. 人工石方分项工程量计算

人工石方工程量应区分松石、次坚石、普坚石等，按下列规定计算：

（1）人工凿石，按图示尺寸以体积"m³"计算。

（2）爆破岩石，应区分人工打眼、机械打眼和不同石质，按图示尺寸以体积"m³"计算，其沟槽、基坑深度、宽度允许超挖量如下：次坚石：200mm　特坚石：150mm。超挖部分岩石并入岩石挖方量内计算。

(二)机械土石方工程量计算规则

1. 机械运土分项工程量计算

机械土方运距,按下述规定计算:

(1)推土机运土距离。按挖方区重心至回填区重心之间的直线距离计算。

(2)铲运机运土距离。按挖方区重心至卸土区重心加转向距离计算。

推土机推土方、推石方,铲运机铲运土重车上坡,如果坡度大于 5% 时,其运距按坡度区段斜长乘以表 6-16 规定系数计算。

表 6-16　　　　　　　　　　　　　运距与斜坡关系系数

坡度(%)	5～10	15 以内	20 以内	25 以内
系　数	1.75	2.00	2.25	2.50

(3)自卸汽车运土距离。按挖方区重心至填土区(或堆放地点)重心的最短距离计算。

2. 机械挖土分项工程量计算

由于机械性能关系,运土与挖土对于某些机械来说,并不能截然分开,例如推土机推土、铲运机运土等,它们既有挖(铲)土的功能,又有运土的功能。这里,仅介绍一下挖掘机挖土方工程量计算。

挖掘机挖土方的工程量按所挖土方的天然密实体积为准以"m³"计算,并区分机械类型、挖土深度、机斗容量的不同,分别选用定额。《全国统一建筑工程基础定额》编列挖掘机的类型及工作能力如图 6-12 所示。

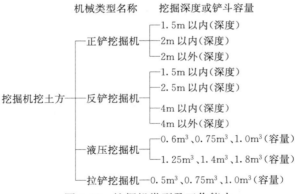

图 6-12　挖掘机类型及工作能力

3. 机械挖运石方分项工程量计算

推土机推渣工程量,区分推土机的不同功率(75kW 内、90kW 内、105kW 内、135kW 内)、不同运距,分别以"m³"计算。推土机推渣运距计算方法与推土机推土方的运距计算方法相同。推土机推渣重车上坡时,按表 6-16 规定系数增加运距。

挖掘机挖渣、自卸汽车运渣工程量,按所挖石渣的天然体积计算。其工作内容包括:挖渣、集渣;装渣、卸渣;工作面内的排水及场内汽车行驶道路的养护等。

4. 机械土石方分项工程量计算注意事项

(1)机械挖土工程量,按机械挖土方 90%、人工挖土方 10% 计算,人工挖土方部分按相应定额项目人工乘以系数 2.0。

(2)土壤含水率大于 25% 时,定额人工、机械分别乘以系数 1.25,若含水率大于 40% 时另行计算。

(3)推土机推土或铲运机铲土土层平均厚度小于 300mm 时,推土机台班用量乘以系数 1.25,铲运机台班用量乘以系数 1.17。

(4)挖掘机在垫板上进行作业时,人工、机械分别乘以系数 1.25。

(5)推土机、铲运机推、铲未经压实的积土时,按相应定额项目乘以系数 0.73。

(6)《全国统一建筑工程基础定额》中,机械土方定额项目是按三类土制订的,如实际土壤类别不同时,定额中机械台班量乘以表 6-17 规定系数。

表 6-17 机械土方机械台班用量调整表

项 目	一、二类土壤	四类土壤	项 目	一、二类土壤	四类土壤
推土机推土方	0.84	1.18	自行铲运机铲运土方	0.86	1.09
铲运机铲运土方	0.84	1.26	挖掘机挖土方	0.84	1.14

(三)强夯工程量计算规则

所谓强夯,就是采用起重机将大吨位夯锤(一般≮8t)吊起到一定高度(一般≮6m)后自由落下,对土体进行强力夯实以提高地基强度、降低地基压缩性的地基处理方法。强夯适用于碎石土、砂土、黏性土、湿陷性黄土及杂填土地基的深层加固。地基经强夯加固后,承载能力可以提高 2~5 倍;压缩性可降低 200%~1000%,其影响深度在 10m 以上(国外已达 40m)。强夯影响深度不仅与锤重和落距有关,在实践中观测到,夯锤面积、夯击次数、间隔时间、夯点间距、土的性质等因素都对最后效果有影响。

地基强夯工程量按设计规定的强夯有效面积,区分夯击能量、夯击遍数以"m²"计算。强夯有效面积是指设计夯点外边线所包括的面积,如中间不夯击的空间面积大于 15m² 时,应予扣除(图 6-13)。

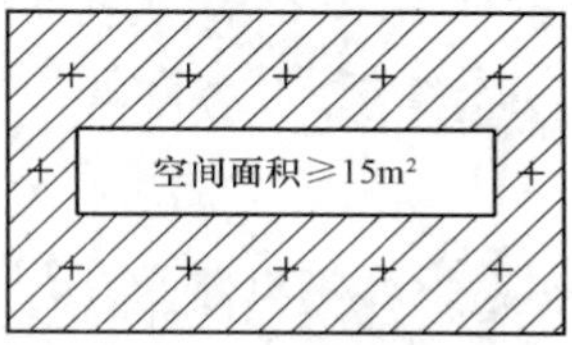

图 6-13 强夯面积计算范围示意图

地基强夯的工作内容包括:①机具准备;②按设计要求布置锤位线;③夯击;④夯锤移位;⑤施工道路平整;⑥资料记载。

(四)井点降水分项工程量计算规则

1. 井点降水分项工程量计算

井点降水是指在基槽(坑)开挖前,预先在基槽(坑)附近周边埋设施工组织设计规定数量的滤水管(井),采用抽水设备(如抽水泵及吸水底阀等)从井中将水抽出,使地下水位降低到基槽(坑)底标高以下。《全国统一建筑工程基础定额》中的"井点降水"的降水井类型有轻型井点(图 6-14)、喷射井点、大口径(φ600)井点、电渗井点(阳极)和水平井点五种。它们的工程量计算方法分述如下:

(1)井点降水区别轻型井点、喷射井点、大口径井点、电渗井点、水平井点,按不同井管深度的井管安装、拆除以"根"为单位计算,使用按"套"、"天"计算。

(2)井点套组成:轻型井点 50 根为一套;喷射井点 30 根为一套;大口径井点 45 根为一套;电渗井点阳极 30 根为一套;水平井点 10 根为一套。

（3）井管间距应根据地质条件和施工降水要求,依施工组织设计确定,施工组织设计没有规定时,可按轻型井点管距 0.8～1.6m,喷射井点管距 2～3m 确定。

（4）"使用天"应以每昼夜 24h 为一天,使用天数应按施工组织设计规定的使用天数计算。

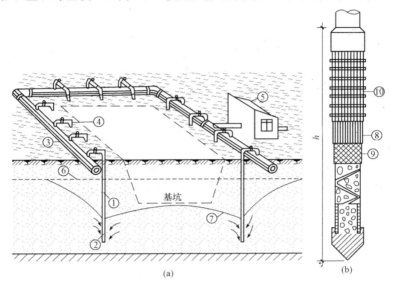

图 6-14　轻型井点法降低地下水位全貌图

(a)全貌图;(b)滤管构造

①—井点管;②—滤管;③—总管;④—弯联管;⑤—水泵房;⑥—原有地下水位线;
⑦—降低后地下水位线;⑧—钢管;⑨—管壁上的小孔;⑩—缠绕的塑料管

2. 井点排水分项工程量计算

（1）打拔井点的工程量应区分不同深度分别按井点"个数"为单位计算。

（2）设备使用的工程量按使用昼夜数计算。每昼夜为 24h。

（3）工作内容包括:打拔井点管;设备安装拆除;场内搬运;临时堆放;降水;填井点坑等。

3. 抽水机降水分项工程量计算

抽水机降水的工程量按沟、槽的底面积以"m²"为单位计算。其工作内容包括:设备安装拆除;场内搬运;降排水;排水井点维护等。

(五)桩基础工程量计算规则

1. 打(压)预制钢筋混凝土桩分项工程量计算

（1）打(压)桩。打(压)钢筋混凝土预制桩工程量按设计桩长(包括桩尖,不扣除桩尖虚体积)乘以桩的截面面积以"m³"计算。管桩的空心体积应予扣除。如管桩的空心部分按设计要求灌注混凝土或其他填充材料时,应另行列项计算。打(压)预制钢筋混凝土方桩和管桩工程量计算方法可用计算式表达如下:

方桩: $$V = FL$$

式中　V——钢筋混凝土桩体积(m³);

　　　F——桩截面面积(m²);

　　　L——桩长(包括桩尖)(m)。

管桩：
$$V=\pi(R^2-r^2)L$$

式中　V——管桩体积(m^3)；

　　　R——管桩外半径(m)；

　　　r——管桩内半径(m)；

　　　L——管桩长度(m)。

【例 6-9】 某工程设计要求打外半径 200mm、内半径 150mm 预制钢筋混凝土管桩 120 根，管桩长 12m，试计算其工程量。

【解】 依据上述计算公式及已知条件，其工程量计算如下：
$$V=\pi(R^2-r^2)LN=3.1416\times(0.2^2-0.15^2)\times12\times120=79.17m^3$$

(2)接桩。GJD—101—95《全国统一建筑工程基础定额》（土建）指出："本定额除静力压桩外，均未包括接桩，如需接桩，除按相应打桩定额项目计算外，按设计要求另计算接桩项目"。预制钢筋混凝土接桩定额分为"电焊接桩"和"硫磺胶泥接桩"两个子目。电焊接桩子目应区分包角钢和包钢板分别以"个"为单位计算；硫磺胶泥接桩按桩断面以"m^2"为单位计算。接桩所需角钢、钢板和硫磺胶泥均已包括在定额材料消耗量内，不得另行列项计算。

(3)送桩。送桩工程量按桩的截面面积乘以送桩长度以体积"m^3"计算。
$$V=FHN$$

式中　V——送桩工程量(m^3)；

　　　F——桩的断面面积(m^2)；

　　　H——送入深度(m)（即打桩架底至桩顶面高度或自桩顶面至自然地坪另加 50cm）；

　　　N——送桩根数（根）。

2. 打拔钢板桩分项工程量计算

打拔钢板桩应区分不同桩长、土壤级别按钢板桩重量以"t"计算工程量。打拔钢板桩工程量计算应注意下列三个问题：

(1)钢板桩若打入有浸蚀性地下水的土质超过一年或基底为基岩者，拔桩定额另行处理。

(2)打槽钢或钢轨，其机械使用量乘以系数 0.77。

(3)定额内未包括钢板桩的制作、矫正、除锈、刷油漆。

3. 灌注桩分项工程量计算

(1)打孔灌注桩。

1)打孔灌注混凝土桩、砂桩、碎石桩的体积，按设计规定的桩长（包括桩尖，不扣除桩尖虚体积）乘以钢管管箍外径截面面积以"m^3"计算。
$$V=\pi R^2HN$$

式中　V——灌注桩的体积(m^3)；

　　　R^2——灌注桩的半径平方(m^2)；

　　　H——灌注桩的深度(m)；

　　　N——灌注桩的数量（根、个）。

2)扩大桩的体积按单桩体积乘次数计算。

3)打孔后先埋入预制混凝土桩尖，再灌注混凝土者，桩尖按钢筋混凝土章节规定计算体积，灌注桩工程量按设计长度（自桩尖顶面至桩顶面高度）乘以钢管管箍外径截面面积以"m^3"计算。

(2)钻孔灌注桩。包括长螺旋钻孔和潜水钻机钻孔两种。工程量计算方法如下：

1)钻孔灌注桩：按设计桩长（包括桩尖）增加 0.25m 乘设计断面面积以"m^3"计算。

2)钢筋笼骨制作:灌注混凝土桩的钢筋笼骨(图 4-9)制作依设计规定,按钢筋混凝土章节相应项目以"t"计算。

3)泥浆运输:其工程量按钻孔体积以"m³"计算。

4.其他有关分项工程量计算

(1)安、拆导向夹具工程量按设计图纸规定的水平"延长米"计算。

(2)桩架 90°调面只适用于轨道式、走管式、导杆、筒式柴油打桩机以"次"计算。

(3)桩架移动工程量区分不同移动形式以"次"计算。

5.清单计价与定额计价桩的工程量计算方法比较

清单项目计价与定额项目计价桩的工程量计算方法不同点见表 6-18。

表 6-18　　　　清单计价与定额计价桩工程量计算方法对照

(混凝土桩)

清单计价工程量计算方法			定额计价工程量计算方法		
项目名称	计量单位	工程量计算规则	项目名称	计量单位	工程量计算规则
预制钢筋混凝土桩	m/根	按设计图示尺寸以桩长(包括桩尖)或根数计算	预制钢筋混凝土桩	m³	按设计桩长(包括桩尖)乘以桩截面面积以体积计算
接桩	个/m	按设计图示规定以接头数量(板桩按接头长度)计算	接桩	个	电焊接桩按设计接头以"个"计算
				m²	硫磺胶泥接桩按桩断面以"m²"计算
混凝土灌注桩	m/根	按设计图示尺寸以桩长(包括桩尖)或根数计算	混凝土灌注桩	m³	区分成孔方法,按设计桩长(包括桩尖)增加 0.25m 乘以设计断面面积以体积计算

通过上表可以看出清单计价桩工程量计算比定额计价桩工程量计算简单。

二、砌筑工程

GJD—101—95《全国统一建筑工程基础定额》(土建工程)第四章"砌筑工程"的内容主要包括"砌砖"和"砌石"两大部分,其中砌砖工程包括:砖基础、砖砌体、砖砌构筑物和其他砖砌体等;石砌体包括:砌石基础、石墙、石柱、石护坡等。

(一)砌筑工程定额说明

1.砌砖、砌块

(1)定额中砖的规格是按标准砖编制的;砌块、多孔砖规格是按常用规格编制的。规格不同时,可以换算。

(2)砖墙定额中已包括先立门窗框的调直用工以及腰线、窗台线、挑檐等一般出线用工。

(3)砖砌体均包括了原浆勾缝用工,加浆勾缝时,另按相应定额计算。

(4)填充墙以填炉渣、炉渣混凝土为准,如实际使用材料与定额不同时允许换算,其他不变。

(5)墙体必须放置的拉接钢筋,应按钢筋混凝土章节另行计算。

(6)硅酸盐砌块、加气混凝土砌块墙,是按水泥混合砂浆编制的,如设计使用水玻璃矿渣等粘结剂为胶合料时,应按设计要求另行换算。

(7)圆形烟囱基础按砖基础定额执行,人工乘以系数 1.2。

(8)砖砌挡土墙,2 砖以上执行砖基础定额;2 砖以内执行砖墙定额。

(9)零星项目是指砖砌小便池槽、明沟、暗沟、隔热板带砖墩、地板墩等。

(10)项目中砂浆是按常用规格、强度等级列出,如与设计不同时,可以换算。

2. 砌石

(1)定额中粗、细料石(砌体)墙是按 400mm×220mm×200mm,柱按 450mm×220mm×200mm,踏步石按 400mm×220mm×100mm 规格编制的。

(2)毛石墙镶砖墙身按内背镶 1/2 砖编制的,墙体厚度为 600mm。

(3)毛石护坡高度超过 4m 时,定额人工乘以系数 1.15。

(4)砌筑圆弧形石砌体基础、墙(含砖石混合砌体)按定额项目人工乘以系数 1.1。

(二)砌筑工程的几项基本规定

1. 砖砌体厚度规定

砖砌体厚度标准砖以 240mm×115mm×53mm 为准,其砌体计算厚度按表 4-10 计算;使用非标准砖时,其砖体厚度应按砖实际规格和设计厚度计算。

2. 基础与墙(柱)身划分规定

基础与墙(柱)身使用同一种材料或使用不同材料的具体划分方法见本书第四章第四节"砌筑工程工程量计算"的砖基础工程相关内容。

3. 砖、石围墙与基础划分规定

砖、石围墙,以设计室外地坪为界线,地坪以下为基础,以上为墙身。

(三)砌筑工程量计算规则

1. 砌筑工程量计算一般规则

(1)计算墙体时,应扣除门窗洞口、过人洞、空圈、嵌入墙身的钢筋混凝土柱、梁(包括过梁、圈梁、挑梁)、砖平碹、平砌砖过梁和暖气包壁龛及内墙板头的体积,不扣除梁头、外墙板头、檩头、垫木、木楞头、沿椽木、木砖、门窗走头、砖墙内的加固钢筋、木筋、铁件、钢管及每个面积在 0.3m² 以下的孔洞等所占的体积,突出墙面的窗台虎头砖、压顶线、山墙泛水、烟囱根、门窗套及三皮砖以内的腰线和挑檐等体积亦不增加。

(2)砖垛、三皮砖以上的腰线和挑檐等体积,并入墙身体积内计算。

(3)附墙烟囱(包括附墙通风道、垃圾道)按其外形体积计算,并入所依附的墙体积内,不扣除每一个孔洞横截面面积在 0.1m² 以下的体积,但孔洞内的抹灰工程量亦不增加。

(4)女儿墙高度,自外墙顶面至图示女儿墙顶面高度,分别按不同墙厚并入外墙计算。

(5)砖平碹平砌砖过梁按图示尺寸以"m³"计算。如设计无规定时,砖平碹按门窗洞口宽度两端共加 100mm,乘以高度(门窗洞口宽小于 1500mm 时,高度为 240mm,大于 1500mm 时,高度为 365mm)计算;平砌砖过梁按门窗洞口宽度两端共加 500mm,高度按 440mm 计算。

2. 砌砖分项工程量计算规则

(1)基础砌筑分项工程量计算。基础砌筑按其图示长度乘以基础断面面积以体积"m³"计算。应扣除嵌入基础内的钢筋混凝土柱(包括基础)、梁(包括基础圈梁、过梁、基础梁及梁垫)以及单个面积在 0.3m² 以上孔洞所占体积,对于基础大放脚的 T 型接头处的重叠部分以及嵌入基础的钢筋、铁件、管道、基础防潮层和单个面积在 0.3m² 以内孔洞所占体积不予扣除,但靠墙暖气沟的挑檐亦不增加。附墙砖垛基础宽出部分应并入基础体积计算。

（2）砖砌墙体分项工程量计算。砖砌各种厚度的内墙、外墙、框架墙、围墙应区分混合砂浆、水泥砂浆和它们的不同强度等级均执行砖墙定额项目。砖墙预算工程量均按图示尺寸以实砌体积"m³"为单位计算，其计算方法以公式表达如下：

$$V = (LH - F_扣)B$$

式中　V——墙的体积（m³）；

L——墙身长度（m）；

H——墙身高度（m）；

$F_扣$——应扣除的门窗洞口等面积（m²）；

B——墙身厚度（m）。

上式中墙身长度 L：外墙按中心线，内墙按净长线计算。

墙身高度：内、外墙身高度应按下列规定计算：

1）外墙身高度 H：①坡屋面无檐口天棚者算屋面板底［图 4-15（a）］；②坡屋面有屋架、有檐口天棚和室内天棚者，算至屋架下弦底另加 200mm［图 4-15（b）］；无天棚者算至屋架下弦底另加 300mm，出檐宽度超过 600mm 时，按实砌高度计算；③平屋面算至钢筋混凝土板底面［图 4-15（c）］。

2）内墙身高度 H：①内墙位于屋架下弦者，其高度算至屋架下弦底［图 4-16（a）］；②无屋架者，算至天棚底另加 100mm［图 4-16（b）］；③有钢筋混凝土楼板隔层者算至楼屋板底［图 4-16（c）］；④有框架梁时算至梁底面。

3）山墙高度：内、外山墙高度应按平均高度计算（图 4-17）。不同坡度山尖墙面积可查表 6-19。

表 6-19 每个山尖墙面积体积表

跨度 L (m)	高 $h=\frac{L}{8}$ (m)	面积 (m²)	体积		跨度 L (m)	高 $h=\frac{L}{8}$ (m)	面积 (m²)	体积	
			墙厚 240	墙厚 365				墙厚 240	墙厚 365
5.0	0.63	3.15	0.75	1.14	10.0	1.25	12.50	3.02	4.56
6.0	0.75	4.50	1.08	1.64	10.5	1.31	13.78	3.31	5.03
6.5	0.81	5.28	1.27	1.93	11.0	1.38	15.13	3.63	5.52
7.0	0.88	6.13	1.47	2.24	11.5	1.44	16.53	3.97	6.03
7.5	0.94	7.03	1.68	2.57	12.0	1.50	18.00	4.32	6.57
8.0	1.00	8.00	1.92	2.92	12.5	1.56	19.53	4.68	7.13
8.5	1.06	9.03	2.16	3.30	13.0	1.63	21.13	5.07	7.71
9.0	1.13	10.13	2.43	3.70	14.0	1.75	24.50	5.88	8.94
9.5	1.18	11.28	2.71	4.12	15.0	1.88	28.20	6.77	10.29

4）女儿墙高度：从屋面板上表面或外墙顶算至图示女儿墙顶面高度。

5）框架间砌体，以框架间的净空面积乘以墙厚计算，框架外表镶贴砖部分并入框架间砌体工程量内计算。

6）空花墙按空花部分外形体积以"m³"计算，空花部分不予扣除，其中实体部分以"m³"另行计算，套用相应定额项目。空花墙如图 4-20 所示。

7）空斗墙按外形尺寸以"m³"计算，墙角、内外墙交接处，门窗洞口立边，窗台砖及屋檐处的实砌部分已包括在定额内，不另行计算，但窗间墙、窗台下、楼板下、梁头下实砌部分，应另行计算，套"零星砌体"定额项目，《全国统一建筑工程基础定额》空斗墙划分为"一眠一斗"、"一眠二斗"、"一眠三斗"、"单丁无眠空全斗"和"双丁无眠全空斗"五个子目。无眠空斗墙如图4-19(a)所示,一眠一斗空斗墙如图6-15所示。

(3)砖柱砌筑工程量计算。按图示形状(方形、圆形及半圆多边形)及尺寸以体积"m³"计算。

(4)砌块墙体分项工程量计算。砌块墙体包括加气混凝土墙、硅酸盐砌块墙、小型空心砌块墙。其预算工程量按图示尺寸和砌块材质分别以体积"m³"计算,需要镶嵌砖砌体部分已包括在定额内,不另计算。

(5)砖围墙分项工程量计算。砖围墙砌筑工程量按设计图示长度尺寸及不同砌筑厚度(1/2砖、1砖)乘以高度按面积"m²"计算。

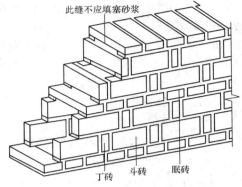

图6-15 一眠一斗空斗墙

(6)其他砖砌体分项工程量计算。GJD—101—95《全国统一建筑工程基础定额》(土建工程)中,其他砖砌体工程主要包括有"砖砌台阶"、"砖砌锅台"、"砖砌炉灶"、"砖砌化粪池"、"砖砌检查井"、"砖地沟"、"砖平碹"、"钢筋砖过梁"和"挖孔桩砖护壁"等项目。其工程量计算方法分述如下:

1)砖砌台阶(不包括梯带)按水平投影面积以"m²"计算。

2)检查井、化粪池不分壁厚均以实砌体积"m³"计算,洞口上的砖平拱碹等并入砌体体积内计算。

3)砖砌锅台、炉灶,不分大小,均按图示外形尺寸以体积"m³"计算,不扣除各种空洞的体积。

4)厕所蹲台、水槽腿、灯箱、垃圾箱、台阶挡墙或梯带、花台、花池、地垄墙及支撑地塄的砖墩、房上烟囱、屋面架空隔热层砖墩及毛石墙的门窗立边、窗台虎头砖等实砌体积,以"m³"计算,套用"零星砌体"定额项目(即"4—60"号定额)。

5)砖砌地沟不分墙基、墙身合并以体积"m³"计算。

(7)砖砌构筑物工程量计算。《全国统一建筑工程基础定额》(土建工程)中砖砌构筑物工程主要包括砖烟囱和砖水塔两个项目。

砖砌水塔主要有筒式和支架式两种。筒式砖水塔由基础、筒身和水箱三部分组成,其工程量均按图尺寸以体积"m³"为单位计算。

1)水塔基础与塔身划分:以砖砌体的扩大部分顶面为界,以上为筒身,以下为基础,分别套用相应基础砌体定额。

2)塔身:水塔身工程量以图示实砌体积计算,并扣除门窗洞口和混凝土构件所占体积,砖平拱碹及砖出檐等并入塔身体积内计算,套水塔砌筑定额,即《全国统一建筑工程基础定额》定额编号"4—53"。

3)水箱(槽):砖水箱(槽)内外壁,不分壁厚,均以图示实砌体积计算,套用相应的内外砖墙定额。圆筒形水槽壁工程量计算公式如下:

$$V_筒 = \pi D_{CP} \delta h$$

式中　D_{CP}——平均直径(m);
　　　　δ——壁厚(m);
　　　　h——水箱(槽)高度(m)。

4)砌体内的钢筋加固应按设计规定,以"t"计算,套用钢筋混凝土章节相应项目。

3. 砌石分项工程量计算规则

(1)石砌墙体分项工程量计算。石砌墙体工程量区分不同石料(如毛石、粗料石、细料石、方整石等)按图示尺寸以实砌体积"m³"计算。

(2)石柱分项工程量计算。定额编号"4—78"为"方整石柱",其工程量按设计图示尺寸以体积"m³"计算。

(3)其他砖石砌体分项工程量计算。其他砌体工程量按下述规定计算：

1)石砌窨井、水池以体积"m³"计算。

2)石砌地沟按图示中心线长度以"延长米"计算。

3)安砌石踏步工程量按图示尺寸以长度"m"计算。

4)毛石墙勾缝、料石墙勾缝、水池墙面开槽勾缝均按设计规定以面积"m²"计算。

【例6-10】 某水泥机械修造厂成品仓库外墙图示厚度为240mm,采用M2.5水泥石灰混合砂浆砌筑,周长98.96m,自设计室内地坪±0.000至屋面板底净高为6.25m,墙身中有240mm×240mm钢筋混凝土圈梁及屋面圈梁各一道,门窗洞口总面积为32.14m²,试计算其墙体砌筑工程量。

【解】 该外墙砌筑工程量＝{98.96×[6.25-0.24×2(两道圈梁)]-

$$32.14\}\times0.24$$

$$=\{98.96\times5.77-32.14\}\times0.24=129.33m^3$$

【例6-11】 某国防工厂总图设计毛石挡土墙总长度为531.86m,其高度与墙身厚度如图6-16所示,试计算其工程量。

【解】 由于该挡土墙身各部分砌筑厚度不同,故应进行分步计算后再加以汇总。

$$V_上=531.86\times1.2\times0.3=191.47m^3$$

$$V_中=531.86\times2.0\times[(0.3+0.35)\div2]$$

$$=334.01m^3$$

$$V_下=531.86\times1.5\times[(0.35+0.4)\div2]$$

$$=299.17m^3$$

$$V_总=V_上+V_中+V_下=191.47+334.01+299.17$$

$$=824.65m^3$$

$$V_基=531.86\times0.7\times0.4=148.92m^3$$

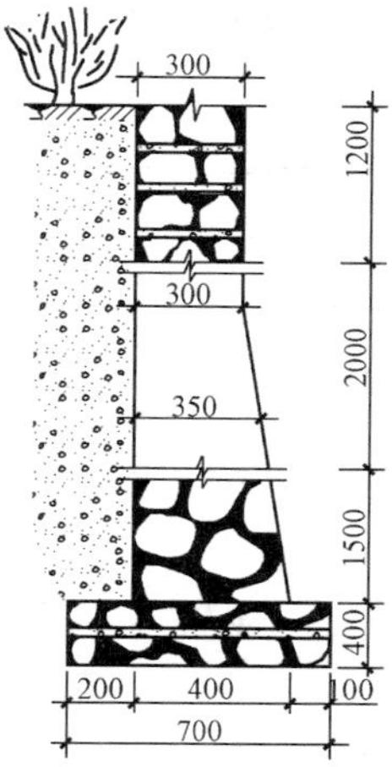

图6-16　挡土墙断面图

注:由于毛石基础与毛石挡土墙计算价值时应分别套用定额"4—66"号子目与"4—75"号子目单价,所以要分别计算。

(四)清单计价与定额计价砌筑工程工程量计算方法比较

由于砌筑工程项目较多,这里仅将实心砖墙的工程量计算作以比较(表6-20)。

表6-20　　　清单计价与定额计价砌筑工程工程量计算方法对照(实心砖墙)

工程量清单项目及工程量计算规则					
项目编码	项目名称	项目特征	计量单位	工程量计算规则	工作内容
010401003	实心砖墙	1. 砖品种、规格、强度等级 2. 墙体类型 3. 砂浆强度等级、配合比	m³	按设计图示尺寸以体积计算。扣除门窗、洞口、嵌入墙内的钢筋混凝土柱、梁、圈梁、挑梁、过梁及凹进墙内的壁龛、管槽、暖气槽、消火栓箱所占体积,不扣除梁头、板头、檩头、垫木、木楞头、沿椽木、木砖、门窗走头、砖墙内加固钢筋、木筋、铁件、钢管及单个面积≤0.3m²的孔洞所占体积。凸出墙面的腰线、挑檐、压顶、窗台线、虎头砖、门窗套的体积亦不增加。 **凸出墙面的砖垛并入墙体体积内计算**	1. 砂浆制作、运输 2. 砌砖 3. 刮缝 4. 砖压顶砌筑 5. 材料运输

（续表）

项目编码	项目名称	项目特征	计量单位	工程量计算规则	工作内容
010401003	实心砖墙	1. 砖品种、规格、强度等级 2. 墙体类型 3. 砂浆强度等级、配合比	m³	1. 墙长度：外墙按中心线，内墙按净长计算； 2. 墙高度： 　（1）外墙：斜(坡)屋面无檐口天棚者算至屋面板底；有屋架且室内外均有天棚者算至屋架下弦底另加 200mm；无天棚者算至屋架下弦底另加 300mm，出檐宽度超过 600mm 时按实砌高度计算；平屋顶算至钢筋混凝土板底。 　（2）内墙：位于屋架下弦者，算至屋架下弦底；无屋架者算至天棚底另加 100mm；有钢筋混凝土楼板隔层者算至楼板顶；有框架梁时算至梁底。 　（3）女儿墙：从屋面板上表面算至女儿墙顶面(如有混凝土压顶时算至压顶下表面)。 　（4）内、外山墙：按其平均高度计算。 3. 框架间墙：不分内外墙按墙体净尺寸以体积计算。 4. 围墙：高度算至压顶上表面(如有混凝土压顶时算至压顶下表面)，围墙柱并入围墙体积内	1. 砂浆制作、运输 2. 砌砖 3. 刮缝 4. 砖压顶砌筑 5. 材料运输

工程定额项目及工程量计算规则

定额编号	项目名称	计量单位	工程量计算规则	工作内容
4-2～4-6 4-7～4-12 4-13～4-16	单面清水砖墙 混水砖墙 弧形砖墙	m³	按设计图示尺寸区分墙体不同厚度分别以体积"m³"计算。应扣除门窗洞口、过人洞、空圈、嵌入墙身的钢筋混凝土柱、梁(包括过梁、圈梁、挑梁)、砖砌平拱和暖气包壁龛及内墙板头的体积，不扣除梁头、外墙板头、檩头、垫木、木楞头、沿椽木、木砖、门窗走头、砖墙内的加固钢筋、木筋、铁件、钢管及每个面积在 0.3m² 以下的孔洞等所占的体积，突出墙面的窗台虎头砖、压顶线、山墙泛水、烟囱根、门窗套及三皮以内的腰线和挑檐等体积亦不增加。 　砖垛、三皮砖以上的腰线和挑檐等体积，并入墙身体积内计算； 　附墙烟囱(包括附墙通风道、垃圾道)按其外形体积计算，并入所依附的墙体积内，不扣除每一个孔洞横截面在 0.1m² 以下的体积，但孔洞内的抹灰工程量亦不增加。 　1. 墙的长度：外墙长度按外墙中心线长度计算，内墙长度按内墙净长线计算。 　2. 墙身高度： 　（1）外墙墙身高度：斜(坡)屋面无檐口顶棚者算至屋面板底；有屋架，且室内外均有顶棚者，算至屋架下弦底面另加 200mm；无顶棚者算至屋架下弦底加 300mm，出檐宽度超过 600mm 时，应按实砌高度计算；平屋面算至钢筋混凝土板底。 　（2）内墙墙身高度：位于屋架下弦者，其高度算至屋架；无屋架者算至顶棚底另加 100mm；有钢筋混凝土楼板隔层者算至板底；有框架梁时算至梁底面。 　（3）内、外山墙墙身高度：按其平均高度计算。 　（4）女儿墙高度，自外墙顶面至图示女儿墙顶面高度，分别不同墙厚并入外墙计算	1. 调运、铺砂浆，运砖。 2. 砌砖包括窗台虎头砖、腰线、门窗套。 3. 安放木砖、铁件等

注：通过上表可以看出，两种计算方法没有较大区别，唯一区别是有钢筋混凝土楼板隔层的内墙高度计算不同(见表中加有"·"处)。

三、混凝土及钢筋混凝土工程

GJD—101—95《全国统一建筑工程基础定额》(土建工程)中"混凝土及钢筋混凝土"分部工程,主要包括有现浇、预制、预应力各种构件的模板、钢筋、混凝土制作安装三大项内容。各部分工程量计算方法分别介绍如下。

(一)模板工程量计算规则

1. 现浇混凝土及钢筋混凝土模板分项工程量计算

现浇混凝土及钢筋混凝土模板工程量,除另有规定者外,均应区别模板的不同材质,按混凝土与模板接触面的面积,以"m²"计算。

《全国统一建筑工程基础定额》中编列的不同材质模板主要有钢模板(组合钢模板、定型钢模板、液压滑升钢模)、复合木模板、木模板和地胎模等数种。

为了弄清什么是混凝土与模板接触面,请先看以下几种构件模板接触面示意图(图 6-17)。

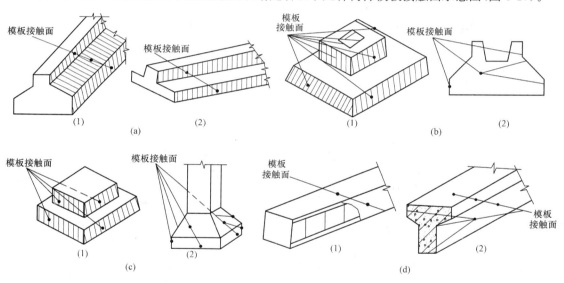

图 6-17 不同构件模板接触面示意图
(a)带形基础;(b)杯形基础;(c)独立基础;(d)矩形、T 形梁
注:上图中各引出线中的小黑点"·"均表示模板接触处

通过阅视图 6-17 得知,混凝土及钢筋混凝土构件需要与模板接触到的面,就是模板接触面。但是,由于构件类型的不同,模板接触面的多少也就不同,如矩形柱有 6 个面,与模板需接触的仅为 4 个面(顶面与底面不接触)。同时,即使同类型构件,需接触模板的面也不相同,如图 6-17(a)中的(1)、(2)同是带形基础,一个为 3 个接触面,另一个为 2 个接触面。

(1)现浇钢筋混凝土柱、梁、板、墙的支模高度(即室外地坪至板底或板面至板底之间的高度)以 3.6m 以内为准,超过 3.6m 以上部分,另按超过部分计算增加支撑工程量。

(2)现浇钢筋混凝土墙、板上单孔面积在 0.3m² 以上时,应予扣除,洞侧壁模板面积并入墙、板模板工程量内计算。

(3)现浇钢筋混凝土框架分别按梁、板、柱、墙有关规定计算,附墙柱并入墙内工程量计算。

(4)杯形基础杯口高度大于杯口大边长度的,套高杯基础定额项目。

(5)柱与梁、柱与墙、梁与梁等连接的重叠部分以及伸入墙内的梁头、板头部分,均不计算模板面积。

(6)构造柱外露面均应按图示外露部分计算模板面积。构造柱与墙接触面不计算模板面积。

(7)现浇钢筋混凝土悬挑板(雨篷、阳台)按图示外挑部分尺寸的水平投影面积(m²)计算。挑出墙外的牛腿梁及板边模板不另计算。

(8)现浇钢筋混凝土楼梯,以图示露明面尺寸的水平投影面积(m²)计算,不扣除小于 500mm 楼梯井所占面积。楼梯的踏步、踏步板平台梁等侧面模板,不另计算(图 6-18)。图 6-18 所示楼梯模板工程量计算式为:

$$S=(L_1+1.90)\times(B+0.20)+L_2B$$

式中　S——楼梯模板水平投影面积(m²);

　　　L_1——楼梯起步至休息平台距离(m);

　　　L_2——休息平台至楼层止步净距(m);

　　　0.2——楼梯井宽度(m);

　　　1.9——如图 6-18 所示;

　　　B——踏步宽度(m)。

注:此计算式仅适用于底层至二层之间楼梯模板工程量计算。

【例 6-12】　试计算图 6-18 楼梯模板工程量。

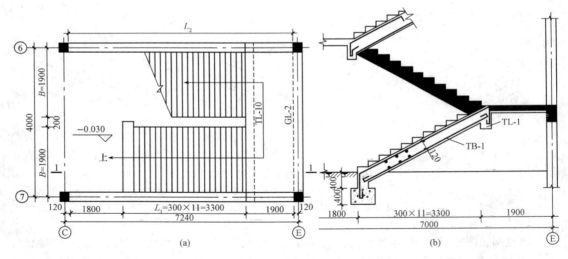

图 6-18　现浇混凝土板式楼梯示意图

(a)平面图;(b)1—1 剖面图

【解】　$F=(3.3+1.90)\times(1.90+0.2)+(7.24-0.24)\times1.90=10.92+13.3=24.22m^2$

(9)混凝土台阶不包括梯带,按图示台阶尺寸的水平投影面积(m²)计算,台阶端头两侧不另计算模板面积。

(10)现浇混凝土小型池槽按构件外围体积(m³)计算,池槽内、外侧及底部的模板不应另计算。

【例 6-13】　试计算图 6-19 独立柱基础模板接触面面积。

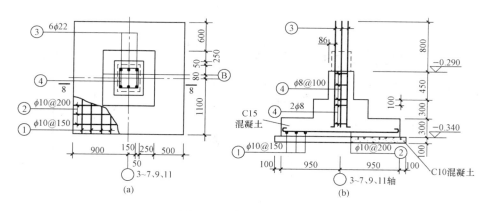

图 6-19 独立基础施工图

(a)平面图；(b)8—8 剖面

【解】 本例基础部分模板计算如下：

$$S = 1.9 \times 0.3 \times 2 + 2.08 \times 0.3 \times 2 + [(1.9 - 0.5 \times 2) \times 0.3 \times 2] +$$
$$[(2.08 - 0.6 \times 2) \times 0.3 \times 2] + (0.4 \times 0.45 + 0.5 \times 0.45) \times 2$$
$$= 2.388 + 0.54 + 0.528 + 0.81 = 4.266 \text{m}^2$$

【例 6-14】 试计算图 6-20 所示现浇板的模板工程量。

【解】 该屋盖为有梁式板，所以其模板应分两步计算。第一步先算出梁的模板接触面；第二步算出板的模板接触面积，然后将二者相加之和数，则为该板的模板工程量。计算如下：

$$S_{梁} = \{[(9 - \underline{0.13 \times 2}) \times (\underline{0.75} - \underline{\underline{0.08}})] \times 2 + (9 - 0.13 \times 2) \times \underline{0.25}\} \times 4$$
$$= \{[8.74 \times 0.67] \times 2 + 0.874 \times 0.25\} \times 4 = \{11.712 + 2.185\} \times 4$$
$$= 55.588 \text{m}^2$$

$$S_{板} = (13.5 - \underline{0.25 \times 5}) \times (9 - \underline{0.24}) = 12.25 \times 8.76 = 107.31 \text{m}^2$$

$$S_{模} = 55.588 + 107.31 = 162.90 \text{m}^2$$

式中　·——扣除梁两端伸入墙内的长度；

　　··——梁截面高度；

　　···——扣除板的厚度；

　　····——梁截面宽度；

　～～～——扣除四根梁宽及板头伸入墙内的长度；

　———扣除板头伸入墙内的长度。

【例 6-15】 某工程施工图标明如图 6-21 所示杯形基础共有 16 个，试计算其模板工程量。

【解】 该基础是一个棱台形。按几何形状可划分成三个部分，即：下部是一个方形；上部也是一个方形，中间为四棱台形。先求出各部分面积后，再加总求出总面积。现分别计算如下：

下部：　　　　　　　　$S_下 = 1.4 \times 0.3 \times 4 = 1.68 \text{m}^2$

上部：　　　　　　　　$S_上 = 0.45 \times 0.55 \times 4 = 0.99 \text{m}^2$

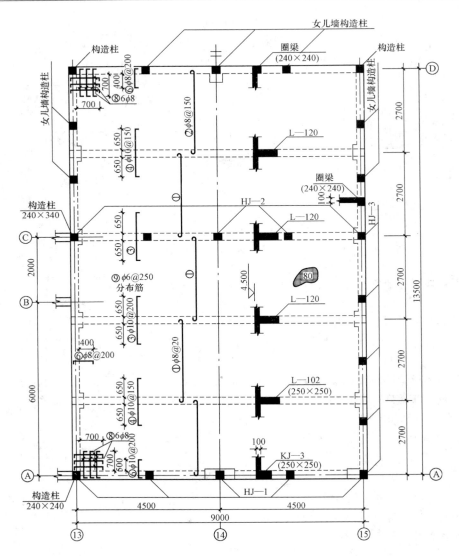

图 6-20 某工程屋盖平面图（B—4.500m处 屋盖）

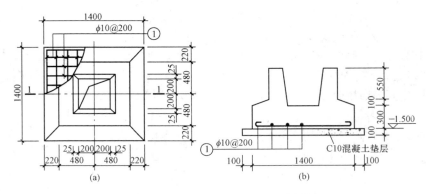

图 6-21 杯形基础模板接触面积计算图
(a)J—1 平面；(b)1—1 剖面

棱台：
$$S_台=\frac{1}{3}\left[1.4\times0.1\times4+0.96\times0.1\times4+\sqrt{(1.4\times0.1\times4)\times(0.96\times0.1\times4)}\right]$$
$$=0.469m^2$$

杯口内侧：
$$S_内=\frac{0.45+0.4}{2}\times0.65\times4=1.105m^2$$

杯口底：
$$S_底=0.4\times0.4=0.16m^2$$

总计：
$$S_总=(S_下+S_上+S_台+S_内+S_底)\times16(个)$$
$$=(1.68+0.99+0.469+1.105+0.16)\times16$$
$$=4.404\times16=70.464m^2$$

2. 预制钢筋混凝土构件模板分项工程量计算

(1)预制钢筋混凝土模板工程量,除另有规定者外均按混凝土实体体积以"m³"计算。

(2)小型池槽按外形体积以"m³"计算。

(3)预制桩尖按虚体积(不扣除桩尖虚体积部分)计算。

预制桩尖形状如图6-23所示。其计算公式如下：
$$V=(3h_1r^2+h_2R^2)\times1.047$$

式中　h_1、r——桩尖芯的高度和半径(m)；

　　　h_2、R——桩尖的高度和半径(m)。

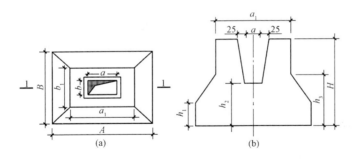

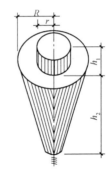

图 6-22　杯形基础计算公式含义图　　　　图 6-23　预制桩尖示意图
(a)J—1平面；(b)1—1剖面

3. 构筑物钢筋混凝土模板分项工程量计算

(1)构筑物工程的模板工程量,除另有规定者外,区别现浇、预制和构件类别,分别按本书前述第1、2项的相应规定计算。

(2)大型池槽分别按基础、墙、板、梁、柱等有关规定计算并套相应定额项目。

(3)液压滑升钢模板施工的烟囱,水塔塔身、贮仓等,均按混凝土体积以"m³"计算。

(4)预制倒圆锥形水塔罐壳模板按混凝土体积以"m³"计算。

(5)预制倒圆锥形水塔罐壳组装、提升、就位,按不同容积以"座"计算。

4. 混凝土、钢筋混凝土构件模板工程量计算注意事项

(1)现浇钢筋混凝土柱、梁、板、墙的支模高度,超过3.6m以上部分,另按超过部分计算增加支模工程量。例如:某工厂成品包装车间图纸标明断面450mm×450mm现浇钢筋混凝土独立柱高6.20m,共有16根,该柱高度超过3.60m支撑高度的模板工程量计算如下：
$$S=(6.20-3.60)\times0.45\times4(个面)\times16(根)=74.88m^2$$

套用"全统基础定额"编号 5—67 或 5—68 分项。

(2)用钢滑升模板施工的烟囱、水塔及贮仓定额是按无井架施工计算的,并综合了操作平台。不再计算脚手架及竖井架。

(3)用钢滑升模板施工的烟囱、水塔,提升模板使用的钢爬杆用量定额是按 100%摊销计算的,贮仓是按 50%摊销计算的,设计要求不同时,可另行换算。

(4)倒锥壳水塔塔身钢滑升模板项目,也适用于一般水塔塔身滑升模板工程。

(5)烟囱钢滑升模板项目均已包括烟囱筒身、牛腿、烟道口;水塔钢滑升模板均已包括直筒、门窗洞口等模板用量,不得另行计算。

(二)钢筋及预埋铁件工程量计算规则

1. 钢筋分项工程量计算

(1)钢筋工程量计算单位:钢筋工程,应区别现浇、预制构件、不同钢种和规格,分别按设计长度乘以单位重量,以"t"计算。

(2)钢筋工程量计算长度:计算钢筋工程量时,设计已规定钢筋搭接长度的,按规定搭接长度计算;设计未规定搭接长度的,不另计算搭接长度(已包括在钢筋的损耗率之内)。钢筋电渣压力焊接、套筒挤压连接等接头,以"个"计算。

《全国统一建筑工程基础定额》对钢筋工程要求按现浇构件钢筋、预制构件钢筋、预应力钢筋及箍筋区分不同品种、不同规格分别列项计算。

对于各类预制标准构件的不同品种、不同规格钢筋、可以直接从设计选用的通用图册中查出每一构件的单位用量;对于非标准的预制或现浇构件,应按施工图的配筋要求,逐项逐个地进行计算和汇总。

$$单根钢筋重量＝钢筋设计长度×单重$$

$$钢筋设计长度＝图示构件长度(高度)－保护层厚度＋搭接增加长度＋弯钩增加长度＋$$
$$弯起增加长度＋锚固增加长度$$

现将上式中各项数值计算方法介绍如下:

1)保护层厚度。各类构件应减保护层厚度,设计有规定时按设计规定计算,无规定时按表 6-21 计算。

表 6-21   钢筋的混凝土保护层厚度   mm

环境与条件	构件名称	混凝土强度等级		
		≤C25	C25 及 C30	≥C30
室内正常环境	板、墙、壳	15		
	梁和柱	25		
露天或室内高湿度环境	板、墙、壳	30	25	15
	梁和柱	45	35	25
有垫层	基础	35		
无垫层		70		

2)钢筋搭接长度。为了简化计算工作,钢筋搭接长度可按表 6-22～表 6-24 计算。

表6-22 **钢筋绑扎接头的最小搭接长度**

混凝土类别	钢筋级别	受拉区	受压区
普通混凝土	HPB300 级	30d	20d
	HRB335 级	35d	25d
	HRB400 级	40d	30d
	冷拔低碳钢丝	250mm	200mm
轻骨料混凝土	HPB300 级	35d	25d
	HRB335 级	40d	30d
	HRB400 级	45d	35d
	冷拔低碳钢丝	300mm	250mm

注:1. d 为钢筋直径。

2. 当混凝土强度等级为 C15 时,除冷拔低碳钢丝外,搭接长度应按表中数值增加 5d。

3. 搭接长度除应符合表 6-22 和表 6-23 要求外,在受拉区不得≤250mm,在受压区不得≤200mm,轻骨料混凝土均应分别增加 50mm。

表6-23 **焊接网绑扎接头的最小搭接长度**

混凝土类别	钢筋级别	受拉区	受压区
普通混凝土	HPB300 级	25d	15d
	HRB335 级	30d	20d
	冷拔低碳钢丝	250mm	200mm
轻骨料混凝土	HPB300 级	30d	20d
	HRB335 级	35d	25d
	冷拔低碳钢丝	300mm	250mm

注:同表 6-22。

表6-24 **钢筋接头系数**

搭接系数 项目 钢筋直径(mm)	绑扎接头	对焊接头	电弧焊接头 (帮条焊)	每吨接头个数 (个)
10	1.0531	—	—	202.6
12	1.0638	—	—	140.8
14	1.0744	1.0035	1.0700	103.3
16	1.0850	1.0040	1.0800	79.1
18	1.0956	1.0045	1.0900	62.5
20	1.1062	1.0050	1.1000	50.6
22	1.1168	1.0055	1.1100	41.9
24	1.1274	1.0060	1.1200	35.2
25	1.1329	1.0063	1.1250	43.3
26	1.1842	1.0087	1.1733	40.0
28	1.1943	1.0093	1.1867	34.5
30	1.2125	1.0100	1.2000	30.0
32	1.2267	1.0107	1.2133	26.40
34	1.2400	1.0113	1.2267	23.4
36	1.2550	1.0120	1.2400	20.9

(3)弯钩。钢筋弯钩的主要形式有半圆钩、直钩和斜钩,如图 6-24 所示。

半圆弯钩(180°)增加长度为钢筋直径 d 的6.25 倍。

直弯钩(90°)增加长度为 $3.5d$。

斜弯钩(135°)增加长度为 $4.9d$。

平筋双钩增加长度为 $12.5d$。

(4)弯起钢筋。弯起钢筋的弯曲度数有 30°、45°、60°。弯起钢筋增加长度计算可按表 6-25 中有关数据计算。

带弯钩的弯起钢筋长度计算公式为:

钢筋长度=构件长度-两端保护层厚度+两端

弯钩长度+弯起部分增加长度

式中 弯起部分增加长度=弯起钢筋斜长-弯起高度

弯起高度=梁(板)高(厚)-上下保护层厚度

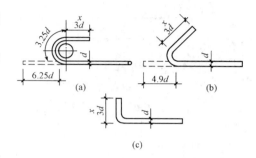

图 6-24 钢筋弯钩形式示意图

(a)半圆弯钩;(b)斜弯钩;(c)直弯钩

注:图 6-24 中 x 值按设计配筋图尺寸,设计配筋
图未标时,一律按 $3d$ 计算

表 6-25   弯起钢筋坡度系数表

弯起钢筋示意图	α (°)	S	L	$S-L$
	30	$2.0H$	$1.73H$	$0.27H$
	45	$1.41H$	$1.0H$	$0.41H$
	60	$1.15H$	$0.58H$	$0.57H$

注:1. H 为扣去构件保护层弯起钢筋的高度。

2. $S-L$ 为弯起钢筋增加净长度。

弯起部分增加长度可根据弯起角度和弯起高度,直接查用"弯起钢筋弯起部分长度表"(表 6-26)。

表 6-26   弯起钢筋弯起部分长度表   mm

弯起高度 (H)	$\alpha=30°$			$\alpha=45°$			$\alpha=60°$		
	斜长 (S)	水平长度 (L)	增加长度 ($S-L$)	斜长 (S)	水平长度 (L)	增加长度 ($S-L$)	斜长 (S)	水平长度 L	增加长度 ($S-L$)
100	199.39	172.50	26.89	141.40	100.00	40.40	115.45	57.70	57.75
150	299.09	258.75	40.34	121.10	150.00	62.10	173.18	86.55	86.63
200	398.78	345.00	53.78	282.80	200.00	82.80	230.90	115.40	115.50
250	498.48	431.25	67.23	353.50	250.00	103.50	288.03	144.25	144.38
300	598.17	517.50	80.67	424.20	300.00	124.20	346.35	173.10	173.25
350	697.87	603.75	94.12	494.90	350.00	144.90	404.08	201.95	201.13
400	797.56	690.00	107.56	565.60	400.00	165.60	461.80	230.80	231.00
450	897.26	766.25	121.01	636.30	450.00	168.30	519.53	259.65	259.88

（续表）

弯起高度 （H）	$\alpha=30°$			$\alpha=45°$			$\alpha=60°$		
	斜长 （S）	水平长度 （L）	增加长度 （$S-L$）	斜长 （S）	水平长度 （L）	增加长度 （$S-L$）	斜长 （S）	水平长度 L	增加长度 （$S-L$）
500	996.95	862.50	134.45	707.00	500.00	267.00	577.25	288.50	288.75
550	1096.65	948.75	147.90	777.70	550.00	227.70	634.98	317.35	317.63
600	1196.34	1035.00	161.34	848.40	600.00	248.40	692.70	346.20	346.50
650	1296.04	1121.25	174.79	919.10	650.00	269.10	750.43	375.05	375.38
700	1395.73	1207.50	188.23	989.80	700.00	289.80	808.15	403.90	404.25
750	1495.43	1293.75	201.68	1060.50	750.00	310.50	865.88	432.75	433.12
800	1595.22	1380.00	215.12	1131.20	800.00	331.20	923.60	461.60	462.00
850	1694.82	1466.25	288.57	1201.90	850.00	351.90	981.33	490.45	490.88
900	1794.51	1552.50	242.01	1272.60	900.00	372.60	1039.05	519.30	519.75
950	1894.21	1638.75	255.46	1343.30	950.00	393.30	1096.78	548.15	548.63
1000	1993.90	1725.00	268.90	1414.00	1000.00	414.00	1154.50	577.00	577.50

表中钢筋弯起高度（H）与构件实际高度不同时，可采用插入法或移动小数点法计算，计算公式如下：

$$A=B+(C-B)\times D$$

式中　A——所求弯起钢筋长度（mm）；

　　　B——与 A 相邻较低值的弯筋斜长（mm）；

　　　C——与 A 相邻较高值的弯筋斜长（mm）；

　　　D——两构件弯起筋高度（H）的差数（mm）。

【例 6-16】　试计算 30°角弯起高度（H）530mm 的钢筋斜长（S）、水平长（L）、增加长度（$S-L$）。

【解】　1）采用插入法。从表 6-26 中查得 530mm 相邻较低值的弯起高度（H）500mm 的斜长（S）=996.95mm，相邻较高值 600mm 的斜长（S）=1196.34mm，530mm 与 500mm 的差数为 30mm。

代入公式得：

$$A(S)=996.95+(1196.34-996.95)\times0.3=1056.77\text{mm}$$

$$A(L)=862.50+(1035.00-862.50)\times0.3=914.25\text{mm}$$

$$A(S-L)=134.45+(161.34-134.45)\times0.3=142.52\text{mm}$$

2）采用移动小数法。从表 6-26 中先查 H=500mm 的值为 996.95mm，再查 H=300mm 并将小数点向左移一位后即得 30 的值为 59.82（598.17÷10），将 500mm 与 300mm 移位后的两个数值相加，则可求得弯起高度 H=530mm 斜长，计算如下：996.95+59.82=1056.77mm。两相比较结果相等。L、$S-L$ 的数值计算按上述方法类推，不再重述。

（5）圆形柱螺旋钢筋。圆形柱螺旋钢筋（图 6-25）长度计算方法可用计算公式表示为：

钢筋长度=螺旋筋每圈长度（L）×圈数（N）

即

$$L=\sqrt{[(D-\delta)\pi]^2+S^2}$$

$$N = \frac{H - \delta}{S}$$

式中　D——柱的直径(mm);

　　　δ——钢筋保护层厚度(mm);

　　　S——螺旋距(mm)。

【例 6-17】 某公园入口处有直径为 850mm 圆形柱 6 根,柱净高 7m,设计图纸标注钢筋螺旋距为 200mm,试计算这 6 根柱箍筋总长度。

【解】 先计算出每圈的长度,再计算出箍筋的圈数,最后计算出 6 根柱的箍筋总长度。

图 6-25　螺旋形箍筋

$$L = \sqrt{[(0.85 - 0.05) \times 3.1416]^2 + 0.2^2}$$
$$= \sqrt{6.3166 + 0.04} = 2.521 \text{m/圈}$$

$$N = \frac{7.0 - 0.025}{0.20} = 35 \text{ 圈}$$

$$L_{总} = 2.521 \times 35 \times 6 = 529.4 \text{m}$$

圆形柱每米高螺旋筋长度见表 6-27。

表 6-27　　　　　　　　　**圆形柱每米高螺旋筋长度**　　　　　　　　　　　　m

螺旋筋距 (mm)	圆柱直径(mm)						
	400	500	600	700	800	900	1000
	钢筋保护层厚度 25mm						
80	13.78	17.76	21.62	25.55	29.47	33.39	37.32
100	11.04	14.17	17.31	20.44	23.58	26.72	29.86
120	9.22	11.82	14.43	17.05	19.66	22.28	24.89
150	7.06	9.47	11.54	13.65	15.74	17.83	19.92
200	5.59	7.14	8.70	10.26	11.82	13.39	14.96

(6)箍筋。为了固定主筋位置和组成钢筋骨架而设置的一种钢筋称为箍筋,其形式如图 6-26 (a)、(b)、(c)、(d)所示。箍筋长度的计算包括下列两个内容:

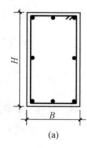 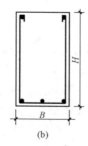  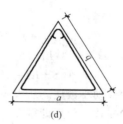

　　(a)　　　　　　　(b)　　　　　　　(c)　　　　　　　(d)

图 6-26　箍筋的主形式

(a)闭口式;(b)开口式;(c)闭口圆形;(d)闭口三角形

1)箍筋根数计算:应根据图示构件不同配筋间距分段计算。其计算方法如下:

$$每段箍筋根数(N) = \frac{该段的配筋范围长度}{该段箍筋间距} + 1$$

2)箍筋长度计算,其方法如下:

闭口箍筋长度$=2(B+H)+L_{钩}$

开口箍筋长度$=2H+B+L_{钩}$

闭口圆形箍筋长度$=\pi(R-2\delta)+L_{钩}$

闭口圆形箍筋长度$=\pi(R-2\delta)+L_{搭}$

注:搭接长度"$L_{搭}$"为焊接箍筋。

三角形箍筋长度$=a-2\delta+2\times(b-2\times2\delta)+L_{钩}$

式中　$B=$构件截面宽度$-$两个保护层厚度;

$\quad\quad H=$构件截面高度$-$两个保护层厚度;

$\quad\quad \delta=$构件保护层厚度。

在土建施工图预算编制中,为了简化计算工作,箍筋长度可采用下述简易方法计算:

当箍筋直径为$\phi4$时,$l=2(b+h)-50\text{mm}$

当箍筋直径为$\phi6$时,$l=2(b+h)-20\text{mm}$

当箍筋直径为$\phi8$时,$l=2(b+h)+10\text{mm}$

当箍筋直径为$\phi10$时,$l=2(b+h)+40\text{mm}$

当箍筋直径为$\phi12$时,$l=2(b+h)+70\text{mm}$

各单根构件箍筋长度计算完成后,进一步计算出箍筋的总长度,其计算方法以公式表示如下:

$$构件箍筋总长度(L_{总})=\sum_{1}^{n}(l_jN_j+l_{jj}N_{jj}+\cdots)$$

式中　l_i、l_{jj}——第j段、jj段每根箍筋长度;

$\quad\quad N_j$、N_{jj}——第j段、jj段箍筋的根数。

(7)锚固筋增加长度。计算圈梁钢筋时,外墙圈梁主筋长度是按外墙中心线长度$L_{中}$计算

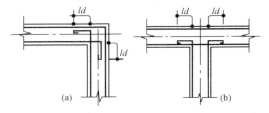

图 6-27　锚固钢筋示意图

的,内墙圈梁主筋长度是按内墙净长线长度$L_{内}$计算的,未考虑纵横外墙"Γ"型接头处相互锚入长度,如图 6-27(a)所示,也未考虑内外墙"T"型接头处内墙圈梁主筋向外墙圈梁锚入的长度,如图 6-27(b)所示。这些锚入长度称作钢筋的锚固长度。又如,不同构件的交接处,钢筋也应互相锚入。如现浇板与圈梁、主梁与次梁、框架梁与框架柱、板与梁等交接处钢筋均应相互锚入,以增强结构的整体性。

为此,计算钢筋工程量时,不应漏掉这些部位的锚固钢筋的用量。每个锚固点钢筋的增加长度(称锚固长度)应按设计图示尺寸计算,若设计图纸未注明钢筋锚固长度时,可按表 6-28 规定计算。但对 HPB300 级钢筋来说,每个锚固长度只需加一个半圆形弯钩,即:

锚固筋长度$=L+6.25d$

表 6-28		纵向受拉钢筋的最小锚固长度			mm
钢筋类型		混凝土强度等级			
		C15	C20～C25	C30～C35	≥C40
光圆钢筋	HPB300 级	45d	35d	30d	25d
带肋钢筋	HRB335 级	55d	45d	35d	30d
	HRB400 级、RRB400 级	—	55d	40d	35d

注:两根直径不同钢筋的搭接长度,以较细钢筋的直径计算。

(8)钢筋总用量。这里说的"总用量",是指每一个单位工程的总用量。单位工程钢筋总用量的计算步骤是:

1)将已计算出来的钢筋长度按定额项目对钢筋不同品种、不同规格划分挡距,进行汇总,求出不同品种、不同规格钢筋的总长度;

2)将不同规格钢筋的总长度分别乘以相应规格的单位重量 g(kg/m),求出每一种规格钢筋的重量,即:

$$G=Lg$$

式中　G——相应规格钢筋的总重量(kg);

　　　L——相应规格钢筋的总长度(m);

　　　g——相应规格钢筋的单重(表 6-29)。

表 6-29			常用钢筋单位重量		
钢筋直径 ϕ (mm)	单重 g (kg/m)	钢筋直径 ϕ (mm)	单重 g (kg/m)	钢筋直径 ϕ (mm)	单重 g (kg/m)
4	0.099	18	1.998	32	6.313
6	0.222	20	2.467	34	7.130
8	0.395	22	2.984	35	7.552
10	0.617	25	3.853	36	7.990
12	0.888	26	4.170	38	8.900
14	1.208	28	4.834	40	9.870
16	1.578	30	5.549		

2. 预应力钢筋分项工程量计算

先张法预应力钢筋按构件外形尺寸计算长度。后张法预应力钢筋按设计图规定的预应力钢筋预留孔道长度,并区别不同的锚具类型,分别按下列规定计算:

(1)低合金钢筋两端采用螺杆锚具时,预应力钢筋按预留孔道长度减 0.35m,螺杆另行计算。

(2)低合金钢筋一端采用镦头插片,另一端采用螺杆锚具时,预应力钢筋长度按预留孔道长度计算,螺杆另行计算。

(3)低合金钢筋一端采用镦头插片,另一端采用帮条锚具时,预应力钢筋增加 0.15m,两端均采用帮条锚具时,预应力钢筋共增加 0.3m 计算。

(4)低合金钢筋采用后张混凝土自锚时,预应力钢筋长度增加 0.35m 计算。

(5)低合金钢筋或钢绞线采用 JM、XM、QM 型锚具,孔道长度在 20m 以内时,预应力钢筋长度增加 1m;孔道长度在 20m 以上时预应力钢筋长度增加 1.8m 计算。

(6)碳素钢丝采用锥形锚具,孔道长在20m以内时,预应力钢筋长度增加1m;孔道在20m以上时,预应力钢筋长度增加1.8m计算。

(7)碳素钢丝两端采用镦粗头时,预应力钢丝长度增加0.35m计算。

3. 预埋铁件分项工程量计算

钢筋混凝土构件预埋铁件工程量按设计图示尺寸以"t"计算。

钢筋混凝土标准构件上的预埋铁件可直接从所选用的通用图册中查得,不需另行计算。而现浇非标准构件中的预埋铁件,必须一个一个地进行计算,而且十分烦琐。因为一个预埋件,一般都是由两种或两种以上材料组成,如图6-28(a)、(b)所示的预埋件都是由钢板和圆钢组成,对各种材料都得按图示规格和尺寸分别计算,然后进行汇总,求出每一个预埋件的重量,再用每个预埋件的重量乘以这种预埋件的个数,求得这种预埋件的总重量。将各种预埋件的重量加起来

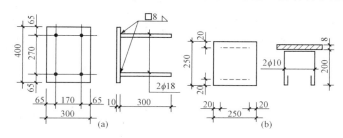

图6-28 预埋件组成施工图
(a)M—4(20个);(b)M—1(4个)

的和数,就是这一单位工程预埋铁件的预算工程量。其方法用计算式表达如下:

$$G = \sum_{1}^{n} (g_1 + g_2 + \cdots + g_n)$$

式中 G——单位工程预埋件总重量(t);

g_1、g_1、g_n——每一种预埋件的重量之和(t)。

4. 成型钢筋运输分项工程量计算

成型钢筋运输工程量应区分不同运输方式(汽车、马车)和运输距离,分别按所运的成型钢筋重量以"t"计算。其工作内容包括:装车、运输、卸车、堆放等。

5. 钢筋分项工程量计算注意事项

(1)钢筋工程内容包括:制作、绑扎、安装以及浇灌混凝土时维护钢筋用工。

(2)现浇构件钢筋以手工绑扎,预制构件钢筋以手工绑扎,点焊分别列项,实际施工与定额不同时,不做换算。

(3)表6-30所列构件,其钢筋可按表列系数调整人工、机械用量。

表6-30 部分构件钢筋制作人工、机械调整系数

项目名称	预制钢筋		现浇钢筋		构筑物			
系数适用范围	拱梯形屋架	托架梁	小型构件	小型池槽	烟囱	水塔	贮 仓	
							矩形	圆形
人工、机械调整系数	1.16	1.05	2.00	2.52	1.70	1.70	1.25	1.50

【例 6-18】 试计算如图 6-29 所示单梁的钢筋用量。

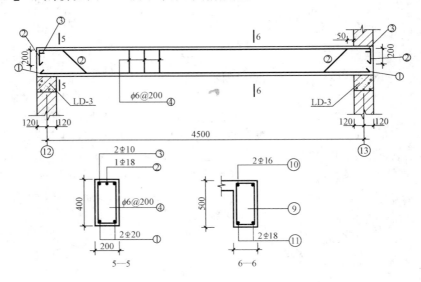

图 6-29 单梁配筋施工图

【解】 该梁图示为 1 根,其用量计算如下:

①号筋 2ϕ20

$$G = (4.5 + 0.12 \times 2 - 0.025 \times 2) \times 2(\text{根}) \times 2.467(\text{kg/m})$$
$$= 23.14\text{kg}$$

②号筋 1ϕ18

$$G = (0.2 \times 2 + 4.5 + 0.12 \times 2 - 0.025 \times 2 + 0.166 \times 2) \times 1(\text{根}) \times 1.998(\text{kg/m})$$
$$= 10.833\text{kg}$$

③号筋 2ϕ10

$$G = (4.5 + 0.24 + 12.5 \times 0.01 - 0.05) \times 2(\text{根}) \times 0.617(\text{kg/m})$$
$$= 6.003\text{kg}$$

④号筋(箍筋)ϕ6

$$N = 4.69 \div 0.2 + 1 = 24 \text{ 根}$$
$$L = [2 \times (0.2 + 0.4) - 0.02] \times 24 = 28.32\text{m}$$
$$G = 28.32 \times 0.222(\text{kg/m}) = 6.287\text{kg}$$

该梁用钢筋总重量 $G_{总} = 23.14 + 10.883 + 6.003 + 6.287 = 46.263\text{kg}$

【例 6-19】 试计算如图 6-30 所示独立柱的配筋数量。

【解】 本例不考虑搭接长度和弯钩。因为该图所示受力钢筋均为 HRB335 级,HRB335 级钢筋多为螺纹钢,螺纹钢筋不做弯钩。现分规格计算如下:

①号筋 2Φ18

$$G = (0.65 + 4.13 - 0.025 \times 2) \times 2(\text{根筋}) \times 1.998(\text{kg/m})$$
$$= 18.901\text{kg}$$

②号筋 2Φ18

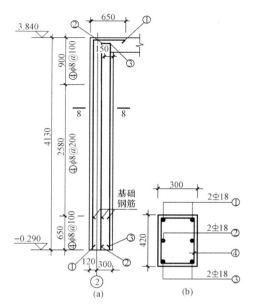

图 6-30　矩形柱配筋施工图

(a)Z—1;(b)8—8 剖面图

$$G = (4.13 - 0.05) \times 2(根筋) \times 1.998(kg/m)$$
$$= 8.152kg$$

③号筋 2Φ18

$$G = (4.08^{\triangle} + 0.15) \times 2(根筋) \times 1.998 = 16.903kg$$

④号筋(箍筋)φ8

$$N = 0.65 \div 0.1 + 1 = 7(根)$$
$$N = 2.58 \div 0.2 + 1 = 14(根)$$
$$N = 0.9 \div 0.1 + 1 = 10(根)$$
$$G = [2 \times (0.42 + 0.3 + 0.01) \times (7 + 14 + 10)] \times 0.395(kg/m)$$
$$= 17.878kg$$

该柱钢筋总重量 $G_总 = 18.901 + 8.152 + 16.903 + 17.878 = 61.834kg$

注:③号筋计算式中画的"△"表示利用②号筋的计算长度。

【例 6-20】　某工程地下室Ⓐ、Ⓒ轴/②、⑭、⑰、㉙、㉛轴间地下室外横墙中设置构造柱配筋断面图如图 6-31所示,试计算其钢筋用量。

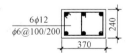

图 6-31　构造柱配筋断面图

【解】　阅视该工程平面图及设计说明得知,该构造柱为 10 根,地下室外墙高度为 4.27m,C20 混凝土浇筑,钢筋采用 HPB300 级,钢筋直径为 φ12,配设 6 根,箍筋为 φ6@100/200,另加一根构造筋"⌒",箍筋的加密区间距为 100mm,非加密区间距为 200mm。该构造柱钢筋用量计算如下:

6ϕ12　　$G = (4.27 - 2 \times 0.025) \times 6 \times 0.888 (\text{kg/m}) \times 10 (\text{根柱}) = 224.84 \text{kg}$

ϕ6@100　$G = [(0.5 + 0.5) \div 0.1 + 1] \times [2 \times (0.37 + 0.24) - 0.02] \times 0.222 \times 10$

　　　　　　$= 11 \times 1.2 \times 0.222 \times 10$

　　　　　　$= 29.30 \text{kg}$

ϕ6@200　$G = [(4.27 - 1.0) \div 0.2 + 1] \times [2 \times (0.37 + 0.24) - 0.02] \times 0.222 \times 10$

　　　　　　$= 17 \times 1.2 \times 0.222 \times 10$

　　　　　　$= 45.29 \text{kg}$

⌒筋　　$G = (4.27 \div 0.2 + 1) \times (0.24 - 0.02) \times 0.222 \times 10$

　　　　　　$= 22 \times 0.22 \times 0.222 \times 10$

　　　　　　$= 10.745 \text{kg}$

该构造柱钢筋总重量　$G_总 = 224.84 + 29.30 + 45.29 + 10.745 = 310.18 \text{kg}$

单位工程所有构件配筋计算完后,按《全国统一建筑工程基础定额》规定的钢筋品种和规格进行汇总后,就可求得一个单位工程钢筋的总用量。

(三)混凝土工程量计算规则

1. 现浇混凝土工程量计算

现浇混凝土构件工程量除另有规定者外,均按图示尺寸实体体积以"m³"计算。不扣除构件内钢筋、预埋铁件及墙、板中 0.3m² 以内的孔洞所占体积。各类构件混凝土工程量计算方法分述如下:

(1)基础:位于建筑物底层地面以下,承受上部建筑物全部荷载的构件,就称为基础。基础的类型很多,按构造形式分为条(带)形基础、独立基础、整片基础和桩基础等,常见基础构造形式如图 6-32 所示。

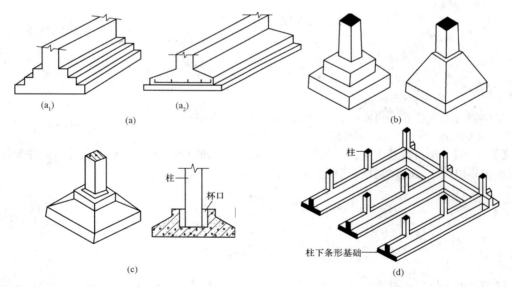

图 6-32　几种常见基础构造示意图(一)

(a)条形基础;(b)单独基础;(c)杯形基础;(d)柱下条形基础;(e)柱下梁式基础;

(f)柱下片式基础;(g)梁式基础;(h)箱形基础;(i)桩承台基础

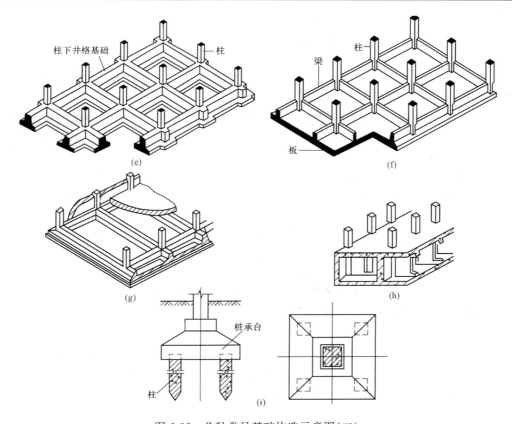

图 6-32 几种常见基础构造示意图(二)
(a)条形基础;(b)单独基础;(c)杯形基础;(d)柱下条形基础;(e)柱下梁式基础;
(f)柱下片式基础;(g)梁式基础;(h)箱形基础;(i)桩承台基础

1)有肋条形混凝土基础,其肋高与肋宽之比在 4:1 以内的按有肋条形基础计算;超过 4:1
时,其基础底按板式基础计算,以上部分按墙计算。有肋条基础如图 6-33 所示。其工程量计算
方法以公式表达如下:

$$S=bh+(2h_1+h_2)\frac{B-b}{2}$$

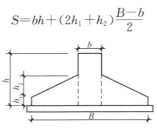

图 6-33 肋式条形基础

式中 S——断面面积(m^2);

   b——肋的宽度(m);

   B——基础底部宽度(m);

   h——基础高度(m);

   h_1——基础最下一阶高度(m);

h_2——基础第二阶高度(斜坡部分)(m)。

2)箱式满堂基础应分别按无梁式满堂基础、柱、墙、梁、板有关规定计算,套相应定额项目。箱式满堂基础如图 6-32(i)所示。

3)设备基础除块体以外,其他类型设备基础分别按基础、梁、柱、板、墙等有关规定计算,套相应定额项目。

(2)柱:柱是一种承受竖向压力的构件,即将建筑物上层结构的荷载逐层传递到基础,由基础再传递到地基,并做为水平构件的支承。压力作用在中心的叫中心柱,压力偏离中心的叫偏心柱。柱的承载能力取决于柱的断面积、含钢筋量、混凝土强度等级、断面形状、柱的高度等多种因素。

柱的工程量按图示断面尺寸乘以柱高以“m^3”计算。柱高按下列规定确定:

1)有梁板的柱高,应以柱基上表面(或楼板上表面)至上一层楼板上表面之间的高度计算[图 6-34(a)]。

2)无梁板的柱高,应以柱基上表面(或楼板上表面)至柱帽下表面之间的高度计算[图 6-34(b)]。

3)框架柱的柱高,应以柱基上表面至柱顶高度计算。

4)构造柱按全高计算,与砖墙嵌接部分的体积并入柱身体积内计算。

5)依附柱上的牛腿,并入柱身体积内计算。牛腿柱如图 6-34(c)所示。柱的工程量计算公式为:

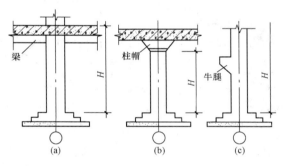

图 6-34　现浇钢筋混凝土柱计算高度示意图
(a)有梁板下柱;(b)无梁板下柱;(c)带牛腿柱

方形柱 $$V = FH + V_n$$

圆形柱 $$V = \frac{1}{4}\pi d^2 h = \pi r^2 h$$

式中　V——柱的体积(m^3);

　　　F——柱断面积(m^2);

　　　H——柱的高度(m);

　　　d——柱的直径(m);

　　　r——柱的半径(m);

　　　V_n——应并入柱内的体积(m^3),如柱帽、牛腿等。

(3)梁:梁是抗弯构件,当建筑物跨度较大时设置梁。不同的梁在荷载下发生弯曲的情况各不相同。例如:悬臂梁受弯后,上部受拉,下部受压;简支梁受弯后,下部受拉,上部受压;连续梁受弯后,跨中下部受拉、上部受压,中间支座上部受拉、下部受压。因此,按梁断面构造形状的不同,可以分为矩形梁、T 形梁、十字梁、工字梁、L 形梁、花篮梁等。

梁的工程量按图示断面尺寸乘以梁长以体积（m³）计算。梁长按下列规定确定：

1）梁与柱连接时，梁长算至柱侧面；

2）次梁与主梁连接时，次梁长算至主梁侧面。

伸入墙内梁头、梁垫体积并入梁体积内计算。

（4）板：板是楼板或屋面板的简称。板是受弯构件。楼板在整个建筑物中有如下作用：①分隔上下楼层；②承受本身自重、房屋内的设备、家具和人体的重量；③将自身、设备、家具等荷载通过墙或柱传递给基础；④对墙身起着水平支撑作用（指砖混结构而言），帮助墙身抵抗水平推力，以加强房屋的整体性和稳定性。

板内配筋按其作用的不同，分为主筋（承受主要拉力的钢筋）、分布筋（起分布荷载、加强板的整体性和抵抗温度应力等作用的钢筋）和负弯矩筋，钢筋直径一般为 $\phi6\sim\phi12$mm。

楼板的工程量按图示面积乘以板厚以体积（m³）计算。

1）有梁板包括主、次梁与板，按梁、板体积之和计算［图 6-34（a）］。计算公式为：

$$V_{总}=V_{板}+V_{梁}$$
$$V_{板}=S\delta$$
$$V_{梁}=FLN$$

式中　$V_{总}$——有梁板体积（m³）；

$\quad\quad V_{板}$——有梁板的板体积（m³）；

$\quad\quad V_{梁}$——有梁板的梁体积（m³）；

$\quad\quad S$——有梁板的板平面面积（m²）；

$\quad\quad \delta$——有梁板的板厚度（m）；

$\quad\quad F$——有梁板的梁截面面积（m²）；

$\quad\quad L$——有梁板的梁长度（m）；

$\quad\quad N$——有梁板的梁根数。

2）无梁板按板和柱帽体积之和计算［图 6-34（b）］。

3）平板按板实体体积计算［图 6-34（c）］。

4）现浇挑檐天沟与板（包括屋面板、楼板）连接时，以外墙为分界线；与圈梁（包括其他梁）连接时，以梁外边线为分界线。外墙边线以外或梁外边线以外为挑檐天沟。

5）各类板伸入墙内的板头并入板体积内计算。

（5）墙：墙的工程量按图示中心线长度乘以墙高及厚度以体积（m³）计算，应扣除门窗洞口及 0.3m² 以外孔洞的体积，墙垛及突出部分并入墙体积内计算。

（6）楼梯：整体楼梯包括休息平台、平台梁、斜梁及楼梯的连接梁，其工程量按水平投影面积计算，不扣除宽度小于 500mm 的楼梯井，伸入墙内部分不另增加。

楼梯水平投影面积是以分层水平投影面积之和表示的。分层水平投影面积是以楼梯水平梁外侧为分界线，水平梁外侧以外应计入该楼层的楼面工程量内。现浇整体楼梯如图 6-18 所示。

当 $c\leqslant500$mm 时　　　　　$S_i=LB$

当 $c>500$mm 时　　　　　$S_i=LB-cx$

式中　S_i——第 i 层楼梯的水平投影面积（m²）；

$\quad\quad L$——楼梯长度（m）；

$\quad\quad B$——楼梯净宽度（m）；

$\quad\quad c$——楼梯井宽度（m）；

$\quad\quad x$——楼梯井长度（m）。

(7)阳台、雨篷:雨篷,顾名思义,就是遮挡雨水篷。雨篷一般是在外门上部墙上直接挑出,但有些大型公共建筑(如礼堂、影剧院)等的雨篷也有用悬臂梁挑出或加支柱雨篷挑出墙外在 1.5m 以内或 1.5m 以外。阳台、雨篷(悬挑板)工程量按伸出外墙的水平投影面积计算,伸出外墙的牛腿不另计算。带反挑檐的雨篷按展开面积并入雨篷内计算。现浇钢筋混凝土雨篷如图 4-67 所示。

(8)栏杆工程量按净长度以"延长米"计算。伸入墙内的长度已综合在定额内。栏板以体积(m³)计算,伸入墙内的栏板,合并计算。

(9)预制板补现浇板缝时,按平板计算。

(10)预制钢筋混凝土框架柱现浇接头(包括梁接头)工程量按设计规定断面和长度以体积(m³)计算。

2. 预制混凝土工程量计算

(1)混凝土工程量均按图示尺寸实体体积(m³)计算,不扣除构件内钢筋、铁件及小于 300mm×300mm 以内孔洞面积。

(2)预制桩按桩全长(包括桩尖)乘以桩断面(空心桩应扣除孔洞体积)以体积(m³)计算。其计算方法详见模板分项工程量计算部分。

(3)混凝土与钢杆件组合的构件,混凝土部分按构件实体积(m³)计算,钢杆件部分按重量以"t"计算,分别套用相应的定额项目。

3. 钢筋混凝土构件接头灌缝工程量计算

(1)构件接头灌缝分项工程包括:构件坐浆、灌缝、堵板孔、塞板梁缝等。其工程量均按预制钢筋混凝土构件实体积以"m³"计算。

(2)柱与柱基的灌缝,按首层柱体积计算;首层以上柱灌缝按各层柱体积计算,分别套用相应定额项目。

【例 6-21】 计算图 6-19 独立柱基础及垫层混凝土工程量。

【解】 设计图标明该基础共有 6 个,其混凝土浇筑工程量计算如下:

垫层混凝土 C15

$$V_垫=[(0.95×2+0.1×2)×(1.10+0.98+0.1×2)×0.1]×6$$
$$=[2.10×2.28×0.1]×6=2.87m³$$

基础混凝土 C15

$$V_1=(0.95×2)×(1.1+0.98)×0.3×6=1.9×2.08×0.3×6=7.11m³$$
$$V_2=0.9×(1.1-0.6+0.98-0.6)×0.3×6=0.9×0.88×0.3×6=1.43m³$$
$$V_3=0.4×0.25×0.45×6=0.27m³$$

基础混凝土 C15 合计

$$V_总=V_1+V_2+V_3=7.11+1.43+0.27=8.81m³$$

【例 6-22】 试计算图 6-11 杯形基础混凝土工程量。

【解】 将图 6-11 所示尺寸代入杯形基础计算公式 $V=h_3AB+\dfrac{h_1+h_2}{3}×[AB+a_1b_1+\sqrt{(AB)(ab)}+a_1b_1(h-h_1)-(h-h_2)(a-0.025)(b-0.025)]$ 得:

$$V=1.0×2.4×0.3+\frac{1}{3}×0.25×[1.0×2.4+1.1×1.2+\sqrt{(1.0×2.4)×(1.1×1.2)}]+$$
$$1.1×1.2×0.4-0.525×0.625×0.75=1.984m³$$

四、金属结构制作及金属门窗制作安装工程

为了叙述和学习的方便，编者将《全国统一建筑工程基础定额》中的第12章"金属结构制作工程"和第7章"门窗及木结构工程"中的金属门窗组合为一个题目，特向读者说明。

（一）金属结构工程

1. 项目划分内容

《全国统一建筑工程基础定额》"金属结构制作工程"的项目划分内容，如图6-35所示。

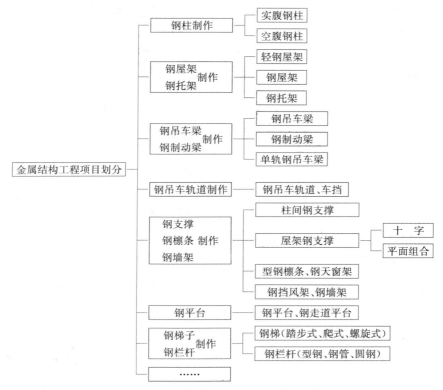

图6-35　金属结构工程项目划分框图

2. 金属结构分项工程量计算

（1）金属结构制作按图示钢材尺寸以"t"计算，不扣除孔眼、切边的重量，焊条、铆钉、螺栓等重量，已包括在定额内不另计算。在计算不规则或多边形钢板重量时均以其最大对角线乘最大宽度的矩形面积计算。

（2）实腹柱、吊车梁、H型钢按图示尺寸计算，其中腹板及翼板宽度按每边增加25mm计算。

（3）制动梁的制作工程量包括制动梁、制动桁架、制动板重量；墙架的制作工程量包括墙架柱、墙架梁及连接柱杆重量；钢柱制作工程量包括依附于柱上的牛腿及悬臂梁重量。

（4）轨道制作工程量，只计算轨道本身重量，不包括轨道垫板、压板、斜垫、夹板及连接角钢等重量。

（5）铁栏杆制作，仅适用于工业厂房中平台、操作台的钢栏杆。民用建筑中铁栏杆等按本定额有关项目计算。

(6)钢漏斗制作工程量,矩形按图示分片,圆形按图示展开尺寸,并依钢板宽度分段计算,每段均以其上口长度(圆形以分段展开上口长度)与钢板宽度,按矩形计算,依附漏斗的型钢并入漏斗重量内计算。

3. 金属结构分项工程量计算注意事项

(1)金属结构制作定额适用于施工现场加工制作和施工企业附属加工厂制作的构件,不适用于金属结构件专业加工企业。

(2)金属结构分项制作定额除注明者外,均包括现场内(加工厂内)的材料运输、号料、加工、组装及成品堆放、装车出厂等全部工序。

(3)金属结构分项定额未包括加工点至安装点的构件运输,应按构件运输定额相应项目另行计算。

(4)金属结构制作分项定额中,均已包括刷一遍防锈漆工料。

(二)金属门窗工程

1. 金属门窗分类

根据《全国统一建筑工程基础定额》,金属门窗可划分为以下几类:

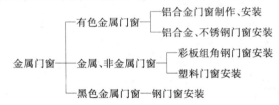

2. 金属门窗分项工程量计算

(1)铝合金门窗制作安装,铝合金、不锈钢门窗,彩板组角钢门窗,钢门窗安装,均按设计门窗洞口面积计算。

(2)卷帘门安装按洞口高度增加600mm乘门实际宽度以"m²"计算。电动装置安装以"套"计算,小门安装以"个"计算。

(3)不锈钢片包门框按框外表面面积以"m²"计算;彩板组角钢门窗附框安装按"延长米"计算。

3. 金属门窗分项工程量计算注意事项

(1)铝合金门窗制作兼安装项目,《全国统一建筑工程基础定额》是按施工企业附属加工厂制作编制的。加工厂至现场堆放点的运输,另行计算。

(2)铝合金地弹门制作(框料)型材是按101.6mm×44.5mm,厚1.5mm方管编制的;单扇平开门,双扇平开扇是按38系列编制的;推拉窗按90系列编制的。如型材断面尺寸及厚度与定额规定不同时,可按《全国统一建筑工程基础定额》(土建工程)"下册"第610页至625页"铝合金门窗用料表"进行铝合金型材用量调整。

(3)铝合金门窗、彩板组角钢门窗、钢门窗成品安装,如每100m²门窗实际用量超过定额含量1%以上时,可以换算,但人工、机械用量不变。

(4)钢门,钢材含量与定额不同时,钢材用量可以换算,其他不变。

五、木结构及木门窗工程

(一)木结构工程

以木材为主要材料制作的建筑物构件与配件,称为木结构工程或木作工程。

1. 木结构工程的项目内容

木结构工程的项目内容主要包括木屋架、屋面木基层、木楼梯、木柱、木梁和其他(门窗贴脸、披水条、盖口条、暖气罩、木隔板等)。

《全国统一建筑工程基础定额》第 7 章说明指出:"本章木材木种均以一、二类木种为准,如采用三、四类木种时,分别……"。本定额按照木种质地的软硬、加工难易、强度高低、变形大小等特点,将木材木种划分为下列四类。

一类:红松、水桐木、樟子松。

二类:白松(方杉、冷杉)、杉木、杨木、柳木、椴木。

三类:椿木、楠木、黄花松、秋子木、马尾松、青松、东北榆木、柏木、樟木、苦楝木、梓木、黄菠萝、柚木、秦岭松。

四类:槐木、柞木、檀木、色木、荔木、麻栗木、桦木、荷木、水曲柳、华北榆木。

上列一、二类材种具有材质较软、易于加工、强度较高、变形较小、耐腐蚀性强、纹理顺直等特点,因此是建筑工程中的主要用材;三、四类材种材质一般比较坚硬,较难加工,强度大,纹理美观,但胀缩、翘曲、裂纹等变形较大。

2. 木结构分项工程量计算

(1)木屋架分项工程量计算。木屋架制作安装均按设计断面竣工木料以"m³"计算,其后备长度及配制损耗均不另外计算。

1)方木屋架一面刨光时增加 3mm,两面刨光增加时 5mm;圆木屋架刨光时按木材体积每立方米增加 0.05m³ 计算。附属于屋架的夹板、垫木等已并入相应的屋架制作项目中,不另计算;与屋架连接的挑檐木、支撑等,其工程量并入屋架竣工木料体积内计算。

2)屋架的制作安装应区别不同跨度套用定额,其跨度应以屋架上下弦杆的中心线交点之间的长度为准。带气楼的屋架并入所依附屋架的体积内计算。

3)屋架的马尾、折角和正交部分半屋架,应并入相连接屋架的体积内计算。

4)钢木屋架区分圆、方木,按竣工木料以"m³"计算。

(2)檩木分项工程量计算。檩木按竣工木料以"m³"计算。简支檩长度按设计规定计算,如设计无规定者,按屋架或山墙中距增加 200mm 计算,如两端出山,檩条长度算至博风板;连续檩条的长度按设计长度计算,其接头长度按全部连续檩木总体积的 5%计算。檩条托木已计入相应的檩木制作安装项目中,不另计算。

(3)屋面木基层分项工程量计算。屋面木基层按屋面的斜面积计算。天窗挑檐重叠部分按设计规定计算,屋面烟囱及斜沟部分所占面积不扣除。

(4)封檐板分项工程量计算。封檐板按图示檐口外围长度计算,博风板按斜长度计算。每个大刀头增加长度 500mm。

(5)木楼梯分项工程量计算。木楼梯按水平投影面积计算,不扣除宽度小于 300mm 的楼梯井,其踢脚板、平台和伸入墙内部分,不另计算。

(6)其他分项工程量计算。圆木屋架连接的挑檐木、支撑等如为方木时,其方木部分应乘以系数1.7折合成圆木并入屋架竣工木料内,单独的方木挑檐按矩形檩木计算。

(二)木门窗工程

(1)门窗的类型。《全国统一建筑工程基础定额》中门窗类型如下:

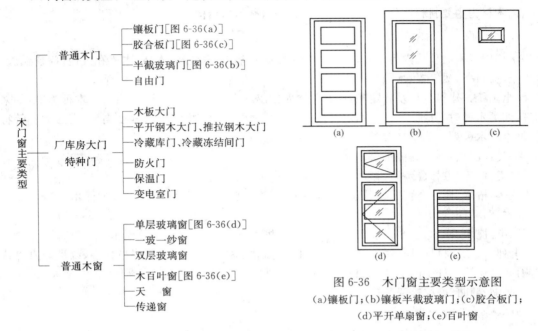

图6-36 木门窗主要类型示意图
(a)镶板门;(b)镶板半截玻璃门;(c)胶合板门;
(d)平开单扇窗;(e)百叶窗

(2)木门窗分项工程量计算规则。各种类型木门窗工程量应按下列规定计算:

1)各类门、窗制作、安装工程量均按门、窗洞口面积计算。

2)门、窗盖口条、贴脸、披水条,按图示尺寸以"延长米"计算,执行木装修项目。

3)普通窗上部带有半圆窗的工程量应分别按半圆窗和普通窗计算。其分界线以普通窗和半圆窗之间的横框上裁口线为分界线。

4)门窗扇包镀锌铁皮,按门、窗洞口面积以"m²"计算;门窗框包镀锌铁皮,钉像皮条、钉毛毡按图示门窗洞口尺寸以"延长米"计算。

(三)木结构及木门窗分项工程量计算注意事项

(1)《全国统一建筑工程基础定额》中"木结构工程"的木材木种是以一、二类木种为准编制的,如采用三、四类木种时,各种木作构件定额项目,应分别乘以下列系数:

木门窗制作,按相应定额项目人工和机械乘以系数1.13。

木门窗安装,按相应定额项目人工和机械乘以系数1.16。

其他项目按相应项目人工和机械乘以系数1.35。

(2)定额中所注明的木材断面或厚度均以毛料为准。如设计图纸注明的断面或厚度为净料时,应增加刨光损耗①。

(3)定额中的木门窗框、扇断面取定(详见《全国统一建筑工程基础定额》第495页)与设计规定不同时,应按比例换算。框断面以边框断面为准(框裁口如为钉条者加贴条的断面);扇料以主

---

① 刨光损耗:板方材一面刨光加3mm,两面刨光加5mm;圆木构件按每立方米材积增加0.05m³。

挺断面为准。换算公式为：

$$换算材积=\frac{设计断面+刨光损耗}{定额断面面积}\times定额材积$$

（4）保温门的填充料与定额不同时，可以换算，其他工料不变。

（5）厂库房大门及特种门的钢骨架制作，以钢材重量表示已包括在定额项目中，不再另列项计算。

（6）木门窗不论现场或附属加工厂制作，均执行本定额。现场外制作点至安装地点的运输应区分不同运距分别以"m²"为单位另列项计算。

（四）木结构及木门窗分项工程量计算示例

【例 6-23】 试计算图 6-37 所示木檩条工程量。

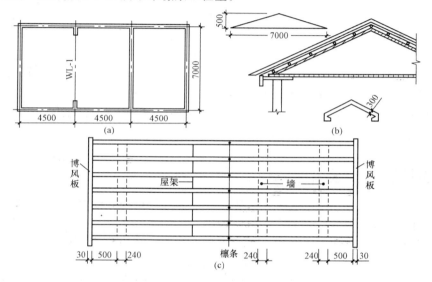

图 6-37 檩木工程量计算示意图

【解】 图 6-37 所示檩条为圆木简支檩条，稍径 $\phi12$，按照工程量计算规则，其工程量分步计算如下：

（1）中间檩条材积 $\qquad V_{中}=LV_{j}N$

式中 $V_{中}$——中间开间的檩条材积（m³）；

$\qquad L$——中间开间檩条每根长度（m）（4.5+0.2=4.70）；

$\qquad V_{j}$——每根檩条材积（0.07m³/根）（查材积表得）；

$\qquad N$——檩条根数（15 根）。

代入计算式运算得： $\qquad V_{中}=0.07\times15=1.05m^3$

（2）两头出山墙檩条材积 $\qquad V_{边}=LV_{j}N$

式中 $V_{边}$——两头出山墙檩条材积（m³）；

$\qquad L$——两端出山墙檩条长度（m）[屋架（墙或内山墙）至外山墙的中心距离+内端增加长度

$\qquad 0.2/2+$外山墙厚度$/2\times$外山墙至博风板的距离$(4.5+\frac{0.2}{2}+\frac{0.24}{2}+0.5=5.22m)$]；

$\qquad V_{j}$——含义同上（0.081m³/根）

N——两头开间檩条根数(15×2)。

代入计算式运算得: $V_边=0.081×15×2=2.43m^3$

(3)图 6-37 所示檩条竣工材积合计 $V_总=V_中+V_边=1.05+2.43=3.48m^3$

【例 6-24】 图 6-38 是上部带有半圆形的单层玻璃窗,试计算其工程量并选套定额。

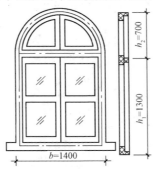

图 6-38 带有半圆形窗

【解】 其工程量分两部分:矩形窗部分;半圆窗部分。现计算如下:

(1)矩形窗部分:$F=bh_1=1.4×1.3=1.82m^2$,套"7—166、167、168、169"号定额。

(2)半圆窗部分:$F=\frac{1}{2}\pi h_2^2=\frac{1}{2}×3.1416×0.7^2=0.77m^2$,套"7—250、251、252、253"号定额。

六、构件运输及安装工程

构件运输及安装工程定额包括混凝土构件运输、金属结构构件运输及木门窗运输。本定额适用于由构件堆放场地或构件加工厂至施工现场的运输。本定额按构件的类型和外形尺寸划分类别。预制混凝土构件分为六类(表 6-31);金属结构构件分为三类(表 6-32)。

表 6-31　　　　　　　　　　预制混凝土构件分类表

类　别	项　　　　目
1	4m 以内空心板、实心板
2	6m 以内的桩、屋面板、工业楼板、进深梁、基础梁、吊车梁、楼梯休息板、楼梯段、阳台板
3	6m 以上至 14m 梁、板、柱、桩,各类屋架、桁架、托架(14m 以上另行处理)
4	天窗架、挡风架、侧板、端壁板、天窗上下档、门框及单件体积在 0.1m³ 以内小构件
5	装配式内、外墙板、大楼板、厕所板
6	隔墙板(高层用)

表 6-32　　　　　　　　　　金属结构构件分类表

类　别	项　　　　目
1	钢柱、屋架、托架梁、防风桁架
2	吊车梁、制动梁、型钢檩条、钢支撑、上下档、钢拉杆、栏杆、盖板、垃圾出灰门、倒灰门、箅子、爬梯、零星构件平台、操作台、走道休息台、扶梯、钢吊车梯台、烟囱紧固箍
3	墙架、挡风架、天窗架、组合檩条、轻型屋架、滚动支架、悬挂支架、管道支架

（一）预制混凝土构件运输及安装工程

预制混凝土构件运输及安装工程量按构件图示尺寸以实体体积计算。预制混凝土构件运输及安装损耗率，按表 6-33 规定计算后并入构件工程量内。其中预制混凝土屋架、桁架、托架及长度在 9m 以上的梁、板、柱不计算损耗率。

表 6-33　　　　　　　　　预制钢筋混凝土构件制作、运输、安装损耗率　　　　　　　　　%

名　　称	制作废品率	运输堆放损耗	安装（打桩）损耗
各类预制构件	0.2	0.8	0.5
预制钢筋混凝土桩	0.1	0.4	1.5

1. 预制混凝土构件运输工程量计算

（1）预制混凝土构件运输的最大运输距离取 50km 以内，超过时另行补充。

（2）加气混凝土板（块）、硅酸盐块运输每立方米折合钢筋混凝土构件体积 0.4m³ 按一类构件运输计算。

（3）预制混凝土构件运输分类，见表 6-31。

2. 预制混凝土构件安装工程量计算

（1）焊接形成的预制钢筋混凝土框架结构，其柱安装按框架柱计算，梁安装按框架梁计算。节点浇筑成形的框架，按连体框架梁、柱计算。

（2）预制钢筋混凝土工字形柱、矩形柱、空腹柱、双支柱、空心柱、管道支架等安装，均按柱安装计算。

（3）组合屋架安装，以混凝土部分实体体积计算。钢杆件部分不另计算。

（4）预制钢筋混凝土多层柱安装，首层柱按柱安装计算，二层及二层以上按柱接柱计算。

（二）钢构件运输及安装工程

1. 钢构件运输分类

钢构件运输分类，见表 6-32。

2. 钢构件运输工程量计算

钢构件运输工程量应区分不同类别和运输距离，按构件图示尺寸以重量吨（t）为单位计算，所需螺栓、电焊条重量不另计算。钢构件运输的最大运距为 20km 以内，超过时另行补充。

3. 钢构件安装工程量计算

金属结构构件安装分项工程包括钢柱安装、钢吊车梁安装、钢屋架拼装、钢屋架安装、钢网架拼装安装、钢天窗架拼装安装、钢托架梁安装、钢桁架安装、钢檩条安装、钢屋架支撑、柱间支撑安装和钢平台、操作台、扶梯安装等。其工程量均按设计图示尺寸重量区分不同类别、不同规格均以"t"为单位计算。

（1）依附于钢柱上的牛腿及悬臂梁等，并入柱身主材重量计算。

（2）金属结构中所用钢板，设计为多边形者，按矩形计算，矩形的边长以设计尺寸中互相垂直的最大尺寸为准。

(三)木门窗运输及安装工程

(1)木门窗运输工程量应区分不同运距按"m²"计算。木门窗的最大运距定额按 20km 制定,超过时另行编制补充定额。

(2)木门窗安装工程量均按设计图示尺寸以洞口面积"m²"计算。

(四)构件运输及安装工程量计算注意事项

1. 构件运输工程量计算注意事项

(1)构件运输定额考虑了城镇、现场运输道路等级、重车上下坡等各种因素,不得因道路条件不同而修改定额。

(2)混凝土构件、金属构件的运输距离分别适用于 50km 以内及 20km 以内,超过时另行补充。

(3)构件运输过程中,如遇路桥限载(限高),而发生的加固、拓宽等费用及有关电车线路和公安交通管理部门的保安护送费用,应另行处理。

2. 构件安装工程量计算注意事项

(1)构件安装定额机械起吊中心回转半径是按 15m 以内的距离计算的。如超出 15m 时,另按构件 1km 运输距离定额项目执行。

(2)构件安装如使用汽车式起重机时,按轮胎式起重机相应定额项目乘以系数 1.05 计算。

(3)构件安装定额不包括起重机械、运输机械行驶道路的修整、铺垫工作的人工、材料和机械,如发生时可按工程所在地区单位估价表的规定执行。

(4)小型构件安装是指单体小于 0.1m³ 的构件安装。

(5)升板预制柱加固(即 6—381 号定额)是指预制柱安装后,至楼板提升完期间,所需的加固搭设费。

(6)钢屋架单榀重量在 1t 以下者,按轻钢屋架定额计算,即 6—413~414 或 6—419~420 号定额项目计算。

(7)预制混凝土构件若采用砖模制作时,其安装定额中的人工、机械乘以系数 1.10。

(8)预制混凝土构件和金属构件安装定额均不包括为安装工程所搭设的临时性脚手架,若发生时另按有关规定计算。

(9)单层房屋盖系统构件必须在跨外安装时,按相应的构件安装定额的人工、机械台班乘以系数 1.18(用塔式起重机、卷扬机时,不乘此系数)。

(10)钢柱安装在混凝土柱上,其人工、机械乘以系数 1.43。

(11)预制混凝土构件、钢构件,若需跨外安装时,其人工、机械乘以系数 1.18。

七、楼地面工程

建筑物的底层地面和多层建筑的楼层地面简称为楼地面。楼地面工程一般包括垫层、找平层、隔离层(防潮层)、整体面层、块料面层、散水坡、坡道、台阶、栏杆、扶手和室内地沟等分项工程。

(一)楼地面工程构造层组成

一般来说,建筑地面应由图 6-39 所示各构造层组成。

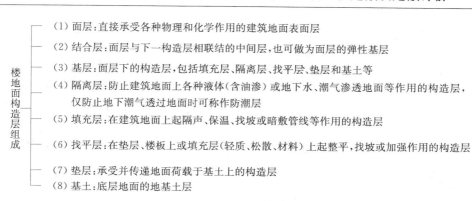

楼地面构造层组成
- (1) 面层:直接承受各种物理和化学作用的建筑地面表面层
- (2) 结合层:面层与下一构造层相联结的中间层,也可做为面层的弹性基层
- (3) 基层:面层下的构造层,包括填充层、隔离层、找平层、垫层和基土等
- (4) 隔离层:防止建筑地面上各种液体(含油渗)或地下水、潮气渗透地面等作用的构造层,仅防止地下潮气透过地面时可称作防潮层
- (5) 填充层:在建筑地面上起隔声、保温、坡度或暗敷管线等作用的构造层
- (6) 找平层:在垫层、楼板上或填充层(轻质、松散、材料)上起整平、找坡或加强作用的构造层
- (7) 垫层:承受并传递地面荷载于基土上的构造层
- (8) 基土:底层地面的地基土层

图 6-39 楼地面构造层组成

(二)楼地面分项工程量计算规则

1. 地面垫层工程量计算

地面垫层按室内主墙间净空面积乘以设计厚度以"m³"计算。应扣除凸出地面的构筑物、设备基础、室内铁道、地沟等所占体积,不扣除柱、垛、间壁墙、附墙烟囱及面积在 0.3m² 以内孔洞所占体积。

地面垫层工程量计算方法可用计算式表示为:

$$V = F\delta$$

式中 F——垫层面积(m²);

δ——垫层厚度(m)。

2. 面层工程量计算

(1)整体面层、找平层均按主墙间净空面积以"m²"计算,应扣除凸出地面构筑物,设备基础、室内管道、地沟等所占面积,不扣除柱、垛、间壁墙、附墙烟囱及面积在 0.3m² 以内的孔洞所占面积,但门洞、空圈、暖气包槽、壁龛的开口部分亦不增加。

(2)块料面层按图示尺寸实铺面积以"m²"计算,门洞、空圈、暖气包槽和壁龛的开口部分的工程量并入相应的面层内计算。

(3)楼梯面层(包括踏步、平台以及小于 500mm 宽的楼梯井)按水平投影面积计算。

(4)台阶面层(包括踏步及最上一层踏步沿 300mm)按水平投影面积计算,如图 6-40所示。

3. 其他分项工程量计算

(1)踢脚板按"延长米"计算,洞口、空圈长度不予扣除,洞口、空圈、垛、附墙烟囱等侧壁长度亦不增加。

(2)散水、防滑坡道按图示尺寸以"m²"计算。

(3)栏杆、扶手包括弯头长度按"延长米"计算。

(4)防滑条按楼梯踏步两端距离减 300mm,以"延长米"计算。

(5)明沟按图示尺寸以"延长米"计算。

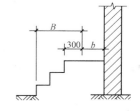

图 6-40 台阶计算宽度图
B—台阶计算宽度;
300—最上一层踏步延伸部分

(三)楼地面分项工程量计算注意事项

(1)本分部工程规定的水泥砂浆、水泥石子浆、混凝土等的配合比,如设计规定与定额不同

时,可以换算。

(2)整体面层、块料面层中的楼地面项目,均不包括踢脚板工料;楼梯不包括踢脚板、侧面及板底抹灰,另按相应定额项目计算。

(3)踢脚板高度是按150mm编制的。超过时材料用量可以调整,人工、机械用量不变。

(4)除菱苦土地面、现浇水磨石地面定额项目已包括酸洗打蜡工料外,其余项目均不包括酸洗打蜡内容。

(5)各种材质(即铝合金管、不锈钢管、塑料管、钢管、硬木)扶手,均不包括弯头制作安装,另按弯头单项定额以"个"为单位计算。

(6)定额中的"零星装饰"项目(即8—53、8—60、8—92号定额),适用于小便池、蹲位、池槽等项目。定额中未列的项目,可按墙、柱面中的相应项目计算。

(7)木地板中的硬、杉、松木板,是按毛料厚度25mm编制的,设计要求厚度与定额厚度不同时,可以换算。例如:某综合楼电话机室木地板厚度设计图纸标注为40mm,其木材用量调整计算如下:

$$调整后木材用量(m^3)=2.785+[100×(0.04-0.025)]$$
$$=2.785+1.5=4.375m^3$$

式中　2.785——平口木地板铺在木楞上的定额用量(见8—127号定额);

100——100m² 木地板;

0.04、0.025——设计厚度及定额规定厚度。

(8)钢筋混凝土垫层按混凝土项目执行,其钢筋部分按定额第5章相应项目及规定计算。

(9)碎石、砾石灌沥青垫层按定额第10章"防腐、保温、隔热工程"相应项目及规定计算。

(10)地面伸缩缝按定额第9章"屋面工程"相应项目计算。

八、屋面及防水工程

(一)屋面分项工程量计算规则

1. 瓦屋面、金属压型板工程量计算

瓦屋面、金属压型板(包括挑檐部分)均按图4-37所示尺寸的水平投影面积乘以屋面坡度系数(表4-24)以"m²"计算。不扣除房上烟囱、风帽底座、风道、屋面小气窗、斜沟等所占面积,屋面小气窗的出檐部分亦不增加。

2. 卷材屋面工程量计算

(1)卷材屋面按图示尺寸的水平投影面积乘以规定的坡度系数(表4-24)以"m²"计算。但不扣除房上烟囱、风帽底座、风道、屋面小气窗和斜沟所占的面积,屋面的女儿墙、伸缩缝和天窗等处的弯起部分,按图示尺寸并入屋面工程量计算。如图纸无规定时,伸缩缝、女儿墙的弯起部分可按250mm计算,天窗弯起部分可按500mm计算。

(2)卷材屋面的附加层、接缝、收头、找平层的嵌缝、冷底子油已计入定额内,不另计算。

3. 涂膜屋面工程量计算

涂膜屋面的工程量计算同卷材屋面。涂膜屋面的油膏嵌缝、玻璃布盖缝、屋面分格缝,以"延长米"计算。

4. 屋面排水工程量计算

(1)铁皮排水按图示尺寸以展开面积计算,如图纸没有注明尺寸时,可按表6-34计算。咬口

和搭接等已计入定额项目中,不另计算。

表 6-34　　　　　　　　　　　　铁皮排水单体零件折算表　　　　　　　　　　　　m²

名称	水落管 (m)	檐沟 (m)	水斗 (个)	漏斗 (个)	下水口 (个)	天沟 (m)	斜沟天窗 窗台泛水 (m)	天窗侧 面泛水 (m)	烟囱泛 水(m)	通气管 泛水(m)	滴水檐 头泛水 (m)	滴水 (m)
铁皮	0.32	0.30	0.40	0.16	0.45	1.30	0.50	0.70	0.80	0.22	0.24	0.11

(2)铸铁、玻璃钢水落管区别不同直径按图示尺寸以"延长米"计算,雨水口、水斗、弯头、短管以"个"计算。

(二)防水分项工程量计算规则

(1)建筑物地面防水、防潮层,按主墙间净空面积计算,扣除凸出地面的构筑物、设备基础等所占的面积,不扣除柱、垛、间壁墙、烟囱及 0.3m² 以内孔洞所占面积。与墙面连接处高度在 500mm 以内者按展开面积计算,并入平面工程量内,超过 500mm 时,按立面防水层计算。

(2)建筑物墙基防水、防潮层、外墙长度按中心线,内墙按净长乘以宽度以"m²"计算。

(3)构筑物及建筑物地下室防水层,按实铺面积计算,但不扣除 0.3m² 以内的孔洞面积。平面与立面交接处的防水层,其上卷高度超过 500mm 时,按立面防水层计算。

(4)防水卷材的附加层、接缝、收头、冷底子油等人工、材料均已计入定额内,不另计算。

(5)变形缝按"延长米"计算。

(三)屋面及防水分项工程量计算注意事项

(1)瓦屋面分项中各种瓦规格与定额不同时,瓦材数量可以换算,其他不变。

(2)防水工程也适用于楼地面、墙基、墙身、构筑物、水池、水塔及室内厕所、浴室等防水,建筑物±0.000 以下的防水、防潮工程按防水工程相应项目计算。

(3)屋面砂浆找平层、面层按楼地面相应定额项目计算。

(4)变形缝的盖缝木板盖缝断面为 20cm×2.5cm,如设计断面不同时,用料可以换算,人工不变。

(四)屋面及防水分项工程量计算示例

【例 6-25】　某厂木工车间中心线长度 25.33m,中心线跨度 9m,设计图示为两坡黏土机瓦屋面,坡度为 26°34′。试计算其工程量。

【解】　两坡瓦屋面工程量(图 6-41)的计算式为:

$$F = 屋面水平投影面积×屋面坡度系数$$
$$= (跨度+2×檐宽+2×0.06)×屋面长度×$$
$$屋面坡度系数$$

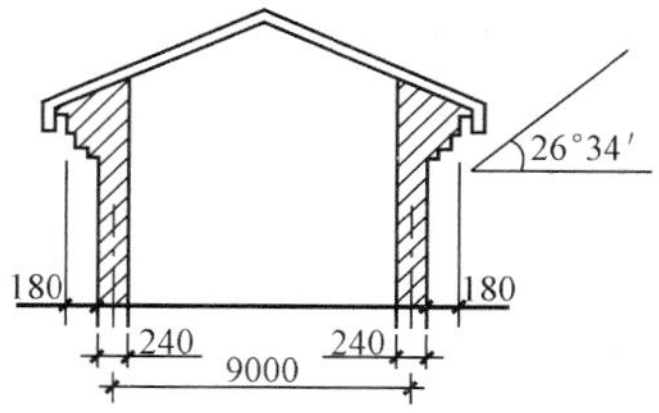

式中　屋面坡度系数=1.1180(查表 4-24 得):

0.06m——屋面沿口外伸宽度。

图 6-41　屋面纵剖面图

则:　　　　　$F = (9+2×0.12+2×0.18+2×0.06)×(25.33+0.24)×1.118$
$$= 9.72×25.57×1.118 = 277.87m²$$

【例 6-26】　某工程屋面施工图如图 6-42 所示。该屋顶带有女儿墙,屋面防水层设计要求采用防水柔毡卷材铺贴。试计算其工程量。

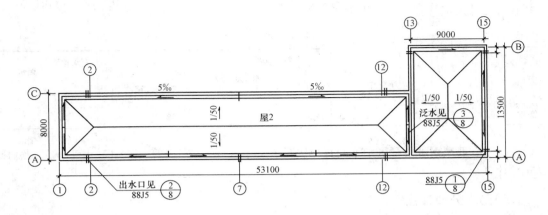

图 6-42　屋面排水施工图

【解】　(1)图示尺寸应扣去女儿墙厚尺寸,即 $2×0.12=0.24m$。

(2)计算规则指出"屋面的女儿墙……如图纸无规定时,伸缩缝、女儿墙的弯起部分可按 250mm 计算……"。

(3)为了简化计算工作,对女儿墙、山墙、天沟、檐沟及天窗而引起的弯起部分及弯起部分的附加层与增宽搭接层,可按屋面水平投影面积乘以表 6-35 中的系数计算(同时有几种情况时,其表列系数可以相加计算)。

表 6-35　　　　　　　　　　卷材屋面弯起项目增加系数

项　　目	带女儿墙、山墙	天　　窗	天沟、檐沟、斜沟
系　　数	1.03	1.10	1.08

(4)如果卷材屋面的坡度大于 1:10 时,卷材屋面水平投影面积乘表 6-36 中的系数计算(坡度在 3% 以内的平屋面,不增加坡度斜面积)。故图 6-42 所示屋面防水层工程量计算如下:

$$S=[(53.1-9-2×0.12)×(8-2×0.12)+(13.5-2×0.12)×$$
$$(9-2×0.12)]×1.03(弯起系数)$$
$$=[340.35+102.90]×1.03=456.55m^2$$

注:图 6-42 中屋面坡度 $1/50=0.02=2\%$,因 $<3\%$ 故不增加斜面积。

表 6-36　　　　　　　　　　卷材屋面坡度增加系数

屋面坡度	1:4	1:5	1:10
系　　数	1.03	1.02	1.004

【例 6-27】　图 6-43 所示某工程屋面,设计要求采用水乳型阳离子氯丁胶乳化沥青聚酯"二布三涂"防水层。试计算其工程量。

【解】　(1)该屋面也带有女儿墙(图 6-43),故应从图示尺寸中扣去它。

(2)氯丁冷胶"二布三涂"项目,其"三涂"是指涂料构成防水层数,并非指涂刷遍数;每一层"涂层"刷二遍至数遍不等。

$$F=(21-2×0.12)×(6-2×0.12)×1.03=123.16m^2$$

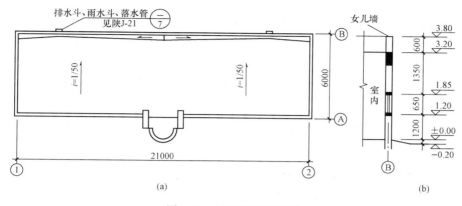

图 6-43　屋面排水施工图
(a)屋面平面图;(b)剖面图

【例 6-28】　试计算图 6-43 中铁皮排水工程量。

【解】　由图示得知,该屋面共设雨水落水管两根;天沟标高为 3.2m,室外地面标高为 -0.2m。则:

$$水落管长(L) = (3.2 + 0.2) \times 2 = 6.8m$$
$$水落管面积(F) = 6.8 \times 0.32(查表 6-34 得) = 2.18m^2$$
$$入水口、水斗、下水口 \qquad 各 2 个$$

九、防腐、保温、隔热工程

(一)定额项目组成

《全国统一建筑工程基础定额》(土建工程)对"防腐、保温、隔热工程"定额项目内容的组成,做了如图 6-44 所示的划分。

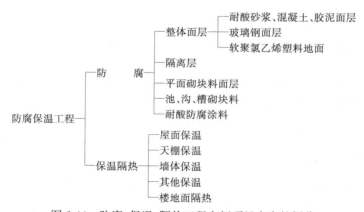

图 6-44　防腐、保温、隔热工程定额项目内容的划分

(二)定额项目适用范围

整体面层、隔离层定额适用于平面、立面的防腐耐酸工程(包括池、沟、坑、槽)。

保温隔热定额项目适用于中温、低温及恒温的工业厂(库)房隔热工程,以及一般保温工程。

(三)防腐、保温、隔热分项工程量计算规则

1. 防腐分项工程量计算

(1)防腐工程项目应区分不同防腐材料种类及其厚度,按设计实铺面积以"m²"计算,应扣除凸出地面的构筑物、设备基础等所占的面积,砖垛等突出墙面部分按展开面积计算并入墙面防腐工程量之内。

(2)踢脚板按实铺长度乘以高度以"m²"计算,应扣除门洞口所占面积并相应增加侧壁展开面积。

(3)平面砌筑双层耐酸块料时,按单层面积乘以系数2计算。

(4)防腐卷材接缝、附加层、收头等人工、材料,已计入在定额中,不再另行计算。

2. 保温、隔热分项工程量计算

(1)保温隔热层应区别不同保温隔热材料,除另有规定者外,均按设计实铺厚度以"m³"计算。

屋面保温层工程量计算前,应首先确定保温层的平均厚度。施工蓝图中一般都绘有屋面平面图(图6-42及图6-43),而且标注了屋面找坡坡度,设计说明中又说明了找坡最薄处的厚度(如30mm等)。据此,屋面保温层工程量计算方法是:

$$保温层体积＝保温层面积×保温层平均厚度$$

式中 保温层面积＝屋面保温层长度×宽度;

$$保温层平均厚度＝\left(\frac{b}{2}×3\%\right)×\frac{1}{2}+30(mm),(图6-45);$$

30——最薄处的厚度(mm)(图示一般为30mm);

$\frac{b}{2}×3\%$——最厚处的厚度(mm)(3%为找坡坡度)。

【例6-29】 设某车间跨度为9m,设计说明及屋面施工图分别表明:屋面采用1:6石灰炉渣找坡,坡度为2%,找坡最薄处厚度为30mm,试计算找坡层的平均厚度是多少。

【解】 依据上述计算公式及图6-45所示,其平均厚度为:

$$\bar{\delta}=\left(\frac{9}{2}×2\%\right)×\frac{1}{2}+0.03m=0.075m$$

(2)保温隔热层的厚度按隔热材料(不包括胶结材料)净厚度计算。

(3)地面隔热层按围护结构墙体间净面积乘以设计厚度以"m³"计算,不扣除柱、垛所占的体积。

(4)墙体隔热层,外墙按隔热层中心线、内墙按隔热层净长乘以图示尺寸的高度及厚度以"m³"计算,应扣除冷藏门洞口和管道穿墙洞口所占的体积。

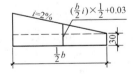

图6-45 找坡层平均厚度计算图
i—坡度

(5)柱包隔热层按图示柱的隔热层中心线的展开长度乘以图示尺寸高度及厚度以"m³"计算。

(6)其他分项保温隔热层工程量计算方法如下:

1)池槽隔热层按图示池槽保温隔热层的长、宽及其厚度以"m³"计算。其中池壁按墙面计算,池底按地面计算。

2)门洞口侧壁周围的隔热部分按图示隔热层尺寸以"m³"计算,并入墙面的保温隔热工程量内。

3)柱帽保温隔热层按图示保温隔热层体积并入天棚保温隔热层工程量内。

(四)防腐、保温、隔热分项工程量计算注意事项

(1)立面部位砌块料面层时,按平面砌块料面层定额相应项目人工乘以系数 1.38,踢脚板人工乘以系数 1.56 计算,其他不变。

(2)各种块料面层的结合层砂浆或胶泥的厚度已按规范作了综合考虑,使用时一律不得调整换算。

(3)定额项目中,除"软聚氯乙烯塑料地面"包括铺贴踢脚板外,其余各种面层均不包括踢脚板。

(4)防腐卷材接缝、附加层、收头等工料已包括在定额中,不得另行计算。

十、装饰工程

《全国统一建筑工程基础定额》(土建工程)中的"装饰工程"分部定额中的相应部分根据中华人民共和国原建设部"建标(2001)271 号"通知的规定,自 2002 年 1 月 1 日起停止执行,同时,执行"建标(2001)271 号"通知发布的《全国统一建筑装饰装修工程消耗量定额》GYD—901—2002。因此,"装饰工程"工程量计算均按 GYD—901—2002《全国统一建筑装饰装修工程消耗量定额》为依据予以介绍。

(一)楼地面装饰工程量计算规则

(1)楼地面装饰面积按饰面的净面积计算,不扣除 0.1m² 以内的孔洞所占面积。拼花部分按实贴面积计算。

(2)楼梯面积(包括踏步、休息平台以及小于 500mm 宽的楼梯井)按水平投影面积计算。工作内容包括清理基层、试排弹线、锯板修边、铺贴饰面、清理净面。

螺旋形楼梯装饰面层水平投影面积(F)的计算方法以及计算公式表示如下(图 6-46):

$$F = B \times H \times \sqrt{1 + \left(\frac{2\pi R_{平}}{h}\right)^2}$$

式中　B——螺旋楼梯宽度(m);

　　　H——螺旋楼梯高度(m);

　　　h——螺旋楼梯螺距(m);

　　　$R_{平}$——螺旋圆平均半径$\left(R_{平} = \frac{R+r}{2}\right)$(m)。

螺旋楼梯的内外侧面面积等于内外边螺旋长度乘侧边面高度。

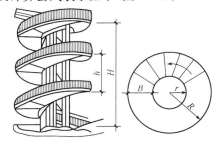

图 6-46　螺旋楼梯装饰面层计算图

内边螺旋长度　　　　　$L_{内} = H \times \sqrt{1 + \left(\frac{2\pi r}{h}\right)^2}$

外边螺旋长度　　　　　$L_{外} = H \times \sqrt{1 + \left(\frac{2\pi R}{h}\right)^2}$

(3)台阶面层(包括踏步及最上一层踏步沿 300mm)按水平投影面积计算。

(4)踢脚线区分不同形式(直线形、弧形)和不同材质按实贴长度乘高度以"m²"计算,成品踢脚线按实贴延长米计算。楼梯踢脚线按相应定额乘以 1.15 系数计算。

(5)点缀按个计算,计算主体铺贴地面面积时,不扣除点缀所占面积。

(6)栏杆、栏板、扶手区分不同材质、不同造型均按其中心线长度以"延长米"计算,计算扶手

时不扣除弯头所占长度。弯头按个另行列项计算,套用"1—228~1—237"号定额项目。栏杆、栏板装饰的工作内容包括制作、放样、下料、焊接、安装清理等。

(7)石材底面刷养护液按底面面积加四个侧面面积,以"m²"计算。例如:某办公楼门厅地面铺贴 500mm×500mm×25mm 花岗岩面层 200 块,故其刷养护液面积应为$(0.5×0.5+0.5×0.25×4)×200=150$m²。

(8)零星项目按实铺面积"m²"计算。

【例 6-30】 试计算图 6-47 所示楼梯水磨石面层。

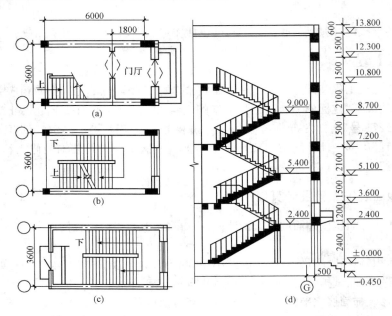

图 6-47 楼梯工程量计算图
(a)、(b)、(c)各层平面图;(d)剖面图

【解】 图 6-47(a)、(b)、(c)所示楼梯分别为某综合办公楼底层($\triangledown±0.000$)、二层($\triangledown3.600$)、三层($\triangledown7.200$)和顶层($\triangledown10.800$)平面图。同一构成材料楼梯应按图示尺寸以各楼层水平投影面积之和计算,故上述楼梯面层工程量为:

底层(±0.000 层)

$$F_1 = \frac{1}{2}(6.0-1.8-0.24)×(3.6-0.24)$$
$$=6.65\text{m}^2$$

二层至顶层(3.60~10.80m 层)

$$F_2 = (6.0-0.24)×(3.6-0.24)×2.5(\text{层})$$
$$=48.38\text{m}^2$$

该楼梯水磨石总面积

$$F_总 = F_1+F_2 = 6.65+48.38 = 55.03\text{m}^2$$

【例 6-31】 试计算图 6-48 所示高温、光谱、天平、更衣室"陕 02J01—地 35"地面装饰工程量、直接工程费和主要材料使用量各为多少。

【解】 经查阅"陕 02J01—地 35"得知其地坪构造为:20 厚磨光花岗石板,稀水泥浆擦缝;撒

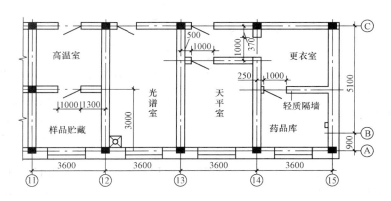

图 6-48　天然石材地面装饰工程量计算图

注：凡未标注墙厚尺寸者墙厚均为 240mm

素水泥面(洒适量清水)；20 厚 1：3 干硬性水泥砂浆结合层(内掺建筑胶)；水泥浆一道(内掺建筑胶)；60 厚 C15 混凝土垫层；150 厚 3：7 灰土层；素土夯实。

（1）计算工程量

该例内容涉及土建工程，因此其工程量应分以下几步计算：

第一步，确定计算尺寸：

总长度(⑪～⑮轴线间)$L=3.6×4-0.24×3-0.12×2=13.44m$

总宽度(Ⓐ～Ⓒ轴线间)$B=(5.10+0.90)-0.24=5.76m$

第二步，确定装饰面层(磨光花岗石)：

总面积 $F=13.44×5.76-[(3.6-1.0-0.24)×3×0.24]+1.0×0.24$
$$=77.41-1.70+0.24=75.95m^2$$

第三步，确定土建工程量(陕 02J01—地 35 中的其他内容)：

1)20 厚 1：3 水泥砂浆结合层　　$F_结=75.95m^2$(利用上述计算值)

2)60 厚 C15 混凝土垫层　　$V_1=75.95×0.06=4.56m^3$

3)150 厚 3：7 灰土层　　$V_2=75.95×0.15=11.39m^3$

（2）计算直接工程费：

1)3：7 灰土层　　$P_1=11.39m^3×46.46$ 元/$m^3=529.18$ 元　　　　　　　　　　　定额号 8—2

2)C15 混凝垫层　　$P_2=4.56m^3×168.55$ 元/$m^3=768.59$ 元　　　　　　　　　定额号 8—23

3)素水泥浆一道　　$P_3=75.95m^3$(利用值)÷100×64.59 元/$100m^2$
$$=49.06 元$$
　　　　　　　　　　　　　　　　　　　　　　　　　　　　　　　　定额号 8—37

4)20 厚 1：3 水泥砂浆结合层(面层单价内已包括，故不另计算)

5)花岗石面层　　$P_4=75.95m^2÷100×31885.01$ 元/$100m^2$
$$=24216.67 元$$
　　　　　　　　　　　　　　　　　　　　　　　　　　　　　　　　定额号 8—87

6)直接工程费　合计 $P_总=P_1+P_2+P_3+P_4=529.18+768.59+49.06+24216.67$
$$=25563.50 元$$

（3）计算主要材料使用量(按定额顺序进行)

生石灰　　　　　　$11.39m^3×0.245t/m^3=2.79t$

硅酸盐水泥　32.5　$4.56m^3×326kg/m^3=1486.56kg$

硅酸盐水泥　42.5　$75.95m^2÷100×(153kg/100^2+1519kg/100m^2)$

$$=1269.88kg=1.27t$$

白水泥　　　$75.95m^2 \div 100 \times 10kg/100m^2 = 7.60kg$

花岗石板　　$75.95m^2 \div 100 \times 102m^2/100m^2 = 77.47m^2$

注:(1)上式中工程量的扣除部分为⑪～⑫、⑬～⑭、⑭～⑮及⑭轴上Ⓐ～Ⓒ间的隔墙所占地面面积数值。

　　(2)上式中直接工程费计算系依据工程所在99年版本定额基价。

(二)墙、柱面装饰工程量计算规则

1. 装饰抹灰工程量计算

(1)外墙面装饰抹灰按外墙图示尺寸垂直投影面积以"m^2"计算,应扣除门窗洞口和$0.3m^2$以上的孔洞所占的面积,门窗洞口及孔洞侧壁面积则不增加。附墙柱侧面抹灰面积并入外墙抹灰面积工程量内计算。外墙装饰抹灰工程量计算可用计算式表达为:

$$F=L_外H-f$$

式中　F——外墙抹灰工程量(m^2);

　　　$L_外$——外墙长度(按图示外边线计算)(m);

　　　f——应扣除面积(m^2);

　　　H——外墙高度(m)。

注:外墙计算高度H应区分下列不同情况确定:

　①平屋面有挑檐者由室外设计地坪算至钢筋混凝土板底。

　②平屋面无挑檐者由室外设计地坪算至屋面板上表面。

　③平屋面有女儿墙时,由室外设计地坪算至女儿墙压顶底。

　④坡屋面无檐口天棚者算至屋面板底;有屋架,且室内外均有天棚者,算至屋架下弦底面另加200mm;无天棚者算至屋架下弦底加300mm。

　⑤外山墙按山尖平均高度计算。

外墙勒脚与外墙面抹灰类型不同时,应另列项计算。外墙勒脚抹灰面积按其长度乘高度计算,扣除门窗洞口和大于$0.3m^2$孔洞所占的面积,门窗洞口及孔洞的侧壁不增加。

(2)柱面装饰抹灰按结构断面周长乘高计算,计算公式如下:

矩形柱抹灰　　　　　　　　$F_矩 = 2(A+B)HN$

圆形柱抹灰　　　　　　　　$F_圆 = \pi DHN$

式中　$F_矩$、$F_圆$——矩、圆形柱抹灰面积(m^2);

　　　A、B——矩形柱一边长度(m);

　　　π——圆周率;

　　　D——圆形柱直径(m);

　　　H——柱的高度(m);

　　　N——柱的数量(根、个)。

(3)女儿墙(包括泛水、挑砖)、阳台栏板(不扣除花格所占孔洞面积)内侧抹灰按垂直投影面积乘以系数1.10,带压顶者乘以系数1.30按墙面定额执行。

【例6-32】　试计算图6-49中Ⓜ～Ⓑ轴间外墙抹灰工程量。

【解】　此道墙比较特殊,即Ⓜ～Ⓕ轴标高为9.2m,如图6-49(c)所示,Ⓔ～Ⓒ轴为弧形,且高度为7.2m(此部分剖面见表6-37中插图),Ⓒ～Ⓑ轴标高也为7.2m,墙厚0.37m。故应分三部分计算(表6-37)。

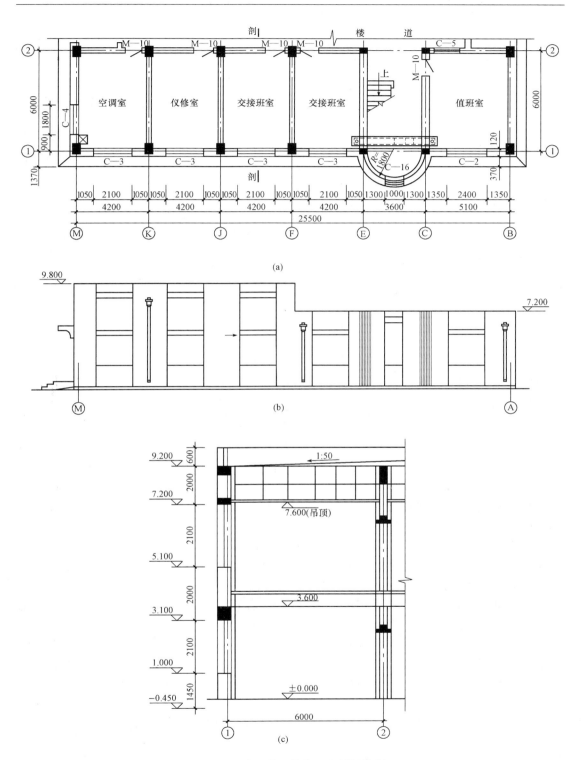

图 6-49 墙面柱面抹灰工程量计算图

(a)平面;(b)Ⓜ~Ⓐ立面;(c)剖面

表 6-37 工程量计算表

序号	部位提要	项目名称及计算式	图　　示	计量单位	数量
1	Ⓜ～Ⓕ轴 C—3 窗　4×2	长:$4.2×4+0.37×2=17.54$m 高:$9.65+0.6=10.25$ 　2100mm×2100mm $F_1=17.54×10.25-2.1×2.1×4×2$ 　$=144.51$m²		m²	144.51
2	Ⓔ～Ⓒ轴 C—16 窗　1×1	长:$\frac{\pi d}{2}=\pi R=3.1416×1.8=5.65$m 高:8.25m(剖面图见右图) 　1000mm×5700mm $F_2=5.65×8.25-1.0×5.7×1$ 　$=40.91$m²		m²	40.91
3	Ⓒ～Ⓑ轴 C—2 窗　1×1	长:$5.1+0.37=5.47$m 高:8.25m 　2400mm×2100mm $F_3=5.47×8.25-2.4×2.1×1$ 　$=45.13-5.04=40.09$m² 　　　　Ⓔ~Ⓑ轴墙高剖面		m²	40.09
4	抹灰总面积	$F_总=F_1+F_2+F_3=144.51+40.91+40.09=225.51$m²		m²	225.51

【例 6-33】 某市国际购物广场檐廊有直径为 800mm、高 4200mm 圆形柱 6 个,设计图纸标注该柱装饰面层为斩假石,试计算其装饰抹灰工程量。

【解】 依据已知条件及圆形柱表面积计算公式,该柱抹灰工程量为:
$$F=\pi DHN=3.1416×0.8×4.2×6=63.33\text{m}^2$$

2. 镶贴块料工程量计算

GYD—901—2002《全国统一建筑装饰装修工程消耗量定额》中,墙柱面镶贴块料材料的类别主要有:大理石、花岗石、陶瓷锦砖、瓷板、文化砖、凹凸假麻石和面砖等。墙面、柱面镶贴块料装饰工程量计算方法如下:

(1)墙面贴块料面层按图示尺寸以实贴面积计算。

(2)墙面贴块料、饰面高度在 300mm 以内者,按踢脚板定额执行。

(3)柱饰面面积按外围饰面尺寸乘以高度计算。

(4)挑檐、天沟、腰线、窗台线、门窗套、栏板、栏杆、压顶、遮阳板、雨篷周边等块料镶贴按实贴面积计算,执行"零星项目"定额。

(5)挂贴大理石、花岗岩定额中"零星项目"的花岗岩、大理石是按成品考虑的,花岗岩、大理石柱墩、柱帽按最大外径周长计算。除定额已列有柱帽、柱墩的项目外,其他项目的柱帽、柱墩工程量按设计图示尺寸以展开面积计算,并入相应柱面积内,每个柱帽或柱墩另增人工:抹灰 0.25工日,块料 0.38 工日,饰面 0.50 工日。

(6)隔断按墙的净长乘以高度计算,扣除门窗孔口及 0.3m² 以上的孔洞所占面积。

【例 6-34】 中国银行××市××路分理处门厅圆形柱四个,其直径 $DN=500$mm,高度为 3800mm,设计图标注采用挂贴花岗岩面层,试计算其工程量。

【解】 工程量 $3.1416×0.50×3.80×4=23.88$m²

【例 6-35】 如将"[例 6-34]"柱装饰面改为干挂花岗岩时,试计算其工程量。

【解】　石材干挂施工工艺是利用耐腐蚀的螺栓和耐腐蚀的柔性连接件,将花岗岩(或大理石)板干挂在柱结构的外表面,石材与柱结构之间留出 40～50(mm)的空腔,其构造如图 6-50 所示。其工程量计算如下:

$$F=3.1416\times(0.50+2\times0.05)\times3.8\times4=7.16\times4=28.65\text{m}^2$$

上式中的"2×0.05"系连接件与柱之间的空腔距离。

3. 墙、柱面装饰工程量计算

本项是指墙、柱面"装饰抹灰"、"镶贴块料面层"之外的"墙、柱面装饰"工程,主要包括龙骨基层;夹板、卷材基层;面层;隔断;柱龙骨基层及饰面等分项工程。

(1)龙骨基层工程量计算。龙骨基层项目区分木质龙骨、轻钢龙骨、铝合金龙骨、型钢龙骨、石膏龙骨不同材质及规格等分别按设计图示尺寸以面积"m²"为单位计算。以木龙骨基层为例,其工作内容包括定位下料、打眼、安膨胀螺栓、安装龙骨、刷防腐油等。墙、柱面木龙骨构造如图 6-51(a)、(b)、(c)所示。

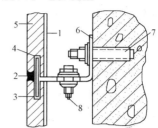

图 6-50　花岗岩干挂构造示意图
1—玻璃布增强层;2—嵌缝油膏;3—钢针;
4—长孔(充填环氧树脂粘接剂);5—石材薄板;
6—安装角钢;7—膨胀螺栓;8—紧固螺栓

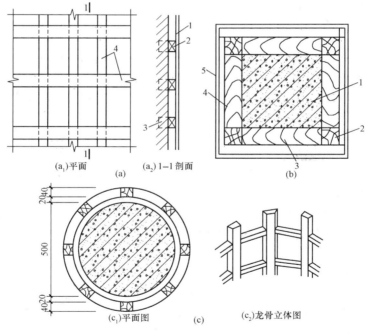

图 6-51　墙、柱面木龙骨构造图
(a)墙面木龙骨构造图
1—面层;2—木龙骨;3—木砖;4—横竖龙骨
(b)方形柱龙骨构造
1—柱;2—竖向龙骨;3—横向龙骨;4—衬板(层);5—面层;
(c)圆形柱木龙骨

(2)夹板、卷材基层工程量计算。夹板、卷材基层是指在墙、柱龙骨与面层之间设置的一道隔离层(也可称"结合层",其作用是用来增强面层与龙骨的结构,提高整体耐力)。《全国统一建筑装饰装修工程消耗量定额》编号 2—186～191 号为玻璃棉毡隔离层、石膏板基层、胶合板基层(板厚 5mm、9mm)、细木工板基层和油毡隔离层等六个子目。墙、柱面夹板、卷材基层按设计图示尺寸以面积"m²"为计量单位计算,工作内容包括龙骨上钉隔离层。

【例 6-36】 设图 6-51(c)圆形柱基层为油毡隔离层,柱高为 3500mm,试计算其工程量。

【解】 按照图示及已知高度,代入计算公式 $F=\pi DH$ 得:
$$F=3.1416\times(2\times0.04+2\times0.02+0.50)\times3.5\times1(\text{个})$$
$$=3.1416\times0.62\times3.5\times1(\text{个})=6.82\text{m}^2$$

(3)面层工程量计算。墙、柱(梁)装饰的外表称为面层。《全国统一建筑装饰装修工程消耗量定额》中墙、柱(梁)面各种装饰面层共编列了 39 个子目,包括墙面、柱(梁)面、柱帽、柱脚及墙裙等的饰面层。各种饰面层按照材质的不同,可分为以下各种:

1)玻璃面层:镜面玻璃、镭射玻璃。

2)不锈钢面板(8K)(成型)。

3)人造革、丝绒面料。

4)塑料板面及塑料扣板饰面。

5)铝质面板:电化铝板、铝合金装饰板、铝合金复合板(铝塑板)。

6)矿棉吸音板、石棉板。

7)木质类饰面板:胶合板、硬木条板、硬木条吸音板、纤维板、刨花板、木丝板、杉木薄板、柚木皮、木制饰面板(榉木夹板 3mm,拼色、拼花)

8)其他:石膏饰面板、竹片内墙面、镀锌铁皮墙面、FC 板、超细玻璃棉板等。

上述各种装饰面层工程量计算按照构件的不同,具体方法如下:

①墙面、墙裙饰面按照设计图示墙的净长尺寸乘以净高尺寸以面积"m²"计算,扣除门窗洞口及 0.3m² 以上孔洞所占面积,即:
$$F=L_{\text{净}}H_{\text{净}}-f$$

式中　F——墙面(墙裙)装饰工程量(m²);

　　$L_{\text{净}}$——墙面(墙裙)净长度=图示中心线长度—两端交接墙厚(m);

　　$H_{\text{净}}$——墙面(墙裙)净高度(m);

　　f——应扣除面积之和(m²)。

②柱饰面按柱外围饰面尺寸乘以高度计算,计量单位为"m²"。柱帽、柱墩工程量并入相应柱面积内。

③梁饰面按梁外围饰面尺寸乘以梁长计算。

【例 6-37】 某飞机场候机厅设计图示中心线长度为 26.82m,宽度为 15.41m,墙厚 240mm,墙高自地面至吊顶下面净高为 4.15m,门窗洞口面积为 115.51m²。该墙面采用木制拼花饰面板装修,试计算其工程量。

【解】 $F=[(26.82-2\times0.12)+(15.41-2\times0.12)]\times2\times4.15-115.51$
$$=[26.58+15.17]\times2\times4.15-115.51$$
$$=346.53-115.51=231.02\text{m}^2$$

【例 6-38】 上述候机厅 $DN=550$mm 圆柱 6 个,设计图示在胶合板基层上采用 XY—518 胶粘贴镭射玻璃装饰面层,试计算其工程量及综合工日。

【解】 依据已知条件及前述公式计算如下:
$$F=\pi DHN=3.1416\times0.55\times4.15\times6=43.02\text{m}^2$$
$$\text{工日}=43.02\times0.16=6.88(\text{工日})$$

【例 6-39】 某宾馆报告厅矩形梁断面尺寸为 800×400(mm)共 4 根,梁中心长度为 9.00m,墙厚 240mm,不锈钢面板饰面,试计算其工程量及主要材料需要量。

【解】 工程量$=(0.8\times2+0.4)\times(9.00-2\times0.12)\times4=70.08\text{m}^2$

主要材料:镜面不锈钢面板(8K)$=70.08\times1.1389=71.22\text{m}^2$

不锈钢卡口槽$=70.08\times1.06=74.28\text{m}$

玻璃胶(350g)$=70.08\times(0.81+0.20)\approx71$ 支

注:本例计算中未考虑梁骨架尺寸。

(4)隔断工程量计算。将房间隔开的一种不同于隔墙(间壁)的构件,称为隔断(它一般多为 2m 高左右)。它一般多用于客厅、餐厅、浴室、卫生间等处。隔断工程量应区分不同材质、不同规格、不同构造等,分别按图示净长乘以净高计算,应扣除门窗洞口及 0.3m^2 以上的孔洞所占面积以"m^2"计算。其中浴厕隔断的门不扣除,并入隔断工程量内计算。

(5)柱龙骨基层及饰面计算。该项目系综合项目,共有 26 个子目,具体内容有:①圆柱包铜板(木、钢龙骨);②方柱包装饰铜板(圆铜板,木龙骨);③包方柱镶条(不锈钢条板、镶钛金条、钛金条板镶不锈钢条板……);④包圆柱镶条(柚木板、防火板、波音板……)。其工程量均按图示尺寸以面积"m^2"计算,套用相应定额子目单价。

4.幕墙工程量计算

幕墙是指悬挂在建筑结构框架外表面的一种非承重墙。幕墙有多种,如玻璃幕墙、组合幕墙等。玻璃幕墙主要是使用玻璃做饰面材料,覆盖在建筑物的外表面,看起来好像是笼罩在建筑物上的一层薄帷。玻璃幕墙由骨架、玻璃及结合材料三大部分构成。

定额中幕墙类型主要包括有玻璃幕墙(玻璃规格 1.6×0.9)、铝板幕墙(铝塑板、铝单板)、全玻幕墙(钢化玻璃 $\delta=15\text{mm}$)三个大类七个子目。各类幕墙装饰工程量均按设计图示尺寸以外围面积"m^2"计算。

(三)天棚装饰工程量计算规则

天棚亦称顶棚、吊顶或天花板,其构造形式多种多样,不同形式天棚工程量计算方法分述如下:

1.平面、跌级天棚工程量计算

(1)各种吊顶天棚龙骨按主墙间净空面积计算,不扣除间壁墙、检查洞、附墙烟囱、柱、垛和管道所占面积。天棚龙骨工程量计算公式为:

$$F=L_{\text{净}}B_{\text{净}}N$$

式中　F——顶棚骨架(龙骨)面积(m^2);

$L_{\text{净}}$——主墙间净长度=图示长度—两端中心线墙厚(m);

$B_{\text{净}}$——主墙间净宽度=图示宽度—两端中心线墙厚(m);

N——有顶棚的房间数(个、间)。

【例 6-40】 前述图 6-48 设计标明做轻钢龙骨架、矿棉板面层顶棚,试计算其骨架工程量。

【解】 工程量计算如下:

$$F=[(5.1+0.9)-0.24]\times(3.60-0.24)\times4$$
$$=5.76\times3.36\times4=77.41\text{m}^2$$

(2)天棚基层区分不同材质按展开面积"m^2"计算。

(3)天棚面层。吊顶天棚面层饰面是指吊顶骨架的遮挡面(或称外表面),一般习惯又称为天棚面板。天棚饰面板的种类很多,做法各异,但不管采用何种饰面板,其面积计算均与天棚龙骨相同,此不重述。但有一点应给读者说明,同一部位的楼地面面积=吊顶龙骨面积=天棚饰面板面积=装饰脚手架基本层面积。因此,实际工作中,对上述工程量只要计算出一项,其他有关部分可以相互利用,不必重新计算。

板式楼梯底面装饰工程量按水平投影面积乘1.15系数计算;梁式楼梯底面装饰工程量按展开面积"m²"计算。

(4)天棚灯槽应区分不同形式(悬挂式、附加式)分别按"延长米"计算。工作内容包括定位、弹线、下料、钻孔埋木楔、灯槽制作安装等。

2. 艺术造型天棚工程量计算

由不同几何图形构成的天棚称为艺术造型天棚。艺术造型天棚的种类及断面形状如图6-52所示。艺术造型天棚与其他各类天棚一样,也是由龙骨、基层和面层构成。龙骨、基层和面层按艺术造型的不同,又划分为藻井天棚、吊挂式天棚、阶梯型天棚、锯齿型天棚四种形式,分别如图6-52(a)、(b)、(c)、(d)所示。

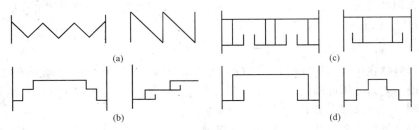

图6-52 艺术造型天棚断面示意图
(a)锯齿形;(b)阶梯形;(c)吊挂式;(d)藻井式

(1)艺术造型各种天棚龙骨区分不同类型和材质,按主墙间净空面积计算,不扣除间壁墙、检查洞、附墙烟囱、柱、垛和管道所占面积。

(2)天棚基层区分不同类型和材质,按展开面积计算。

(3)天棚装饰面层区分不同类型和材质,按主墙间实钉(胶)面积以"m²"计算,不扣除间壁墙、检查口、附墙烟囱、柱、垛和管道所占面积,但应扣除0.3m²以上的孔洞、独立柱、灯槽及与天棚相连的窗帘盒所占的面积。

【例6-41】 ××市中医院划价、取药等候厅中心线长度为21.24m,中心线宽度为15.41m,墙厚370mm。其天棚面层为纸面石膏板藻井型(图6-53),试计算其人工、材料需要量。

【解】 欲计算人工、材料需要量,首先应计算出天棚的工程量。

(1)天棚工程量 $F=(21.24-2\times0.185)\times(15.41-2\times0.185)=313.88m^2$

(2)人工工日用量 $j=313.88\times(0.28+0.16+0.17)=191.47$ 工日
龙骨用工——————————————————面层用工
基层用工——————

(3)主要材料用量

1)龙骨部分 轻钢龙骨主接件 $313.88\times0.6=188.33$ 个 代码:AF0092

轻钢龙骨天面连接件 $313.88\times7.6=2385.49$ 个 代码:AF0162

紧固件 $313.88\times2.0=627.76$ 套 代码:AF0751

镀锌轻钢大龙骨38系列 $313.88\times1.93=605.79m$ 代码:AF0850

镀锌轻钢小龙骨 $313.88×5.75=1804.81m$ 代码：AF0860

$\vdots$

2）基层部分 胶合板 5mm $313.88×1.15=360.96m^2$ 代码：CD0020

　　　　　　铁钉（圆钉） $313.88×0.06=18.83kg$ 代码：AN0580

3）面层部分 石膏板 $313.88×1.15=360.96m^2$ 代码：AG0523

　　　　　　自攻螺丝 $313.88×28=8788.64$ 个 代码：AM9123

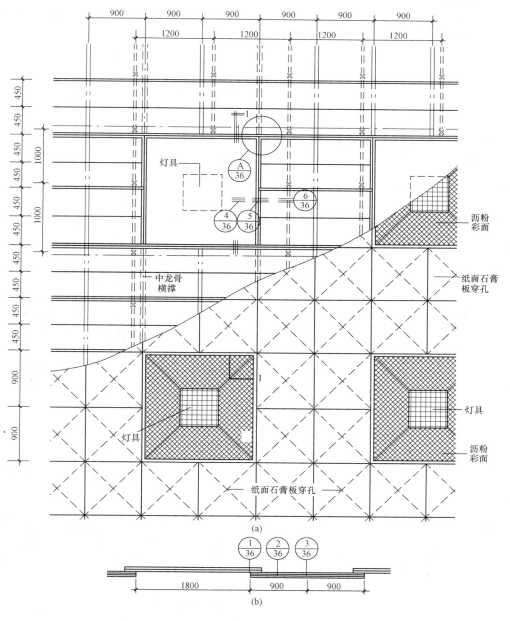

(a)

(b)

图 6-53 藻井型天棚构造详图

(a)龙骨及板材布置平面；(b)1—1 剖面

3. 其他天棚(龙骨和面层)工程量计算

此项天棚系综合项目天棚,定额编列了烤漆龙骨天棚、铝合金格栅天棚、玻璃采光天棚、木格栅天棚和网架及其他天棚五个分项工程,共列45个子目。该分项工程工程量均按主墙间图示尺寸净空面积"m²"计算,不扣除间壁墙、检查洞、柱、垛和管道所占面积。

铝合金格栅天棚是一种新型材料天棚,也是国际上流行的一种新型天棚,目前我国在许多高、中档房屋建筑装饰装修中被广泛采用。铝合金格栅天棚的种类较多,这里仅将定额中的铝合金条板天棚、格片天棚、吸音格栅天棚分别以图6-54、图6-55、图6-56加以表示,以供对定额子目的理解和运用。

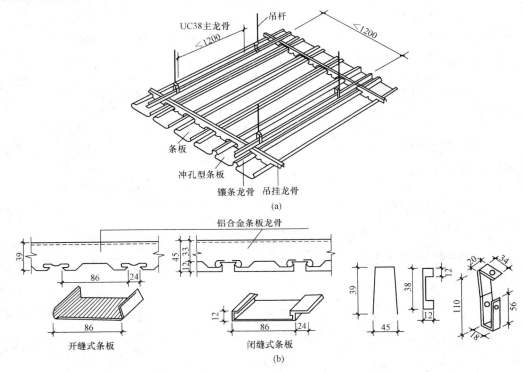

图6-54 铝合金条板天棚安装及构件示意图
(a)安装示意图;(b)龙骨及配件示意图

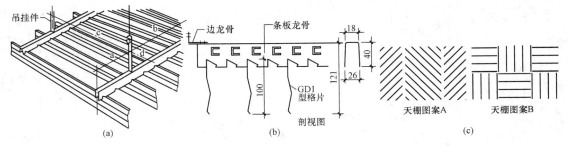

图6-55 铝合金格片天棚安装及格片示意图
(a)安装示意图;(b)格片示意图;(c)格片天棚平面布置图
注:图(a)中:a—最大500mm;b—条板;c—最大1800mm;d—最大600mm
间距为100、500、200mm,2个吊点时b分别为1700、1850、2000mm。

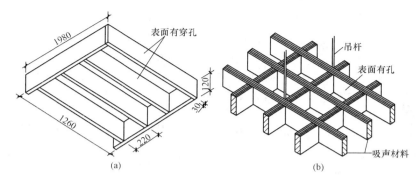

图 6-56　GD8 型铝合金吸音天棚示意图
(a)平面图;(b)透视图

4. 其他项目工程量计算

定额第三章"天棚工程"第四分项"其他"主要包括:①天棚设置保温吸音层;②送(回)风口安装;③嵌缝三个项目 17 个子目。其工程量分别以"m²"、"个"、"m"为计量单位计算。

(四)门窗装饰工程量计算规则

(1)铝合金门窗、彩板组角钢门窗、塑钢门窗安装均按洞口面积以"m²"计算。纱扇制作安装按扇外围面积计算。

(2)卷闸门安装按其安装高度乘以门的实际宽度以"m²"计算。安装高度算至滚筒顶点为准。带卷筒罩的按展开面积增加。电动装置安装以套计算,小门安装以"个"计算,小门面积不扣除。

(3)防盗门、防盗窗、不锈钢格栅门按框外围面积以"m²"计算。

(4)成品防火门以框外围面积计算,防火卷帘门从地(楼)面算至端板顶点乘以设计宽度。

(5)实木门框制作安装以"延长米"计算。实木门扇制作安装及装饰门扇制作按扇外围面积计算。装饰门扇及成品门扇安装按扇计算。

(6)木门扇皮制隔声面层和装饰板隔声面层按单面面积计算。

(7)不锈钢板包门框、门窗套、花岗岩门套、门窗筒子板按展开面积计算。门窗贴脸、窗帘盒、窗帘轨按"延长米"计算。

(8)窗台板按实铺面积计算。

(9)电子感应门及转门按定额尺寸以樘计算。

(10)不锈钢电动伸缩门以樘计算。

上述各种门窗工程量计算方法,可用计算式表达为:

$$F_{m(c)} = BHN$$

式中　$F_{m(c)}$——门窗制作、安装工程量(m²);

　　　B——门窗洞口宽度(m);

　　　H——门窗洞口高度(m);

　　　N——门窗洞口数量(个)。

【例 6-42】　某宾馆入口安装 2100mm×1200mm(高×宽)平开双扇无亮电磁感应自动门一处,试计算其工程量及价值。

【解】　定额规定此种门以"樘"为单位计量,但某省定额规定以"100m²"计算。为了能够求得

该门制作安装的价值,故按某省定额规定计量单位计算如下:

$$F_\mathrm{m}=2.10\times1.2\times1=2.52\mathrm{m}^2$$

$$P=2.52\times27081.07\,元/100\mathrm{m}^2+8000\,元/套$$

$$=682.44\,元+8000\,元/套=8682.44\,元 \qquad (定额号:7-188+7-189)$$

注:上式中"P"表示价值,8000元/套是电动感应装置的价值。

【例6-43】　某单位正大门如图6-57所示,现拟安装许昌牌不锈钢自动伸缩门,试计算其工程量及价值。

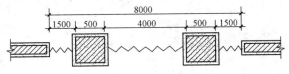

【解】　《全国统一建筑装饰装修工程消耗量定额》规定以"樘"为计量单位计算(每樘

图6-57　某单位大门平面示意图

伸缩门长度为5m),而某省定额规定以"m"为计量单位计算。据此,该例可按"米"计算,也可按"樘"计算。若按"樘"计算,应将长度换算为"樘"。即:$(8.0-2\times0.5)\div5\mathrm{m}=1.4(樘)$,每樘单价$=(3041.94\,元/\mathrm{m}\times7\mathrm{m}+4300\,元/套\times3\,套)\div1.4=(21293.58\,元+12900\,元)\div1.4=24423.99$元,则:

$$P=24423.99\times1.4=34193.58(元)$$

【例6-44】　××市友谊路"城里烟酒商店"安装铝合金卷闸门宽度为3300mm,洞口高度为2200m,卷闸门上有一450mm×2000mm活动小门,驱动装置为电动,试计算其安装费用及主要材料各为若干。

【解】　依据《××省建筑和装饰工程综合基价》上册(2002年版)计算如下:

(1)铝合金卷闸门工程量　$F=3.3\times2.2=7.26\mathrm{m}^2$

(2)铝合金卷闸门安装费用　$P_1=7.26\div100\times17127.36\,元/100\mathrm{m}^2$

$$=1243.45\,元 \qquad (定额号:7-190)$$

铝合金卷闸门电动装置费　$P_2=2217.12\,元/套\times1\,套$

$$=2217.12\,元 \qquad (定额号:7-192)$$

活动小门　$P_3=343.12\,元/个\times1\,个=343.12\,元 \qquad (定额号:7-193)$

安装费合计　$P_总=P_1+P_2+P_3=1243.45+2217.12+343.12$

$$=3803.69\,元$$

(3)主要材料用量:(a)铝合金卷闸门　$7.26\times1.0=7.26\mathrm{m}^2$ 　　　代码 AF0290

　　　　　　　　　(b)电动装置　1套×1=1(套) 　　　代码 LD1670

　　　　　　　　　(c)活动小门　1个×1=1(个) 　　　代码 AF0330

(五)油漆、涂料、裱糊工程工程量计算规则

1. 木材料面油漆工程量计算

木材面油漆定额按单层木门、单层木窗、木扶手(不带托板)、其他木材面(指木墙裙、窗台板、筒子板、踢脚线等)、木地板、各类木龙骨等油漆项目,并按油漆种类、油漆遍数和油漆施工工艺的不同,共列179个子目。各类木构件油漆工程量分别按表6-38(a)、(b)、(c)、(d)规定的计算方法乘以系数计算。

(1)木楼梯(不包括底面)油漆,按水平投影面积乘2.3系数,执行木地板相应子目。

(2)定额中的隔墙、护壁、柱、天棚木龙骨及木地板中木龙骨带毛地板,刷防火涂料工程量计算规则如下:

1)隔墙、护壁木龙骨按其面层正立面投影面积"m^2"计算。

表 6-38(a)　　　　执行木门定额工程量系数表

项目名称	系数	工程量计算方法
单层木门	1.00	按单面洞口面积计算
双层(一玻一纱)木门	1.36	
双层(单裁口)木门	2.00	
单层全玻门	0.83	
木百叶门	1.25	

表 6-38(b)　　　　执行木窗定额工程量系数表

项目名称	系数	工程量计算方法
单层玻璃窗	1.00	按单面洞口面积计算
双层(一玻一纱)木窗	1.36	
双层框扇(单裁口)木窗	2.00	
双层框三层(二玻一纱)木窗	2.60	
单层组合窗	0.83	
双层组合窗	1.13	
木百叶窗	1.25	

表 6-38(c)　　　　执行木扶手定额工程量系数表

项 目 名 称	系数	工程量计算方法
木扶手(不带托板)	1.00	按延长米计算
木扶手(带托板)	2.60	
窗帘盒	2.04	
封檐板、顺水板	1.74	
挂衣板、黑板框、单独木线条 100mm 以外	0.52	
挂镜线、窗帘棍、单独木线条 100mm 以内	0.35	

表 6-38(d)　　　　执行其他木材面定额工程量系数表

项 目 名 称	系数	工程量计算方法
木板、纤维板、胶合板顶棚	1.00	长×宽
木护墙、木墙裙	1.00	
窗台板、筒子板、盖板、门窗套、踢脚线	1.00	
清水板条顶棚、檐口	1.07	
木方格吊顶顶棚	1.20	
吸声板墙面、顶棚面	0.87	
暖气罩	1.28	
木间壁、木隔断	1.90	单面外围面积
玻璃间壁露明墙筋	1.65	
木栅栏、木栏杆(带扶手)	1.82	

(续表)

项 目 名 称	系数	工程量计算方法
衣柜、壁柜	1.00	按实刷展开面积
零星木装修	1.10	展开面积
梁柱饰面	1.00	展开面积

2)柱木龙骨按其面层外围面积"m²"计算。

3)天棚木龙骨按其水平投影面积"m²"计算。

4)木地板中木龙骨及木龙骨带毛地板按地板面积"m²"计算。

(3)隔墙、护壁、柱、天棚面层及木地板刷防火涂料,执行其他木材面刷防火涂料相应子目。

【例 6-45】 某市儿童医院病房木隔断面层及双向木龙骨 300m²,各刷防火涂料两遍如何选套定额子目?

【解】 面层刷防火涂料两遍,选套《全国统一建筑装饰装修工程消耗量定额》第 335 页"其他木材面"子目,定额编号 5—158。木龙骨刷防火涂料两遍选用定额第 336 页,定额编号 5—159子目。

【例 6-46】 某别墅卧室图示硬木双层(一玻一纱)窗,编号 C—1 洞口尺寸为 1500mm×1600mm(宽×高)两樘,编号 C—2 洞口尺寸为 1000mm×1600mm 两樘,编号 C—3 洞口尺寸为600mm×1600mm 一樘,试计算其油漆工程量。

【解】 按照表 6-38(b)规定,其工程量按单面洞口面积乘以 1.36 系数计算:
$$F=(1.5\times1.6\times2+1.0\times1.6\times2+0.6\times1.6\times1)\times1.36$$
$$=(4.8+3.2+0.96)\times1.36$$
$$=12.73m^2$$

2. 金属面油漆工程量计算

金属面油漆工程定额按照油漆种类和油漆遍数的不同,共列有 15 个子目。其工程量按金属构件重量以"t"为计量单位计算。金属龙骨油漆区分不同间距以"m²"为单位计算。

3. 抹灰面油漆工程量计算

各类抹灰面构件油漆工程量按表 6-39 规定方法计算。

表 6-39　　　　　　　　　抹灰面油漆、涂料、裱糊工程量系数表

项目名称	系数	工程量计算方法	项目名称	系数	工程量计算方法
混凝土楼梯底(板式)	1.15	水平投影面积	混凝土花格窗、栏杆花饰	1.82	单面外围面积
混凝土楼梯底(梁式)	1.00	展开面积	楼地面、顶棚、墙、柱、梁面	1.00	展开面积

【例 6-47】 某单位保安值班室顶棚抹灰面刷涂墙漆王乳胶漆两遍如何套用定额子目?

【解】 应套用定额第 353 页 5—215 号子目乘 2。其中"2"为涂刷两遍,预算表的"定额编号"栏内应写为"5—215×2"。

4. 涂料、裱糊工程量计算

该分项工程包括喷塑、喷(刷)刮涂料和裱糊三个方面的内容,其装饰工程量均按抹灰工程量计算规则计算。

(六)其他装饰工程工程量计算规则

(1)招牌、灯箱工程量计算。

1)平面招牌基层按正立面面积计算,复杂形的凹凸造型部分亦不增减。

2)沿雨篷、檐口或阳台走向的立式招牌基层,按平面招牌复杂型执行定额时,应按展开面积计算。

3)箱体招牌和竖式标箱的基层,按外围体积计算。突出箱外的灯饰、店徽以及其他艺术装潢等均另行计算。

4)灯箱的面层按展开面积以"m²"计算。

5)广告牌钢骨架以"t"计算。

(2)美术字安装工程量计算。美术字安装按字的最大外围矩形面积以"个"计算。

(3)压条、装饰线条均按"延长米"计算。

(4)暖气罩(包括脚的高度在内)按边框外围尺寸垂直投影面积计算。

(5)镜面玻璃安装、盥洗室木镜箱以正立面面积计算。

(6)塑料镜箱、毛巾环、肥皂盒、金属帘子杆、浴缸拉手、毛巾杆安装以只或副计算。不锈钢旗杆以"延长米"计算。大理石洗漱台以台面投影面积计算(不扣除孔洞面积)。

(7)货架、柜橱类均以正立面的高(包括脚的高度在内)乘以宽以"m²"计算。

(8)收银台、试衣间等以个计算,其他以"延长米"为单位计算。

(9)拆除工程量按拆除面积或长度计算,执行相应子目。

十一、脚手架工程及垂直运输

(一)脚手架分项工程

1. 脚手架的概念及分类

为了保证施工安全和操作的方便,搭设一种供建筑安装工人脚踏手攀、堆置和运输材料的一种设施工程,就叫作脚手架,简称架子。请读者注意观察,凡在施工建设中的房子周围用钢管或木杆搭设的那些架子,就是脚手架。脚手架由立杆、斜坡、平台、防风拉杆(仅高层建筑物才有)、安全网等组成。脚手架的种类较多,为了学习的方便,对《全国统一建筑工程基础定额》和《全国统一建筑装饰装修工程消耗量定额》中的脚手架分类,现以图 6-58 表述如下。

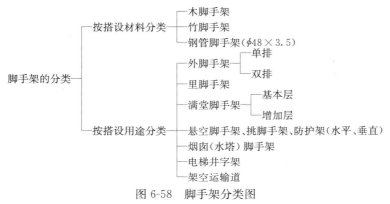

图 6-58　脚手架分类图

2. 脚手架分项工程量计算

(1)一般规则:

1)建筑物外墙脚手架,凡设计室外地坪至檐口(或女儿墙上表面)的砌筑高度在 15m 以下的按单排脚手架计算;砌筑高度在 15m 以上的或砌筑高度虽不足 15m,但外墙门窗及装饰面积超过外墙表面积 60％以上时,均按双排脚手架计算。

采用竹制脚手架时,按双排计算。

2)建筑物内墙脚手架,凡设计室内地坪至顶板下表面(或山墙高度的 1/2 处)的砌筑高度在 3.6m 以下的,按里脚手架计算;砌筑高度超过 3.6m 以上时,按单排脚手架计算。

3)石砌墙体,凡砌筑高度超过 1.0m 以上时,按外脚手架计算。

4)计算内、外墙脚手架时,均不扣除门窗洞口、空圈洞口等所占的面积。

5)同一建筑物高度不同时,应按不同高度分别计算。

6)现浇钢筋混凝土框架柱、梁按双排脚手架计算。

7)围墙脚手架,凡室外自然地坪至围墙顶面的砌筑高度在 3.6m 以下的,按里脚手架计算;砌筑高度超过 3.6m 以上时,按单排脚手架计算。

8)室内天棚装饰面距设计室内地坪在 3.6m 以上时,应计算满堂脚手架。计算满堂脚手架后,墙面装饰工程则不再计算脚手架。

9)滑升模板施工的钢筋混凝土烟囱、筒仓,不另计算脚手架。

10)砌筑贮仓,按双排外脚手架计算。

11)贮水(油)池,大型设备基础,凡距地坪高度超过 1.2m 以上的,均按双排脚手架计算。

12)整体满堂钢筋混凝土基础,凡其宽度超过 3m 以上时,按其底板面积计算满堂脚手架。

(2)砌筑工程架子工程量计算规则:

1)外脚手架按外墙外边线长度,乘以外墙砌筑(装饰装修)高度以"m²"计算,突出墙外宽度在 24cm 以内的墙垛、附墙烟囱等不计算脚手架;宽度超过 24cm 以外时按图示尺寸展开计算,并入外脚手架工程量之内。利用主体外脚手架改变其步高作外墙面装饰架时,按每 100m² 外墙面垂直投影面积,增加改架工 1.28 工日。

2)里脚手架按墙面垂直投影面积计算。

3)独立柱按图示柱结构外周围长另加 3.6m 乘以砌筑高度以"m²"计算,套用相应外脚手架定额。

(3)现浇钢筋混凝土框架脚手架工程量计算规则:

1)现浇钢筋混凝土柱按柱图示周长尺寸另加 3.6m 乘以柱高以"m²"计算,套用相应外脚手架定额。

2)现浇钢筋混凝土梁、墙按设计室外地坪或楼板上表面至楼板底之间的高度,乘以梁、墙净长以"m²"计算,套用相应双排外脚手架定额。

(4)装饰工程架子工程量计算规则:

1)满堂脚手架按室内净面积计算,其高度在 3.6～5.2m 之间时,计算基本层,超过 5.2m 时,每增加 1.2m 按增加一层计算,不足 0.6m 的不计。计算式表示如下:

$$满堂脚手架增加层 = \frac{室内净高度 - 5.2}{1.2}(m)$$

2)挑脚手架按搭设长度和层数,以"延长米"计算。

3)悬空脚手架按搭设水平投影面积以"m²"计算。

4)高度超过 3.6m 墙面装饰不能利用原砌筑脚手架时,可以计算装饰脚手架。装饰脚手架按双排脚手架乘以 0.3 计算。

(5)其他架子工程量计算规则:

1)水平防护架按实际铺板的水平投影面积,以"m²"计算。

2)垂直防护架按自然地坪至最上一层横杆之间的搭设高度,乘以实际搭设长度,以"m²"计算。

3)架空运输脚手架按搭设长度以"延长米"计算。

4)烟囱、水塔脚手架,区别不同搭设高度,以"座"计算。

5)电梯井脚手架按单孔以"座"计算。

6)斜道,区别不同高度以"座"计算。

7)砌筑贮仓脚手架,不分单筒或贮仓组均按单筒外边线周长,乘以设计室外地坪至贮仓上口之间高度,以"m²"计算。

8)贮水(油)池脚手架按外壁周长乘以室外地坪至池壁顶面之间高度,以"m²"计算。

9)大型设备基础脚手架按其外形周长乘以地坪至外形顶面边线之间高度,以"m²"计算。

10)建筑物垂直封闭工程量按封闭面的垂直投影面积计算。

(6)安全网工程量计算规则:

1)立挂式安全网按架网部分的实挂长度乘以实挂高度计算。

2)挑出式安全网按挑出的水平投影面积计算。

(二)垂直运输分项工程

在建筑物、构筑物施工过程中使用垂直运输机械(如卷扬机、提升机、塔吊等)对建筑材料和施工人员上、下班的运输称作垂直运输。"全统定额"中建筑物垂直运输机械是按卷扬机和塔式起重编列的。

(1)建筑物垂直运输机械台班用量,区分不同建筑物的结构类型及高度按建筑面积"m²"计算。

(2)构筑物垂直运输机械台班以"座"计算。超过规定高度时再按每增高 1m 定额项目计算,其高度不足 1m 时,亦按 1m 计算。

(3)装饰装修楼层(包括楼层所有装饰工程量)区分不同垂直运输高度(单层建筑物系檐口高度)按定额工日分别计算。垂直运输高度是指建筑物设计室外地坪至相应楼面的高度。《全国统一建筑装饰装修工程消耗量定额》中多层建筑垂直运输高度划分见表 6-40。单层建筑物垂直运输高度划分为 20m 以内和 20m 以外两个步距。

表 6-40 多层建筑垂直运输高度划分

建筑物类型	多　　层　　建　　筑　　物					
垂直运输高度(m)	20 以内	20~40	40~60	60~80	80~100	100~120

地下层超过二层或层高超过 3.6m 时,计算垂直运输费,其工程量按地下层全面积计算。

【例 6-48】 某工程科技有限责任公司总部办公楼地下层汽车库层高 4m,建筑面积为 1500m²,装饰装修用工工日为 850 个,试计算其垂直运输费。

【解】 查阅工程所在地 2006 年《××省建筑·装饰工程价目表》第 369 页定额号 14-145 得知,488.38 元/100 工日,故其垂直运输费计算如下:

$$850 工日 \div 100 \times 488.38 元/100 工日 = 4151.23 元$$

(三)脚手架及垂直运输分项工程量计算注意事项

1.脚手架分项工程量计算注意事项

(1)外脚手架定额中均综合了上料平台、护卫栏杆等。

(2)斜道定额是按依附斜道编制的,独立斜道按依附斜道定额项目人工、材料、机械乘以系数1.80计算。

(3)水平和垂直防护架,是指脚手架以外单独搭设的,用于车辆通道、人行通道、临街防护和施工与其他物体隔离等的防护。

(4)烟囱脚手架综合了垂直运输架、斜道、缆风绳、地锚等。水塔脚手架按相应的烟囱脚手架人工乘以系数1.11计算,其他不变。

(5)架空运输道,以架宽2m为准,如宽度超过2m时,应按相应项目乘以系数1.2;超过3m时按相应项目乘以系数1.5。

(6)满堂基础套用满堂脚手架基本层定额项目的50%计算脚手架费。

室内凡计算了满堂脚手架者,其内墙粉刷不再计算粉刷架,只按每100m² 墙面垂直投影面积增加改架工1.28工日。

(7)外架全封闭材料按竹席编制定额,如采用竹笆板时,人工乘以系数1.10;采用纺织布时,人工乘以系数0.80。

2. 垂直运输分项工程量计算注意事项

(1)建筑物垂直运输注意事项。

1)定额项目中的檐高是指设计室外地坪至檐口的高度(装饰定额中所指的檐口高度5~45m以内,是指建筑物自设计室外地坪面至外墙顶点或构筑物顶面的高度),突出主体建筑屋顶的电梯间、水箱间等不计入檐口高度之内。

2)同一建筑物多种用途(或多种结构),按不同用途(或结构)分别计算。分别计算后的建筑物檐高均以该建筑物总檐高为准。

3)檐高3.6m以内的单层建筑,不计算垂直运输机械台班。

4)垂直运输定额工作内容,包括单位工程在合理工期内完成全部工程项目所需的垂直运输机械台班,但不包括机械的场外往返运输,一次安拆及路基铺垫和轨道铺拆等的费用。

5)建筑工程垂直运输定额按下述方法进行换算:

部分现浇框架按现浇框架定额乘以0.96系数,如楼板也为现浇混凝土时,按现浇框架定额乘以1.04系数。

单身职工宿舍按住宅定额乘以0.9系数。

垂直运输定额是按Ⅰ类厂房编制的,Ⅱ类厂房按定额项目乘以1.14系数。厂房分类见表6-41。

表6-41　　　　　　　　厂 房 分 类

类　别	厂 房 名 称
Ⅰ 类	机加工、机修、五金、缝纫、一般纺织(粗纺、制条、洗毛等)及无特殊要求的车间
Ⅱ 类	厂房内设备基础及工艺要求较复杂、建筑设备或建筑标准较高的车间,如铸造、锻压、电镀、酸碱、电子、仪表、手表、电视、医药、食品等车间

注:建筑标准较高的车间,指车间有吊顶或油漆的顶棚、内墙面贴墙纸(布)或油漆墙面、水磨石地面等三项,其中一项所占建筑面积达到全车间建筑面积50%及以上者,即为建筑标准较高的车间。

Ⅰ、Ⅲ类地区按相应定额乘以表6-42规定系数(定额项目是按"建筑安装工程工期定额"中规定的Ⅱ类地区标准制定的)。

再次装饰装修利用电梯进行垂直运输或通过楼梯人力进行垂直运输的按实计算。

(2)构筑物垂直运输注意事项。构筑物的高度,从设计室外地坪至构筑物的顶面高度为准。

表 6-42	地　区　系　数	
项　目	地　区　类　别	
	Ⅰ类地区	Ⅲ类地区
建筑物	0.95	1.10
构筑物	1.00	1.11

注:地区类别划分如下:

　Ⅰ类地区:上海、江苏、浙江、安徽、福建、江西、湖南、湖北、广东、广西、四川、贵州、云南、海南。

　Ⅱ类地区:北京、天津、河北、山西、山东、河南、陕西、甘肃、宁夏。

　Ⅲ类地区:内蒙古、辽宁、吉林、黑龙江、西藏、青海、新疆。

十二、建筑物超高增加人工、机械费用的计算

(一)建筑物超高的概念

当建筑物檐高 20m 以上或者层数 6 层以上的工程称作建筑物超高工程。

建筑物檐高是指设计室外地坪至檐口的高度,突出主体建筑屋顶的电梯间、水箱间等不计入檐高之内。

《全国统一建筑工程基础定额》(土建工程)指出:"本定额除脚手架、垂直运输机械台班定额已注明其适用高度外,均按建筑物檐口高度 20m 以下编制的;檐口高度超过 20m 时,另按本定额建筑物超高增加人工、机械台班定额项目计算。"当建筑物超过定额规定高度后,必然会引起人工、机械施工效率的降低,主要因素包括以下几项:①工人上下班降低工效、上楼工作前休息及自然休息增加的时间;②垂直运输影响的时间;③由于人工降效引起的机械降效等。因此,当建筑物超高时,应当计算人工、机械的施工降效费用。

(二)超高建筑人工、机械降效费用的计算方法

(1)计算范围。人工、机械施工降效费用计算范围包括建筑物基础以上的全部工程项目,但不包括垂直运输、各类构件的水平运输及各项脚手架工程。

(2)计算标准。人工、机械降效费用计算标准按《全国统一建筑工程基础定额》第 1039～1041 页规定费率计算,如某建筑物檐高 70m(20～22 层)的人工降效增加费率为 17.68%,吊装机械的降效增加费率为 46.43%。当工程所在地另有规定时,应按工程所在地的具体规定计算。例如某省规定建筑物的超高费按该建筑物全部建筑面积为计量单位乘以超高费指标(元/m²)计算。还有的地区按建筑物超高人工费为基础计算,例如建筑物檐高 70m 以内,每万元人工费增加超高人工降效费 1400.00 元。地区不同,具体计算标准各异。

(3)计算方法。人工、机械施工降效费用计算方法,一般来说,可按下列规定计算:

1)人工降效按规定工程项目的全部人工费用乘以人工施工降效率。其计算方法用公式表达如下:

$$Y = pi$$

式中　Y——人工降效费额(元);

　　　p——规定的分部分项工程人工费之和(元);

　　　i——人工降效率(%)。

2)吊装机械降效按"构件运输及安装"分部工程中的全部机械费用乘以机械施工降效率。即:

$$Q=gj$$

式中　Q——机械降效费额(元)；

　　　g——规定项目中的全部机械费用之和(元)；

　　　j——机械降效率(%)。

　　3)其他机械降效按规定的分部分项工程中的全部其他机械费用乘以其他机械(不包括吊装机械)施工降效率。即：

$$W=fj_N$$

式中　W——其他机械降效费额(元)；

　　　f——规定项目中其他机械费用之和(元)；

　　　j_N——其他机械降效率(%)。

(三)超高建筑加压水泵增加费用的计算

　　由于建筑物超高,施工用水压力超过定额规定,致使施工供水压力不足,影响施工工效,为此,应计算建筑物超高加压水泵台班及费用。

　　加压水泵台班及停滞台班数,应按建筑物檐口高度(层数)以"m²"为单位计算。同一建筑物高度不同时,应按不同高度的建筑面积,分别列项计算,套用相应加压水泵台班定额。

　　加压水泵台班增加费计算方法如下：

$$N=FQ$$

式中　N——加压水泵增加台班数量("台班"或金额"元")；

　　　F——建筑面积(m²)；

　　　Q——加压水泵台班增加定额("台班"或金额"元")。

　　【例 6-49】　某市天然气总公司办公楼 25 层,檐口高度 80.02m,建筑面积为 12561.09m²,试计算该办公楼超高加压水泵台班增加费用。

　　【解】　依据加压水泵台班增加费计算公式及已知条件,经查工程所在地 2003 年版本建筑工程预算定额(下册)第 18 章"三、建筑物超高加压水泵台班及其他费用"定额"编号 18—42"得知,檐高 80m 以内定额基价为 819.67 元/100m²,其中：人工费=0,材料费=296.00 元/100m²,机械费=523.67 元/100m²。代入计算公式算得：

$$N=12561.09÷100×819.67=102959.49 元$$

其中　人工费=12561.09m²÷100×0=0

　　　材料费=12561.09m²÷100×296.00 元/100m²=37180.83 元

　　　机械费=12561.09m²÷100×523.67 元/100m²=65778.66 元

第七节　建筑工程定额计价①

　　所谓"建筑工程定额计价",就是采用《全国统一建筑工程基础定额》地区单位估价表中的"基价"计算建筑工程造价,也就是中华人民共和国建设部令第 107 号发布的《建筑工程施工发包与承包计价管理办法》第五条第一项指出的"工料单价法"计价。建筑工程定额计价,按照拟建项目实施阶段的不同,可以划分为初步设计单位工程计价,施工图设计单位工程计价和建设项目竣工结算计价三种类型。为了缩短本书的篇幅,这里仅对建筑施工图设计单位工程预算定额计价的

---

　　①　本节及后续定额计价的内容,仍延用建标〔2003〕206 号文件进行编写。

方法进行介绍。

建筑单位工程预算定额计价的步骤,就是在本章第六节中所说的各个分部分项工程工程量计算完毕后,紧接着编制单位工程预算书。单位工程预算书的编制程序和方法,这里先用程序式和计算公式表示如下:

(1)编制程序式。抄写工程量→选套预算单价→计算合价→计算小计→计算定额项目直接工程费合计→计算措施项目费→计算直接费→计算间接费→计算利润→计算材料差价→计算税金→计算单位工程含税总造价→计算单位(方)造价→计算主要材料使用量→送审。

(2)费用计算式。

1)单位工程预算造价＝直接费＋间接费＋利润＋…＋税金

其中

$$直接费＝直接工程费＋措施费$$

$$直接工程费＝人工费＋材料费＋施工机械使用费$$

$$人工费＝\sum(分项工程量×相应分项工程预算人工费单价)$$

$$材料费＝\sum(分项工程量×相应分项工程预算材料费单价)$$

$$施工机械使用费＝\sum(分项工程量×相应分项工程预算机械使用费单价)$$

$$措施费＝\sum[措施项目工程量(费)×相应措施项目费率(\%)]$$

$$间接费＝规费＋企业管理费$$

$$规费＝\sum[规费项目工程量(费)×相应规费项目费率(\%)]$$

$$企业管理费＝直接工程费×企业管理费费率(\%)$$

$$利润＝(直接工程费＋企业管理费)×利润率(\%)$$

$$税金＝(直接费＋间接费＋利润＋材料差价＋…)×税金税率(\%)$$

2)计算单位建筑面积造价＝$\dfrac{单位工程预算造价}{单位工程建筑面积}$(元/m²)

3)计算主要材料使用量＝分项工程量×相应分项工程某种材料定额消耗量

注:上述计算式中的"…"是指按工程所在地区或部门规定应计入的有关费用。

一、填写单位工程预算表

根据设计施工图及设计人员选用的有关标准图,按照《全国统一建筑工程预算工程量计算规则》的规定和科学的计算顺序,完成了各分部分项(或子项,下同)工程工程量计算,并按照《全国统一建筑工程基础定额》的排列顺序,将各分部分项工程中相同定额子目的工程量合并,整理填入工程量汇总表内(如在"工程量计算表"中已将相同定额子目集中在一块计算时,就不需另行进行"合并"与"汇总"这一环节),并经自我复核和校核人校核无误后,就可着手编制单位工程预算书。土建单位工程预算编制所用表格应根据工程建设管理的需要,可采用表1-2(a)或表1-2(b)进行编制。

填写预算表的具体步骤和方法如下所述:

(一)抄写工程数量

抄写工程数量(以下简称工程量),就是按照所使用的《全国统一建筑工程基础定额》地区单位估价表分部分项工程排列的顺序,把工程量计算表中的各分项工程名称、计量单位和工程量抄写到预算表的相应栏内。同时,把"基础定额地区估价表"中各相应分项工程的定额编制号填写到预算表的"定额编号"栏内,以便套用定额单价(即基价)。抄写工程量时应注意以下事项:

(1)各分部工程要按定额编排顺序填写,如"一、土石方工程"、"二、桩基工程"、"三、砌筑工程"……,不得前后颠倒。

(2)各分项或子项工程的名称必须与定额相吻合。

(3)各分项或子项工程的计量单位必须与定额相一致。

(4)各分项或子项工程的定额编号切勿忘记,并按定额顺序填写,最好不要颠倒先后次序,以方便校核和避免影响成品的美观。

实际工作中,有的同志虽已从事概预算工作多年,但对预算表的编制就没有注意到上列各点,如将分部工程次序写为:一、土石方工程,四、混凝土及钢筋混凝土工程,八、楼地面工程,三、砌筑工程……,对分项工程的编写也同样不按定额顺序而任意前后颠倒,如:9—1308(屋面 1∶6 水泥焦砟层)、9—1305(加气混凝土保温层)、9—1224(20 厚 1∶2.5 水泥砂浆找平层)、9—1350(PVC 防水层)等,为何不写为 9—1224、9—1305、9—1308、9—1350 呢? 这对编制人来说,是省事了(因只按计算稿抄写而不经整理),但对校核人来说,校核这样的预算十分费时费工(因为不时的要前后翻阅厚厚的定额本)。

(二)抄写定额单价

抄写定额单价,就是把预算定额或单位估价表中的有关分项或子项工程的定额单价(基价),在抄写定额编号的同时,填写到预算表中相应分项或子项工程的"单位价值"栏内,并将"三项"单价(即人工费、材料费、机械费)也抄入相应栏内。抄写定额单价时应注意以下几点:

(1)注意区分定额中哪些项目的单价可以直接套用,哪些单价必须经过换算后才能套用,如设计图纸标注的独立柱基础所用混凝土强度等级为 C20,而定额标注的为 C15,这时应将 C15 定额单价换算为 C20 的单价,并在预算表"定额编号"中的定额号后注明"换"或"调"字样,如"4—20 换"。

(2)除定额说明中允许换算的项目外,凡不允许换算的项目单价决不得随意换算或调整。

(3)如果定额中没有所需要的单价,也没有相接近的定额可以参照使用时,则应编制补充定额。需要做补充定额的子目,做完补充定额单价后再填入,并在"定额号"栏目中注"补"字。

(三)计算合价与小计

计算"合价"是指把预算表内的各分项或子项工程的工程量乘其预算单价得到积数的过程,并把各分项或子项的计算结果(积数),写入本工程子目的"总价值"栏内(表 6-48),并同时将计算出"三项"费用的积数也填入各自的相应栏目内。其计算方法可用计算式表示为:合价=工程数量×相应项目定额单价,其中:人工费=工程数量×相应项目定额人工费单价,材料费、机械费计算方法也相同,不再详述。分项工程的合价可取整数,也可取小数点后两位,具体怎么取定,应按各单位的管理制度执行。

把一个分部工程(如土石方工程)各个分项工程的"合价"竖向相加,即可求得该分部工程的"小计"。再把各分部工程(如土石方工程、桩基工程、砌筑工程……)的小计相加,就可以得出该单位工程的定额项目直接工程费用。定额项目直接工程费用是计算各项措施项目费用的基础数据,因此务必细心计算,以防发生差错。如果是计算"三项"费用的单位工程预算,直接工程费用的数值必须与人工费+材料费+机械费之和的数值相等,否则,就计算错了,应进行自我复查。

二、计算各分部分项工程合价与小计

对于分部分项工程"合价"与"小计"的计算方法,在上一个题目"(三)"中已有叙述,这里仅以计算式表示如下:

$$分项工程合价＝分项工程数量×相应分项工程预算单价$$
$$分部工程小计＝\sum 各分项工程合价之和$$

各分部工程"小计"求得后,进一步可以计算出单位工程的定额项目直接工程费。定额项目直接工程费的计算方法可用计算式表达为:

$$单位工程直接工程费＝\sum 分部工程小计$$

式中　分部工程小计＝$\sum$(人工费＋材料费＋机械费)或($\sum$各分项工程合价之和)

其中　　　　人工费＝分项工程数量×相应分项工程定额人工费预算单价

材料费＝分项工程数量×相应分项工程定额材料费预算单价

机械费＝分项工程数量×相应分项工程定额机械使用费预算单价

三、计算直接费

直接费由直接工程费和措施费两大项内容组成。

(一)直接工程费

如上述及:"把各部工程的小计相加,就可以得出该单位工程的定额项目直接工程费用"。其计算方法现以计算式表达如下:

$$定额项目直接工程费＝\sum (各分部工程小计)$$

其中　　　　各分部工程小计＝$\sum$(各相应分部工程的分项工程合价)

分项工程合价＝$\sum$(分项工程数量×相应分项工程定额预算单价)

(二)措施费

措施费的含义及内容详见第一章第三节介绍。其计算方法可用计算式表示为:

$$措施费＝\sum [直接工程费×相应措施项目费费率(\%)]$$

【例 6-50】　设某电影制片厂第五号单身职工宿舍楼土建工程直接工程费用为 350000 元,试采用陕西省现行参考费率标准计算临时设施费和二次搬运费各为若干。

【解】　经查阅上述地区现行参考费率得知:临时设施费费率为 2.01%,二次搬运费费率为 0.46%。代入计算式得:

$$临时设施费＝350000×2.01\%＝7035.00 元$$
$$二次搬运费＝350000×0.46\%＝1610.00 元$$

四、计算间接费

间接费是用于不构成工程实体但有利于工程实体形成而需要支出的一些费用。具体说,它主要由规费和企业管理费两大部分组成(具体组成内容见第一章第三节介绍)。

规费是指在工程建设中必须缴纳的有关费用,如工程排污费、社会保险费等。这类费用属于不可竞争的费用,即日常所说的"硬性"费用。其计算方法如下:

$$规费＝规定计算基础^{(注)}×相应规定费率(\%)$$

注:规费的计算基础各地区规定不同,如陕西省规定为"分项分部工程费＋措施项目费＋……",而浙江省规定为"直接工程费＋施工技术措施费＋施工组织措施费＋综合费"。

企业管理费是指建筑安装企业组织工程施工生产和经营管理所需支出的有关费用,如管理人员工资、办公费、固定资产使用费、劳动保险、工会经费、职工教育经费等 10 多项内容。企业管理费用属于一种竞争性费用,即在招标投标承建制中可以自由竞争报价。企业经营管理科学、完善,其费用消耗就少,工程成本就低,反之,耗费就多,成本也高。土建工程的企业管理费一般多以"直接工程费"或"人工费+机械费"为基数计算;安装工程一般多以"人工费"或"人工费+机械费"为基数计算。土建工程企业管理费的计算方法如下:

$$企业管理费=直接工程费×规定费率(\%)$$

企业管理费计算费率(标准),各省、自治区、直辖市都有规定,某省现行建筑安装工程企业管理费计算标准见表6-43。

表 6-43   某省建筑安装工程管理费费率

适用范围		计算基础	参考费率(%)
建筑工程	一般土建工程	直接工程费	6.90
	机械土方工程	直接工程费	2.30
	桩基工程	直接工程费	2.10
	人工土石方工程	人工费	5.60
安装工程		人工费	32.10

五、计算利润

建筑安装企业生产经营活动支出获得补偿后的余额称为利润。我国建筑产品价格中利润经历了法定利润、计划利润、差别利润和利润四个演变阶段。2003 年 10 月 15 日,建设部、财政部以"建标(2003)206 号"《关于印发〈建筑安装工程费用项目组成〉的通知》指出:"为了适应工程计价改革工作的需要,按照国家有关法律、法规,并参照国际惯例,在总结建设部、中国人民建设银行《关于调整建筑安装工程费用项目组成的若干规定》[建标(1993)894 号]执行情况的基础上",将"原计划利润改为利润",并自 2004 年 1 月 1 日起施行。建筑工程造价中利润的计算方法如下:

$$利润=(直接工程费+管理费)×利润率(\%)$$

六、计算税金

税金是指国家税法规定的应计入建筑安装工程造价内的营业税、城市维护建设税及教育费附加等。税金额的计算方法可用计算式表达如下:

$$y=Wj$$

式中 y——应计入建筑产品价格中的税金(元);

  W——税前造价(不含税工程造价=直接费+间接费+利润+⋯⋯);

  j——折算综合税率(%)(表 6-44)。

表 6-44   折 算 综 合 税 率 表

项　　目	纳税人所在地域		
	城市市区	县城(镇)	非市区、县城(镇)
折算综合税率(%)	3.41	3.34	3.22

注:折算综合税率计算方法是:$i=\dfrac{1}{1-Y}$。

　　式中　$Y=(3\%+3\%×x\%+3\%×3\%)$。

　　计算式中"3%"及"x%"见表6-45。

表 6-45	三项税税率表			%

税　谷	纳税人工程所在地		
	市　区	县城(镇)	非市区、县城(镇)
营业税税率	3	3	3
城市维护建设税税率(表 6-44 计算中的 $x\%$)	7	5	1
教育费附加率	3	3	3

注:教育费附加率自 1986 年 7 月 1 日~1990 年 7 月 31 日为 1%;1990 年 8 月 1 日~1993 年 12 月 31 日为 2%;1994 年 1 月 1 日~今为 3%。

七、计算单位工程预算含税造价

按照上述第一~六项费用计算完毕并将各项数值相加,就可以求得一个单位工程预算含税造价的总值。但是,一个建设项目的单位工程预算造价的组成是很复杂的,即:有直接工程费、措施费、间接费、利润、税金等。在这些费用中,有的是依据设计图纸结合预算定额的项目划分计算出来的;有的是按照占直接工程费的比率计算出来的(如"措施费"等);有的是按占直接费的比率计算出来的(如"间接费");有的是按照预算成本计算出来的(如"利润");还有的是按占上述各项费用总和的一定比率计算出来的(如"税金")等。同时,在预算造价的各项费用中,有的费用参与有关费用的计取;有的不参与有关费用的计取,而按差价处理(如"材料差价"额不参与利润额的计算等)。因此可以说,建筑产品(工程)价格的确定,比一般工业产品价格的确定要复杂得多。为了正确地确定建筑产品(工程)的预算价格,各省、自治区、直辖市和国务院各部(委),都规定有建筑安装工程造价的计算程序。为了使广大初学者能够以较快的速度掌握建筑工程预算造价的确定方法,编者除在第一章中以表 1-3 列出建筑工程造价的计算程序外,在这里将浙江省及公路交通部门现行建筑安装工程预算造价的计算程序编列于下(表 6-46 及表 6-47),以供学习参考。但应当向同仁们说清楚,这些程序随着费用项目的增减和时间的转移而变化的,它并非一成不变。

表 6-46　　　　浙江省工料单价法计价的工程费用计算程序

(人工费加机械费为计算基数的工程费用计算程序)

项次	费用项目			计　算　方　法
一	直接工程费			Σ(分部分项工程量×工料单价)
	其中	(1)人工费		
		(2)机械费		
二	施工技术措施费			Σ(措施项目工程量×工料单价)
	其中	(3)人工费		
		(4)机械费		
三	施工组织措施费			$\Sigma[(1)+(2)+(3)+(4)]\times$相应费率(%)
四	综合费用			$[(1)+(2)+(3)+(4)]\times$相应综合费费率(%)
五	规费			(一+二+三+四)×相应费率(%)
六	总承包服务费			分包项目工程造价×相应费率(%)
七	税金			(一+二+三+四+五+六)×相应税金税率(%)
八	建设工程造价			一+二+三+四+五+六+七

表 6-47 公路工程建筑安装工程造价计算程序

代号	项 目	说 明 及 计 算 式
(一)	直接工程费(即工、料、机费)	按编制年工程所在地的预算价格计算
(二)	其他工程费	(一)×其他工程费综合费率或各类工程人工费和机械费之和×其他工程费综合费率
(三)	直接费	(一)+(二)
(四)	间接费	各类工程人工费×规费综合费率+"(三)"×企业管理费综合费率
(五)	利 润	[(三)+(四)-规费]×利润率
(六)	税 金	[(三)+(四)+(五)]×综合税率(%)
(七)	单位建筑(安装)工程造价	(三)+(四)+(五)+(六)

八、计算单位工程主要材料需要量

随着社会主义市场经济的深入发展,投标竞争的激烈进行,人工、材料和机械费用的政策性浮动和随行就市的浮动都很大,按照原有单位估价表单价计算出的人工费、材料费、机械费和定额项目直接工程费与建筑产品的实际价值差距甚大。为了按实物法对一些主要建筑材料(如钢材、木材、水泥、金属门窗等)进行单独调整差价,当一个单位工程预算编出来后就必须计算主要材料耗用量,以便调整主要材料差价。主要材料耗用量计算方法可用计算式表示为:

某种材料耗用量=分项或子项工程数量×相应材料定额用量

材料耗用量的计算应按照预算编制单位内部规定的"材料分析表"进行。

【例 6-51】 设某工程现浇 C20 钢筋混凝土框架梁 100m³,试计算其水泥、石子、砂子需用量。

【解】 (1)框架梁应选套基础定额编号 5—406 号。

(2)按照 5—406 号定额先计算出 C20 混凝土用量(称为"一次分析")。

(3)再按照基础定额第 1051 页"低流动混凝土"的配合比计算出水泥、石子、砂子等称"二次分析"。现计算如下:

$$C20 混凝土 = 10.15 \times (100 \div 10) = 101.5 m^3$$
$$42.5 级水泥 = 101.5 \times 0.374 = 37.96 t$$
$$砂子 = 101.5 \times 0.46 = 46.69 m^3$$
$$砾石(10mm) = 101.5 \times 0.82 = 83.23 m^3$$

九、编写单位工程预算编制说明

编制说明没有固定内容,应根据单位工程的实际情况编写。就一般情况来说,主要应说明单位工程的概况、编制依据、建筑面积、主要材料需要数量、单位平方米造价、材料差价处理方法以及应说明的其他有关问题等。

第八节　建筑单位工程施工图定额计价示例

1. 建设项目:××建筑机械修造厂。
2. 工程名称:单身职工宿舍楼。
3. 工程概况:本工程建设地点为××省××县永宁路第108号该厂生活福利区北边空旷地域,南北朝向,底层为框架结构,二至四层为砖混结构,总高度为13.20m,总建筑面积1796.56m²。楼层一层为C20钢筋混凝土现浇板,厚度80mm;二层以上为预制板,砖墙采用KP1承重黏土空心砖M5混合砂浆砌筑;抗震烈度按八度设防;木镶板门,铝合金窗;屋面为三毡四油防水,预制板架空隔热。屋面防水层、架空保温层具体做法见88J1《建筑构造通用图集》工程做法第186页编号5,及第192页"屋2"规定。
4. 计价依据:该宿舍楼全套施工蓝图及"××省建筑·装饰工程价目表"(2006版)。
5. 定额计价表(预算书)见表6-48。

表 6-48　　　　　　　　　　　　建筑工程预算表

××设计院	编制×××		公寓楼土建　单位工程预算表		工程名称 PROJECT	××建筑机械修造厂					
	校核×××				设计项目 ITEM	单身职工宿舍楼					
	审核×××				设计阶段 DESIGN	施工图		第1页 共5页			

编号		预算价值			1344853.38 元			建筑面积		1796.56m²		

| 序号 | 定额编号 | 工程和费用名称 | 单位 | 数量 | 单位价值(元) | 其中(元) | | | 总价值(元) | 其中(元) | | | 三大材料 | | |
						人工费	材料费	机械费		人工费	材料费	机械费	钢材(t)	水泥(t)	木材(m³)
		一、砖石工程							53640.78	9751.98	42285.79	1603.01		14.88	
1	3-1	砖基础(机制实心砖)	10m³	8.84	1190.33	243.11	930.38	16.84	10522.52	2149.09	8224.56	148.87		4.17	
2	3-32	120厚承重多孔砖内墙	100m²	0.7218	1639.89	336.13	1250.2	53.56	1183.67	242.62	902.39	38.66		0.31	
3	3-34	240厚承重多孔砖内墙	100m²	0.7968	3308.43	595.08	2594.89	118.46	2636.16	474.16	2067.61	94.39		0.72	
4	3-38	240厚承重多孔砖外墙	100m²	10.184	3334.43	621.08	2594.89	118.46	33957.84	6325.08	26426.36	1206.40		9.24	
5	3-48	240厚加气混凝土砌块墙	100m²	1.15	4643.99	487.85	4056.41	99.73	5340.59	561.03	4664.87	114.69		0.44	
6		二、混凝土及钢筋混凝土工程							517491.03	97072.36	384804.19	35614.48	90.23	267.09	22.39
7	4-4	C20混凝土	m³	257.7	206.03	36.96	149.66	19.41	53093.93	9524.59	38567.38	5001.96		100.76	
8	4-6	C25混凝土	m³	359.48	222.86	36.96	166.49	19.41	80113.71	13286.38	59849.82	6977.51		165.73	
9	4-41	φ5钢筋	t	0.05	4315.7	688.31	3278.13	349.26	215.79	34.42	163.91	17.46	0.05		
10	4-42	φ10以内钢筋	t	41.62	2627.08	352.18	2235.45	39.45	109339.07	14657.73	93039.43	1641.91	41.62		
11	4-43	φ10以外钢筋	t	13.93	2581.93	204.72	2297.86	79.35	35966.28	2851.75	32009.19	1105.34	13.93		
12	4-44	螺纹钢φ10以外	t	34.63	2579.63	159.23	2321.86	98.54	89332.58	5514.13	80406.01	3412.44	34.63		
13	4-66	C10混凝土垫层模板	m³	43.82	29.40	3.45	25.36	0.59	1288.31	151.18	1111.28	25.85			0.83
14	4-67	C25钢筋混凝土框架柱模板	m³	78.46	241.28	86.72	133.32	21.24	18930.83	6804.05	10460.29	1666.49			2.04

(续一)

序号	定额编号	工程和费用名称	单位	数量	单位价值(元)	其中(元)			总价值(元)	其中(元)			三大材料		
						人工费	材料费	机械费		人工费	材料费	机械费	钢材(t)	水泥(t)	木材(m³)
15	4—71	C25 构造柱模板	m³	2.05	125.82	53.82	59.56	12.44	257.93	110.33	122.10	25.50			0.01
16	4—72	C25 钢筋混凝土基础梁模板	m³	70.95	162.68	55.04	96.96	10.68	11542.15	3905.09	6879.31	757.75			1.77
17	4—73	C25 钢筋混凝土框架梁模板	m³	32.05	238.60	92	125.45	21.15	7647.13	2948.60	4020.67	677.86			0.54
18	4—80	C25 混凝土剪力墙模板	m³	74.77	127.88	46.31	69.23	12.34	9561.59	3462.60	5176.33	922.66			0.30
19	4—85	C20 有梁板 100 内 模板	m³	183.20	235.80	85.3	123.21	27.29	43198.56	15626.96	22572.07	4999.53			4.40
20	4—86	C20 有梁板 100 外 模板	m³	57.06	206.08	80.02	103.82	22.24	11758.92	4565.94	5923.97	1269.01			1.43
21	4—93	C25 混凝土楼梯模板	10m²	10.575	495.53	209.6	239.09	46.84	5240.23	2216.52	2528.38	495.33			0.79
22	4—96	C25 整体阳台模板	10m²	19.58	1106.84	317.85	711.81	77.18	21671.92	6223.50	13937.24	1511.18			8.32
23	4—100	C25 钢筋混凝土压顶模板	m³	4.20	573.03	184.21	360.73	28.09	2406.73	773.68	1515.07	117.98			1.04
24	4—106	模板支撑增加费 3.6m 以上	m³	74.77	15.59	8.94	4.52	2.13	1165.66	668.44	337.96	159.26			0.07
25	4—123	C20 钢筋混凝土预制过梁模板	m³	17.44	220.93	44.68	85.69	90.56	3853.02	779.22	1494.43	1579.37			0.85
26	4—151	预应力多孔板厚 120	m³	52.26	159.07	40.82	58.48	59.77	8312.99	2133.25	3056.16	3123.58			
27	4—164	空心板底座灌浆	10m³	5.23	441.14	141.56	277.66	21.92	2307.16	740.36	1452.16	114.64			
28	4—168	过梁	10m³	1.74	164.68	53.82	104.04	6.82	286.54	93.64	181.03	11.87		0.86	
29		三、金属门窗制作安装工程							67649.31	1846.10	65462.94	340.27			
30	5—24	铝合金推拉窗 C1~C100	100m²	1.072	17524.64	377.36	17059.72	87.56	18786.41	404.53	18288.02	93.86			
31	参 5—53	门连窗 LM—1~LM—5	100m²	2.581	18931.77	558.53	18277.77	95.47	48862.90	1441.57	47174.92	246.41			
32		四、构件运输及安装							10688.89	2021.42	501.43	8166.04			0.04
33	6—3	预应力空心板运输	10m³	5.29	1259.96	109.67	21.22	1129.07	6665.18	580.15	112.25	5972.78			
34	6—64	过梁	10m³	1.74	1556.87	318.46	113.66	1124.75	2708.95	554.12	197.77	1957.06			0.04
35	6—86	预应力空心板安装	10m³	5.25	250.43	168.98	36.46	44.99	1314.76	887.15	191.41	236.20			
36		五、木作工程							50949.65	6657.27	40211.76	4080.62		0.10	8.82
37	7—56	夹板门制作 M—1~M—2	100m²	1.22	13541.27	953.15	12319.41	268.71	16520.35	1162.84	15029.68	327.83			4.95
38	7—57	夹板门安装 M—1~M—2	100m²	1.22	978.98	422.85	514.77	41.36	1194.36	515.88	628.02	50.46		0.10	
39	7—163	硬木窗帘盒	100m	1.31	6909.10	458.80	6417.72	32.58	9050.92	601.03	8407.21	42.68		1.26	
40	7—165	木制窗帘杆	100m	1.31	826.17	112.92	713.25		1082.28	147.93	934.35	—			0.43
41	7—206	卫生间木隔断	100m²	0.90	7934.89	1329.09	6584.03	21.77	7141.40	1196.18	5925.63	19.59			
42	7—301	木扶手型钢栏杆	10m	16.80	950.02	180.56	552.79	216.67	15960.34	3033.41	9286.87	3640.06			2.18

（续二）

序号	定额编号	工程和费用名称	单位	数量	单位价值（元）	其　中（元）			总价值（元）	其　中（元）			三 大 材 料		
						人工费	材料费	机械费		人工费	材料费	机械费	钢材（t）	水泥（t）	木材（m³）
43		六、楼 地 面工程							47800.23	18443.45	26982.85	2373.93		50.54	0.22/沥青0.79
44	8－2	地面 3:7 灰土垫层	m³	39.50	46.46	20.19	25.24	1.03	1835.17	797.51	996.98	40.68			
45	8－22	地面 C10 混凝土垫层	m³	19.75	164.19	28.23	118.89	17.07	3242.75	557.54	2348.08	337.13		6.26	
46	8－26	普通防水砂浆平面	100m²	3.95	628.71	179.74	397.36	51.61	2483.40	709.97	1569.57	203.86		4.40	
47	8－28	墙 基 防 水砂浆	100m²	0.45	683.16	177.10	492.35	13.71	307.42	79.70	221.55	6.17		0.61	
48	8－35	细石混凝土找平 30 厚	100m²	3.95	641.35	144.40	442.81	54.14	2533.33	570.38	1749.10	213.85		4.78	
49	8－38	水泥砂浆压光地面楼面	100m²	13.13	994.70	495.16	465.38	34.16	13060.41	6501.45	6110.44	448.52		18.74	
50	8－40	水 泥 砂 浆楼梯	100m²	1.06	2851.04	1603.68	1170.22	77.14	3022.10	1699.90	1240.43	81.77		3.57	
51	8－41	水 泥 砂 浆台阶	100m²	0.44	5498.67	1746.86	3449.29	302.52	2419.41	768.62	1517.69	133.10		2.78	
52	8－44	混凝土散水	100m²	0.78	2218.31	870.08	1282.83	65.4	1730.28	678.66	1000.61	51.01		1.95	沥青0.79
53	8－75	卫生间陶瓷锦砖	100m²	1.14	3823.95	1316.49	2457.93	49.53	4359.30	1500.80	2802.04	56.46		1.73	
54	8－261换	地沟 800 宽深 1350	100m	0.08	13026.50	4946.94	7394.1	685.46	1042.12	395.75	591.53	54.84		0.56	0.02
55	8－264	地 沟 1000宽 深 1450	100m	0.66	17825.07	6338.14	10355.8	1131.13	11764.54	4183.17	6834.83	746.54		8.24	0.20
56		七、屋 面 保温、隔热、防水工程							34763.05	3259.33	31038.81	464.91		4.96	沥青0.80
57	9－20	屋面保温沥青膨胀珍珠岩板	10m³	4.31	4097.48	106.42	3978.00	13.06	17660.14	458.67	17145.18	56.29			
58	9－68	卷材防水三毡四油	100m²	4.80	3072.15	506.73	2480.29	85.13	14746.32	2432.31	11905.39	408.62		4.96	沥青0.80
59	9－155	塑料排水管（PVC管）	100m	0.56	2698.76	134.05	2564.71		1511.31	75.07	1436.24	—			
60	9－156	塑料落水斗（PVC）	个	4.00	211.32	73.32	138		845.28	293.28	552.00	—			
61		八、装 饰工程							80633.22	30504.48	48729.78	1398.96		37.74	

（续三）

序号	定额编号	工程和费用名称	单位	数量	单位价值(元)	其中(元)			总价值(元)	其中(元)			三大材料		
						人工费	材料费	机械费		人工费	材料费	机械费	钢材(t)	水泥(t)	木材(m³)
62	10—70	水泥石灰砂浆天棚抹灰现浇	100m²	0.414	684.26	358.66	299.34	26.26	283.28	148.48	123.93	10.87			0.09
63	10—71	水泥石灰砂浆天棚抹灰预制	100m²	12.44	782.72	390.16	361.27	30.8	9737.03	4853.59	4500.29	383.15			12.61
64	10—79	水泥石灰砂浆内砖墙	100m²	15.34	695.36	362.74	301.99	30.63	10666.82	5564.43	4632.53	469.86			13.31
65	10—299	木门刷油漆	100m²	1.22	997.35	413.31	584.04		1216.77	504.24	712.53	—			
66	参10—299	卫生间木隔断 刷油漆	100m²	0.90	997.35	413.31	584.04		897.62	371.98	525.64	—			
67	10—231	木扶手刷油漆	100m	1.68	157.92	101.55	56.37		265.30	170.60	94.70	—			
68	10—232	其他木材面(窗帘盒)刷油漆	100m²	13.10	579.73	284.95	294.78		7594.46	3732.85	3861.61	—			
69	10—575	砖外墙面贴面砖	100m²	7.13	5240.43	1533.81	3652.34	54.28	37364.27	10936.07	26041.18	387.02			6.87
70	10—581	混凝土外墙面贴面砖	100m²	2.49	5063.32	1695.68	3308.18	59.46	12607.67	4222.24	8237.37	148.06			2.86
71	(1)	项目直接工程费							863616.16	169556.39	640017.55	54042.22	90.23	376.40	31.52/沥青1.59
72	(2)	措施费							61834.90						
73		其中:(a)脚手架搭拆费(1)×1.5%							(12954.24)						
74		(b)临时设施费(1)×2.01%							(17358.68)						
75		(c)冬雨季、夜间施工措施费(1)×1.02%							(8808.88)						
76		(d)二次倒运费(1)×0.46%							(3972.63)						
77		(e)检验试验及放线定位费(1)×0.57%							(4922.61)						
78		(f)安全、文明施工增加费(1)×1.6%					(13817.86)									

（续四）

序号	定额编号	工程和费用名称	单位	数量	单位价值（元）	其中（元）			总价值（元）	其中（元）			三大材料		
						人工费	材料费	机械费		人工费	材料费	机械费	钢材（t）	水泥（t）	木材（m³）
79	（3）	间接费（1）×3.63%					31349.27								
80	（4）	利润（1）×2%					17272.32								
81	（5）	价差			市场价	定额价	单位价差		258616.65						
82		①铝合金推拉窗 C1～C10	m²	107.2	360	170.60	189.40		（20303.68）						
83		②门连窗 LM－1～LM－5	m²	258.1	370	182.77	187.23		（48324.06）						
84		③水泥42.5	t	316	368	240	128.00		（40448.00）						
85		④水泥32.5	t	60.4	338	260	78.00		（4711.20）						
86		⑤木材	m³	31.52	1280	1242.6	37.40		（1178.85）						
87		⑥石油沥青卷材	m²	480	2.5	3	－0.50		（－240.00）						
88		⑦石油沥青10#	t	1.14	2120	930	1190.00		（1156.60）						
89		⑧石油沥青30#	t	0.02	2300	980	1320.00		（26.40）						
90		⑨石油沥青60#	t	0.43	2310	980	1330.00		（517.90）						
91		⑩外墙面砖	m²	962	18	31.97	－13.97		（－13439.00）						
92		⑪卫生间陶瓷锦砖	m²	114	33	18.7	14.30		（1630.00）						
93		⑫钢筋 直径10以内	t	41.67	4000	2139	1861.00		（77457.87）						
94		⑬钢筋 直径10以外	t	13.93	3850	2139	1711.00		（23834.23）						
95		⑭螺纹钢直径10以外	t	34.63	3650	2128	1522.00		（52706.86）						
96	（6）	不含税工程造价（1）+（2）+（3）+（4）+（5）			1232689.00										
97	（7）	养老保险统筹费（6）×3.55%			43760.00										
98	（8）	四项保险费（6）×0.8%			9862.00										
99	（9）	税金[（6）+（7）+（8）]×3.51%			45150.00										
100	（10）	含税工程造价（6）+（7）+（8）+（9）			1331461.00										
		平方米造价 （115791.01＋5210.94＋1331461.00）÷1796.56＝808.47（元/m²）													

本 章 思 考 重 点

1. 何谓建设工程定额？在社会主义市场经济条件下和大力推行工程量清单计价的前提下，建设工程定额管理可否削弱？

2. 在我国社会主义市场经济条件下建设工程定额的法定性性质是否还有必要？为什么？

3. GJD—101—95《全国统一建筑工程基础定额》(土建工程)的功能作用是什么？

4. 什么是地区单位估价表？单位估价表与定额是什么关系？凡带有基价的建筑工程预算定额可否称作单位估价表？为什么？

5. 请你用计算公式表达出单位估价表的编制方法和地区基价的计算方法。

6. 什么是材料预算价格？材料预算价格由哪几项费用构成？市场经济条件下的材料原价怎样确定？材料原价与供应价有何区别？

7. 何谓建筑工程消耗量定额？建筑工程消耗量定额与建筑工程预算定额有无区别？其突出区别点是什么？

8. 什么叫放坡？人工土方工程为什么要放坡？圆形地坑放坡土方工程量怎样计算？方形放坡地坑土方工程量怎样计算？

9. 什么叫接桩与送桩？什么叫钢管桩和混凝土板桩？现浇混凝土灌注桩的工程量怎样计算？

10. 何谓外墙中心线和内墙净长线？它们为什么要分别按中心线和净长线计算工程量？

11. 何谓清水砖墙和混水砖墙？何谓腰线？何谓女儿墙？女儿墙的功能作用是什么？什么屋面才设置女儿墙？

12. 混凝土构件中为什么要配置钢筋？钢筋的弯钩形式主要有哪几种？构件弯起钢筋的长度怎样计算？螺纹钢筋下料是否也要做弯钩？为什么？

13. 何谓现浇有梁板？有梁板的板与梁分别计算后再分别套用板与梁定额单价的做法是否正确？

14. 各种瓦屋面的工程量怎样计算？坡屋面保温层的平均厚度怎样计算？

15. 何谓满堂脚手架？它的增加层工程量怎样计算？

第七章 建筑工程造价的审查与管理

建筑工程造价,按照实施阶段可以划分为建筑项目投资估算造价、初步设计概算造价、施工图预算造价和工程竣工结(决)算造价;按照内容范围不同可以划分为建设项目总概(预)算造价、单项工程概预算造价和单位工程概预算造价;按照不同计价方式可以划分为工程量清单招标价、清单项目投标价和工程发包与承包施工图预算造价等。为了缩短篇幅,本书仅以单位工程概、预、结算为主题,对建筑工程造价的审查与管理予以介绍。

第一节 单位建筑工程概算的审查

一、概述

(一)概算的概念

拟建项目在初步设计(或扩大初步设计)阶段,设计单位根据初步设计(或扩大初步设计)图纸、设备材料清单、设计说明文件,以及综合预算定额(或概算指标)、设备材料价格和各项费用定额与有关规定,编制出反映拟建项目所需建设费用的技术经济文件,称为设计概算(或初步设计概算)。

经批准的设计概算,是控制和确定建设项目造价,编制固定资产投资计划,签订建设项目总包合同和贷款总包合同,实行建设项目投资包干的依据;也是控制基本建设拨款和施工图预算,以及考核设计经济合理性的依据。

我国基本建设管理制度规定,凡采用两阶段设计的建设项目,初步设计阶段必须编制总概算,施工图设计阶段必须编制预算。凡采用三阶段设计的,技术设计阶段还必须编制修正总概算。总概算是设计文件的重要组成部分。主管单位在报批设计时,必须同时报批概算。

(二)初步设计概算的分类

初步设计概算的分类可用图 7-1 表示。

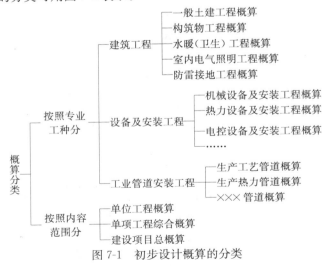

图 7-1 初步设计概算的分类

(三)初步设计概算的组成

一个完整的工业建设项目初步设计总概算文件的组成,可用图 7-2 表示。

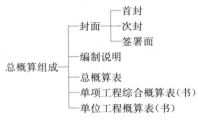

图 7-2　初步设计总概算文件的组成

二、单位建筑工程概算编制方法

实际工作中,单位建筑工程概算的编制方法十分灵活机动。也就是说根据工程项目的实际情况和设计深度,其编制方法多种多样。但归结起来,主要有定额法、指标法和类似工程预算法等。为了缩短篇幅及与本节主题挂钩,这里对上述单位工程概算编制的几种方法不作详细叙述,而仅用计算式加以表示。

(一)用定额法编制单位建筑工程概算

定额法编制单位工程概算,就是采用建筑工程概算定额或综合预算定额编制概算的方法。

采用这一方法的前提条件,主要是当初步设计达到规定深度、建筑结构比较明确时,就可以采用这种方法。采用这种方法的各项费用计算以计算式表达如下:

(1)各分项直接工程费=∑(分项工程量×相应分项工程定额基价)

(2)定额项目措施费=∑(分项直接工程费之和×相应措施费费率)

(3)定额项目直接费=直接工程费+措施费

(4)间接费=定额项目直接费×间接费费率(%)

(5)利润=(直接费+间接费-规费)×利润率(%)

(6)税金=(直接费+间接费+利润+材料差价+…)×税金率(%)

(7)含税单位工程造价=(3)+(4)+(5)+(6)

(8)单位造价=单位工程概算值/建筑面积(m^2)

单位建筑工程初步设计概算编制采用的表格,见表 7-1。

表 7-1　　　　　　　　　　　　　　　　单 位 概 算 表

工程编号		预(概)算价值			元
工程名称		技术经济	数量:	m^2	m^3
项目名称		指　标	单价:	元/m^2	元/m^3
编制根据	图号		及　　年价格和定额		

序　号	单位估价号	工　程　或　费　用　名　称	计算单位	数　量	预概算价值(元)	
					单　价	总　价

编制人　　　　　　　　　　　　　　校核人　　　　　　　　　　年　　月　　日编制

(二)用指标法编制单位建筑工程概算

用指标法编制单位建筑工程概算,是指用一定计量单位的造价指标(元/m²、元/m³ 等)计算单位工程造价的方法。这种方法主要适用于初步设计深度不够,不能满足计算分项工程量时,才可采用它来编制单位工程概算。其编制方法可用计算式表达为:

$$单位工程概算造价=单位工程建筑面积×概算指标(元/m²)+A+B+C+\cdots$$

式中　A、B、$C\cdots$——应计入的间接费、利润、税金及有关费用等。

采用这种方法从计算过程来说并不复杂,但当初步设计对象的结构特征与概算指标有局部内容不相同时,应将概算指标不相同部分的价值进行调整后才能使用。其调整方法如下:

$$调整后的概算指标=概算指标单位造价+换入结构构件单位-换出结构构件单价$$

其中:

$$换入(出)结构构件单价=[换入(出)结构构件数量×概算定额相应单价]$$

(三)用类似工程预算法编制单位建筑工程概算

所谓"类似预算",是指拟建项目与已建或在建工程相类似,而采用其预算来编制拟建项目的概算。

采用"类似预算"编制初步设计概算精确程度高,但调整差异系数计算比较烦琐。调整类似预算造价的系数,通常有下列几种方法:

(1)综合系数法:由于拟建项目与已建或在建项目的建设地点不同,而引起人工工资、材料价格、施工机械台班价格,以及间接费率标准和其他有关应取费用项目的增加或减少等因素的不同,可采用上述各项因素占类似预算造价比重的综合系数进行调整后使用。综合系数的计算方法为:

$$K=A\%×K_1+B\%×K_2+C\%×K_3+D\%×K_4+E\%×K_5+F\%×K_6$$

式中　K——类似工程预算的综合调整系数;

$A\%$——人工费占类似预算造价的比重;

$B\%$——材料费占类似预算造价的比重;

$C\%$——机械费占类似预算造价的比重;

$D\%$——间接费占类似预算造价的比重;

$E\%$——利润占类似预算造价的比重;

$F\%$——税金占类似预算造价的比重;

K_1——人工工资标准因地区不同而产生在造价上的差别系数;

K_2——材料预算价格因地区不同而产生在造价上的差别系数,

K_3——施工机械台班单价因地区不同而产生在造价上的差别系数;

K_4——间接费率标准因地区不同而产生在造价上的差别系数;

K_5——利润率因地区不同而产生在造价上的差别系数;

K_6——税率因地区不同而产生在造价上的差别系数。

它们的计算方法可用计算式表示为:

$$A\%(B\%\cdots)=\frac{人工费(材料费\cdots)}{类似预算造价}×100\%$$

$$K_1(K_2\cdots)=\frac{工程所在地区的一级工工资标准(材料预算价格\cdots)}{类似预算地区一级工的工资标准(材料预算价格\cdots)}$$

则:

$$拟建项目概算造价＝类似工程预算造价×K$$

(2)价格变动系数法:由于类似预算的编制时间与现在相隔了一定的时间距离(如2～3年或更长一些),其中人工工资、材料价格等,因政策性或其他因素的变化,必然发生了变动。现在用来编制概算,则应将类似工程预算的上述价格和费用标准与现行的价格和费用标准进行分析比较,测定出价格和费用变动幅度系数,予以适当调整。价格变动系数计算的方法为:

$$P＝A\%×p_1＋B\%×p_2＋C\%×p_3＋\cdots\cdots$$

式中 P——类似预算的价格变动系数;

p_1、p_2、p_3……——工资标准、材料价格、机械台班单价因时间不同而产生的差异系数,可按下式计算:

$$p_1(p_2\cdots\cdots)＝\frac{现期一级工工资标准(材料价格\cdots\cdots)}{类似预算编制期一级工资标准(材料价格\cdots\cdots)}$$

则:

$$拟建项目概算造价＝类似工程预算造价×p$$

(3)地区价差系数法:由于拟建项目与已建项目所在地的不同,必然出现两者直接工程费用的差异。此时,则应采用地区价差系数法对类似预算进行调整。地区价差系数计算式如下:

$$地区价差系数＝\frac{拟建项目所在地直接工程费}{类似预算所在地直接工程费}$$

式中拟建项目所在地直接工程费和类似工程预算所在地直接工程费的计算,是根据 1000m² 建筑面积工、料、机消耗指标乘以拟建项目的建筑面积计算出工、料、机消耗总量,然后再分别乘以不同地区相应的工、料、机单价求得。其计算方法可用计算式表示为:

$$Q_1(Q_2)＝g\cdot s\cdot p_1(p_2)$$

式中 $p_1(p_2)$——拟建项目与类似项目所在地工、料、机单价;

s——拟建项目建筑面积;

g——1000m² 建筑面积工、料、机消耗指标;

$Q_1(Q_2)$——拟建项目与类似项目的直接工程费用。

据此,拟建项目概算价值可按下式求得:

$$W＝Q_2\cdot i＋a＋b＋c\cdots\cdots$$

式中 W——拟建项目概算价值;

Q_2——类似预算直接工程费;

i——地区价差系数$\left(\dfrac{Q_1}{Q_2}\right)$;

a——拟建项目所在地间接费;

b——拟建项目所在地利润;

c——拟建项目所在地税金。

(4)结构构件差异换算法:建筑产品单件性的特点,决定了每个建设项目都有其各自的特异性。在其结构特征、材质和施工方法等方面,往往是不相一致的。因此,采用类似工程预算来编制概算,应根据其中差异部分,进行分析、比较和换算,调整其差异部分的价值,合理地确定拟建项目概算造价。采用结构构件差异换算法调整类似工程预算,可按下式进行:

$$拟建项目概算造价＝类似工程预算价值－换出构件价值＋换入构件价值$$

其中   换出(入)构件价值＝换出(入)构件工程量×换出(入)构件相应定额单价

综上所述,本节开头已经说过,初步设计单位工程概算编制的方法多种多样,其"火候"比较难以掌握。本项谈及的几种编制方法，具体采用哪一种，应视具体情况而定。实际工作中有时几种方法穿插进行，这里介绍的几种方法仅供学习。

三、单位建筑工程概算的审查

(一)审查的意义

单位工程概算是确定某个单位工程建设费用的文件，是确定建设项目全部建设费用不可缺少的组成部分。审查单位工程概算书是正确确定建设项目投资的一个重要环节，也是进一步加强工程建设管理，按基本建设程序办事，检验概算编制质量，提高编制水平的方法之一。因此，搞好概算的审查，精确地计算出建设项目投资，合理地使用建设资金，更好地发挥投资效果，具有重要的意义。

(1)可以促进概算编制人员严格执行国家概算编制制度，杜绝高估乱算，缩小概、预算之间的差距，提高编制质量。

(2)可以正确地确定工程造价，合理分配和落实建设投资，加强计划管理。

(3)可以促进设计水平的提高与经济合理性。

(4)可以促进建设单位与施工单位加强经济核算。

(二)审查的内容

(1)审查单位工程概算编制依据的时效性和合法性。

(2)审查单位工程概算编制深度是否符合国家或部门的规定。

(3)审查单位工程概算编制的内容是否完整，有无漏算、多算、重算，各项费用取定标准、计算基础、计算程序、计算结果等是否符合规定和正确。

(4)审查单位工程概算各项应取费用计取有无高抬"贵手"、带"水分"、打"埋伏"或"短斤少两"的现象。

(三)审查的方法

设计概算审查可以分为编制单位内部审查和上级主管部门初步设计审查会审查两个方面，这里说的审查是指概算编制单位内部的审查方法。概算编制单位内部的审查方法主要有下述几种：

(1)编制人自我复核。

(2)审核人审查，包括定额、指标的选用、指标差异的调整换算、分项工程量计算、分项工程合价、分部工程直接工程费小计，以及各项应取费用计算是否正确等。编制单位内部审核人审查这一环节是一个至关重要的审查环节，审核人应根据被审核人的业务素质，选择全面审查法、重点审查法和抽项(分项工程)审查法等进行审查。

(3)审定人审查，是指由造价工程师、主任工程师或专业组长等对本单位所编概算的全面审查，包括概算的完整性、正确性、政策性等方面的审查和核准。

四、审查单位工程概算的注意事项

(1)编制概算采用的定额、指标、价格、费用标准是否符合现行规定。

(2)如果概算是采用概算指标编制的，应审查所采用的指标是否恰当，结构特征是否与设计符合,应换算的分项工程和构件是否已经换算,换算方法是否正确。

(3)如果概算是采用概算定额(或综合预算定额)编制的,应着重审查工程量和单价。

(4)如果概算是依据类似工程预算编制的,应重点审查类似预算的换算系数计算是否正确,并注意所采用的预算与编制概算的设计内容有无不符之处。

(5)注意审查材料差价。近年来,建筑材料(特别是木材、钢材、水泥、玻璃、沥青、油毡等)价格基本稳定,没有什么大的波动,而有的地区的材料预算价格未作调整,或随市场因素的影响,各地区的材料预算价格差异调整步距也很不统一,所以审查概算时务必注意这个问题。

(6)注意概算所反映的建设规模、建筑结构、建筑面积、建筑标准等是否符合设计规定。

(7)注意概算造价的计算程序是否符合规定。

(8)注意审查各项技术经济指标是否先进合理。可用综合指标或单项指标与同类型工程的技术经济指标对比,分析造价高低的原因。

(9)注意审查概算编制中是否实事求是,有无弄虚作假,高估多算,硬留"活口"的现象。

第二节 单位建筑工程预算的审查

编制单位建筑工程预算是一项技术性和政策性很强的工作,计算中往往会出现一些错漏。为了保证预算质量,核实造价,必须认真做好工程预算的审查工作。本节着重阐述预算编制单位应当怎样审查预算。

一、审查的要求

预算编制单位对所编制的每项单位工程预算,应当有自校(校对)、校核和审核三道手续(即三级校审),以确保其正确性。

1. 自校

所谓自校,就是预算编制人自我校对。当每一单位工程预算编制完毕后,要自觉检查自己所编预算有无漏项或重算。自校的重点,应当检查工程量、计量单位、单价、合价、取费标准、计费基础、计算程序等是否正确,发现疑点及问题,应进行复核和改正,做到所编制预算基本无重大错误。

2. 校核

即由有关造价人员(如组长、项目负责人、造价师)对他人所编制预算或主要内容的计算情况进行检查核对。这样,既可以减少预算中的错误,又可以互相学习,取长补短,不断提高预算人员的业务水平。其具体方法可以针对编制人的业务熟练程度及个人特点,根据编制依据与规定,先对各项经济指标的合理性和同类型工程进行对比分析,大致了解其正确程度,然后再查阅有关图纸和工程量计算草稿,进一步全面或重点校核各项数字,做到工程数量、定额单价、取费及调价(如调整差价)等正确无误,无漏项无重复,造价正确,技术经济指标合理。

3. 审核

即对本单位所编制预算的审定和核准,一般应由高级工程师、主任工程师专门负责进行。其方法一般说来,主要是重点审核各项编制依据是否符合规定,应该增加的费用是否按规定增加了,预算造价及各项经济指标是否合理,各项费用计算是否符合规定程序,预算书是否齐全完整等,要保证做到预算内容完整,造价正确,经济指标及主要材料用量等合理。

二、审查的内容

1. 审查工程量

主要是审查各分部分项工程量计算尺寸与图示尺寸是否相同，计算方法是否符合"工程量计算规则"要求，计算内容是否有漏算、重算和错算等。审查工程量要抓住那些占预算价值比重大的分项工程。例如，对砖石砌筑工程、钢筋混凝土工程、金属结构工程、木作工程、楼地面等工程中的墙体、梁、柱、板、门窗、屋架、钢檩条、钢梁、钢柱、楼、地、屋面等分项工程，应作详细审查，其他各分部分项工程可做一般性审查。同时要注意各分项工程的材料标准、构件数量以及施工方法是否符合设计规定。为审查好工程量，审查人员必须熟悉定额说明、工程内容、工作内容、工程量计算规则和具备熟练的识图能力。

2. 审查预算单价

预算单价是一定计量单位的分项工程或结构构件所消耗工料的货币形式表现的标准，是决定工程费用的主要因素。审查预算单价，主要是审查单价的套用及换算是否正确，有没有套错或换算错预算单价，计量单位是否与定额规定相同，小数点有没有点错位置等。审查时应注意：

(1)是否有错列已包括在定额内的项目。如砖基础的挖、填、运土工程；普通木门窗的场外运输费和一般油漆费；楼地面工程中与整体面层构造材料相同的踢脚线等均不得另列项计算。

(2)定额不允许换算的是否进行了换算。如混凝土工程中的混凝土强度等级、石子粒径、水泥强度等级、模板种类、钢材品种和规格等，均不得进行调整和换算。

(3)定额允许换算的项目其换算方法是否正确。如门窗玻璃厚度的换算方法应该是：从定额单价中扣去定额考虑的厚度价值，增加实际采用的厚度价值。可以用公式表示为：

$$换算单价＝定额预算单价－定额材料价值＋实际采用材料价值$$

其中
$$定额材料价值＝定额材料消耗数量×定额材料预算单价$$
$$实际采用材料价值＝定额材料消耗数量×实际采用的材料预算单价$$

3. 审查直接工程费用

即根据已经审查过的分项工程量和预算单价，审核两者相乘之积以及各个积数相加之和[$\sum$(工程数量×预算单价)]是否正确。直接工程费用是措施项目费、间接费以及各项应取费用的计算基础，审查人员务必细心、认真地逐项计算。

4. 审查各种应取费用

在一般土建工程中，各种应取费用占工程直接费的30％左右，是工程预算造价的重要组成，因此审查各种应取费用时，应注意以下几点：

(1)采用的费用标准是否与工程类别相符合，选用的标准与工程性质是否相符合。

(2)计费基数是否正确。例如：陕西省现行"间接费定额"的计费基数除人工土石方工程和设备安装工程是以人工费为计算基数外，其余各项工程均以直接工程费为计算基数。

(3)有无多计费用项目。例如，远地施工增加费，它是指施工企业派出施工队伍远离企业驻地25公里以上承担施工任务时需要增加的费用，但根据现行文件规定，该项费用项目不再作为费用定额的组成内容，实际发生时，是否计取由甲、乙双方自行商定后在合同中加以解决。

5. 审查利润

根据原建设部、财政部[建标(2003)206号]文件规定，利润的计取可分为"工料单价法"和"综合单价法"计取程序两种，其具体计算方法分述如下：

(1)"工料单价法"以直接费为基础的利润计算

利润＝(直接工程费＋措施费十间接费)×规定利润率(%)

(2)"综合单价法"的单价中已经包括了利润,不必重新计算。

审查利润,就是看一看它的计算基础和利率套错了没有,计算结果是否正确等。

6. 审查建筑营业税

国家规定,从 1987 年 1 月 1 日起,对国有施工企业承包工程的收入征收营业税,同时以计征的营业税额为依据征收城市维护建设税和教育费附加。建筑安装企业应纳的税款准许列入工程预(概)算。鉴于城市维护建设税和教育费附加均以计征的营业税额为计征依据,并同时缴纳,其计算方法是按建筑安装工程造价计算程序计算出完整工程造价后(即直接费＋间接费＋利润＋材料差价四项之和)作为基数乘以综合折算税率。由于营业税纳税地点的不同,计算程序复杂,审查时应注意下列几点:

(1)计算基数是否完整。通常情况下是以"不含税造价"为计算基础,即直接费＋间接费＋利润＋……。

(2)纳税人所在地的确定是否正确,如某建筑公司驻地在西安市,承包工程在渭南地区某县,则纳税人所在地应为渭南地区某县,而不应确定为西安市。

(3)计税率选用的是否正确(纳税人所在地在市区的综合折算税率为 3.412%;在县城、镇的为 3.348%;不在市区、县城或镇的为 3.2205%)。

7. 审查预算造价

单位工程预算造价＝直接费＋间接费＋各项应取费用＋利润＋营业税

式中 直接费＝直接工程费＋措施费。

8. 审查建筑面积

建筑面积是指房屋建筑的水平面面积。建筑面积在建筑工程造价管理方面起着很重要的作用。因此,在校审工程预算时,应以 2005 年 4 月 15 日中华人民共和国建设部公告第 326 号发布的国家标准 GB/T 50353—2005《建筑工程建筑面积计算规范》为依据,对所计算的建筑面积进行认真全面的审核。其审核的内容应包括以下几个方面:

(1)单层建筑及多层建筑物首层的建筑面积是否按其外墙勒脚以上结构外围水平面积计算。

(2)单层建筑物高度及多层建筑物层高在 2.20m 及以上者是否计算全面积;单层建筑物高度及多层建筑物层高不足 2.20m 者是否按 $\frac{1}{2}$ 计算建筑面积。

(3)不应计算建筑面积的建筑通道(骑楼、过街楼的底层)、建筑物内的设备管道夹层、无永久性顶盖的架空走廊、室外楼梯和用于检修、消防等的室外钢楼梯、爬梯、屋顶水箱、花架、凉棚、露台、露天游泳池等,是否也计算了建筑面积。

建筑面积计算比较复杂,审核时应严格按照上述规范执行。

9. 审查单位造价

单位造价等于单位工程预算造价除以建筑面积(单位造价＝预算价值÷建筑面积)

三、审查的方法

审查工程预算应根据工程项目规模大小、繁简程度以及编制人员的业务熟练程度决定。审查方法有全面审查、重点审查、指标审查和经验审查等方法。

1. 全面审查法

全面审查法是指根据施工图纸的内容,结合预算定额各分部分项中的工程子目,一项不漏地、逐一地全面审查的方法。其具体方法和审查过程就是从工程量计算、单价套用,到计算各项费用,求出预算造价。

全面审查法的优点是全面、细致,能及时发现错误,保证质量;缺点是工作量大,在任务重、时间紧、预算人员力量薄弱的情况下一般不宜采用。

全面审查法,对一些工程量较小、结构比较简单的工程,特别是由乡镇建筑队承包的工程,由于预算技术力量差,技术资料少,所编预算差错率较大,应尽量采用这种方法。

2. 重点审查法

重点审查法是相对全面审查法而言,即只审查预算书中的重点项目,其他不审。所谓重点项目,就是指那些工程量大、单价高、对预算造价有较大影响的项目。在工程预算中是什么结构,什么就是重点。如砖木结构的工程,砖砌体和木作工程就是重点;砖混结构,砖砌体和混凝土工程就是重点;框架结构,钢筋混凝土工程就是重点。重点与非重点,是相对而言,不能绝对化。审查预算时,要根据具体情况灵活掌握,重点范围可大可小,重点项目可多可少。

对各种应取费用和取费标准及其计算方法(以什么做为计算基础)等,也应重点审查。由于施工企业经营机制改革,有的费用项目被取消,费用划分内容变更,新费用项目出现,计算基础改变等,因此各种应取费用的计算比较复杂,往往容易出现差错。

重点审查法的优点是对工程造价有影响的项目得到了审查,预算中的主要问题得到了纠正。缺点是未经审查的那一部分项目中的错误得不到纠正。

3. 指标审查法

指标审查法就是把被审查预算书的造价及有关技术经济指标和以前审定的标准施工图或复用施工图的预算造价及有关技术经济指标相比较。如果出入不大,就可以认为本工程预算编制质量合格,不必再作审查;如果出入较大,即高于或低于已审定的标准设计施工图预算的10%,就需通过按分部分项工程进行分解,边分解边对比,哪里出入大,就进一步审查哪一部分。对比时,必须注意各分部工程项目内容及总造价的可比性。如有不可比之处,应予剔除,经这样对比分析后,再将不可比因素加进去,这就找到了出入较大的可比因素与不可比因素。

指标审查法的优点是简单易行、速度快、效果好,适用于规模小、结构简单的一般民用住宅工程,特别适用于一个地区或民用建筑群采用标准施工图或复用施工图的工程;缺点是虽然工程结构、规模、用途、建筑等级、建筑标准相同,但由于建设地点不同,运输条件不同,能源、材料供应等条件不同,施工企业性质及级别的不同,其有关费用计算标准等都会有所不同,这些差别最终必然会反映到工程预算造价中来。因此,用指标法审查工程预算,有时虽与指标相符合,但不能说明预算编制无问题;有出入,也不一定不合理。所以,指标审查法,对某种情况下的工程预算审查质量是有保证的;在另一种情况下,只能作为一种先行方法,即先用它匡算一下,根据匡算的结果,再决定采用哪种方法继续审查。

4. 经验审查法

经验审查法是指根据以往的实践经验,审查那些容易产生差错的分项工程的方法。

易产生差错的分项工程如下:

(1)室内回填土方漏计。

(2)砖基础大放脚的工程量漏计。

(3)砖外墙工程量漏扣嵌入墙身的柱、梁、过梁、圈梁和壁龛的体积。

(4)砖内墙未按净长线计算工程量。

(5)框架间砌墙未按净空面积计算(往往以两框架柱的中心线长度计算)。

(6)框架结构的现浇楼板的长度与宽度未按净长、净宽计算。

(7)基础圈梁错套为基础梁定额单价。

(8)框架式设备基础未按规定分解为基础、柱、梁、板、墙等分别套用相应定额单价。

(9)外墙面装修工程量。

(10)各项应取费用的计算基础及费率。

......

综上所述,审查工程预算同编制工程预算一样,也是一项即复杂又细致的工作。对某一具体工程项目,到底采用哪种方法,应根据预算编制单位内部的具体情况综合考虑确定。一般原则是:重点、复杂,采用新材料、新技术、新工艺较多的工程要细审;对从事预算编制工作时间短、业务比较生疏的预算人员所编预算要细审;反之,则可粗略些。

工程预算审查方法除上述几种外,尚有分组计算审查法、筛选审查法、分解对比法等,这里不再一一叙述。

四、审查的步骤

建筑工程造价审查的步骤,可概括为"做好准备工作"、"确定审查方法"和"进行审查操作"三个方面的内容。

(1)做好审查前的准备工作。实际工作中这项工作一般包括熟悉资料(定额、图纸)和了解预算造价包括的工程范围等。

(2)确定审查方法。审查方法的确定应结合工程结构特征、规模大小、设计标准、编制单位的实际情况以及时间安排的紧迫程度等因素进行确定。一般来说,可以采用单一的某种审查方法,也可以采用几种方法穿插进行。

(3)进行审查操作。审查操作,就是按照前述不同的审查方法进行审查。

第三节 单位建筑工程结(决)算的审查

一、工程结算与决算的概念

工程竣工结算简称"工程结算",是指建筑安装工程竣工后,施工单位根据原施工图预算,加上补充修改预算向建设单位(业主)办理工程价款的结算文件。单位工程竣工结算是调整工程计划、确定工程进度、考核工程建设投资效果和进行成本分析的依据。

工程竣工决算简称"工程决算",是指建设单位(业主)在全部工程或某一期工程完工后由建设单位(业主)编制,反映竣工建设项目的建设成果和财务情况的总结性文件。建设项目竣工决算是办理竣工工程交付使用验收的依据,是竣工报告的组成部分。竣工决算的内容包括竣工工程概况表、竣工财务决算表、交付使用财产总表、交付使用财产明细表和文字说明等。它综合反映工程建设计划和执行情况,工程建设成本、新增生产能力及定额和技术经济指标的完成情况等。

二、工程结(决)算的主要方式

由于招标投标承建制和发承包承建制的同时存在,所以,我国现行工程价款的结(决)算方式主要有以下几种：

（1）按月结算与支付。即实行按旬末或月中预支，月终结算，竣工后清算的方法。合同工期在两个年度以上的工程，在年终进行工程盘点，办理年度结算。我国现行工程价款的结算，有相当一部分是实行这种结算方式。

（2）分段结算与支付。即当年开工、当年不能竣工的工程按照工程形象进度，划分不同阶段进行结算（如基础工程阶段、砌筑浇注工程阶段、封顶工程阶段、装饰装修工程阶段等）。具体划分标准，由各部门、各地区规定或甲、乙双方在合同中加以明确。

（3）竣工后一次结算。建设项目或单项工程全部建筑安装工程建设期在一年以内，或者工程承包合同价值在100万元以下的，可以实行工程价款每月月中预支，竣工后一次结算。

（4）其他结算方式。指双方约定并经开户银行同意的结算方式。

根据规定，不论采用哪种结算方式，必须坚持实施预付款制度，甲方应按施工合同的约定时间和数额，及时向乙方支付工程预付款，开工后按合同条款约定的扣款办法陆续扣回。

2004年10月20日财政部、原建设部印发的《建设工程价款结算暂行办法》指出："包工包料工程的预付款按合同约定拨付，原则上预付比例不低于合同金额的10％，不高于合同金额的30％，对重大工程项目，按年度工程计划逐年预付。计价执行《建设工程工程量清单计价规范》的工程，实体性消耗和非实体性消耗部分应在合同中分别约定预付款比例"。

三、工程结（决）算审查的内容

单位工程结（决）算审查的内容，与第二节单位建筑工程预算审查的内容基本相同，这里不再作重述。

四、工程结（决）算审查的方法

单位建筑工程结（决）算审查的方法，与第二节单位建筑工程预算的审查方法一样，也是采用全面审查法、重点审查法、指标审查法等方式，对结（决）算编制单位内部而言，具体采用哪一种方法，应结合本单位管理制度和编制人员的实际情况灵活掌握，但对于施工单位报送给建设单位（业主）的结（决）算，建设单位（业主）必须指定业务骨干人员进行全面审核，这是由于有些施工单位所编制的结（决）算中存在诸多"怪现象"所决定的，诸如只增不减、只高不低、偷梁换柱、玩弄手法等现象，在实际工作中屡见不鲜。由于工程结（决）算不仅是给建筑产品进行最终定价，而且涉及甲乙双方切身经济利益的问题，除必须采取全面审核外，还必须严格把好以下几项关：

（一）注意把好工程量计算审核关

工程量是编制工程项目竣工结算的基础，是实施竣工结算审核的"重头戏"，建筑工程工程量计算比较复杂，是竣工结算审核中工作量最大的一项工作。因此，审核人员不仅要具有较多的业务知识，而且要有认真负责和细致的工作态度，在审核中必须以竣工图及施工现场签证等为依据，严格按照清单项目工程量计算规则或定额工程量计算规则逐项进行核对检查。看看有无多算、重算、冒算和错算现象。近些年来，施工企业在工程竣工结算上以虚增工程量来提高工程造价的现象普遍存在，已引起建设单位的极大关注，很重要的一个原因就是建设单位审核人员疏忽导致了造价的失真，使施工企业有机可乘。他们在竣工结算中只增项不减项或只增项少减项，特别是私营建筑安装企业和城镇街道建筑安装企业在这方面尤为突出。他们抱着侥幸心理——一旦建设单位查到了就核减，没查到就获利，由于想多获利，在竣工结算中能算尽量多算，不能算也要算，鱼目混珠，人为的给工程量审核工作带来了很多的困难。所以，审核人员必须注意到把竣工图等依据上的"死数据"与施工现场调查了解的"活资料"进行对比分析,找出差距,挤出工程量中的"水分",确保竣工结算造价的真实性和可靠性。

(二)注意把好现场签证审核关

所谓现场签证是指施工图中未能预料到而在实际施工过程中出现的有关问题的处理,而需要建设、施工、设计三方进行共同签字认可的一种记事凭证。它是编制竣工结算的重要基础依据之一。现场签证常常是引起工程造价增加的主要原因。有些现场施工管理人员怕麻烦或责任心不强,随意办理现场签证,而签证手续并不符合管理规定,使虚增工程内容或工程量扩大了工程造价。所以,在审核竣工结算时要认真审核各种签证的合理性、完备性、准确性和规范性——看现场三方代表(设计、施工、监理)是否签字,内容是否完备和符合实际,业主是否盖章,承包方的公章是否齐全,日期是否注明,有无涂改等。具体方法是:先审核落实情况,判定是否应增加;先判定是否该增加费用,然后再审定增加多少。

办理现场签证应根据各建设单位或业主的管理规定进行。一般来说,办理现场签证必须具备下列四个条件:

(1)与合同比较是否已造成了实际的额外费用增加。

(2)造成额外费用增加的原因不是由于承包方的过失。

(3)按合同约定不应由承包方承担的风险。

(4)承包方在事件发生后的规定时限内提出了书面的索赔意向通知单。

符合上述条件的,均可办理签证结算,否则不予办理。

(三)注意把好定额套用审核关

建筑工程预算定额是计算定额项目直接工程费的依据。由于《全国统一建筑工程基础定额》仅有工、料、机消耗指标,而无基价,所以在审核竣工结算书工程子目套用地区单位估价表基价时,由于地区估价表中的"基价"具有地区性特点,所以应注意估价表的适用范围及使用界限的划分,分清哪些费用在定额中已作考虑,哪些费用在定额中未作考虑,需要另行计算等。以防止低费用套高基价定额子目或已综合考虑在定额中的内容,却以"整"化"零"的办法又划分成几个子目重复计算等。因此,审查定额基价套用,掌握设计要求,了解现场情况等,对提高竣工结算的审核质量具有重要指导意义。

(四)注意严格把好取费标准审核关

取费标准,又称应取费用标准。何谓应取费用? 建筑安装企业为了生产建筑安装工程产品,除了在该项产品上直接耗费一定数量的人力、物力外,为组织管理工程施工也需要耗用一定数量的人力和物力,这些耗费的货币表现就称为应取费用。按照应取费用的性质和用途的不同,可划分为措施费、间接费、利润和税金等。这些费用是建筑工程产品价格构成的重要组成部分,因此在审核建筑工程(产品)最终造价时,必须对这些构成费用计算进行严格审核把关。建筑工程造价中的应取费用计算不仅有取费标准的不同,而且还有一定的计算程序,如果计算基础或计算先后程序错了,其结果也就必然错了。同时,应计取费用的标准是与该结算所使用的预算定额相配套的,采用谁家的定额编制结(决)算,就必须采用谁家的取费标准,不能互相串用,反之,应予纠正。

综上所述,工程竣工结算的审核工作具有政策性、技术性、经济性强、可变性、弹塑性大、涉及面广等特点,同时,又是涉及业主和承包商切身利益的一项工作。所以,承担工程结算审核的人员,应具有思想和业务素质高,敬业奉献精神强;具有经济头脑和信息技术头脑;具有较强的法律观念和较高的政策水平,能够秉公办事;掌握工程量计算规则,熟悉定额子目的组成内容和套用规定;掌握工程造价的费用构成、计算程序及国家政策性、动态性调价和取费标准等,才能胜任工程竣工结算的审核工作。这并非苛刻要求或者说竣工结算多么神秘等,而是由于工程项目施工时涉及面广、影响因素多、环境复杂、施工周期长、政策性变化大,材料供应市场波动大等因素给工程竣工结算带来一定困难。所以,建设单位或各有关专业审核机构,都应选派(指定)和配备职业道德过硬、业务水平高、有奉献精神和责任心强的专业技术人员担负工程竣工结算的审核工作,让人为的失误造成的损失减少到零,准确地确定出建筑工程产品的最终实际价格。

五、结算审核单位和审核人员的执业准则与职业道德

(一)工程造价咨询单位执业行为准则

为了规范工程造价咨询单位执业行为,保障国家与公众利益,维护公平竞争秩序和各方合法权益,具有工程造价咨询资质的企业法人在执业活动中均应遵循以下执业行为准则:

(1)要执行国家的宏观经济政策和产业政策,遵守国家和地方的法律、法规及有关规定,维护国家和人民的利益。

(2)接受工程造价咨询行业自律组织业务指导,自觉遵守本行业的规定和各项制度,积极参加本行业组织的业务活动。

(3)按照工程造价咨询单位资质证书规定的资质等级和业务范围开展业务,只承担能够胜任的工作。

(4)要具有独立执业的能力和工作条件,竭诚为客户服务,以高质量的咨询成果和优良服务,获得客户的信任和好评。

(5)要按照公平、公正和诚信的原则开展业务,认真履行合同,依法独立自主开展经营活动,努力提高经济效益。

(6)靠质量、靠信誉参加市场竞争,杜绝无序和恶性竞争;不得利用与行政机关、社会团体以及其他经济组织的特殊关系搞垄断。

(7)要"以人为本",鼓励员工更新知识,掌握先进的技术手段和业务知识,采取有效措施,组织、督促员工接受继续教育。

(8)不得在解决经济纠纷的鉴证咨询业务中分别接受双方当事人的委托。

(9)不得阻挠委托人委托其他工程造价咨询单位参与咨询服务。共同提供服务的工程造价咨询单位之间应分工明确,密切协作,不得损害其他单位的利益和信誉。

(10)有义务保守客户的技术和商务秘密,客户事先允许和国家另有规定的除外。

(二)造价工程师职业道德行为准则

(1)遵守国家法律、法规和政策,执行行业自律规定,珍惜职业声誉,自觉维护国家和社会公共利益。

(2)遵守"诚信、公正、敬业、进取"的原则,以高质量的服务和优秀的业绩,赢得社会和客户对造价工程师职业的尊重。

(3)勤奋工作,独立、客观、公正、正确地出具工程造价成果文件,使客户满意。

(4)诚实守信,尽职尽责,不得有欺诈、伪造、作假等行为。

(5)尊重同行,公平竞争,搞好同行之间的关系,不得采取不正当的手段损害、侵犯同行的

权益。

(6)廉洁自律,不得索取、收受委托合同约定以外的礼金和其他财物,不得利用职务之便谋取其他不正当的利益。

(7)造价工程师与委托方有利害关系的应当回避,委托方有权要求其回避。

第四节　建筑工程竣工结算与工程竣工决算的区别

这里,首先对建筑工程预算、结算、决算的含义进一步给予说明,再说明结算与决算的区别。

建筑工程预算,是指根据施工图所确定的工程量,选套相应的预算定额单价及有关的取费标准,预先计算工程项目价格的文件。在一般情况下,它由承担项目设计的设计单位负责编制,作为建设单位控制投资、制定年度建设计划和招标工程制定标底价的依据。

建筑工程结算,是指按工程进度、施工合同、施工监理情况办理的工程价款结算,以及根据工程实施过程中发生的超出施工合同范围的工程变更情况,调整合同约定施工图预算价格,确定工程项目最终结算价格的技术经济文件。它由承担项目施工的施工单位负责编制,发送建设单位核定签认后作为工程价款结算和付款的依据。

建筑工程决算,是指建设项目或工程项目(又称"单项工程")竣工后由建设单位编制的综合反映建设项目或工程项目实际造价、建设成果的文件。它包括从工程立项到竣工验收交付使用所支出的全部费用。它是主管部门考核工程建设成果和新增固定资产核算的依据。建筑工程决算是建设项目决算内容组成部分之一。

根据有关文件规定,建设项目的竣工决算是以它所有的工程项目的竣工结算及其他有关费用支出为基础进行编制的,建设项目或工程项目竣工决算和工程项目或单位工程的竣工结算的区别主要表现在以下五个方面。

(1)编制单位不同。工程竣工结算由施工单位编制,而工程竣工决算由建设单位(业主)编制。

(2)编制范围不同。工程竣工结算一般主要是以单位工程或单项工程为单位进行编制,而竣工决算是以一个建设项目(如一个工厂、一个装置系统、一所学校、一个机场、一条铁路、一座水库等)为单位进行编制的,只有在整个项目所包括的单项工程全部竣工后才能进行编制。如果是一个公用系统相联系的联合企业,只有当各分厂所有工程项目竣工后,才能进行编制。

(3)费用构成不同。工程竣工结算仅包括发生在该单位工程或单项工程范围以内的各项费用,而竣工决算包括该建设项目从立项筹建到全部竣工验收过程中所发生的一切费用(即有形资产费用和无形资产费用两大部分)。

(4)用途作用不同。工程竣工结算是建设单位(业主)与施工企业结算工程价款的依据,也是了结甲、乙双方经济关系和终结合同关系的依据。同时,又是施工企业核定生产成果,考虑工程成本,确定经营活动最终效益的依据。而建设项目竣工决算是建设单位(业主)考核工程建设投资效果、正确确定有形资产价值和正确计算投资回收期的依据,同时,也是建设项目竣工验收委员会或验收小组对建设项目进行全面验收、办理固定资产交付使用的依据。

(5)文件组成不同。单位建筑或单项工程竣工结算,一般来说,仅由封面、文字说明和结算表三部分组成。而建设项目竣工决算,按照国家财政部"财建(2002)394 号"文"关于印发《基本建设财务管理规定》的通知"、国家计委"计建设(1990)1215 号"文颁发的《建设项目(工程)竣工验收办法》和原国家建委"施工字(1982)50 号"文颁发的《编制基本建设工程竣工图的几项暂行规定》,竣工决算的内容包括财务决算说明书、竣工财务决算报表、工程竣工图和工程造价对比分析四个部分。关于大、中型建设项目竣工决算的有关表格,见表 7-2～表 7-5。

表 7-2　　　　　　　　　　　　　　　　大、中型建设项目竣工工程概况表

建设项目 (或单项工程)名称						项　目		概算 (元)		主要事项 说明
建设地址			占地 面积	设计	实际	建 设 成 本	建安工程 设备、工具、器具 其他基本建设 其中:土地征用费 生产职工培训费 施工机构转移费 建设单位管理费 负荷试车费 合计			
新增 生产 能力	能力(或效益)名称		设计		实际					
建设 时间	计划	从　年　月开工至　年　月竣工								
	实际	从　年　月开工至　年　月竣工								
初步设计和概算批准 机关、日期、文号						主 要 材 料 消 耗	名称	单位	概算	
完成 主要 工程量	名称	单位	数　量				钢材	吨		
	建筑面积 设备……	平方米 台/吨	设计		实际		木材	立方米		
							水泥	吨		
收尾工程	工程内容	投资额	负责 收尾单位	完成时间		主要技术经济指标:				

表 7-3　　　　　　　　　　　　　　　　大、中型建设项目竣工财务决算表

建设项目名称:

资　金　来　源	金额 (千元)	资　金　运　用	金额 (元)	
一、基建预算拨款 二、基建其他拨款 三、基建收入 四、专用基金 五、应付款 ……		一、交付使用财产 二、在建工程 三、应核销投资支出 　　1.拨付其他单位基建款 　　2.移交其他单位未完工程 　　3.报废工程损失 　　…… 四、应核销其他支出 　　1.器材销售亏损 　　2.器材折价损失 　　3.设备报废盘亏 　　…… 五、器材 　　1.需要安装设备 　　2.库存材料 六、施工机具设备 七、专用基金财产 八、应收款 九、银行存款及现金		补充资料: 基本建设收入 总　　计 其中:应上缴财政 　　　已上缴财政支出
合计		合计		

表 7-4　　　　　　　　　**大、中型建设项目交付使用财产总表**　　　　　　　　　　　　元

建设项目名称：

工程项目名称	总计	固定资产				流动资产
		合计	建安工程	设备	其他费用	

交付单位　　　　　　　　　　　　　　　　　　　接收单位

盖　章＿＿＿＿　年　月　日　　　　　　　　　盖　章＿＿＿＿　年　月　日

补充资料：由其他单位无偿拨入的房屋价值＿＿＿＿＿＿　设备价值＿＿＿＿＿＿

表 7-5　　　　　　　　　　**小型建设项目竣工决算总表**

建设项目名称						项　目	金额(元)	主要事项说明
建设地址			占地面积	设计	实际			
新增生产能力	能力(或效益)名称		设计	实际	初步设计或概算批准机关、日期	资金来源	1. 基建预算拨款 2. 基建其他拨款 3. 应付款 4.…… 合　计	
建设时间	计划	从　　年　月开工至　　年　月竣工						
	实际	从　　年　月开工至　　年　月竣工						
	项　目			概算(元)	实际(元)	资金运用	1. 交付使用固定资产 2. 交付使用流动资产 3. 应核销投资支出 4. 应核销其他支出 5. 库存设备、材料 6. 银行存款及现金 7. 应收款 8.…… 合　计	
建设成本	建筑安装工程 设备、工具、器具 其他基本建设 1. 土地征用费 2. 负荷试车费 3. 生产职工培训费 4.…… 合计							

　　为方便学习,现将财政部"财建(2002)394 号"文"关于印发《基本建设财务管理规定》"的部分内容编录于下。

　　第三十四条　建设单位应当严格执行工程价款结算的制度规定,坚持按照规范的工程价款

结算程序支付资金。建设单位与施工单位签订的施工合同中确定的工程价款结算方式要符合财政支出预算管理的有关规定。工程建设期间,建设单位与施工单位进行工程价款结算,建设单位必须按工程价款结算总额的5‰预留工程质量保证金,待工程竣工验收一年后再清算。

第三十五条 基本建设项目竣工时,应编制基本建设项目竣工财务决算。建设周期长、建设内容多的项目,单项工程竣工,具备交付使用条件的,可编制单项工程竣工财务决算。建设项目全部竣工后应编制竣工财务总决算。

第三十六条 基本建设项目竣工财务决算是正确核定新增固定资产价值,反映竣工项目建设成果的文件,是办理固定资产交付使用手续的依据。各编制单位要认真执行有关的财务核算办法,严肃财经纪律,实事求是地编制基本建设项目竣工财务决算,做到编报及时,数字准确,内容完整。

第三十七条 建设单位及其主管部门应加强对基本建设项目竣工财务决算的组织领导,组织专门人员,及时编制竣工财务决算。设计、施工、监理等单位应积极配合建设单位做好竣工财务决算编制工作。建设单位应在项目竣工后3个月内完成竣工财务决算的编制工作。在竣工财务决算未经批复之前,原机构不得撤销,项目负责人及财务主管人员不得调离。

第三十八条 基本建设项目竣工财务决算的依据,主要包括:可行性研究报告、初步设计、概算调整及其批准文件;招投标文件(书);历年投资计划;经财政部门审核批准的项目预算;承包合同、工程结算等有关资料;有关的财务核算规定、办法;其他有关资料。

第三十九条 在编制基本建设项目竣工财务决算前,建设单位要认真做好各项清理工作。清理工作主要包括基本建设项目档案资料的归集整理、财务处理、财产物资的盘点核实及债权债务的清偿,做到账账、账证、账实、账表相符。各种材料、设备、工具、器具等,要逐项盘点核实,填列清单,妥善保管,或按照国家规定进行处理,不准任意侵占、挪用。

第四十条 基本建设项目竣工财务决算的内容,主要包括以下两个部分:

(一)基本建设项目竣工财务决算报表

主要有以下报表(表式见表7-2~表7-5)。

(1)封面。

(2)基本建设项目概况表。

(3)基本建设项目竣工财务决算表。

(4)基本建设项目交付使用资产总表。

(5)基本建设项目交付使用资产明细表。

(二)竣工财务决算说明书

主要包括以下内容:

(1)基本建设项目概况。

(2)会计财务的处理、财产物资清理及债权债务的清偿情况。

(3)基建结余资金等分配情况。

(4)主要技术经济指标的分析、计算情况。

(5)基本建设项目管理及决算中存在的问题、建议。

(6)决算与概算的差异和原因分析。

(7)需说明的其他事项。

第四十一条 基本建设项目的竣工财务决算,按下列要求报批:

(一)中央级项目

1. 小型项目

属国家确定的重点项目,其竣工财务决算经主管部门审核后报财政部审批,或由财政部授权主管部门审批;其他项目竣工财务决算报主管部门审批。

2. 大、中型项目

中央级大、中型基本建设项目竣工财务决算,经主管部门审核后报财政部审批。

(二)地方级项目

地方级基本建设项目竣工财务决算的报批,由各省、自治区、直辖市、计划单列市财政厅(局)确定。

第四十二条　财政部对中央级大中型项目、国家确定的重点小型项目竣工财务决算的审批实行"先审核、后审批"的办法,即先委托投资评审机构或经财政部认可的有资质的中介机构对项目单位编制的竣工财务决算进行审核,再按规定批复。对审核中审减的概算内投资,经财政部审核确认后,按投资来源比例归还投资方。

第四十三条　基本建设项目竣工财务决算大中小型划分标准。经营性项目投资额在5000万元(含5000万元)以上、非经营性项目投资额在3000万元(含3000万元)以上的为大中型项目。其他项目为小型项目。

第四十四条　已具备竣工验收条件的项目,3个月内不办理竣工验收和固定资产移交手续的,视同项目已正式投产,其费用不得从基建投资中支付,所实现的收入作为生产经营收入,不再作为基建收入管理。

第五节　建筑工程造价管理

一、概预算造价管理的任务和分工

1. 概预算造价管理的任务

建设工程概预算造价工作是工程建设管理工作的重要组成部分。加强建设工程的概预算管理工作,建立和健全概预算管理制度,提高概预算的编制质量,是社会主义经济规律、价值规律的要求。建设工程概预算管理的基本任务,就是为适应我国经济全球化和科技进步加快的国际环境,为增强企业活力和竞争力,为实现我国建设小康社会水平提供服务,研究建筑安装产品价格的形成和发展过程,从而合理地确定建筑安装产品的价格。支配市场运动的规律,主要是价值规律。按照马克思的经济学说,价值规律是社会必要劳动量或生产使用价值的社会必要劳动时间,决定其使用价值。价值作为生产某种商品(使用价值)所消耗必要劳动的凝结,是看不见、摸不着的,也是无法计算的。它只能在交换过程中通过另一种商品的使用价值表现出来。价值是价格的基础,价格是价值的货币表现。价格受供求关系的影响,可以高于或低于其价值。价格围绕价值的上下波动,就成为社会劳动和生产资料在国民经济各部门和各行业之间的分配的"调节器"。因此,为了适应社会主义市场经济的发展,把建筑安装企业推向市场,使企业成为真正的自主经营、自负盈亏、自我发展、自我约束的独立经济实体,现行概预算的管理制度必须从管理形式上进行"大刀阔斧"的改革,实行"量"、"价"分离,即要向"控制量、指导价、竞争费"的方向发展,加快要素价格市场化,以便使我国工程建设的概预算管理制度向国际靠拢,促使社会主义经济体制的发展与健全,从而建立促进经济社会可持续发展的机制。

2. 概预算造价管理的组织与分工

我国现行的概预算管理机构可以分为三级,如图7-1所示。

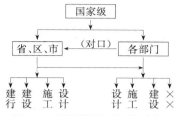

图 7-1 概预算管理机构示意图

3. 概预算造价管理的分工

根据我国实行的"集中领导、分级管理"原则,以及我国地域辽阔,各地区、各部门经济发达程度、发展水平、市场供求状况的差异,概预算管理制度方面的方针、政策、标准、规范、规定、条例、办法等由国家主管部门制定、批准、颁发;各省、自治区、直辖市和国务院各主管部(委),可以在自己行使行政权的范围内,根据本地区、本部门的特点,按照国家规定的方针、政策、规定、办法等制定本地区本部门的补充性管理制度和贯彻执行细则,并对概预算制度实行日常性的管理。这样,就形成了我国工程建设管理中的上下、左右相互联系、相互区别,又有集中、又有分散的概预算制度的管理体系。

二、基层单位概预算造价的业务管理

从图 7-1 中可以看出,省、区、市和各部门以上的概预算管理是方针、政策性的政府级管理,以下为基层单位——设计、建设、施工、建行、计划等单位是对概预算业务工作的管理。这里着重叙述基层各单位有关建设工程概预算业务的管理工作。

(一)设计单位的概预算造价管理

国家有关文件指出:"概预算的编制工作,均由设计单位负责"。因此,各级设计单位在概预算造价管理方面,应做好以下各项工作。

1. 可行性研究阶段

设计单位承担建设项目可行性研究时的投资估算编制工作,应由概预算人员(以下统称技术经济人员)负责进行,并与其他专业设计人员配合,共同做好建设项目经济效益的评估工作。

2. 初步设计阶段

(1)按照国家《关于改进工程建设概预算工作的若干规定》,坚持初步设计阶段编制总概算,技术设计阶段编制修正总概算的规定。

(2)认真学习和坚持贯彻执行国家有关的方针政策和制度,实事求是地对工程所在地的建设条件(包括自然条件、施工条件等可能影响造价的各种因素)做认真的调查研究,正确选用定额、费用标准和价格等各项编制依据。

(3)设计单位要努力提高建设概算造价的准确性,保证概算的质量。同时,要根据工程所在地基本建设主管部门发布的价格调整指数,考虑建设期间价格变动等因素,做到初步设计概算造价能够完整地反映设计内容,合理地反映施工条件,准确地确定工程造价。

(4)技术经济人员应与其他专业的设计人员共同做好初步设计方案的技术经济比较工作,以选出最合理的设计方案。在初步设计的全过程中,要及时了解设计内容,掌握设计方案选定的变化情况及其对造价的增减影响,并提出合理使用投资的建议,以发挥技术经济人员在设计工作中的积极作用。

(5)其他工程和费用概算,应按照现行有关费用定额或指标进行编制,坚决反对弄虚作假,多要投资或预留投资缺口。

(6)概算造价文件的组成和建设费用的构成要符合国家关于建设费用划分的规定。

3. 施工图设计阶段

(1)凡采用两阶段设计的建设项目,施工图设计阶段必须编制预算。对于技术简单的建设项目,设计方案确定后就做施工图设计的,也必须编制施工图预算。

(2)建筑安装工程施工图预算,应根据施工图纸及说明,以及现行的预算定额(综合预算定额),材料、构配件预算价格,各项费用标准造价动态管理调价文件等进行编制。

(3)设计人员应加强经济观念,施工图设计应控制在批准的初步设计及其概算范围之内。不得随意扩大设计规模,提高设计标准,增加设计项目。

(4)积极推行限额设计。所谓限额设计,就是按照限定的投资额进行工程设计,确定能够满足生产或生活需要的相应建设规模和建设标准。具体讲,就是工程设计人员必须按照批准的可行性研究报告书和投资控制额进行初步设计;按照批准的初步设计及概算进行施工图设计。推行限额设计,是节约建设投资的有效措施。根据资料报导,推行限额设计可以节约大量建设资金和"三大"材料。

4. 工程竣工阶段

工程竣工验收后,设计单位应了解和掌握竣工决算资料,做好决算资料的分析、整理工作,以便不断总结经验,找出差距,分析原因,为日后改进概预算的编制工作、提高概预算的编制质量创造条件。

5. 日常管理工作

(1)积极采用计算机技术编制建设概预算,促进概预算编制、管理工作的现代化。

(2)严格加强质量管理,认真执行"三级"审核制度,确保概预算文件齐全、完整、清晰、整洁、无差错。

(3)建立健全工程造价资料的积累制度,为工程造价宏观管理、决策、制订修订投资估算指标和其他技术经济指标以及研究工程造价变化规律,编制、审查、评估项目建议书、可行性研究报告投资估算,进行设计方案比选,编制初步设计概算,投标报价积累科学的依据。工程造价积累的范围应包括:①经主管部门批准的可行性研究报告投资估算、初步设计概算、修正概算;②经有关单位审定或签认的施工图预算、合同价、结算价和竣工决算价;③建设项目总造价、单项工程造价和单位工程造价等资料。

为了保证工程造价资料的质量,使其具有真实性、合理性、适用性,工程造价资料的积累要求做到:①造价资料的收集必须选择符合国家产业政策和行业发展方向的工程项目,使资料具有重复使用的价值;②造价资料的积累必须有"量"有"价",区别造价资料服务对象的不同,做到有粗有细,即收集的造价基础资料应满足工程造价动态分析的需要;③应注意收集、整理完整的竣工决算资料,以反映全过程造价管理的最终成果;④造价资料的收集、整理工作应做到规范化、标准化,同时应区别不同专业工程,做到工程项目划分、设备材料目录及编码、表现形式、不同层次资料收集深度和计算口径的"五统一",并与估算、概算、预算等有关规定相适应;⑤既要注重造价资料的真实性,又要做好科学的对比分析,反映出造价变动情况和合理造价;⑥建立工程造价数据库,开发计算机通用程序,以提高资料的适用性和可靠性。

(4)定期组织技术经济人员的技术业务知识学习和工作经验交流,不断提高他们的技术业务水平。

(二)建设单位的概预算造价管理

建设单位必须对本单位建设项目的概预算造价文件执行全面负责,在完成各项建设任务的同时,要认真执行概预算造价管理制度。据此,应做好以下各项工作:

1. 设置专门机构

大、中型建设项目的筹建单位,应设置有专门负责概预算管理工作的职能机构,并配备足够数量的人员,一般小型建设项目,应设置有负责概预算管理工作的专职人员。

2. 按照批准的概预算办事

(1)根据批准的总概预算合理使用建设投资,切实搞好工程造价的管理。年度建设计划的编制,必须按照设计和概预算安排工程项目,不得任意提高工程标准,增加工程内容,超过概预算数值的投资额。

(2)建设单位应认真执行批准的总概算,不得任意突破。如单位工程或单项工程必须增加投资时,首先用其他工程多余的投资调剂解决。调剂困难时,经上级主管部门或其授权单位批准,可运用总概算的预备费解决。

(3)按照经审定的设备、材料清单编制物资供应计划,进行物资采购,不得随意购置"清单"之外的设备及材料,以免造成建设资金的积压。

(4)按照其他工程费和费用概预算精打细算,合理开支各项费用,严禁请客送礼、讲排场、搞摆设。

(5)与施工企业签订工程合同,必须以经审查后的概预算为依据。拨付给施工企业工程价款时,要认真执行按施工图预算结算的办法。单项工程完工后应督促施工企业及时办理竣工结算,并根据审查的施工图预算、增减预算和现场施工签证等资料审查竣工结算。工程竣工结(决)算必须内容完整,核对准确,真实可靠。

(6)建设项目办理交工验收后,按照《基本建设竣工决算办法》编制好工程竣工决算,做好经济分析,报送上级主管部门和财政部门以及相应的有关单位。

3. 严格进行现场施工管理

为了确保工程质量和工程进度,使工程造价控制在批准的概预算投资额内,建设单位在工程施工期间应严格进行现场施工的管理工作。具体内容如下:

(1)检查每一分部分项工程施工的材料配合比例、钢筋规格、模板尺寸、部位高度(或长、宽度)等,是否符合设计规定和要求。

(2)检查每一分部分项工程的施工质量是否符合建筑安装工程施工质量验收规范的规定,有无隐蔽工程等。

(3)严格施工项目增减的签证手续,以免增加较多的施工图预算增减项目和费用。

(4)认真细致地学习施工组织设计和概预算定额的工程内容、工作内容和工程量计算方法,以免造成不必要的重复计算或签证的费用。比如,有些地区的预算定额的楼地面工程中,包括了与地面构成材料相同的踢脚线的人工和材料,但有些施工单位却说预算漏计了,硬要管理人员签证认可等现象时有发生,屡见不鲜等。

综上所述,为了按照批准的概预算办事,必须严格地贯彻执行基本建设程序,加强建设工程的概预算管理,节约投资,降低造价,提高投资的经济效益。

(三)施工单位的概预算管理

(1)认真学习和贯彻执行国家和省、市颁发的有关建筑安装工程方面的方针、政策、规定、定额和取费标准,并结合本企业的具体情况,制定实施办法或细则。

(2)参加本公司承建项目的设计概预算审查及施工图技术交底会议,详细了解设计概预算的编制范围、依据、投资总额及存在的问题与建议等。

(3)负责公司内部工程预算编制的统一工作;及时审核基层单位编报的施工图预算、工程结(决)算;协助基层单位解决工程预算编制中存在的问题。

(4)积累造价资料,学习招标投标业务知识,合理制定招标工程的投标报价工作,提高中标率。

(5)深入基层(施工现场),搞好调查研究,收集、整理技术经济资料,满足公司内部各有关职能部门对概预算数值、数量、指标等方面的需要。

(6)积极试行和推广现代化的预算、结算、决算编制技术和管理方法,促进企业"三算"编制、管理工作的现代化。

(7)组织本公司各单位概预算员(师)交流经验,学习业务知识,不断提高概预算编制、审校、投标报价的技术业务水平,提高中标率。

本 章 思 考 重 点

1. 建设工程造价审查有什么意义?

2. 何谓初步设计概算? 初步设计概算分为哪三级?

3. 实行三阶段设计的建设项目在哪一阶段编制修正概算?

4. 初步设计概算主要有哪几种编制方法?

5. 单位工程概算的审查应注意哪些事项(谈出要点即可)?

6. 什么是施工图预算? 施工图预算编制的依据是什么?

7. 单位工程预算分项工程的合价怎样计算?

8. 单位工程预算审查有哪些步骤和方法?

9. 单位工程结算的方式主要有哪几种?

10. 工程结算与决算的主要区别表现在哪些方面?

11. 建设项目决算文件由哪些主要内容构成?

12. 我国建设工程造价管理目前主要有哪几个层次?

参考文献

［1］中华人民共和国住房和城乡建设部. GB 50500－2013 建设工程工程量清单计价规范［S］. 北京：中国计划出版社，2013.

［2］中华人民共和国住房和城乡建设部. GB 50854－2013 房屋建筑与装饰工程工程量计算规范［S］. 北京：中国计划出版社，2013.

［3］建设工程工程量清单计价规范编制组. 2013 建设工程计价计量规范辅导［M］. 北京：中国计划出版社，2013.

［4］全国造价工程师执业资格考试培训教材编审委员会. 建设工程计价［M］. 2013 年版. 北京：中国计划出版社，2013.

［5］全国造价工程师执业资格考试培训教材编审委员会. 工程造价计价与控制［M］. 北京：中国计划出版社，2006.

［6］宋景智. 建筑工程概预算百问［M］. 2 版. 北京：中国建筑工业出版社，2006.

［7］余辉. 新编建筑工程预算员必读［M］. 2 版. 北京：中国计划出版社，2005.

［8］余辉. 建筑工程预算编制入门［M］. 2 版. 北京：中国计划出版社，2001.

［9］宋景智，郑俊耀. 建筑工程概预算定额与工程量清单计价实例应用手册［M］. 2 版. 北京：中国建筑工业出版社，2006.

［10］宋振华，张生录. 土木建筑工程工程量清单计价一点通［M］. 北京：中国水利水电出版社，2006.

中国建材工业出版社
China Building Materials Press

我们提供

图书出版、图书广告宣传、企业/个人定向出版、设计业务、企业内刊等外包、代选代购图书、团体用书、会议、培训，其他深度合作等优质高效服务。

编辑部	图书广告	出版咨询	图书销售	设计业务
010-68343948	010-68361706	010-68343948	010-68001605	010-88376510转1008

邮箱：jccbs-zbs@163.com　　网址：www.jccbs.com.cn

发展出版传媒　　服务经济建设

传播科技进步　　满足社会需求